T0291867

CAMBRIDGE LIBRARY COLLECTION

Books of enduring scholarly value

Mathematical Sciences

From its pre-historic roots in simple counting to the algorithms powering modern desktop computers, from the genius of Archimedes to the genius of Einstein, advances in mathematical understanding and numerical techniques have been directly responsible for creating the modern world as we know it. This series will provide a library of the most influential publications and writers on mathematics in its broadest sense. As such, it will show not only the deep roots from which modern science and technology have grown, but also the astonishing breadth of application of mathematical techniques in the humanities and social sciences, and in everyday life.

Vollständige Anleitung zur Niedern und Höhern Algebra

In 1770, one of the founders of pure mathematics, Leonard Euler (1707-1783), published an algebra textbook for students. It was soon translated into French, with notes and additions by Joseph-Louis Lagrange, another giant of eighteenth-century mathematics, and the French edition was used as the basis of the English edition of 1822 (which also appears in this series), and of this 1790s German edition by Johann Philipp Grüson, professor of mathematics to the royal cadets. Volume 2 consists of two parts: 16 chapters on algebraic equations, followed by 15 chapters on analyses of indeterminate quantities. Here, Euler shows the reader several ways to solve polynomial equations up to the fourth degree. This landmark book showed students the beauty of mathematics, and more significantly, how to do it. It provides tangible evidence of the lively international mathematical community that flourished despite the political uncertainties of the late eighteenth century.

Cambridge University Press has long been a pioneer in the reissuing of out-of-print titles from its own backlist, producing digital reprints of books that are still sought after by scholars and students but could not be reprinted economically using traditional technology. The Cambridge Library Collection extends this activity to a wider range of books which are still of importance to researchers and professionals, either for the source material they contain, or as landmarks in the history of their academic discipline.

Drawing from the world-renowned collections in the Cambridge University Library, and guided by the advice of experts in each subject area, Cambridge University Press is using state-of-the-art scanning machines in its own Printing House to capture the content of each book selected for inclusion. The files are processed to give a consistently clear, crisp image, and the books finished to the high quality standard for which the Press is recognised around the world. The latest print-on-demand technology ensures that the books will remain available indefinitely, and that orders for single or multiple copies can quickly be supplied.

The Cambridge Library Collection will bring back to life books of enduring scholarly value across a wide range of disciplines in the humanities and social sciences and in science and technology.

Vollständige Anleitung zur Niedern und Höhern Algebra

VOLUME 2

LEONHARD EULER
EDITED BY JOHANN PHILIPP GRÜSON

CAMBRIDGE
UNIVERSITY PRESS

CAMBRIDGE UNIVERSITY PRESS

Cambridge New York Melbourne Madrid Cape Town Singapore São Paolo Delhi

Published in the United States of America by Cambridge University Press, New York

www.cambridge.org
Information on this title: www.cambridge.org/9781108001946

© in this compilation Cambridge University Press 2009

This edition first published 1797
This digitally printed version 2009

ISBN 978-1-108-00194-6

This book reproduces the text of the original edition. The content and language reflect
the beliefs, practices and terminology of their time, and have not been updated.

Leonhard Eulers

vollständige Anleitung

zur

niedern und höhern Algebra

nach der französischen Ausgabe des Herrn de la Grange
mit Anmerkungen und Zusätzen herausgegeben.

———

Von

Johann Philipp Grüson,

Professor der Mathematik am Königl. Kadettencorps.

——•——

Zweyter Theil.

Mit Churfürstl. Sächs. Privilegio.

Berlin, bei G. C. Nauck.
1797.

Sr. Excellenz

Dem

Hochwohlgebohrnen Herrn,

Herrn Carl August von Struensee,

Königl. Preuß. wirklichem Geheimen Etats - und Kriegesrathe,
Vice-Präsidenten und dirigirendem Minister bey dem General-
Ober - Finanz - Krieges - und Domainen - Directorio, Chef des
Departements von Accise - Zoll - Fabriken - Manufactur-
und Commerzien-Sachen, auch der Seehandlung
u. s. w.

Ehrfurchtsvoll gewidmet

von

Grüson.

Vorbericht

(zu dem zweyten Theile von Eulers Algebra.)

———

Damit die Verlagshandlung ihr dem Publikum einmal gegebenes Wort, diese neue Ausgabe von Eulers Algebra nicht theurer, als die alte zu verkaufen, halten könne, so mußte ich mit meinen Zusätzen zu diesem zweyten Theile sparsam seyn, weil er den ersten an Bogenzahl übertrifft. Aber in dem nun folgenden dritten Theile, welcher die Zusätze des Hrn. de la Grange zur unbestimmten Analytik enthält, werde ich dafür den Liebhaber der Analysis schadlos halten, indem ich hier zu zeigen gedenke, wie in diesem Theile der Analysis die combinatorische Analytik des Herrn Professor Hindenburg ganz

neue,

Vorbericht.

neue, selbst unerwartete Aussichten eröffnet. Außer=
dem denke ich noch eine zwar kurze, aber zweckmä=
ßige Anleitung zur Differential= und Integralrech=
nung hinzuzufügen.

Hier für den ersten Theil beygefügten Druck=
fehler verdienen um so mehr Entschuldigung, da
das Werk ausserhalb Berlin gedruckt worden ist.
Uebrigens wünsche ich den Beyfall der Kenner bey
dieser Arbeit zu erhalten; doch soll auch ihr anstän=
dig eingekleideter Tadel für mich belehrend seyn.

Grüson.

Inhalt

Inhalt des zweyten Theils.

Erster Abschnitt.

Von den algebraischen Gleichungen und deren Auflösung.

Inhalt.

Zweyter Abschnitt.

Von der unbestimmten Analytik.

III. Ca=

Inhalt.

XIII. Ca

Inhalt.

Des

Des

Zweyten Theils
Erster Abschnitt.

———————

Von
den algebraischen Gleichungen und
deren Auflösung.

Des

Zweyten Theils

Erster Abschnitt.

Von den algebraischen Gleichungen und deren Auflösung.

I. Capitel.

Von der Auflösung der Aufgaben überhaupt.

§. 1.

Der Zweck der Algebra, so wie aller Theile der Mathematik ist, den Werth unbekannter Größen zu bestimmen, und dieses muß durch genaue Erwägung der Bedingungen, die dabei vorgeschrieben sind, und die durch bekannte Größen ausgedrückt werden, geschehen. Daher wird die Algebra auch so beschrieben, daß man darin zeige, wie aus bekannten Größen unbekannte zu finden sind.

§. 2.

Dieses stimmt auch mit allem demjenigen überein, was bisher vorgetragen worden, indem jedesmal aus bekannten Größen andere gefunden wurden, die vorher als unbekannt angesehen werden konnten.

A 2 Das

Das erste Beyspiel findet man sogleich in der Addition, da von zwey oder mehr gegebenen Zahlen die Summe gefunden worden. Es wurde nemlich eine Zahl gesucht, welche den gegebenen zusammen genommen gleich war.

Bey der Subtraction wurde eine Zahl gesucht, welche dem Unterschiede zweyer gegebenen Zahlen gleich war.

Eben dies findet auch bey der Multiplication und Division statt, so wie auch bey der Erhebung der Potenzen und der Ausziehung der Wurzeln, wo immer eine vorher unbekannte Zahl aus bekannten gefunden wird.

§. 3.

In dem letzten Abschnitt sind schon verschiedene Aufgaben aufgelöset worden, wobey es immer auf die Erfindung einer Zahl ankam, welche aus andern gegebenen Zahlen unter gewissen Bedingungen geschlossen werden mußte.

Alle Aufgaben laufen also darauf hinaus, daß aus einigen gegebenen Zahlen eine neue gefunden werden soll, welche mit jenen in einer gewissen Verbindung stehe, und diese Verbindung wird durch gewisse Bedingungen oder Eigenschaften, die der gesuchten Zahl zukommen müssen, bestimmt.

§. 4.

Bey einer jeden vorkommenden algebraischen Aufgabe wird nun diejenige Zahl, die gesucht werden soll, durch einen der letztern Buchstaben des Alphabets angedeutet, und dabey alle vorgeschriebene Bedingungen in Erwägung gezogen, wodurch man auf eine Vergleichung zwischen zweyen Zahlen geführt wird. Aus einer solchen Gleichung muß hernach der Werth der gesuchten Zahl bestimmt, und

dadurch

dadurch die Aufgabe aufgelöset werden. Zuweilen sucht man auch mehrere Zahlen, welches auf dieselbe Art durch Gleichungen geschieht.

§. 5.

Dieses wird durch ein Beyspiel deutlicher werden. 20 Personen, Männer und Weiber, zehren in einem Wirthshause. Ein Mann verzehrt 8 Gr., ein Weib aber 7 Gr. und die ganze Zeche beläuft sich auf 6 Rthlr. Nun ist die Frage, wie viel Männer und Weiber daselbst gewesen?

Um diese Aufgabe aufzulösen, so setze man die Zahl der Männer sey = x gewesen, und sehe dieselbe als bekannt an, oder man verfahre damit, als wenn man die Probe machen wollte, ob dadurch der Aufgabe ein Genüge geschähe. Da nun die Anzahl der Männer = x ist, und Männer und Weiber zusammen 20 Personen ausmachen, so kann man daraus die Anzahl der Weiber bestimmen, welche nemlich gefunden wird, wenn man die Zahl der Männer von 20 subtrahirt. Also war die Zahl der Weiber = 20 — x.

Da nun ein Mann 8 Gr. verzehrt, so werden diese x Männer verzehren 8x Gr.

Und weil ein Weib 7 Gr. verzehrt, so werden diese 20 — x Weiber verzehren 140 — 7x Gr.

Also verzehren Männer und Weiber zusammen 140 + x Gr. Wir wissen aber, wie viel sie verzehrt haben, nemlich 6 Rthlr., welche zu Gr. gemacht, 144 Gr. geben; daher erhalten wir diese Gleichung 140 + x = 144, und hieraus sieht man leicht, daß x = 4 sey.

Daher waren bey der Zeche 4 Männer und 16 Weiber.

§. 6.

Eine andere Aufgabe von gleicher Art:

20 Personen, Männer und Weiber, sind in einem Wirthshause. Die Männer verzehren 24 Fl., die Weiber verzehren auch 24 Fl. und es findet sich, daß ein Mann einen Gulden mehr als ein Weib hat zahlen müssen, wie viel waren Männer und Weiber da?

Es sey die Zahl der Männer $= x$, so ist die Zahl der Weiber $= 20 - x$. Da nun diese x Männer 24 Fl. verzehrt haben, so hat ein Mann verzehrt $\frac{24}{x}$ Fl.

Und weil die $20 - x$ Weiber auch 24 Fl. verzehrt haben, so hat ein Weib verzehrt $\frac{24}{20-x}$. Diese Zeche eines Weibes ist nun um 1 geringer, als die Zeche eines Mannes. Wenn man also von der Zeche eines Mannes 1 Fl. subtrahirt, so muß die Zeche eines Weibes heraus kommen, woraus man diese Gleichung erhält: $\frac{24}{x} - 1 = \frac{24}{20-x}$. Dieses ist also die Gleichung, woraus der Werth von x gesucht werden muß, welcher nicht so leicht heraus gebracht werden kann, wie bei der vorigen Aufgabe. Aus dem folgenden aber wird man sehen, daß $x = 8$ sey, welches auch der gefundenen Gleichung ein Genüge leistet; denn $\frac{24}{8} - 1 = \frac{24}{12}$, das ist $2 = 2$.

§. 7.

Bey allen Aufgaben kömmt es nun darauf an, daß, nachdem man die unbekannten oder gesuchten Zahlen durch Buchstaben angedeutet, die Umstände der Aufgabe genau betrachtet, und daraus Gleichungen hergeleitet werden. Hernach besteht die ganze Kunst darin, solche Gleichungen aufzulösen und daraus

daraus den Werth der unbekannten Zahlen zu finden, und hievon soll in diesem Abschnitt gehandelt werden.

§. 8.

Bey den Aufgaben selbst findet sich auch ein Unterschied, indem bey einigen nur eine unbekannte Zahl, bey andern aber zwey oder noch mehrere gesucht werden sollen; in diesem letztern Fall muß man bemerken, daß dazu auch eben so viel besondere Gleichungen erfordert werden, welche aus den Umständen der Aufgabe selbst hergeleitet werden müssen.

§. 9.

Eine Gleichung bestehet also aus zwey Sätzen, deren einer dem andern gleich seyn muß. Um nun daraus den Werth der unbekannten Zahl zu finden, müssen öfters sehr viele Verwandlungen angestellt werden, die sich aber alle darauf gründen, daß zwey Größen, die einander gleich sind, auch einander gleich bleiben, wenn man zu beyden einerley Größen addirt oder davon subtrahirt; ingleichen auch, wenn sie durch einerley Zahl multiplicirt oder dividirt werden; ferner auch, wenn beyde zugleich zu einerley Potenzen erhoben oder aus beyden gleichnamige Wurzeln ausgezogen, und endlich auch wenn von beyden die Logarithmen genommen werden.

§. 10.

Diejenigen Gleichungen, worin von der unbekannten Zahl nur die erste Potenz vorkommt, nachdem die Gleichung in Ordnung gebracht worden, sind am leichtesten aufzulösen, und werden Gleichungen vom ersten Grade genannt. Hernach folgen solche Gleichungen, worin die zweyte Potenz oder das Quadrat der unbekannten Zahl vorkommt,

kommt; dieſe werden quadratiſche Gleichungen, oder Gleichungen vom zweyten Grade genannt. Darauf folgen die Gleichungen vom dritten Grade oder die cubiſchen, worin der Cubus der unbekannten Zahlen vorkommt u. ſ. f., von allen dieſen ſoll in dieſem Abſchnitte gehandelt werden.

II. Capitel.

Von den Gleichungen des erſten Grades und von ihrer Auflöſung.

§. 11.

Wenn die unbekannte oder geſuchte Zahl durch den Buchſtaben x angedeutet wird, und die heraus gebrachte Gleichung ſchon ſo beſchaffen iſt, daß der eine Satz allein das x und der andere Satz eine bekannte Zahl enthält, als z. B. x = 25, ſo hat man ſchon wirklich den Werth von x, der verlangt wird, gefunden, und auf dieſe Form muß man immer zu kommen ſuchen, ſo verwirrt auch die erſt gefundene Gleichung ſeyn mag, und hiezu ſollen die Regeln im Folgenden gegeben werden.

§. 12.

Wir wollen bey den leichteſten Fällen anfangen und zuerſt annehmen, man ſey auf folgende Gleichung gekommen:

x + 9 = 16, ſo ſieht man, wenn man auf beyden Seiten 9 ſubtrahirt, daß x = 7 iſt.

Es ſey auf eine allgemeine Art x + a = b, wo a und b bekannte Zahlen andeuten, ſie mögen auch

heißen

heißen wie ſie wollen. Hier muß man alſo auf beyden Seiten a ſubtrahiren, und ſo bekömmt man
dieſe Gleichung x=b—a, welche uns den Werth
von x anzeigt.

§. 13.

Iſt die gefundene Gleichung x — a=b, ſo addire man auf beyden Seiten a, ſo kommt x=a+b,
welches der geſuchte Werth von x iſt.

Eben ſo verfährt man, wenn die erſte Gleichung
alſo beſchaffen iſt x — a = aa + 1 ; denn da wird
x=aa+a+1.

Und aus dieſer Gleichung x — 8a = 20 — 6a
bekömmt man x = 20 — 6a + 8a oder x=20+ 2a.

Und aus dieſer x + 6a = 20 + 3a findet man
x=20+3a—6a oder x=20—3a.

§. 14.

Hat man folgende Gleichung: x — a + b =c,
ſo kann man beyderſeits a addiren, wodurch man die
neue Gleichung x+b=c+a erhält. Subtrahirt
man auf beyden Seiten b, ſo hat man x=c+a—b.
Man kann aber zugleich auf beyden Seiten +a—b
addiren, ſo bekommt man mit einemmal x=c+a—b.

Alſo in den folgenden Beyſpielen:

wenn x — 2a + 3b = o, ſo wird x=2a—3b,
wenn x — 3a + 2b = 25 + a + 2b, ſo wird
x = 25 + 4a.
wenn x—9+6a=25+2a, ſo wird x=34—4a.

§. 15.

Hat die gefundene Gleichung dieſe Geſtalt: ax=b,
ſo dividire man auf beiden Seiten durch a , welches
folgende Gleichung giebt: x = $\frac{b}{a}$. Iſt aber die
Gleichung ax+b—c=d, ſo muß man erſtlich
A 5　　　　das-

dasjenige, was bey ax ſteht, wegbringen, welches hier dadurch geſchehen kann, wenn man auf beyden Seiten — b + c addirt. Denn auf dieſe Weiſe erhält man ax = d — b + c; folglich $x = \frac{d - b + c}{a}$.

Oder man ſubtrahire auf beyden Seiten + b — c, ſo bekömmt man ax = d — b + c, und $x = \frac{d - b + c}{a}$.

Es ſey 2x + 5 = 17, ſo iſt 2x = 12 und x = 6.

Es ſey 3x — 8 = 7, ſo iſt 3x = 15 und x = 5.

Es ſey 4x — 5 — 3a = 15 + 9a, ſo wird 4x = 20 + 12a, folglich x = 5 + 3a.

§. 16.

Iſt die Gleichung von dieſer Art $\frac{x}{a} = b$, ſo multiplicire man auf beyden Seiten mit a, und man bekömmt x = ab.

Iſt nun $\frac{x}{a} + b — c = d$, ſo wird erſtlich $\frac{x}{a} = d — b + c$ und x = (d — b + c) a = ad — ab + ac.

Es ſey ½x — 3 = 4, ſo wird ½x = 7 und x = 14.

Es ſey ⅓x — 1 + 2a = 3 + a, ſo wird ⅓x = 4 — a und x = 12 — 3a.

Es ſey $\frac{x}{a-1} — 1 = a$, ſo wird $\frac{x}{a-1} = a + 1$ und x = aa — 1.

§. 17.

Iſt aber die Gleichung $\frac{ax}{b} = c$, ſo multiplicire man auf beyden Seiten mit b, ſo wird ax = bc, und ferner $x = \frac{bc}{a}$.

Iſt aber $\frac{ax}{b} — c = d$, ſo wird $\frac{ax}{b} = d + c$ und ax = bd + bc und folglich $x = \frac{bd + bc}{a}$.

Es

Es sey $\frac{2}{3}x - 4 = 1$, so wird $\frac{2}{3}x = 5$ und $2x = 15$, folglich $x = \frac{15}{2}$, das ist $7\frac{1}{2}$.

Es sey $\frac{3}{4}x + \frac{1}{2} = 5$, also $\frac{3}{4}x = 5 - \frac{1}{2}$, welches $= \frac{9}{2}$ und $3x = 18$ und $x = 6$.

Anmerk. Bey einer Gleichung wie $\frac{a}{b}\,x = c$, kann man auch mit $\frac{a}{b}$ auf beyden Seiten dividiren, so erhält man auf einmal $x = \frac{bc}{a}$.

§. 18.

Es kann auch der Fall seyn, daß zwey oder mehr Glieder den Buchstaben x enthalten, und entweder in einem Satze oder in beyden vorkommen. Sind sie auf einer Seite, als $x + \frac{1}{2}x + 5 = 11$, so wird $x + \frac{1}{2}x = 6$, und $3x = 12$, und $x = 4$.

Es sey $x + \frac{1}{2}x + \frac{1}{3}x = 44$, was ist x? man multiplicire mit 3, so wird $4x + \frac{1}{2}x = 132$, ferner mit 2 multiplicirt, giebt $11x = 264$, und endlich $x = 24$; diese drey Glieder können aber sogleich in eins gezogen werden, als $\frac{11}{6}\,x = 44$, man theile auf beyden Seiten durch 11, so hat man $\frac{1}{6}x = 4$, und endlich $x = 24$.

Es sey $\frac{2}{3}x - \frac{3}{4}x + \frac{1}{2}x = 1$, welches zusammen gezogen $\frac{5}{12}\,x = 1$ und $x = 2\frac{2}{5}$ giebt.

Es sey $ax - bx + cx = d$, so ist dieses eben so viel als $(a - b + c)\,x = d$; hieraus kömmt $x = \dfrac{d}{a - b + c}$.

§. 19.

Steht aber x in beyden Sätzen, als z. B. $3x + 2 = x + 10$, so müssen die x von der Seite, wo man am wenigsten hat, weggebracht werden. Man subtrahire also hier auf beyden Seiten x, so kömmt $2x + 2 = 10$ und $2x = 8$ und $x = 4$.

Es

Es sey ferner $x+4=20-x$, also $2x+4=20$ und $2x=16$, folgt $x=8$.

Es sey $x+8=32-3x$, also $4x+8=32$, und $4x=24$, mithin $x=6$.

Es sey ferner $15-x=20-2x$, also $15+x=20$, und $x=5$.

Es sey $1+x=5-\frac{1}{2}x$, also $1+\frac{3}{2}x=5$, daher $\frac{3}{2}x=4$, ferner $3x=8$, folglich $x=2\frac{2}{3}$.

Es sey $\frac{1}{2}-\frac{1}{3}x=\frac{1}{3}-\frac{1}{4}x$, man addire $\frac{1}{3}x$, so kömmt $\frac{1}{2}=\frac{1}{3}+\frac{1}{12}x$, subtrahire $\frac{1}{3}$, so hat man $\frac{1}{12}x=\frac{1}{6}$, multiplicire mit 12, so kömmt $x=2$.

Es sey $1\frac{1}{2}-\frac{2}{3}x=\frac{1}{4}+\frac{1}{2}x$, addire $\frac{2}{3}x$, so kömmt $1\frac{1}{2}=\frac{1}{4}+\frac{7}{6}x$, subtrahire $\frac{1}{4}$, so hat man $\frac{7}{6}x=1\frac{1}{4}$, multiplicire mit 6, so bekömmt man $7x=7\frac{1}{2}$, durch 7 dividirt, giebt $x=1\frac{1}{14}$ oder $x=\frac{15}{14}$.

§. 20.

Kömmt man auf eine solche Gleichung, wo die unbekannte Zahl x sich im Nenner befindet, so muß der Bruch gehoben und die ganze Gleichung mit demselben Nenner multiplicirt werden.

Es sey z. B. $\frac{100}{x}-8=12$, so erhält man erstlich, wenn man auf beyden Seiten 8 addirt, $\frac{100}{x}=20$. Nun multiplicire man beyderseits mit x, so hat man $100=20x$, und wenn man endlich beyde Sätze mit 20 dividirt, so erhält man die gesuchte Zahl $x=5$.

Es sey ferner $\frac{5x+3}{x-1}=7$, multiplicire mit $x-1$, so hat man $5x+3=7x-7$, subtrahire $5x$, so kömmt $3=2x-7$, addire 7, so bekömmt man $2x=10$, folglich $x=5$.

§. 21.

Bisweilen kommen auch Wurzelzeichen vor, und die Gleichung gehört doch zu dem ersten Grade, z. B. wenn

wenn eine solche Zahl x unter 100 gesucht wird, so daß die Quadratwurzel aus 100 — x der Zahl 8 gliche, oder daß $\sqrt{(100-x)} = 8$. In diesem Falle nehme man auf beyden Seiten die Quadrate $100 - x = 64$, so hat man, wenn x addirt wird, $100 = 64 + x$. Subtrahirt man nun auf beyden Seiten 64, so erhält man $x = 36$. Man könnte aber auch x auf folgende Art finden. Da $100 - x = 64$, so subtrahire man 100, und man bekömmt $-x = -36$; mit -1 multiplicirt, giebt $x = 36$.

§. 22.

Es giebt auch Fälle, wo die unbekannte Zahl x als der Exponent einer Dignität erscheint, dergleichen Beyspiele schon oben im ersten Theile vorgekommen sind, und da muß man seine Zuflucht zu den Logarithmen nehmen, z. B. wenn man zu wissen verlangt, zu welcher Potenz die Zahl 2 erhoben werden müsse, um die Zahl 512 zu erhalten, so bekömmt man die Gleichung $2^x = 512$.

Nimmt man nun auf beyden Seiten ihre Logarithmen, so hat man $x \log. 2 = \log. 512$, und dividirt man durch $\log. 2$, so wird $x = \frac{\log 512}{\log. 2}$. Nun ist nach den Tafeln:

$$x = \frac{2,7092700}{0,3010300} = \frac{27092700}{3010300}; \text{ folglich } x = 9.$$

Es sey $5 . 3^{2x} - 100 = 305$, man addire auf beyden Seiten 100, so kömmt $5 . 3^{2x} = 405$; ferner dividire durch 5, so wird $3^{2x} = 81$. Nun nehme man die Logarithmen, so giebt dies $2x \log. 3 = \log. 81$ und endlich dividire durch $2 \log. 3$, so wird $x = \frac{\log. 81}{2 \log. 3}$ oder $x = \frac{\log. 81}{\log. 9}$, folglich $x = \frac{1,9084850}{0,9542425} = \frac{19084850}{9542425}$, oder $x = 2$.

Zusatz.

Zuſatz. Eben ſo aus der Gleichung $a^x b^{cx} = q^{rx-p}$, folgt log.$a^x b^{cx} =$ log.q^{rx-p}, oder $x$log.$a +c x$log.$b = r x$ log. $q — p$ log. q. Wenn wir auf beyden Seiten mit — 1 multipli‐ ciren, ſo verändern ſich bloß die Zeichen der Glieder, und die Gleichung ſtehet ſo:

$$-x \text{log.} a - cx \text{log.} b = -rx \text{log.} q + p \text{log.} q$$

$+ rx$ log. q auf beyden Seiten addirt, giebt

$$rx \text{log.} q - x \text{log.} a - cx \text{log.} b = p \text{log.} q,$$

oder $x (r \text{log.} q - \text{log.} a - c \text{log.} b) = p \text{log.} q$

folglich $x = \dfrac{p. \text{log.} q.}{r \text{log.} q - \text{log.} a - c \text{log.} b}$.

III. Capitel.

Von der Auflöſung einiger hieher gehörigen Aufgaben.

§. 23.
I. Aufgabe.

Man theile 7 in zwey Theile, ſo daß der größere um 3 größer ſey, als der kleinere Theil?

Es ſey der größere Theil $= x$, ſo wird der kleinere $7 — x$ ſeyn; daher muß $x = 7 — x + 3$, oder $x = 10 — x$ ſeyn. Man addire x, ſo erhält man $2x = 10$, und dividire endlich durch 2, ſo wird $x = 5$.

Antwort. Der größere Theil iſt 5, und der kleinere 2.

Anmerk. Dieſe und ähnliche Aufgaben könnte man folgen‐ dergeſtalt ganz allgemein ausdrücken.

II. Aufgabe. Man theile a in zwey Theile, ſo daß der größere um b größer ſey als der kleinere?

Es ſey der größere Theil x, ſo iſt der kleinere $a — x$; daher wird $x = a — x + b$. Man addire x,

ſo

so wird $2x = a + b$, und dividire durch 2, so erhält man $x = \frac{a+b}{2}$.

Zusatz. Setzt man nun, nach der vorigen Aufgabe, $a = 7$ und $b = 3$, so ist, wie vorhin, $x = \frac{7+3}{2} = 5$.

Eine andere Auflösung. Es sey der größere Theil $= x$. Weil nun derselbe um b größer ist als der kleinere, so ist der kleinere wieder um b kleiner als der größere; daher wird der kleinere Theil $x - b$. Diese beyde Theile zusammen müssen a ausmachen; daher bekömmt man $2x - b = a$. Man addire b, so kömmt $2x = a + b$; folglich $x = \frac{a+b}{2}$, welches der größere Theil ist, und der kleinere wird $\frac{a+b}{2} - b$ oder $\frac{a+b}{2} - \frac{2b}{2}$ oder $\frac{a-b}{2}$ seyn.

Probe: $\frac{a+b}{2} + \frac{a-b}{2} = a$ und $\frac{a+b}{2} - \frac{a-b}{2} = b$, wie es seyn muß.

III. Aufgabe. Ein Vater hinterläßt seinen drey Söhnen ein Vermögen von 1600 Rthlrn. Nach seinem Testament soll der älteste Sohn 200 Rthlr. mehr haben als der zweyte; der zweyte aber 100 Rthlr. mehr, als der dritte. Wie viel bekömmt ein jeder?

Das Erbtheil des dritten sey $= x$, so ist das Erbtheil des zweyten $= x + 100$, und das Erbtheil des ersten $= x + 300$. Diese 3 zusammen müssen 1600 Rthlr. machen, daher wird $3x + 400 = 1600$. Man subtrahire 400, so wird $3x = 1200$, und durch 3 dividirt, giebt $x = 400$.

Antwort. Der dritte Sohn bekömmt 400 Rthlr., der zweyte 500 Rthlr., der erste 700 Rthlr.

§. 25.

§. 25.

IV. Aufgabe. Ein Vater hinterläßt 4 Söhne und 8600 Rthlr. Nach ſeinem Teſtament ſoll der erſte zweymal ſo viel bekommen, als der zweyte, weniger 100 Rthlr. Der zweyte ſoll dreymal ſo viel bekommen, als der dritte, weniger 200 Rthlr. und der dritte ſoll viermal ſo viel haben, als der vierte, weniger 300 Rthlr. Wie viel bekömmt ein jeder?

Das Erbtheil des vierten ſey $= x$, ſo iſt das Erbtheil des dritten $4x - 300$, des zweyten $12x - 1100$ und des erſten $24x - 2300$. Hiervon muß die Summe 8600 Rthlr. ausmachen, woraus dieſe Gleichung entſtehet: $41x - 3700 = 8600$. Man addire 3700, ſo bekömmt man $41x = 12300$, und durch 41 dividirt, giebt $x = 300$.

Antwort. Der vierte Sohn bekömmt 300 Rthlr., der dritte 900 Rthlr., der zweyte 2500 Rthlr. und der erſte 4900 Rthlr.

§. 26.

V. Aufgabe. Ein Mann hinterläßt 11000 Rthlr. und dazu eine Wittwe, zwey Söhne und drey Töchter. Nach ſeinem Teſtament ſoll die Frau zweymal mehr bekommen als ein Sohn, und ein Sohn zweymal mehr als eine Tochter. Wie viel bekömmt ein jedes?

Das Erbtheil einer Tochter ſey $= x$, ſo iſt das Erbtheil eines Sohnes $= 2x$, und das Erbtheil der Wittwe $= 4x$; folglich iſt die ganze Erbſchaft $3x + 4x + 4x$, oder $11x = 11000$, durch 11 getheilt, giebt $x = 1000$.

Ant=

Antwort: Eine Tochter bekömmt
1000 Rthl.
also alle drey bekommen 3000 Rthl.
ein Sohn bekömmt 2000 Rthl.
also beyde 4000
und die Mutter bekömmt = = 4000
Summa 11000 Rthl.

§. 27.

VI. Aufgabe. Ein Vater hinterläßt drey Söhne, welche das hinterlaffene Vermögen folgendergeftalt unter fich theilen. Der erfte bekömmt 1000 Rthl. weniger, als die Hälfte von der ganzen Verlaffenfchaft; der zweyte 800 Rthl. weniger, als der dritte Theil der Verlaffenfchaft, und der dritte 600 Rthl. weniger, als der vierte Theil der Verlaffenfchaft. Nun ift die Frage, wie groß die Verlaffenfchaft gewefen und wie viel ein jeder bekommen?

Es fey die ganze Verlaffenfchaft $= x$

fo hat der erfte Sohn bekommen $\frac{1}{2}x - 1000$
der zweyte $\frac{1}{3}x - 800$
der dritte $\frac{1}{4}x - 600$

Alle drey Söhne zufammen haben alfo $\frac{1}{2}x + \frac{1}{3}x + \frac{1}{4}x - 2400$ bekommen, welches der ganzen Verlaffenfchaft x gleich gefetzt werden muß; woraus diefe Gleichung entfteht: $1\frac{1}{12}x - 2400 = x$.

Man fubtrahire x, fo hat man $\frac{1}{12}x - 2400 = 0$, man addire 2400, fo ift $\frac{1}{12}x = 2400$, und mit 12 multiplicirt, giebt $x = 28800$.

Antwort. Die ganze Verlaffenfchaft war 28800 Rthl., davon hat nun der

B erfte

erste Sohn bekommen 13400 Rthl.

der zweyte 8800

der dritte 6600

also alle drey 28800 Rthl.

§. 28.

VII. Aufgabe. Ein Vater hinterläßt vier Söhne, welche die Erbschaft also unter sich theilen: der erste nimmt 3000 Rthl. weniger als die Hälfte der Erb=schaft; der zweyte nimmt 1000 Rthl. weniger als $\frac{1}{3}$ der Erbschaft, der dritte nimmt gerade $\frac{1}{4}$ der ganzen Erbschaft, der vierte nimmt 600 Rthl. und $\frac{1}{5}$ der Erbschaft. Wie groß war die Erbschaft und wie viel hat ein jeder Sohn be=kommen?

Man setze die ganze Erbschaft $= x$, so hat bekommen, der erste $\frac{1}{2} x - 3000$

der zweyte $\frac{1}{3} x - 1000$

der dritte $\frac{1}{4} x$

der vierte $\frac{1}{5} x + 600$

und alle vier zusammen erhielten $\frac{1}{2} x + \frac{1}{3} x + \frac{1}{4} x + \frac{1}{5} x - 3400$, welches $= x$ seyn muß. Also hat man diese Gleichung: $\frac{77}{60} x - 3400 = x$. Sub trahire x, so wird $\frac{17}{60} x - 3400 = 0$; addire 3400, so kömmt $\frac{17}{60} x = 3400$; durch 17 dividirt, giebt $\frac{1}{60} x = 200$, und wenn mit 60 multiplicirt wird, so fin=det sich $x = 12000$.

Antwort. Die ganze Verlassenschaft war 12000 Rthl., davon bekam der erste 3000 Rthl.

der zweyte 3000

der dritte 3000

der vierte 3000

§. 29.

§. 29.

VIII. Aufgabe. Man suche eine Zahl von der Beschaffenheit, daß, wenn ich dazu ihre Hälfte addire, dann so viel über 60 heraus komme, als die Zahl selbst unter 65 ist.

Die Zahl sey x, so muß $x + \frac{1}{2}x - 60$ so viel seyn, als $65 - x$, d. i. $\frac{3}{2}x - 60 = 65 - x$. Man addire x, so hat man $\frac{3}{2}x - 60 = 65$, man addire 60, so kömmt $\frac{3}{2}x = 125$, durch 3 dividirt, wird $\frac{1}{2}x = 25$, und mit 2 multiplicirt, giebt x = 50.

Antwort. Die gesuchte Zahl ist 50.

§. 30.

IX. Aufgabe. Man theile 32 in zwey ungleiche Theile, und zwar dergestalt, daß, wenn ich den kleinern durch 6, den größern aber durch 5 dividire, die Quotienten zusammen 6 ausmachen.

Es sey der kleinere Theil = x, so ist der größere = 32 — x; der kleinere durch 6 dividirt, giebt $\frac{x}{6}$; der größere durch 5 dividirt, giebt $\frac{32 - x}{5}$: also muß $\frac{x}{6} + \frac{32 - x}{5} = 6$ seyn, mit 5 multiplicirt, giebt $\frac{5}{6}x + 32 - x = 30$, oder $-\frac{1}{6}x + 32 = 30$, man addire $\frac{1}{6}x$, so kömmt $32 = 30 + \frac{1}{6}x$, 30 subtrahirt, giebt $2 = \frac{1}{6}x$, mit 6 multiplicirt, giebt endlich x = 12.

Antwort. Der kleinere Theil ist 12, und der größere 20.

§. 31.

X. Aufgabe. Suche eine Zahl von der Beschaffenheit, daß, wenn ich sie mit 5 multiplicire, dann das Product so viel unter 40 ist, als die Zahl selbst unter 12.

B 2 Es

Es sey diese Zahl $= x$, welche um $12 - x$ unter 12 ist, diese Zahl fünfmal genommen ist $5x$ und ist um $40 - 5x$ unter 40, letzteres nun soll eben soviel seyn als $12 - x$, also $40 - 5x = 12 - x$, addire $5x$, so wird $40 = 12 + 4x$, 12 subtrahirt, giebt $28 = 4x$, durch 4 dividirt, giebt endlich $x = 7$.

Antwort. Die Zahl ist 7.

§. 32.

XI. Aufgabe. Theile 25 in zwey Theile, so daß der größere 49mal größer ist, als der kleinere.

Es sey der kleinere Theil $= x$, so ist der größere $= 25 - x$; und weil dieser 49mal größer seyn soll, als jener, so ist $25 - x = 49x$. Wird nun x auf beyden Seiten addirt, so erhält man $50x = 25$, und durch 50 dividirt, bleibt $x = \frac{1}{2}$.

Antwort. Der kleinere Theil ist $\frac{1}{2}$ und der größere $24\frac{1}{2}$, welcher durch $\frac{1}{2}$ dividirt, das ist mit 2 multiplicirt, 49 giebt.

§. 33.

XII. Aufgabe. Theile 48 in neun Theile, so daß immer einer um $\frac{1}{2}$ größer sey, als der vorhergehende.

Es sey der erste und kleinste Theil $= x$, so ist der zweyte $x + \frac{1}{2}$ und der dritte $= x + 1$ u. s. w. Weil nun diese Theile eine arithmetische Progression ausmachen, wovon das erste Glied $= x$, so ist das neunte und letzte Glied $x + 4$ (1 Th. §. 406); hiezu das erste x addirt, giebt $2x + 4$. Diese Summe mit der Anzahl der Glieder 9 multiplicirt, giebt $18x + 36$; dieses durch 2 getheilt, giebt die Summe aller neun Theile $9x + 18$ (1 Th. §. 416.) welches der Zahl 48 gleich seyn muß. Also hat man $9x + 18 =$

48,

48, 18 ſubtrahirt, giebt 9x = 30, und durch 9 dividirt, giebt x = 3⅓.

Antwort. Der erſte Theil iſt 3⅓ und die neun Theile ſind folgende:

$$\overset{1}{3\tfrac13} + \overset{2}{3\tfrac56} + \overset{3}{4\tfrac13} + \overset{4}{4\tfrac56} + \overset{5}{5\tfrac13} + \overset{6}{5\tfrac56} + \overset{7}{6\tfrac13} + \overset{8}{6\tfrac56} + \overset{9}{7\tfrac13},$$

die Summe von dieſen 9 Zahlen beträgt 48.

§. 34.

XIII. Aufgabe. Suche eine arithmetiſche Progreſſion, wovon das erſte Glied = 5 und das letzte = 10, die Summe aber = 60 iſt.

Da hier weder der Unterſchied, noch die Anzahl der Glieder bekannt iſt, aus dem erſten und letzten Gliede aber die Summe aller gefunden werden könnte, wenn man nur die Anzahl der Glieder wüßte, ſo ſey dieſelbe = x. Folglich wird die Summe der Progreſſion $\tfrac{15}{2}$ x = 60; durch 15 dividirt, kömmt ½x = 4, und mit 2 multiplicirt, giebt x = 8. Da nun die Anzahl der Glieder 8 iſt, ſo ſetze man den Unterſchied = z; folglich iſt das zweyte Glied 5 + z, das dritte 5 + 2z und das achte 5 + 7z, welches, zufolge der angenommenen Bedingung, 10 betragen muß, alſo hat man 5 + 7z = 10. Hiervon 5 ſubtrahirt, giebt 7z = 5, und durch 7 dividirt, z = $\tfrac57$.

Antwort. Der Unterſchied der Progreſſion iſt $\tfrac57$ und die Anzahl der Glieder 8, daher die Progreſſion ſelbſt ſeyn wird:

$$\overset{1}{5} + \overset{2}{5\tfrac57} + \overset{3}{6\tfrac37} + \overset{4}{7\tfrac17} + \overset{5}{7\tfrac57} + \overset{6}{8\tfrac47} + \overset{7}{9\tfrac27} + \overset{8}{10},$$

davon die Summe = 60.

§. 35.

XIV. Aufgabe. Suche eine Zahl von der Beſchaffenheit, daß, wenn ich von

B 3   ihrem

ihrem Doppelten 1 subtrahire, und das übrige verdopple, davon 2 subtrahire, den Rest durch 4 dividire, dann 1 weniger herauskomme, als die gesuchte Zahl.

Die gesuchte Zahl sey x, so ist ihr Doppeltes 2x, davon 1 subtrahirt, bleibt 2x — 1, dieses verdoppelt, wird 4x — 2, davon 2 subtrahirt, bleibt 4x — 4, dieses durch 4 dividirt, giebt x — 1, welches 1 weniger seyn muß, als x.

Also x — 1 = x — 1, dieses ist eine identische Gleichung und zeigt an, daß x gar nicht bestimmt werde, sondern daß man dafür jede Zahl nach Belieben annehmen könne.

§. 36.

XV. Aufgabe. Ich habe einige Ellen Tuch gekauft, und für jede 5 Ellen 7 Rthlr. gegeben. Ich habe hierauf das Tuch wieder verkauft und zwar jede 7 Ellen für 11 Rthl. und dabey 100 Rthl. gewonnen, wie viel Tuch habe ich gehabt?

Zuerst müssen wir sehen, wie viel diese Ellen Tuch, die wir durch x andeuten wollen, im Einkauf gekostet haben, welches durch folgende Regeldetri gefunden wird:

5 Ellen kosten 7 Rthl., was kosten x Ellen?

Antwort: $\frac{7}{5}$ x Rthl.

So viel Geld habe ich ausgegeben. Nun laßt uns sehen, wie viel ich wieder eingenommen habe, dieses geschieht durch diese Regeldetri. 7 Ellen kosten im Verkauf 11 Rthl., was kosten x Ellen?

Antwort. $\frac{11}{7}$ x Rthlr.

Dieses ist die Einnahme, und diese ist um 100 Rthl. größer als die Ausgabe, woraus folgende Gleichung entsteht:

$$\frac{11}{7}x = \frac{7}{5}x$$

$\frac{12}{7}$x = $\frac{7}{3}$x + 100, $\frac{7}{3}$x ſubtrahirt, bleibt $\frac{26}{3}$x = 100, mit 35 multiplicirt, kömmt 6x = 3500, und dieſes durch 6 dividirt, giebt x = 583$\frac{1}{3}$.

Antwort. Es waren 583$\frac{1}{3}$ Ellen, welche für 816$\frac{2}{3}$ Rthl. eingekauft worden, hernach ſind ſie wieder für 916$\frac{2}{3}$ Rthl. verkauft, alſo iſt darauf 100 Rthl. gewonnen worden.

§. 37.

XVI. Aufgabe. Einer kauft 12 Stück Tuch für 140 Rthl., und zwar 2 weiße, 3 ſchwarze und 7 blaue. Ein Stück ſchwarzes Tuch koſtet 2 Rthl. mehr als ein weißes, und ein blaues 3 Rthl. mehr als ein ſchwarzes. Nun iſt die Frage, wie viel jedes gekoſtet?

Man ſetze, ein weißes Stück koſtet x Rthl., ſo koſten die zwey weißen Stücke 2x Rthl., und ein ſchwarzes Stück koſtet x + 2, alſo die drey ſchwarzen 3x + 6, und ein blaues Stück x + 5, folglich die 7 blauen 7x + 35, und alle 12 Stück 12x + 41. Dieſelben koſten aber wirklich 140 Rthl., daher hat man 12x + 41 = 140, hiervon 41 ſubtrahirt, bleibt 12x = 99, und durch 12 dividirt, wird x = 8$\frac{1}{4}$.

Antwort. Ein weißes Stück koſtet demnach 8$\frac{1}{4}$ Rthl., ein ſchwarzes 10$\frac{1}{4}$ Rthl., ein blaues 13$\frac{1}{4}$ Rthl.

§. 38.

XVII. Aufgabe. Einer hat Muscatennüſſe gekauft, und ſagt, daß 3 Stück eben ſo viel über 4 Pf. koſten, als 4 Stück mehr als 10 Pf. koſten, wie theuer waren dieſelben?

Man ſage: 3 Stücke koſten x + 4 Pf., ſo werden 4 Stücke x + 10 Pf. koſten. Nun aber, nach

B 4   dem

dem ersten Satz, findet man durch die Regeldetri, was 4 Stück kosten, 3 Stück : x + 4 Pf. = 4 Stück.

Antwort. $\frac{4x + 16}{3}$.

Folglich wird $\frac{4x + 16}{3}$ = x + 10, oder 4x + 16 = 3x + 30, 3x subtrahirt, giebt x + 16 = 30, hiervon 16 subtrahirt, giebt x = 14.

Antwort. Es kosten 3 Stück 18 Pf. und 4 Stück 24 Pf., folglich hat 1 Stück 6 Pf. gekostet.

§. 39.

XVIII. Aufgabe. Es hat jemand zwey silberne Becher nebst einem dazu gehörigen Deckel; der erste Becher wiegt 12 Loth; legt man den Deckel darauf, so wiegt er zweymal so viel als der andere Becher; legt man aber den Deckel auf den andern Becher, so wiegt er dreymal so viel als der erste. Hier ist nun die Frage: wie viel der Deckel und auch der andere Becher gewogen?

Man setze, der Deckel habe gewogen x Loth, so wiegt der erste Becher sammt dem Deckel x + 12 Loth. Da dieses Gewicht zweymal so groß ist, als des andern Bechers, so hat der andere ½x + 6 gewogen; legt man darauf den Deckel, so wiegt er ½x + 6, welches dreymal 12, das ist 36 gleich seyn muß. Also hat man ½x + 6 = 36 oder ½x = 30; daher ½x = 10, und x = 20.

Antwort. Der Deckel hat 20 Loth gewogen, der andere Becher aber 16 Loth.

§. 40.

XIX. Aufgabe. Ein Wechsler hat zweyerley Münze; von der ersten Sorte gehen

a Stück

a Stück auf einen Rthl., von der zweyten Sorte b Stück. Nun will jemand c Stücke für einen Rthl. haben, wie viel muß ihm der Wechsler von jeder Sorte geben?

Man setze, der Wechsler gebe von der ersten Sorte x Stück, und also von der andern c—x Stück. Nun sind aber jene x Stück werth $a:1=x:\frac{x}{a}$ Rthl.

Diese c—x Stück aber sind werth $b:1=c-x:\frac{c-x}{b}$ Rthl.

Also muß $\frac{x}{a}+\frac{c-x}{b}=1$, oder $\frac{bx}{a}+c-x=b$, oder $bx+ac-ax=ab$, und weiter $bx-ax=ab-ac$ seyn, folglich wird $x=\frac{ab-ac}{b-a}$ oder $x=\frac{a(b-c)}{b-a}$, folglich wird $c-x=\frac{bc-ab}{b-a}$ oder $=\frac{b(c-a)}{b-a}$.

Antwort. Von der ersten Sorte giebt also der Wechsler $\frac{a(b-c)}{b-a}$ Stück, von der andern Sorte aber $\frac{b(c-a)}{b-a}$ Stück.

Anmerk. Diese beyden Zahlen lassen sich leicht durch die Regeldetri finden, nemlich die erste durch folgende Proportion: $b-a:b-c=a:\frac{ab-ac}{b-a}$.

Für die zweyte Zahl gilt diese: $b-a:c-a=b:\frac{bc-ab}{b-a}$. Hierbey ist zu merken, daß b größer ist als a, und c kleiner als b, aber größer als a, welches die Natur der Sache erfordert.

Zusatz. Zur Erläuterung dieser allgemeinen Aufgabe kann folgende Aufgabe dienen.

$\S.~41.$

XX. Aufgabe. Ein Wechsler hat zweyerley Münze; von der ersten gelten 10 Stück einen Rthlr., von der andern 20 Stück einen Rthl. Nun verlangt jemand

17 Stück für einen Rthl., wie viel be=
kömmt er von jeder Sorte?

Hier iſt alſo a = 10, b = 20 und c = 17, wor=
aus ſich dieſe Regeldetrien ergeben:

I. 10 : 3 = 10 : 3, alſo von der erſten Sorte 3 Stück.

II. 10 : 7 = 20 : 14, und von der andern Sorte 14 Stück.

Zuſatz. Die Rechnung nach den Formeln ſteht ſo:

$$\frac{(b-c)a}{b-a} = \frac{(20-17)10}{20-10} = 3 \text{ und } \frac{(c-a)b}{b-a} = \frac{(17-10)20}{20-10} =$$

7 . 2 = 14.

§. 42.

XXI. Aufgabe. Ein Vater hinterläßt
einige Kinder nebſt einem Vermögen,
welches die Kinder folgendergeſtalt un=
ter ſich theilen: das erſte nimmt 100
Rthl. und dazu noch den 10ten Theil des
übrigen. Das zweyte nimmt 200 Rthl.
und noch dazu den 10ten Theil des übri=
gen. Das dritte nimmt 300 Rthl. und
noch dazu den 10ten Theil des übri=
gen. Das vierte nimmt 400 Rthl. und
noch dazu den 10ten Theil des übrigen
u. ſ. f. Endlich findet es ſich, daß das
ganze Vermögen unter die Kinder gleich
vertheilet iſt. Nun entſteht die Frage,
wie groß das Vermögen geweſen, wie
viel Kinder hinterlaſſen worden, und
wie viel ein jedes bekommen?

Dieſe Aufgabe iſt von einer ganz beſondern Art,
und verdient daher bemerkt zu werden. Um ſie deſto
leichter aufzulöſen, ſetze man das ganze hinterlaſ=
ſene Vermögen = z Rthl. und weil alle Kinder gleich
viel bekommen, ſo ſey der Antheil eines jeden = x,

woraus man ſieht, daß die Anzahl der Kinder $\frac{z}{x}$

geweſen. Hieraus läßt ſich nun die Aufgabe folgen=
dergeſtalt auflöſen:

                                                  Die

die Masse oder das zu theilende Geld	Ordnung der Kinder	Der Antheil eines jeden	Die Differenzen zwischen eines jeden Antheils
z	das erste	$x = 100 + \dfrac{z-100}{10}$	
$z - x$	zweyte	$x = 200 + \dfrac{z-x-200}{10}$	$100 - \dfrac{x-100}{10} = 0$
$z - 2x$	dritte	$x = 300 + \dfrac{z-2x-300}{10}$	$100 - \dfrac{x-100}{10} = 0$
$z - 3x$	vierte	$x = 400 + \dfrac{z-3x-400}{10}$	$100 - \dfrac{x-100}{10} = 0$
$z - 4x$	fünfte	$x = 500 + \dfrac{z-4x-500}{10}$	$100 - \dfrac{x-100}{10} = 0$
$z - 5x$	sechste	$x = 600 + \dfrac{z-5x-600}{10}$	u. s. w.

In der letzten Columne stehen hier die Differenzen, welche entstehen, wenn man ein jedes Erbtheil von dem folgenden subtrahirt. Weil nun alle Erbtheile einander gleich sind, so muß eine jede dieser Differenzen $= 0$ seyn. Da es sich nun so glücklich zuträgt, daß alle Differenzen einander gleich sind, so ist es genug, daß man eine davon gleich 0 setze, daher erhalten wir diese Gleichung $100 - \dfrac{x-100}{10} = 0$. Man multiplicire mit 10, so erhält man $1000 - x - 100 = 0$, oder $900 - x = 0$, folglich $x = 900$.

Hieraus wissen wir schon, daß das Erbtheil eines jeden Kindes 900 Rthl. gewesen. Man nehme nun eine von den Gleichungen in der dritten Columne, welche man will, z. B. die erste $900 = 100 + \dfrac{z-100}{10}$, woraus man z sogleich finden kann; denn $9000 = 1000 + z - 100$ oder $9000 = 900 + z$, also $z = 8100$, daher wird $\dfrac{z}{x} = 9$.

Antwort. Also war die Anzahl der Kinder $= 9$, das hinterlassene Vermögen $= 8100$ Rthl., wovon ein jedes Kind 900 Rthl. bekömmt.

Anmerk. Vorstehende Aufgabe läßt noch die Antwort zu, daß das Vermögen 100 Rthl. und die Anzahl der Kinder 1 gewesen sey. Merkwürdig ist es aber allerdings, daß weder ältere noch neuere Schriftsteller dieses jemals bemerkt haben, da sich doch diese Aufgabe als eine ganz besonderer Art bemerken ließe. Ich werde die allgemeinste Auflösung davon im 6ten Capitel geben.

IV. Capitel.

Von Auflösung zweyer oder mehrerer Gleichungen vom ersten Grade.

§. 43.

Es geschieht oft, daß zwey oder auch mehr unbekannte Zahlen, welche durch die Buchstaben x, y, z u. s. w. vorgestellt werden, in die Rechnung gebracht werden müssen, da man denn, wenn anders die Frage bestimmt ist, auf eben so viel Gleichungen kömmt, aus welchen hernach die unbekannten Zahlen gefunden werden können. Hier betrachten wir aber blos solche Gleichungen, worin nur die erste Potenz der unbekannten Zahl sich findet, und worin auch keine mit der andern multiplicirt ist. Also daß eine jede Gleichung von dieser Form seyn wird $az + by + cx = d$.

§. 44.

Wir wollen den Anfang mit zwey Gleichungen machen, und daraus zwey unbekannte Zahlen x und y bestimmen; um nun die Sache auf eine allgemeine Art zu behandeln, so wollen wir folgende zwey Gleichungen als gegeben annehmen: I. $ax + by = c$ und II. $fx + gy = h$, wo die Buchstaben a, b, c und

und f, g, h die Stelle bekannter Zahlen vertreten. Hier ist nun die Frage, wie man aus diesen beyden Gleichungen die beyden unbekannten Zahlen x und y herausbringen könne.

§. 45.

Der natürlichste Weg bestehet nun darin, daß man aus einer jeden Gleichung den Werth von einer unbekannten Zahl z. B. von x bestimmt, und hernach diese beyden Werthe einander gleich setzt; woraus man eine Gleichung erhält, in welcher nur die unbekannte Zahl y vorkömmt, die man nach den obigen Regeln bestimmen kann. Hat man nun y gefunden, so darf man nur statt dessen seinen gefundenen Werth setzen, um daraus den Werth von x zu erhalten.

§. 46.

Dieser Regel zufolge findet man aus der ersten Gleichung $x = \frac{c - by}{a}$ aus der andern aber $x = \frac{h - gy}{f}$; diese beyden Werthe setze man einander gleich, so erhält man diese neue Gleichung $\frac{c - by}{a} = \frac{h - zy}{f}$ Mit a multiplicirt, wird $c - by = \frac{ah - agy}{f}$. Ferner mit f multiplicirt wird $fc - fby = ah - agy$. Man addire agy, so wird $fc - fby + agy = ah$, man subtrahire fc, so wird $- fby + agy = ah - fc$, oder $(ag - bf) y = ah - fc$, man dividire durch ag — bf, so wird $y = \frac{ah - fc}{ag - bf}$. Schreibt man nun diesen Werth für y in einen der beyden Gleichungen, welche für x gefunden worden, so erhält man auch den Werth von x. Man nehme den ersten, so hat man erstlich $- by = - \frac{abh + bcf}{ag - bf}$, hieraus wird c

— by

$$— by = c - \frac{abh + bcf}{ag - bf}, \quad \text{oder} \quad c - by =$$

$$\frac{acg - bcf - abh + bcf}{ag - bf} = \frac{acg - abh}{ag - bf}, \quad \text{durch } a \text{ dividirt,}$$

giebt $x = \dfrac{c - by}{a} = \dfrac{cg - bh}{ag - bf}$.

§. 47.

I. Aufgabe. Um dieſes Verfahren durch Beyſpiele zu erläutern, ſo ſey dieſe Aufgabe gegeben: Man ſuche zwey Zahlen, deren Summe ſey 15 und die Differenz 7.

Es ſey die größere Zahl $= x$ und die kleinere $= y$, ſo hat man I.) $x + y = 15$, und II.) $x — y = 7$. Aus der erſten bekömmt man $x = 15 — y$, und aus der zweyten $x = 7 + y$, woraus dieſe neue Gleichung entſteht $15 — y = 7 + y$. Hier addire man y, ſo hat man $15 = 7 + 2y$, man ſubtrahire 7, ſo wird $2y = 8$, durch 2 dividirt, wird $y = 4$ und daraus $x = 11$. Wenn man nun in der obigen Gleichung $x = 7 + y$ anſtatt y die gefundene Zahl 4 ſetzt, ſo erhält man $x = 7 + 4 = 11$.

Antwort. Die kleinere Zahl iſt 4, die größere aber 11.

§. 48.

II. Aufgabe. Man kann dieſe Aufgabe auch allgemein machen, und zwey Zahlen ſuchen, deren Summe $= a$ und deren Differenz $= b$ ſey.

Es ſey die größere $= x$ und die kleinere $= y$, ſo hat man I.) $x + y = a$ und II.) $x — y = b$. Aus der erſten erhält man $x = a — y$ und aus der zweyten $x = b + y$, hieraus entſteht dieſe Gleichung $a — y = b + y$. Man addire y, ſo hat man $a = b + 2y$,

man

man subtrahire b, so kömmt $2y = a - b$, durch 2 dividirt, wird $y = \frac{a-b}{2}$ und hieraus wird $x = a -$ $\frac{a+b}{2} = \frac{a+b}{2}$, oder $= b + \frac{a-b}{2} = \frac{a+b}{2}$.

Antwort. Die größere Zahl ist also $x = \frac{a+b}{2}$ und die kleinere $y = \frac{a-b}{2}$; oder da $x = \frac{1}{2}a + \frac{1}{2}b$ und $y = \frac{1}{2}a - \frac{1}{2}b$, so erhält man hier folgenden Lehrsatz: die größere Zahl ist gleich der halben Summe und der halben Differenz zusammen genommen, die kleinere Zahl 4 ist gleich der halben Summe weniger der halben Differenz.

§. 49.

Man kann auch diese Frage auf folgende Art auflösen. Man addire die beyden Gleichungen $x + y = a$ und $x - y = b$, so wird $2x = a + b$ und $x = \frac{a+b}{2}$.

Hernach subtrahire man von der ersten die zweyte, so bekömmt man $2y = a - b$ und $y = \frac{a-b}{2}$, wie vorher.

§. 50.

III. **Aufgabe.** Ein Maulesel und ein Esel tragen ein jeder etliche Pud*). Der Esel beschwert sich über seine Last und sagt zum Maulesel, gäbst du mir 1 Pud von deiner Last, so hätte ich zweymal so viel als du. Hierauf antwortet der Maulesel, wenn du mir 1 Pud von deiner Last gäbest, so hätte ich dreymal so viel

*) Ein Pud, welches ein in Rußland übliches Gewicht ist, beträgt 40 Pfund.

viel als du. Wie viel Pud hat nun ein
jeder gehabt?

Der Maulefel habe x Pud gehabt, der Efel aber
y Pud. Giebt nun der Maulefel dem Efel ein Pud,
ſo hat der Efel $y + 1$, der Maulefel aber behält noch
$x - 1$. Da nun der Efel zweymal ſo viel hat, als
der Maulefel, ſo wird $y + 1 = 2x - 2$.

Wenn aber der Efel dem Maulefel ein Pud giebt,
ſo bekommt der Maulefel $x + 1$ und der Efel behält
noch $y - 1$. Da nun jene Laſt dreymal ſo groß iſt,
als dieſe, ſo wird $x + 1 = 3y - 3$.

Alſo ſind hier folgende zwey Gleichungen:
I.) $y + 1 = 2x - 2$, II.) $x + 1 = 3y - 3$.

Aus der erſten findet man $x = \frac{y + 3}{2}$, und aus der

andern $x = 3y - 4$, woraus dieſe neue Gleichung

entſteht $\frac{y + 3}{2} = 3y - 4$, welche mit 2 multiplicirt,

$y + 3 = 6y - 8$ giebt, und y ſubtrahirt, kömmt
$5y - 8 = 3$. Addire 8, ſo hat man $5y = 11$ und
$y = \frac{11}{5}$ oder $2\frac{1}{5}$; folglich, weil $x = 3y - 4$, wenn
man hier anſtatt y die Zahl $\frac{11}{5}$ ſetzt, $x = \frac{33}{5} - 4 = 2\frac{3}{5}$.

Antwort. Alſo hat der Maulefel $2\frac{3}{5}$ Pud,
der Efel aber $2\frac{1}{5}$ Pud gehabt.

§. 51.

Hat man drey unbekannte Zahlen, und eben ſo
viel Gleichungen, z. B. I.) $x + y - z = 8$, II.)
$x + z - y = 9$, III.) $y + z - x = 10$, ſo ſuche man
ebenfalls aus einer jeden den Werth von x, nemlich
aus der I.) $x = 8 + z - y$, II.) $x = 9 + y - z$, III.)
$x = y + z - 10$. Nun vergleiche man den erſten
Werth mit dem zweyten, und hierauf auch mit dem
dritten, ſo erhält man folgende zwey neue Gleichungen:
I.) $8 + z - y = 9 + y - z$, II.) $8 + z - y = y + z - 10$.
Es folgt aber aus der erſten $2z - 2y = 1$, und aus
der

der zweyten $2y=18$, und da erhält man sogleich $y=9$. Dieser Werth in der vorhergehenden für y geschrieben, giebt $2z-18=1$ und $2z=19$; daher $z=9\frac{1}{2}$, und hieraus findet man $x=8\frac{1}{2}$.

Hier war aber der Fall, daß in der letzten Gleichung der Buchstabe z verschwand, und also y sogleich daraus bestimmt werden konnte. Wäre aber z auch noch darin vorgekommen, so hätte man zwey Gleichungen zwischen z und y gehabt, die nach der ersten Regel aufgelöset werden müßten.

§. 52.

Es seyen die drey folgenden Gleichungen gefunden worden:

I.) $3x+5y-4z=25$, II.) $5x-2y+3z=46$, III.) $3y+5z-x=62$.

Man suche aus einer jeden den Werth von x, so hat man I.) $x=\dfrac{25-5y+4z}{3}$, II.) $x=\dfrac{46+2y-3z}{5}$, III.) $x=3y+5z-62$.

Nun vergleiche man diese drey Werthe unter sich, so giebt der III. und I. $3y+5z-62=\dfrac{25-5y+4z}{3}$, oder mit 3 multiplicirt, $25-5y+4z=9y+15z-186$. Addirt man 186, so kömmt $211-5y+4z=9y+15z$, und wieder $5y$ addirt, giebt $211+4z=14y+15z$. Man erhält also aus I. und III. $211=14y+11z$. Die IIte und IIIte giebt $3y+5z-62=\dfrac{46+2y-3z}{5}$ oder $46+2y-3z=15y+25z-310$, und aus dieser Gleichung findet man $356=13y+28z$.

Aus einer jeden dieser beyden Gleichungen suche man den Werth für y.

I.) $211=14y+11z$, und wird $11z$ subtrahirt, so bleibt $14y=211-11z$, oder $y=\dfrac{211-11z}{14}$.

C II.) 356

II. $356 = 13y + 28z$, wo $28z$ subtrahirt übrig läßt $13y = 356 - 28z$, oder $y = \frac{356 - 28z}{13}$.

Diese zwey Werthe einander gleich gesetzt, geben: $\frac{211 - 11z}{14} = \frac{356 - 28z}{13}$, mit 13. 14 multiplicirt, wird $2743 - 143z = 4984 - 392z$, hierzu $392z$ addirt, giebt $249z + 2743 = 4984$ oder $249z = 2241$ und also $z = 9$. Hieraus erhält man $y = 9$ und endlich $x = 7$.

§. 53.

Kommen mehr als drey unbekannte Zahlen, und eben so viel Gleichungen vor, so könnte man die Auflösung zwar auf eine ähnliche Art anstellen, aber dies würde gewöhnlich auf verdrießliche Rechnungen leiten.

Es pflegen sich aber in jedem Fall solche Mittel zu äußern, wodurch die Auflösung sehr erleichtert wird, und dieß geschieht vorzüglich, indem man außer den gesuchten unbekannten Zahlen, noch eine neue willkührliche, z. B. die Summe aller, in die Rechnung mit einführet, welches von einem, der in dergleichen Rechnungen schon ziemlich geübt ist, in jedem Fall leicht beurtheilt werden kann. Zu dem Ende wollen wir einige dergleichen Beyspiele anführen.

Anmerk. In Kästners Analysis endlicher Größen von 1794 werden Seite 128 und 129 einige Schriften genannt, die die hierbey vorfallenden mühsamen Arbeiten bequemer zu verrichten lehren.

§. 54.

IV. Aufgabe. Es spielen drey Personen mit einander, und im ersten Spiel verliert der erste an jeden der beyden andern so viel, als ein jeder von den

zwey

zwey andern an Gelde bey sich hat. Im andern Spiel verliert der zweyte an den ersten und dritten so viel, als ein jeder hat. Im dritten Spiel verliert der dritte an den ersten und zweyten so viel, als ein jeder hatte, und da findet es sich, daß alle nach geendigtem Spiel gleich viel haben, nemlich ein jeder 24 Fl. Nun ist die Frage, wie viel ein jeder anfänglich gehabt habe?

Man setze, der erste habe x Fl., der zweyte y und der dritte z gehabt. Ueberdies setze man die Summe aller Fl. zusammen $x + y + z = s$. Da nun im ersten Spiele der erste so viel verliert, als die beyden andern haben, und der erste x hat; so haben die beyden andern $s - x$, und so viel verliert der erste; daher ihm noch $2x - s$ übrig bleiben; der zweyte aber wird 2y und der dritte 2z haben.

Also nach dem ersten Spiele hat:
der I.) $2x - s$, der II.) 2y, der III.) 2z.

Im zweyten Spiele verliert der zweyte, der nun 2y hat, an die beyden andern so viel, als sie haben, oder $s - 2y$, daher der zweyte noch behält $4y - s$; die beyden andern aber werden zweymal so viel haben, als vorher.

Also nach dem zweyten Spiele hat:
der I.) $4x - 2s$, der II.) $4y - s$, der III.) 4z.

Im dritten Spiele verliert der dritte, der jetzt 4z hat, an die beyden andern, so viel sie haben; sie haben aber $s - 4z$; also behält der dritte noch $8z - s$, und die beyden übrigen bekommen doppelt so viel, als sie hatten.

Also nach dem dritten Spiele hat:
der I.) $8x - 4s$, der II.) $8y - 2s$, und der III.) $8z - s$.

C 2 Da

Da nun jetzt ein jeder 24 Fl. hat, so erhalten wir drey Gleichungen, welche so beschaffen sind, daß man aus der ersten sogleich x, aus der andern y, und aus der dritten z finden kann, besonders da jetzt s eine bekannte Zahl ist, indem alle zusammen am Ende des Spiels 72 Fl. haben. Allein dieses wird sich von selbst geben, ohne daß man nöthig habe, darauf zu sehen.

Die Rechnung ist daher folgende:

I.) $8x - 4s = 24$, oder $8x = 24 + 4s$, oder $x = 3 + \frac{1}{2}s$.

II.) $8y - 2s = 24$, oder $8y = 24 + 2s$, oder $y = 3 + \frac{1}{4}s$.

III. $8z - s = 24$, oder $8z = 24 + s$, oder $z = 3 + \frac{1}{8}s$.

Man addire diese 3 Werthe, so bekömmt man $x + y + z = 9 + \frac{7}{8}s$; da nun $x + y + z = s$, so hat man $s = 9 + \frac{7}{8}s$. Wird nun $\frac{7}{8}s$ subtrahirt, so bleibt $\frac{1}{8}s = 9$ und $s = 72$.

Antwort. Also hatte im Anfange des Spiels der erste 39 Fl., der zweyte 21 Fl. und der dritte 12 Fl.

Aus dieser Auflösung zeigt sich, wie man durch Hülfe der Summe der drey unbekannten Zahlen alle oben angeführten Schwierigkeiten leicht aus dem Wege räumen kann.

§. 55.

So schwer diese Aufgabe auch scheint, so ist doch zu merken, daß sie sogar ohne Algebra aufgelöset werden kann.

Man darf nur bey Betrachtung derselben rückwärts gehen. Denn da die drey Personen nach dem dritten Spiel gleich viel bekommen haben, nemlich jeder 24; im dritten Spiele aber der erste und zweyte ihr Geld verdoppelt haben, so müssen sie vor dem dritten Spiele folgende Anzahl von Fl. gehabt haben:

I.) 12, II.) 12, III.) 48.

Im

Im zweyten Spiele hat der erste und dritte sein Geld verdoppelt; also müssen sie vor dem zweyten Spiele gehabt haben:

I.) 6 , II.) 42 , III.) 24.

Im ersten Spiele hat der zweyte und dritte sein Geld verdoppelt; also haben sie vor dem ersten Spiele gehabt:

I.) 39 , II.) 21 , III.) 12.

und eben so viel haben wir auch vorher durch die Algebra für den Anfang des Spiels gefunden.

§. 56.

V. Aufgabe. Zwey Personen sind 29 Rub. schuldig, es hat zwar ein jeder Geld, doch nicht so viel, daß er diese gemeinschaftliche Schuld allein bezahlen könnte; darum sagt der erste zu dem andern: giebst du mir $\frac{2}{3}$ deines Geldes, so könnte ich die Schuld sogleich allein bezahlen. Der andere antwortet hierauf: gieb du mir $\frac{3}{4}$ deines Geldes, so könnte ich die Schuld allein bezahlen; wie viel Geld hat jeder gehabt?

Der erste habe x Rub., der andere y Rub. gehabt, also bekömmt man erstlich $x + \frac{2}{3}y = 29$, hernach auch $y + \frac{3}{4}x = 29$. Aus dem ersten findet man $x = 29 - \frac{2}{3}y$, aus dem zweyten $x = \frac{116-4y}{3}$. Aus diesen beyden Werthen entsteht folgende Gleichung: $29 - \frac{2}{3}y = \frac{116-4y}{3}$. Wird diese Gleichung mit 3 multiplicirt, so erhält man $87 - 2y = 116 - 4y$, und addirt man beyderseits 4y, so wird $87 + 2y = 116$. Subtrahirt man ferner 87, so bleibt $2y = 29$, folglich $y = 14\frac{1}{2}$.

C 3 Setzt

Setzt man nun in der obigen Gleichung $y + \frac{3}{4}x = 29$ anstatt y den jetzt gefundenen Werth $14\frac{1}{2}$, so verwandelt sich dieselbe in folgende Gleichung: $14\frac{1}{2} + \frac{3}{4}x = 29$. Subtrahirt man $14\frac{1}{2}$ auf beyden Seiten, und dividirt nachher mit $\frac{3}{4}$, so erhält man $x = 19\frac{1}{3}$.

Antwort. Der erste hat $19\frac{1}{3}$ und der zweyte $14\frac{1}{2}$ Rubel gehabt.

§. 57.

VI. Aufgabe. Drey haben für 100 Rthl. ein Haus gekauft. Der erste verlangt vom andern $\frac{1}{2}$ seines Geldes, denn könnte er das Haus allein bezahlen; der zweyte verlangt vom dritten $\frac{1}{3}$ seines Geldes, so könnte er das Haus allein bezahlen. Der dritte verlangt vom ersten $\frac{1}{4}$ seines Geldes, so könnte er das Haus allein bezahlen. Wie viel hat jeder Geld gehabt?

Der erste habe x, der zweyte y, der dritte z Rthl. gehabt, so bekömmt man folgende drey Gleichungen: I.) $x + \frac{1}{2}y = 100$, II.) $y + \frac{1}{3}z = 100$, III.) $z + \frac{1}{4}x = 100$, aus welchen der Werth von x gefunden wird:

I.) $x = 100 - \frac{1}{2}y$, III.) $x = 400 - 4z$.

Hier konnte nemlich aus der zweyten Gleichung x nicht bestimmt werden.

Die beyden Werthe von x aber geben folgende Gleichung:

$$100 - \frac{1}{2}y = 400 - 4z \text{ oder } 4z - \frac{1}{2}y = 300.$$

Diese muß mit der zweyten verbunden werden, um daraus y und z zu finden. Nun war aber die zweyte Gleichung $y + \frac{1}{3}z = 100$, woraus $y = 100 - \frac{1}{3}z$ gefunden wird. Aber aus der vorher gefundenen Gleichung $4z - \frac{1}{2}y = 300$ folgt, daß $y = 8z - 600$, und hieraus entstehet diese letzte Gleichung:

$100 - \frac{1}{3}z$

$100 - \frac{1}{3}z = 8z - 600$, alſo $8\frac{1}{3}z = 700$, oder $\frac{25}{3}z$
$= 700$, und $z = 84$. Hieraus findet man $y = 100$
$- 28$, oder $y = 72$, und endlich $x = 64$.

A n t w o r t. Der erſte hat 64 Rthlr., der
zweyte 72 Rthlr., der dritte 84 Rthlr. gehabt.

§. 58.

Da bey dieſem Exempel in einer jeden Gleichung
nur zwey unbekannte Zahlen vorkommen, ſo kann die
Auflöſung auf eine bequemere Art angeſtellt werden.

Denn man ſuche aus der erſten $y = 200 - 2x$,
welches alſo durch x beſtimmt wird. Dieſen Werth
ſchreibe man für y in die zweyte Gleichung, ſo hat
man $200 - 2x + \frac{1}{3}z = 100$, 100 ſubtrahirt, ſo
bleibt $100 - 2x + \frac{1}{3}z = 0$, oder $\frac{1}{3}z = 2x - 100$
und $z = 6x - 300$.

Alſo iſt auch z durch x beſtimmt; dieſen Werth
bringe man nun in die dritte Gleichung, ſo kömmt
$6x - 300 + \frac{1}{4}x = 100$, in welcher nur x vorkömmt,
und alſo $25x - 1600 = 0$, daher $x = 64$, folglich
$y = 200 - 128 = 72$, und $z = 384 - 300 = 84$.

§. 59.

Eben ſo kann man verfahren, wenn auch mehr
ſolche Gleichungen vorkommen. Wenn man alſo
auf eine allgemeine Art hat:

I.) $u + \dfrac{x}{a} = n$, II.) $x + \dfrac{y}{b} = n$, III.) $y + \dfrac{z}{c} = n$,

IV.) $z + \dfrac{u}{d} = n$.

Aus welchen, nachdem man die Brüche weggebracht
hat, folgende Gleichungen werden:
I.) $au + x = an$, II.) $bx + y = bn$, III.) $cy + z = cn$,
IV.) $dz + u = dn$.

Hier bekommen wir aus der erſten $x = an - au$,
welcher Werth in der zweyten $abn - abu + y = bn$

C 4   giebt,

giebt, alſo $y = bn - abn + abu$. Dieſer Werth in
der dritten giebt $bcn - abcn + abcu + z = cn$; alſo
$z = cn - bcn + abcn - abcu$. Dieſer endlich in der
vierten Gleichung giebt $cdn - bcdn + abcdn - abcdu$
$+ u = dn$. Alſo wird $dn - cdn + bcdn - abcdn = -$
$abcdu + u$ oder $(abcd - 1) u = abcdn - bcdn +$
$cdn - dn$, woraus man erhält

$$u = \frac{abcdn - bcdn + cdn - dn}{abcd - 1} = n\frac{(abcd - bcd + cd - d)}{abcd - 1}$$

Hieraus findet man ferner folgende Gleichungen:

$$x = \frac{abcdn - acdn + adn - an}{abcd - 1} = n.\frac{(abcd - acd + ad - a)}{abcd - 1}$$

$$y = \frac{abcdn - abdn + abn - bn}{abcd - 1} = n.\frac{(abcd - abd + ab - b)}{abcd - 1}$$

$$z = \frac{abcdn - abcn + bcn - cn}{abcd - 1} = n.\frac{(abcd - abc + bc - c)}{abcd - 1}$$

$$u = \frac{abcdn - bcdn + cdn - dn}{abcd - 1} = n.\frac{(abcd - bcd + cd - d)}{abcd - 1}$$

§. 60.

VII. Aufgabe. Ein Hauptmann hat
drey Compagnien Soldaten. In einer
ſind Schweizer, in der zweyten Schwaben, in der dritten Sachſen. Mit dieſen
will er eine Stadt beſtürmen und ver-
ſpricht zur Belohnung 901 Rthl. auf
folgende Art auszutheilen, daß von der
Compagnie, die den Sturm thut, ein
jeder 1 Rthl. bekommen, das übrige Geld
aber unter die beyden andern Compagnien gleich vertheilet werden ſoll. Nun
findet es ſich, daß, wenn die Schweizer
den Sturm wagten, ein jeder von den
beyden andern ½ Rthlr., wenn aber die
Schwaben den Sturm wagen, ein jeder
der

der beyden andern ⅓ Rthlr., und wenn die
Sachsen den Sturm wagten, ein jeder
der beyden andern Comp. ¼ Rthl. bekommen würden. Nun ist die Frage, aus wie
viel Köpfen bestand eine jede Compagnie?

Man setze, die Zahl der Schweizer sey x, der
Schwaben y, und der Sachsen z Köpfe gewesen.
Ferner setze man die Anzahl aller $x+y+z=\text{s}$, weil,
wie sich leicht vorher sehen läßt, dadurch die Rechnung gar sehr erleichtert wird. Denn wenn die
Schweizer den Sturm thun, deren Anzahl $=x$, so
ist die Zahl der beyden übrigen $=\text{s}-x$. Da nun
jene 1 Rthl., diese aber ½ Rthl. bekommen, so wird
$x+\frac{1}{2}\text{s}-\frac{1}{2}x=901$.

Eben so, wenn die Schwaben Sturm laufen, so
wird $y+\frac{1}{3}\text{s}-\frac{1}{3}y=901$,

und endlich, wenn die Sachsen Sturm laufen,
so wird $z+\frac{1}{4}\text{s}-\frac{1}{4}z=901$ seyn.

Aus diesen drey Gleichungen kann ein jeder der
drey Buchstaben x, y und z bestimmt werden; denn
aus der ersten erhält man $x=1802-\text{s}$, aus der
zweyten $2y=2703-\text{s}$, aus der dritten $3z=3604-\text{s}$.

Nun schreibe man dieselben unter einander, suche
aber erstlich die Werthe von 6x, 6y und 6z.

$$6x=10812-6\text{s}$$
$$6y=8109-3\text{s}$$
$$6z=7208-2\text{s}$$

dieses addirt: $6\text{s}=26129-11\text{s}$ oder $17\text{s}=26129$
Hieraus findet man $\text{s}=1537$, welches die Anzahl
aller Köpfe ist und daraus ergiebt sich ferner:

$x=1802-1537=265$,

$2y=2703-1537=1166$ und $y=583$,

$3z=3604-1537=2067$ und $z=689$.

Ant-

Antwort. Die Compagnie der Schweizer bestand also aus 265 Mann, der Schwaben aus 583, und der Sachsen aus 689 Mann.

V. Capitel.

Von der Auflösung der reinen quadratischen Gleichungen.

§. 61.

Eine Gleichung wird quadratisch genannt, wenn darin das Quadrat oder die zweyte Potenz der unbekannten Zahl vorkömmt, wofern sich nur keine höhere Potenzen derselben darin befinden. Denn sollte darin auch die dritte Potenz vorkommen, so wird eine solche Gleichung schon zu den cubischen gerechnet, deren Auflösung besondere Regeln erfordert.

§. 62.

In einer quadratischen Gleichung kommen also nur dreyerley Glieder vor: erstens solche Glieder, worin die unbekannte Zahl gar nicht enthalten ist, oder welche blos aus bekannten Zahlen zusammengesetzt sind; zweytens solche Glieder, in welchen nur die erste Potenz der unbekannten Zahl vorkömmt; und drittens solche, in welchen das Quadrat der unbekannten Zahl enthalten ist.

Also wenn x die unbekannte Zahl andeutet, die Buchstaben a, b, c, d u. s. w. aber bekannte Zahlen vorstellen, so haben die Glieder der ersten Art diese Form a, von der zweyten Art haben die Glieder die Form bx, und die Glieder der dritten Art haben die Form cxx.

§. 63.

§. 63.

Man hat schon oben gesehen, daß zwey oder mehr Glieder von einer Art in ein einziges zusammen gezogen, oder als ein einziges Glied betrachtet werden können.

Daher kann diese Form $ax^2 - bx^2 + cx^2$ als ein einziges Glied angesehen, und auf folgende Art vorgestellt werden: $(a - b + c)x^2$, weil $a - b + c$ wirklich eine bekannte Zahl ausdrückt, und auch durch einen einzelnen Buchstaben, z. B. durch n angezeigt werden könnte.

Wenn sich auch solche Glieder auf beyden Seiten des Zeichens (=) befinden sollten, so hat man schon gesehen, wie diese auf eine Seite gebracht, und in eins zusammen gezogen werden können, z. B. wenn diese Gleichung vorkömmt:

$$2x^2 - 3x + 4 = 5x^2 - 8x + 11;$$

so subtrahirt man erst $2x^2$, so kömmt

$$- 3x + 4 = 3x^2 - 8x + 11.$$

Hernach addire man $8x$, so hat man $5x + 4 = 3x^2 + 11$; und 11 subtrahirt, giebt $3x^2 = 5x - 7$.

§. 64.

Man kann auch alle Glieder auf eine Seite des Zeichens = bringen, so daß auf der andern Seite o zu stehen kömmt; wobey zu bemerken ist, daß, wenn Glieder von der einen Seite auf die andere gebracht werden, ihre Zeichen verändert werden müssen.

Die obige Gleichung wird daher diese Form bekommen $3x^2 - 5x + 7 = 0$, und so wird auch überhaupt jede quadratische Gleichung durch folgende Form vorgestellt werden können.

$$ax^2 \pm bx \pm c = 0,$$

wo das Zeichen $\pm$ durch plus oder minus ausgesprochen

chen wird, um anzuzeigen, daß solche Glieder bald positiv, bald negativ seyn können.

§. 65.

Es mag eine quadratische Gleichung anfänglich aussehen wie sie will, so kann sie doch immer auf diese Form, welche nur aus drey Gliedern besteht, gebracht werden. Wenn man z. B. auf folgende Gleichung gekommen wäre:

$$\frac{ax+b}{cx+d} = \frac{ex+f}{gx+h},$$ so müßten zuerst die Brüche gehoben werden, welches auf folgende Art geschehen könnte. Man multiplicire mit cx + d, so bekömmt man

$$ax+b = \frac{cex^2+cfx+edx+fd}{gx+h},$$ und dieses mit gx+h multiplicirt, giebt

$$agx^2+bgx+ahx+bh = cex^2+cfx+edx+fd,$$

welches eine quadratische Gleichung ist, die auf drey Glieder gebracht werden kann, wenn alle auf eine Seite gesetzt werden, und gemeiniglich pflegt man sie auf folgende Art unter einander zu schreiben:

$$o = agx^2 + bgx + bh$$
$$- cex^2 + ahx - fd$$
$$- cfx$$
$$- edx$$

oder, um sie noch deutlicher vorzustellen

$$o = (ag-ce)x^2 + (bg+ah-cf-ed)x + bh-fd.$$

§. 66.

Dergleichen quadratische Gleichungen, worin von allen dreyen Arten Glieder enthalten sind, werden vollständige genannt, und ihre Auflösung ist auch weit schwieriger; daher wir zuerst solche Gleichungen betrachten wollen, in welchen eins von diesen drey Gliedern fehlt. Ist nun das Glied x²

gar

gar nicht vorhanden, so ist die Gleichung nicht einmal quadratisch, sondern gehört zu der vorigen Art. Sollte aber das Glied, welches bloß bekannte Zahlen enthält, fehlen, so würde die Gleichung folgende seyn: $ax^2 \pm bx = 0$, welche man durch x theilen kann, wodurch man zu dieser Gleichung gelangt: $ax + b = 0$; diese ist aber wieder eine einfache Gleichung und gehört daher nicht hierher.

§. 67.

Wenn aber das mittlere Glied, welches nur die erste Potenz von x enthält, fehlt, so bekömmt die Gleichung diese Form: $ax^2 + c = 0$, oder $ax^2 = \mp c$, es mag nun c das Zeichen $+$ oder $-$ haben.

Eine solche Gleichung wird eine r e i n e q u a d r a t i s c h e genannt, weil ihre Auflösung leichter bewerkstelligt werden kann. Denn man darf nur durch a theilen, so bekömmt man $x^2 = \frac{c}{a}$; und wenn man auf beyden Seiten die Quadratwurzel auszieht, so erhält man $x = r\frac{c}{a}$, wodurch die Gleichung aufgelöset ist.

§. 68.

Hier sind nun drey Fälle zu bemerken. Der erste wenn $\frac{c}{a}$ eine Quadratzahl ist, wovon sich die Wurzel wirklich angeben läßt; dann erhält man den Werth von x durch eine Rationalzahl ausgedrückt, sie mag nun eine ganze Zahl oder ein Bruch seyn.

Also aus dieser Gleichung $x^2 = 144$ bekömmt man $x = 12$, und aus dieser $x^2 = \frac{9}{16}$ erhält man $x = \frac{3}{4}$.

Der zweyte Fall ist, wenn $\frac{c}{a}$ keine Quadratzahl ist, da man sich dann mit dem Wurzelzeichen r begnügen muß. Also

Also wenn $x^2 = 12$, so wird $x = \sqrt{12}$, wovon der Werth durch Näherung bestimmt werden kann, wie schon oben gezeigt ist.

Ist aber drittens $\frac{c}{a}$ gar eine negative Zahl, so wird der Werth von x ganz und gar unmöglich oder imaginär, und zeigt an, daß die Auflösung der Aufgabe, welche auf eine solche Gleichung geführt hat, an sich unmöglich sey.

§. 69.

Ehe wir weiter gehen, ist noch zu bemerken, daß, so oft aus einer Zahl die Quadratwurzel gezogen werden muß, dieselbe allezeit einen doppelten Werth erhalte, und sowohl positiv als negativ genommen werden könne, wie schon oben gezeigt worden.

Also wenn man z. B. auf folgende Gleichung kömmt $x^2 = 49$, so ist der Werth von x nicht nur $+7$, sondern auch -7, und pflegt daher auf folgende Art angedeutet zu werden: $x = \pm\sqrt{49} = \pm7$, woraus erhellet, daß alle diese Fragen eine doppelte Auflösung zulassen, in vielen Fällen aber, wo z. B. von irgend einer Anzahl Menschen die Frage ist, fällt der negative Werth von selbst weg.

§. 70.

Auch bey dem vorhergehenden Fall, wo die bloße Zahl fehlt, lassen die Gleichungen $ax^2 = bx$ immer zweyerley Werthe für x zu, obgleich nur einer gefunden wird, wenn man durch x dividirt. Denn wenn z. B. diese Gleichung $x^2 = 3x$ vorkommt, wo ein solcher Werth für x gegeben werden soll, daß x^2 dem $3x$ gleich werde, so geschieht dieses, wenn man $x = 3$ setzt, welcher Werth heraus kömmt, wenn man durch x dividirt. Allein außerdem läßt sich

auch

auch die Gleichung auflösen, wenn man $x = 0$ setzt; denn da wird $x^2 = 0$ und $3x = 0$. Es ist daher bey allen quadratischen Gleichungen zu merken, daß immer zwey Auflösungen statt finden können, dagegen bey einfachen Gleichungen nie mehr als eine möglich ist.

Wir wollen nun diese reinen quadratischen Gleichungen durch einige Beispiele erläutern.

§. 71.

I. Aufg. Es wird eine Zahl gesucht, deren Hälfte mit ihrem $\frac{1}{3}$ multiplicirt, 24 giebt.

Es sey diese Zahl $= x$, so muß $\frac{1}{2}x$ mit $\frac{1}{3}x$ multiplicirt, 24 werden, woraus diese Gleichung entspringt: $\frac{1}{6}x^2 = 24$. Mit 6 multiplicirt, wird $x^2 = 144$, und wenn man hieraus die Quadratwurzel zieht, so erhält man $x = \pm 12$. Denn wenn $x = + 12$, so ist $\frac{1}{2}x = 6$ und $\frac{1}{3}x = 4$, wovon das Product 24 ist. Eben so wenn $x = -12$, so ist $\frac{1}{2}x = -6$ und $\frac{1}{3}x = -4$, und das Product davon ist auch 24.

§. 72.

II. Aufg. Es wird eine Zahl von der Beschaffenheit gesucht, daß, wenn zu derselben erst 5 addirt, und hernach auch 5 subtrahirt, und der Rest mit der ersten Summe multiplicirt wird, 96 herauskomme.

Es sey diese Zahl x, so muß $x + 5$ mit $x - 5$ multiplicirt, 96 geben; woraus diese Gleichung entsteht: $x^2 - 25 = 96$. Man addire 25, so wird $x^2 = 121$, und die Quadratwurzel ausgezogen, giebt $x = 11$. Denn hier wird $x + 5 = 16$, und $x - 5 = 6$. Nun aber ist $6 \cdot 16 = 96$.

Allge=

Allgemein könnte man dieſe Aufgabe folgendergeſtalt auss
drücken:

Es wird eine Zahl a gegeben, vermittelſt welcher eine ans
dere Zahl geſucht werden ſoll, von der Beſchaffenheit, daß die
Summe, aus der gegebenen und geſuchten Zahl, multiplicirt
in den Unterſchied dieſer beyden Zahlen ein Product liefere,
welches einer zweyten gegebenen Zahl b gleich iſt.

Es ſey wiederum die unbekannte Zahl x, ſo muß $(x + a)$
$(x - a) = x^2 - a^2 = b$ ſeyn; und hieraus findet ſich $x = \sqrt{a^2 + b}$.

§. 73.

III. Aufg. Es wird eine Zahl von der
Beſchaffenheit geſucht, daß, wenn man
dieſelbe erſtlich zu 10 addirt, hernach
auch von 10 ſubtrahirt, jene Summe
mit dieſem Reſt multiplicirt, 51 gebe.

Es ſey die Zahl x, ſo muß 10 + x mit 10 — x
multiplicirt, 51 geben, woraus dieſe Gleichung
entſteht: $100 - x^2 = 51$. Man addire x^2 und
ſubtrahire 51, ſo kömmt $x^2 = 49$, wovon die Qua=
dratwurzel die geſuchte Zahl $x = 7$ anzeigt.

Setzt man hier wiederum, um die Aufgabe allgemein zu
machen, anſtatt der Zahl 10, einen Buchſtaben, z. B. a, und
anſtatt 51 den Buchſtaben b, ſo hat man die Gleichung $(a + x)$
$(a - x) = b$, d. i. $a^2 - x^2 = b$ und daher $a^2 = b + x^2$,
folglich $x^2 = a^2 - b$ und $x = \sqrt{a^2 - b}$.

§. 74.

IV. Aufg. Drey Perſonen haben Geld,
ſo oft der erſte 7 Rthl. hat, hat der an=
dere 3 Rthl. und ſo oft der andere 17
Rthl. hat, hat der dritte 5 Rthl. Wenn
man aber das Geld des erſten mit dem
Gelde des zweyten, und das Geld des
zweyten mit dem Gelde des dritten, und
auch endlich das Geld des dritten mit
dem Gelde des erſten multiplicirt, und
her=

hernach diese drey Producte zusammen addirt, so ist die Summe $3830\frac{2}{3}$. Wie viel Geld hat ein jeder gehabt?

Man nehme an, der erste habe x Rthl. gehabt, und da gesagt wird, daß, so oft der erste 7 Rthl. habe, habe der andere 3 Rthl., so heißt dies nichts anders, als daß das Geld des ersten sich zum Gelde des zweyten verhalte wie 7 zu 3. Man setze also, wie $7 : 3 = x$ zum Gelde des zweyten, welches $= \frac{3}{7}x$ ist. Da ferner das Geld des zweyten zum Gelde des dritten sich verhält, wie 17 zu 5, so setze man, wie $17 : 5 = \frac{3}{7}x$ zum Gelde des dritten; dieses ist also $\frac{15}{119}x$. Nun multiplicire man das Geld des ersten x mit dem Gelde des zweyten $\frac{3}{7}x$, so wird das Product $= \frac{3}{7}x^2$. Ferner das Geld des andern $\frac{3}{7}x$ mit dem Gelde des dritten $\frac{15}{119}x$ multiplicirt, giebt $\frac{45}{833}x^2$. Und endlich das Geld des dritten $\frac{15}{119}x$ mit dem Gelde des ersten x multiplicirt, giebt $\frac{15}{119}x^2$. Diese drey Producte zusammen machen $\frac{3}{7}x^2 + \frac{45}{833}x^2 + \frac{15}{119}x^2$; welche unter einen Nenner gebracht, $\frac{507}{833}$ geben, welches der Zahl $3830\frac{2}{3}$ gleich gesetzt werden muß.

Also hat man $\frac{507}{833}x^2 = 3830\frac{2}{3}$. Mit 3 multiplicirt, giebt $\frac{1521}{833}x^2 = 11492$, und wenn man mit 833 multiplicirt, erhält man $1521x^2 = 9572836$. Dieses durch 1521 dividirt, wird $x^2 = \frac{9572836}{1521}$, und hieraus die Quadratwurzel gezogen, giebt $x = \frac{3094}{39}$, welcher Bruch sich durch 13 verkleinern läßt, und da kömmt $x = \frac{238}{3}$, oder $x = 79\frac{1}{3}$. Daher erhält man ferner $\frac{3}{7}x = 34$ und $\frac{15}{119}x = 10$.

Antw. Der erste hat $79\frac{1}{3}$ Rthlr., der zweyte 34 Rthlr. und der dritte 10 Rthlr. gehabt.

Anmerk. Diese Rechnung läßt sich noch leichter anstellen, wenn man die darin vorkommenden

Zahlen in ihre Factoren auflöset, und dabey vorzüglich ihre Quadrate bemerkt. Also ist $507 = 3 . 169$,
wo 169 das Quadrat von 13 ist; hernach ist $833 =
7 . 119$ und $119 = 7 . 17$. Da man nun
$x^2 = 3830\frac{2}{3}$ hat, so multiplicire man mit 3, so
kömmt $\frac{9 . 169}{17 . 49} x^2 = 11492$ heraus. Diese Zahl löse
man auch in ihre Factoren auf, wovon der erste 4
gleich in die Augen fällt, also ist $11492 = 4 . 2873$.
Ferner läßt sich 2873 durch 17 theilen und wird
$2873 = 17 . 169$; daher unsere Gleichung also aus-
sieht: $\frac{9 . 169}{17 . 49} x^2 = 4 . 17 . 169$, welche durch 169 dividirt, $\frac{9}{17 . 49} x^2 = 4 . 17$ wird. Ferner mit $17 . 40$
multiplicirt, und durch 9 dividirt, giebt $x^2 = \frac{4 . 289 . 49}{9}$
wo alle Factoren Quadrate sind, und also die Wur-
zel $x = \frac{2 . 17 . 7}{3} = 2\frac{3}{3}8$ wie oben seyn wird.

§. 51.

V. **Aufg.** Einige Kaufleute schicken zu
Errichtung einer Handlung einen Factor
nach Archangel. Jeder von diesen Kauf-
leuten giebt hiezu zehnmal so viel Rthl.
als der Personen sind. Der Factor gewinnt mit jedem 100 Rthl. zweymal so
viel, als Personen sind. Wenn man dann
$\frac{1}{100}$ des ganzen Gewinnstes mit $2\frac{2}{5}$ multiplicirt, so kömmt die Zahl der Kauf-
leute heraus. Wie viel sind ihrer gewesen?

Die Anzahl derselben sey $= x$, und da ein jeder
$10 x$ Rthl. eingelegt hat, so war das ganze Capital
$= 10 x^2$ Rthl. Nun gewinnt der Factor mit 100
Rthl. $2x$ Rthl., folglich gewinnt er $\frac{1}{5} x^3$ mit dem
ganzen Capital $10 x^2$. Der $\frac{1}{100}$ Theil dieses Ge-
winn-

winnstes ist daher $\frac{1}{500}$x³, welcher mit 2⅖, d. i. mit ²⁰⁄₉ multiplicirt, $\frac{20}{4500}$x³ oder $\frac{1}{225}$x³ giebt, welches der Zahl der x gleich seyn muß. Daher hat man diese Gleichung $\frac{1}{225}$x³ = x, oder x³ = 225 x, welche cubisch zu seyn scheint. Weil man aber durch x dividiren kann, so kömmt diese quadratische Gleichung heraus: x² = 225, mithin x = 15.

Antw. Es sind daher in allem 15 Kaufleute gewesen, und ein jeder hat 150 Rthl. eingelegt.

VI. Capitel.

Von der Auflösung der vermischten quadratischen Gleichungen.

§. 76.

Eine vermischte quadratische Gleichung ist eine solche, in welcher dreyerley Glieder vorkommen, nämlich einige, welche das Quadrat der unbekannten Zahl enthalten, wie ax²; zweytens auch solche, worin die unbekannte Zahl selbst vorkömmt, als bx, und endlich solche Glieder, welche blos aus bekannten Zahlen zusammengesetzt sind. Da nun zwey oder mehrere Glieder von einer Art in eins zusammen gezogen, und alle auf ein Seite des Zeichens = gebracht werden können, so wird die Form dieser Gleichung folgendergestalt beschaffen seyn:

$$ax^2 + bx \pm c = 0.$$

Wie nun aus solchen Gleichungen der Werth von x gefunden werden kann, soll in diesem Capitel gezeigt werden. Es kann dies aber auf zweyerley Art geschehen.

§. 77.

Eine jede quadratische Gleichung, z. B. die vorige $ax^2 \pm bx \pm c = 0$, kann durch die Division so eingerichtet werden, daß das erste Glied nur allein das reine Quadrat der unbekannten Zahl x enthalte. Denn wenn man hier mit a dividirt, so erhält man $x^2 \pm \frac{b}{a} x \pm \frac{c}{a} = 0$. Setzt man nun der Kürze wegen $\frac{b}{a} = p$ und $\frac{c}{a} = q$, so bekömmt unsere Gleichung diese Form $x^2 \pm px \pm q = 0$, oder, wenn man q auf die andere Seite bringt, $x^2 \pm px = \pm q$, wo p und q bekannte Zahlen, sowohl positive als negative andeuten; und jetzt kömmt es nun noch darauf an, wie der wahre Werth von x gefunden werden soll. Hierbey ist zuerst zu merken, daß, wenn $x^2 \pm px$ ein wirkliches Quadrat wäre, die Auflösung keine Schwierigkeit haben würde, weil man nur nöthig hätte, auf beyden Seiten die Quadratwurzel zu nehmen.

§. 78.

Es ist aber klar, daß $x^2 \pm px$ kein Quadrat seyn kann, weil wir oben (1 Th. §. 306) gesehen haben, daß, wenn die Wurzel aus zwey Gliedern besteht, z. B. $x \pm n$, das Quadrat davon drey Glieder enthalte, nämlich außer dem Quadrat eines jeden Theils, noch das doppelte Product beyder Theile, also daß das Quadrat von $x \pm n$ seyn wird $x^2 \pm 2nx + n^2$. Da wir nun auf einer Seite schon $x^2 \pm px$ haben, so können wir x^2 als das Quadrat des ersten Theils der Wurzel ansehen, und da muß px das doppelte Product des ersten Theils der Wurzel x mit dem andern Theil seyn; daher der andere Theil $\pm p$ seyn muß,

muß, wie denn auch wirklich das Quadrat von $x +$ $\frac{1}{2}p$ gleich $x^2 + px + \frac{1}{4}p^2$ gefunden wird.

§. 79.

Da nun $x^2 + px + \frac{1}{4}p^2$ ein wirkliches Quadrat und die Wurzel davon $x + \frac{1}{2}p$ ist, so dürfen wir nur bey unserer Gleichung zu $x^2 + px = q$ auf beyden Seiten $\frac{1}{4}p^2$ addiren, so bekommen wir $x^2 + px + \frac{1}{4}p^2 = q + \frac{1}{4}p^2$, wo auf der ersten Seite ein wirkliches Quadrat, auf der andern aber blos bekannte Zahlen befindlich sind. Wenn wir daher auf beyden Seiten die Quadratwurzel ausziehen, so erhalten wir $x + \frac{1}{2}p = \sqrt{(\frac{1}{4}p^2 + q)}$. Subtrahirt man nun $\frac{1}{2}p$, so erhält man $x = -\frac{1}{2}p + \sqrt{(\frac{1}{4}p + q)}$; und da jede Quadratwurzel sowohl positiv als negativ genommen werden kann, so findet man für x zwey Werthe, welche man durch folgende Form auszudrücken pflegt:

$$x = -\tfrac{1}{2}p \pm \sqrt{(\tfrac{1}{4}p^2 + q)}.$$

§. 80.

In dieser Formel ist nun die Regel enthalten, nach welcher alle Quadratgleichungen aufgelöset werden können, und damit man nicht immer nöthig habe, die obige Operation von neuem anzustellen, so ist genug, daß man diese Formel wohl im Gedächtniß behalte. Man kann daher die Gleichung auch so anordnen, daß das bloße Quadrat x^2 auf einer Seite zu stehen komme, und dann wird die obige Gleichung diese Form erhalten: $x^2 = -px + q$, aus welcher der Werth von x sogleich also hingeschrieben werden kann: $x = -\frac{1}{2}p \pm \sqrt{(\frac{1}{4}p^2 + q)}$.

§. 81.

§. 81.

Hieraus ergiebt sich nun diese allgemeine Regel, um die Gleichung $x^2 = -px + q$ aufzulösen.

Man sieht nämlich aus der Gleichung $x = -\frac{1}{2}p \pm r\,(\frac{1}{4}p^2 + q)$, daß die unbekannte Zahl x der Hälfte der Zahl gleich seyn werde, womit x auf der andern Seite multiplicirt ist, und überdies noch $+$ oder $-$ der Quadratwurzel aus dem Quadrat der Zahl, so eben geschrieben worden, nebst der bloßen Zahl, welche das dritte Glied der Gleichung ausmacht.

Wenn daher diese Gleichung vorkäme $x^2 = 6x + 7$, so würde man sogleich $x = 3 \pm r\,(9 + 7) = 3 \pm 4$ haben. Folglich sind die beyden Werthe von x I.) $x = 7$, und II.) $x = -1$.

Hätte man diese Gleichung $x^2 = 10x - 9$, so wird $x = 5 \pm r\,(25 - 9)$, welches $= 5 \pm 4$; daher die beyden Werthe $x = 9$ und $x = 1$ seyn werden.

§. 82.

Um diese Regel noch mehr zu erläutern, kann man folgende Fälle unterscheiden: I.) wenn p eine gerade Zahl ist, II.) wenn p eine ungerade Zahl ist, und III.) wenn p eine gebrochene Zahl ist.

Es sey I.) p eine gerade Zahl und die Gleichung also beschaffen:
$x^2 = 2px + q$, so bekömmt man $x = p \pm r\,(p^2 + q)$.

Es sey II.) p eine ungerade Zahl und die Gleichung $x^2 = px + q$, da dann seyn wird
$x = \frac{1}{2}p \pm r\,(\frac{1}{4}p^2 + q)$; da nun $\frac{1}{4}p^2 + q = \frac{p^2 + 4q}{4}$, aus dem Nenner 4 aber die Quadratwurzel

gezogen

gezogen werden kann, so bekömmt man $x = \frac{1}{2}p \pm$
$\frac{r(p^2+4p)}{2}$, oder $x = \frac{p \pm r(p^2+4q)}{2}$.

Wird aber III.) p ein Bruch, so kann die Auflösung folgendergestalt geschehen. Es sey die qua-
dratische Gleichung $ax^2 = bx + c$, oder $x^2 = \frac{bx}{a} + \frac{c}{a}$,
so wird nach der Regel $x = \frac{b}{2a} \pm r\left(\frac{b^2}{4a^2} + \frac{c}{a}\right)$.
Da nun aber $\frac{b^2}{4a^2} + \frac{c}{a} = \frac{b^2+4ac}{4a^2}$ und hier der Nenner ein Quadrat ist, so wird $x = \frac{b \pm r(b^2+4ac)}{2a}$.

§. 83.

Eine andere Art der Auflösung besteht darin,
daß man eine solche vermischte quadratische Gleichung, nemlich $x^2 = px + q$ in eine reine verwandle;
dies geschieht, wenn man statt der unbekannten Zahl
x eine andere y in die Rechnung einführt, also daß
$x = y + \frac{1}{2}p$; da man denn, wenn y gefunden worden, auch sogleich den Werth von x erhält.

Schreibt man nun $y + \frac{1}{2}p$ statt x, so wird
$x^2 = y^2 + py + \frac{1}{4}p^2$ und $px = py + \frac{1}{2}p^2$. Die
obige Gleichung $x^2 = px + q$ wird sich also in fol-
gende verwandeln lassen: $y^2 + py + \frac{1}{4}p^2 = py + \frac{1}{2}p^2 + q$. Subtrahirt man hier erstlich py, so hat
man $y^2 + \frac{1}{4}p^2 = \frac{1}{2}p^2 + q$. Ferner $\frac{1}{4}p^2$ subtrahirt,
giebt $y^2 = \frac{1}{4}p^2 + q$; dies ist eine reine quadratische
Gleichung, und man erhält daraus sogleich $y = \pm$
$r(\frac{1}{4}p^2 + q)$. Da nun $x = y + \frac{1}{2}p$, so wird
$x = \frac{1}{2}p \pm r(\frac{1}{4}p^2 + q)$, wie wir schon oben gefunden haben. Es ist also nun nichts mehr übrig, als
diese Regel noch mit einigen Beyspielen zu erläutern.

§. 84.

I. Aufg. Ich habe zwey Zahlen; die eine iſt um 6 größer als die andere, und ihr Product macht 91; welches ſind dieſe Zahlen?

Die kleinere Zahl ſey x, ſo iſt die größere x + 6, und ihr Product $x^2 + 6x = 91$. Man ſubtrahire 6x, ſo hat man $x^2 = -6x + 91$, und nach der Regel $x = -3 \pm r(9+91) = -3 \pm 10$, daher hat man entweder $x = 7$ oder $x = -13$.

Antw. Dieſe Aufgabe erlaubt alſo zwey Auflöſungen; nach der erſten iſt die kleinere Zahl x = 7, die größere x + 6 = 13, nach der andern aber iſt die kleinere x = —13 und die größere x + 6 = — 7.

§. 85.

II. Aufg. Suche eine ſolche Zahl, daß, wenn ich von ihrem Quadrat 9 ſubtrahire, ſo viel über 100 bleiben, als meine Zahl weniger als 23 iſt; welche Zahl iſt es?

Es ſey die Zahl x, ſo iſt $x^2 - 9$ über 100 um $x^2 - 109$. Die geſuchte Zahl x aber iſt unter 23 um 23 — x; woraus dieſe Gleichung entſteht: $x^2 - 109 = 23 - x$. Man addire 109, ſo wird $x^2 = -x + 132$, folglich nach der Regel $x = -\frac{1}{2} \pm r(\frac{1}{4} + 132) = -\frac{1}{2} \pm r\frac{529}{4} = -\frac{1}{2} \pm \frac{23}{2}$. Alſo iſt entweder x = 11, oder x = — 12.

Antw. Wenn nur eine poſitive Antwort verlangt wird, ſo iſt die geſuchte Zahl 11, deren Quadrat weniger 9, macht 112. Dieſe Zahl iſt um 12 größer als 100, und die gefundene Zahl 11 iſt um eben ſo viel kleiner als 23.

§. 86.

§. 86.

III. Aufg. Suche eine Zahl von der Beschaffenheit, daß, wenn ich ihre Hälfte mit ihrem Drittel multiplicire, und zum Product $\frac{2}{3}$ der gesuchten Zahl addire, die Zahl 30 herauskomme.

Es sey diese Zahl x, deren Hälfte mit ihrem Drittel multiplicirt, $\frac{1}{6}x^2$ giebt. Es muß also $\frac{1}{6}x^2 + \frac{1}{2}x = 30$ seyn. Mit 6 multiplicirt, wird $x^2 + 3x = 180$, oder $x^2 = -3x + 180$; woraus man $x = -\frac{1}{2} \pm \sqrt{(\frac{9}{4} + 180)} = -\frac{1}{2} \pm \frac{27}{2}$ findet. Daher ist entweder $x = 12$, oder $x = -15$.

§. 87.

IV. Aufg. Suche zwey Zahlen in Proportione dupla, d. h. wovon eine doppelt so groß als die andre ist, und zwar von der Beschaffenheit, daß wenn ich ihre Summe zu ihrem Product addire, 90 herauskomme.

Es sey die gesuchte Zahl x, so ist die größere 2x, ihr Product $2x^2$, dazu ihre Summe 3x addirt, soll 90 geben. Also $2x^2 + 3x = 90$, und 3x subtrahirt, $2x^2 = -3x + 90$, durch 2 dividirt, giebt $x^2 = -\frac{3}{2}x + 45$; woraus nach der Regel $x = -\frac{3}{4} \pm \sqrt{(\frac{9}{16} + 45)} = -\frac{3}{4} \pm \frac{27}{4}$ gefunden wird. Daher ist entweder $x = 6$ oder $x = -7\frac{1}{2}$.

§. 88.

V. Aufg. Es kauft jemand ein Pferd für einige Rthl., verkauft dasselbe wieder für 119 Rthl. und gewinnt daran so viel Procente, als das Pferd gekostet hat. Nun ist die Frage, wie theuer dasselbe eingekauft worden?

Das

Das Pferd habe x Rthl. gekoſtet, und weil der Käufer beym Verkauf darauf x Proc. gewonnen hat, ſo ſetze man, mit 100 gewinnt man x, wie viel mit x? Antw. $\frac{x^2}{100}$. Da er nun $\frac{x^2}{100}$ gewonnen hat, der Einkauf aber x geweſen iſt, ſo muß er daſſelbe für x $+$ $\frac{x^2}{100}$ verkauft haben. Daher wird x $+$ $\frac{x^2}{100} = 119$. Man ſubtrahire x, ſo kömmt $\frac{x^2}{100}$ $= -x + 119$, und mit 100 multiplicirt, wird $x^2 = -100\,x + 11900$, woraus nach der Regel gefunden wird: $x = -50 \pm \sqrt{(2500 + 11900)}$ $= -50 \pm \sqrt{14400} = -50 \pm 120$.

Antw. Das Pferd hat alſo 70 Rthl. gekoſtet, weil er nun darauf 70 Procent gewonnen hat, ſo war der Gewinnſt 49 Rthl. Er muß alſo daſſelbe für 70 $+$ 49, das iſt für 119 Rthl. verkauft haben, wie wirklich laut der Aufgabe geſchehen iſt.

§. 89.

VI. Aufg. Es kauft jemand eine ge-wiſſe Anzahl Tücher, das erſte für 2 Rthl., das zweyte für 4 Rthl., das dritte für 6 Rthl. und immer 2 Rthl. mehr für das folgende, und bezahlt für alle Tücher 110 Rthl. Wie viel ſind der Tücher geweſen?

Nennt man die zu ſuchende Anzahl der Tücher x, ſo zeigt folgendes, wie viel er für jedes bezahlt hat, nämlich

für das 1, 2, 3, 4, 5 . . . x

zahlt er 2, 4, 6, 8, 10 . . . 2x Rthl.

Man muß alſo dieſe arithmetiſche Progreſſion 2 $+$ 4 $+$ 6 $+$ 8 $+$ 10 $+$ . . . 2x, welche aus x Gliedern beſteht, ſummiren, um den Preis aller Tücher zu finden.

Nach

Nach der oben im ersten Theile gegebenen Regel also addire man das erste und letzte Glied zusammen, so bekömmt man $2x+2$. Dieses multiplicire man mit der Anzahl der Glieder x, so bekömmt man die doppelte Summe $2x^2+2x$. Daher die Summe selbst x^2+x seyn wird, welche der Zahl 110 gleich seyn muß, oder $x^2+x=110$. Man subtrahire x, so wird $x^2=-x+110$, folglich $x=-\frac{1}{2}+r$ $(\frac{1}{4}+110)$ oder $=-\frac{1}{2}+r\frac{441}{4}$, oder $x=-\frac{1}{2}+\frac{22}{2}=10$.

Antw. Es sind 10 Stück Tücher gekauft worden.

§. 90.

VII. Aufg. Jemand kauft einige Tücher für 180 Rthl. Wären der Tücher für eben das Geld 3 mehr gewesen, so wäre ihm das Stück um 3 Rthl. wohlfeiler gekommen. Wie viel sind es Tücher gewesen?

Es seyen x Tücher gewesen, so hat das Stück wirklich $\frac{180}{x}$ Rthl. gekostet. Hätte er aber $x+3$ St. für 180 Rthl. bekommen, so würde das St. $\frac{180}{x+3}$ Rthl. gekostet haben, welcher Preis um 3 Rthl. weniger ist, als der wirkliche, woraus diese Gleichung entsteht: $\frac{180}{x+3}=\frac{180}{x}-3$. Man multiplicire mit x, so hat man $\frac{180x}{x+3}=180-3x$. Durch 3 dividirt, giebt $\frac{60x}{x+3}=60-x$. Mit $x+3$ multiplicirt, wird $60x=180+57x-x^2$. Man addire x^2, so kömmt $x^2+60x=180+57x$. Man subtrahire $60x$, so kömmt $x^2=-3x+180$.

Hier-

Hieraus nach der Regel

$$x = -\tfrac{1}{2} + \sqrt{(\tfrac{1}{4} + 180)}, \text{ oder } x = -\tfrac{1}{2} + \tfrac{27}{2} = 12.$$

Antw. Alſo ſind 12 Tücher für 180 Rthl. gekauft worden, daher eins 15 Rthl. gekoſtet hat. Hätte man aber 3 Stück mehr, nämlich 15 Stück für 180 Rthl. bekommen, ſo würde 1 St. 12 Rthl., folglich 3 Rthl. weniger gekoſtet haben.

§. 91.

VIII. Aufg. Zwey haben eine Geſell-ſchaft, legen zuſammen 100 Rthl. ein; der erſte läßt ſein Geld 3 Monat lang, der andere aber 2 Monat lang ſtehen, und ein jeder zieht mit Capital und Ge-winnſt 99 Rthl. Wie viel hat jeder ein-gelegt?

Der erſte habe x Rthl., und alſo der andere 100 — x eingelegt; da nun der erſte 99 Rthl. zurück zieht, ſo iſt ſein Gewinn 99 — x, welcher in drey Monaten mit dem Capital x iſt erworben worden; da der andere auch 99 Rthl. zurückzieht, ſo war ſein Gewinn 99 — (100 — x) = x — 1, welcher in zwey Monaten mit dem Capital 100 — x erwor-ben worden; mit eben dieſem Capital 100 — x würden alſo in 3 Monaten $\frac{3x - 3}{2}$ gewonnen werden. Nun ſind dieſe Gewinnſte den Capitalen proportio-nal; nämlich jenes Capital verhält ſich zu jenem Ge-winnſt, wie dieſes Capital zu dieſem Gewinnſt, d. i.

$x : 99 - x = 100 - x : \frac{3x-3}{2}$. Man ſetze das Product der äußern Glieder dem Product der mitt-lern Glieder gleich (1 Th. §. 463), ſo hat man

$\frac{3x^2 - 3x}{2} = 9900 - 199x + x^2$, und wenn man mit 2 multiplicirt, $3x^2 - 3x = 19800 - 398x + 2x^2$.

2x². Man subtrahire 2x², so wird x² — 3x = 19800 — 398x, hiezu 3x addirt, giebt x² = — 395x + 19800. Daher nach der Regel ($. 81.) $x = -\frac{395}{2} + \sqrt{(\frac{156025}{4} + \frac{79200}{4})}$, das ist $x = -\frac{395}{2} + \frac{485}{2} = \frac{90}{2} = 45$.

Antw. Der erste hat also 45 Rthl. und der andere 55 Rthl. eingelegt. Mit den 45 Rthl. hat der erste in 3 Monat 54 Rthl. gewonnen, und würde demnach in einem Monat 18 Rthl. gewonnen haben. Der andere aber gewinnt mit 55 Rthl. in 2 Monat 44 Rthl., würde also in einem Monat 22 Rthl. gewonnen haben, welches auch mit jenem übereinstimmt. Denn wenn mit 45 Rthl. in einem Monat 18 gewonnen werden, so werden mit 55 in gleicher Zeit 22 Rthl. gewonnen.

§. 92.

IX. Aufg. Zwey Bäuerinnen tragen zusammen 100 Eyer auf den Markt, eine mehr als die andere, und lösen doch beyde gleich viel Geld. Nun sagt die erste zu der andern: hätte ich deine Eyer gehabt, so hätte ich 15 Kreuzer gelöset; darauf antwortet die andere, hätte ich deine Eyer gehabt, so hätte ich daraus 6⅔ Kreuzer gelöset. Wie viel hat jede gehabt?

Die erste habe x Eyer, und also die andere 100 — x gehabt. Da nun also die erste 100 — x Eyer für 15 Kreuzer verkauft haben würde, so setze man diese Regeldetri 100 — x : 15 = x zu $\frac{15x}{100-x}$ Kr. Eben so bey der andern, welche x Eyer für 6⅔ Kr. verkauft haben würde, findet man, wie viel sie aus ihren

ihren 100 — x Eyer gelöset, x : $\frac{15}{109}$ = 100 — x zu

$\frac{2000-20x}{3x}$. Da nun die beyden Bäuerinnen gleich

viel gelöset haben, so haben wir folgende Gleichung:

$\frac{15x}{100-x} = \frac{2000-20x}{3x}$. Mit 3 x multiplicirt, kömmt

2000 — 20x = $\frac{45x^2}{100-x}$. Mit 100 — x multiplicirt,

45x² = 200000 — 4000 x + 20x², 20x² subtra-

hirt, 25x² = 200000 — 4000x. Durch 25 divi-

dirt, x² = — 160x + 8000, daher nach der Regel

x = — 80 + $\sqrt{}$ (6400 + 8000) = — 80 + 120 = 40.

Antw. Die erste Bäuerin hat also 40 Eyer,

die andere 60 Eyer gehabt und eine jede hat 10 Kr.

gelöset.

§. 93.

X. Aufg. Es verkaufen zwey einige

Ellen Zeug, der andere 3 Ellen mehr als

der erste, und lösen zusammen 35 Rthl.

Der erste sagt zum andern; aus deinem

Zeuge wollte ich 24 Rthl. gelöset haben,

und der andere antwortet, ich hätte aus

deinem 12½ Rthl. gelöset. Wie viel hat

jeder Ellen gehabt?

Der erste habe x Ellen, folglich der andere x + 3

Ellen gehabt. Da nun der erste aus x + 3 Ellen

24 Rthl. gelöset hätte, so muß er seine x Ellen für

$\frac{24x}{x+3}$ Rthl. verkauft haben, und da der andere x

Ellen für 12½ Rthl. verkauft hätte, so hätte er seine

x + 3 Ellen für $\frac{25x+75}{2x}$ verkauft, und so haben

beyde zusammen $\frac{24x}{x+3} + \frac{25x+75}{2x}$ = 35 Rthl. gelö-

set. Also $\frac{48x^2}{x+3}$ + 25x + 75 = 70x, oder $\frac{48x^2}{x+3}$ =

45x — 75,

45 — 75, mit x + 3 multiplicirt, wird $48x^2 =$
$45x^2 + 60x — 225$, subtrahirt $45x^2$, so hat man
$3x^2 = 60x — 225$, oder $x^2 = 20x — 75$. Hieraus
wird $x = 10 \pm \sqrt{(100 — 75)} = 10 \pm \sqrt{25}$, also
$x = 10 \pm 5$ gefunden.

Antw. Es giebt bey diesem Falle zwey Auflösungen. Nach dem ersten hat der erste 15 Ellen,
und der andere 18 Ellen. Weil nun der erste 18
Ellen für 24 Rthl. verkauft hat, so hat er aus seinen
15 Ellen 20 Rthl. gelöset, der andere aber hätte aus
15 Ellen $12\frac{1}{2}$ Rthl. gelöset, hat also aus seinen 18
Ellen 15 Rthl. gelöset, also beyde zusammen 35 Rthl.

Nach der andern Auflösung hat der erste 5 Ellen
gehabt, folglich der andere 8 Ellen, also hätte der
erste 8 Ellen für 24 Rthl. verkauft, und hat also
aus seinen 5 Ellen 15 Rthl. gelöset. Der andere
hätte 5 Ellen für $12\frac{1}{2}$ Rthl. verkauft, hat also aus
seinen 8 Ellen 20 Rthl. gelöset, folglich beyde zusammen eben wieder 35 Rthl.

VII. Capitel.

Von der Ausziehung der Wurzeln aus den vieleckigen Zahlen.

§. 94.

Wir haben oben (1 Th. §. 436) gezeigt, wie die
vieleckigen Zahlen gefunden werden können; was
wir aber daselbst eine Seite genannt haben, wird
auch eine Wurzel genannt. Wenn nun die Wurzel
durch x angedeutet wird, so werden daraus die vieleckigen Zahlen folgendergestalt gefunden:

Das

Das 3eck ist $\dfrac{x^2 + x}{2}$

= 4eck = x^2

= 5eck = $\dfrac{3x^2 - x}{2}$

= 6eck = $2x^2 - x$

= 7eck = $\dfrac{5x^2 - 3x}{2}$

= 8eck = $3x^2 - 2x$

= 9eck = $\dfrac{7x^2 - 5x}{2}$

= 10eck = $4x^2 - 3x$

= neck = $\dfrac{(n-2)x^2 - (n-4)x}{2}$

Durch Hülfe dieser Formeln ist es nun leicht, für eine jede gegebene Seite oder Wurzel eine verlangte vieleckige Zahl, so groß auch die Zahl der Ecken seyn mag, zu finden, wie schon oben hinlänglich gezeigt worden. Wenn aber umgekehrt eine vieleckige Zahl von einer gewissen Anzahl Seiten gegeben ist, so ist es weit schwerer, die Wurzel oder Seite davon zu finden, und wird dazu die Auflösung quadratischer Gleichungen erfordert, daher diese Sache hier besonders abgehandelt zu werden verdient. Wir wollen hierbey der Ordnung nach von den dreyeckigen Zahlen anfangen, und zu den mehreckigen fortschreiten.

§. 96.

Es sey daher 91 die gegebene dreyeckige Zahl, wovon die Seite oder Wurzel gesucht werden soll.

Setzt man nun diese Wurzel $= x$, so muß $\dfrac{x^2 + x}{2}$ der Zahl 91 gleich seyn. Man multiplicire mit 2, so hat man $x^2 + x = 182$, woraus $x^2 = -x + 182$ gefunden wird und also $x = -\tfrac{1}{2} + \sqrt{(\tfrac{1}{4} + 182)}$ $= -\tfrac{1}{2} + \sqrt{\tfrac{729}{4}}$, folglich $x = -\tfrac{1}{2} + \tfrac{27}{2} = 13$; daher ist die verlangte Dreyeckswurzel $= 13$, denn das Dreyeck von 13 ist 91.

§. 97.

§. 97.

Es sey nunmehr auf eine allgemeine Art a die gegebene dreyeckige Zahl, wovon die Wurzel gefunden werden soll.

Setzt man dieselbe $= x$, so wird $\frac{x^2 + x}{2} = a$, oder $x^2 + x = 2a$, oder ferner $x^2 = -x + 2a$, woraus $x = -\tfrac{1}{2} + \sqrt{(\tfrac{1}{4} + 2a)}$, oder $x = -\frac{1 + \sqrt{(8a + 1)}}{2}$ gefunden wird.

Hieraus ergiebt sich diese Regel. Man multiplicire die gegebene dreyeckige Zahl mit 8, und zum Product addire 1; aus der Summe ziehe man die Quadratwurzel; von derselben subtrahire 1, den Rest dividire durch 2, so kömmt die gesuchte Dreyeckswurzel heraus.

§. 98.

Es haben also alle dreyeckige Zahlen diese Eigenschaft, daß, wenn man dieselben mit 8 multiplicirt, und 1 dazu addirt, immer eine Quadratzahl herauskommen müsse, wie man aus folgendem Täfelchen sehen kann:

III. Eck.

1, 3, 6, 10, 15, 21, 28, 36, 45, 55, 66, u. s. f.

Achtfaches Dreyeck $+$ 1.

9, 25, 49, 81, 121, 169, 225, 289, 361, 441, 529, u. s. f.

Ist nun die gegebene Zahl a nicht so beschaffen, so ist es ein Zeichen, daß dieselbe keine wirkliche oder vollkommene dreyeckige Zahl sey, oder die Wurzel davon nicht rational angegeben werden könne.

§. 99.

Man suche nach dieser Regel die Dreyeckswurzel aus der Zahl 210, so ist a $=$ 210 und 8a $+$ 1 $=$ 1681,

II. Theil.   E   wovon

wovon die Quadratwurzel 41 ist; woraus man sieht; daß die Zahl 210 wirklich unter die dreyeckigen Zahlen gehört, wovon die Wurzel $= \frac{41-1}{2} = 20$.

Wäre aber die Zahl 4 als ein Dreyeck gegeben, wovon die Wurzel gesucht werden sollte, so wäre dieselbe $= \frac{\sqrt{33}-1}{2}$ und also irrational. Es wird aber auch wirklich von dieser Wurzel, nämlich von $\frac{\sqrt{33}-1}{2}$, das Dreyeck folgendergestalt gefunden:

Da $x = \frac{\sqrt{33}-1}{2}$, so ist $x^2 = \frac{17-\sqrt{33}}{2}$. Hierzu $x = \frac{\sqrt{33}-1}{2}$ addirt, wird $x^2 + x = \frac{17-\sqrt{33}}{2} + \frac{\sqrt{33}-1}{2} = \frac{16}{2} = 8$, und folglich die dreyeckige Zahl $\frac{x^2+x}{2} = 4$.

§. 100.

Da die viereckigen Zahlen mit den Quadraten einerley sind, so hat dies keine Schwierigkeit. Denn setzt man die gegebene viereckige Zahl $= a$ und ihre Vierckswurzel $= x$, so wird $x^2 = a$ und also $x = \sqrt{a}$. Die Quadrat= und Vierckswurzel sind also einerley.

§. 101.

Wir wollen daher sogleich zu den fünfeckigen Zahlen übergehen.

Es sey nun 22 eine fünfeckige Zahl und die Wurzel derselben $= x$, so muß (§. 94) $\frac{3x^2-x}{2} = 22$, oder $3x^2 - x = 44$, oder $x^2 = \frac{1}{3}x + \frac{44}{3}$ seyn; woraus nach der bekannten Regel $x = \frac{1}{6} + \sqrt{(\frac{1}{36} + \frac{44}{3})}$, d. i. $x = \frac{1+\sqrt{(529)}}{6} = \frac{1}{6} + \frac{23}{6} = 4$. Also ist 4 die gesuchte Fünfeckswurzel aus der Zahl 22.

§. 102.

§. 102.

Es sey nun diese Frage vorgelegt: wenn das ge=
gegebene Fünfeck $= a$ ist, wie soll davon die Wurzel
gefunden werden?

Setzt man diese gesuchte Wurzel $= x$, so hat
man diese Gleichung $\frac{3x^2 - x}{2} = a$, oder $3x^2 - x$
$= 2a$, oder $x^2 = \frac{1}{3}x + \frac{2a}{3}$; woraus $x = \frac{1}{6} +$
$r\left(\frac{1}{36} + \frac{2a}{3}\right)$, d. i. $x = \frac{1 + r(24a + 1)}{6}$. Wenn da=
her a ein wirkliches Fünfeck ist, so muß $24a + 1$
immer eine Quadratzahl seyn.

Es sey z. B. 330 das gegebene Fünfeck, so wird
die Wurzel davon $x = \frac{1 + r\,7921}{6} = \frac{1 + 89}{6} = 15$ seyn.

§. 103.

Es sey nun a eine gegebene sechseckige Zahl, wo=
von die Wurzel gesucht werden soll.

Setzt man diese Wurzel $= x$, so wird $2x^2 - x$
$= a$, oder $x^2 = \frac{1}{2}x + \frac{1}{2}a$, woraus nun $x = \frac{1}{4} +$
$r(\frac{1}{16} + \frac{1}{2}a) = \frac{1 + r(8a + 1)}{4}$ gefunden wird. Wenn
also a ein wirkliches Sechseck ist, so muß $8a + 1$
ein Quadrat werden; woraus man sieht, daß alle
sechseckige Zahlen unter den dreyeckigen mit begrif=
fen sind; die Wurzeln aber sind anders beschaffen.

Es sey z. B. die sechseckige Zahl 1225, so wird
die Wurzel davon $x = \frac{1 + r\,9801}{4} = \frac{1 + 99}{4} = 25$ seyn.

§. 104.

Es sey ferner a eine gegebene siebeneckige Zahl,
wovon die Seite oder Wurzel gesucht werden soll.

E 2   Setzt

Setzt man diese Wurzel $= x$, so hat man $\frac{5x^2 - 3x}{2}$ $= a$ (§. 94), oder $5x^2 - 3x = 2a$, also $x^2 = \frac{3}{5} x +$ $\frac{2}{5}a$; woraus ferner $x = \frac{3}{10} + \sqrt{(\frac{9}{100} + \frac{2}{5} a)} =$ $\frac{3 + \sqrt{(40a + 9)}}{10}$ gefunden wird. Alle siebeneckige Zahlen sind daher also beschaffen, daß, wenn man dieselben mit 40 multiplicirt und zum Product 9 addirt, die Summen immer Quadratzahlen werden.

Es sey z. B. das gegebene Siebeneck 2059, so findet man die Wurzel davon $x = \frac{3 + \sqrt{(82369)}}{10} =$ $\frac{3 + 287}{10} = 29$.

§. 105.

Es sey nun a eine gegebene achteckige Zahl, wovon die Wurzel x gefunden werden soll.

Man hat daher $3x^2 - 2x = a$ (§. 94.), oder $x^2 = \frac{2}{3}x + \frac{1}{3}a$, woraus $x = \frac{1}{3} + \sqrt{(\frac{1}{9} + \frac{a}{3})} =$ $\frac{1 + \sqrt{(3a + 1)}}{3}$ gefunden wird. Alle achteckige Zahlen haben daher die Beschaffenheit, daß, wenn man mit 3 multiplicirt und dazu 1 addirt, die Summe immer eine Quadratzahl werde.

Es sey z. B. 3816 eine achteckige Zahl, so wird die Wurzel davon $x = \frac{1 + \sqrt{11449}}{3} = \frac{1 + 107}{3} = 36$ seyn.

§. 106.

Es sey endlich a eine gegebene neckige Zahl, wovon die Wurzel x gesucht werden soll, so hat man (§. 94) diese Gleichung.

$\frac{(n-2)x^2 - (n-4)x}{2} = a$, oder $(n-2)x^2 - (n-4)$

$x = 2a$, also $x^2 = \frac{(n-4)x}{n-2} + \frac{2a}{n-2}$; woraus $x =$

$n - 4$

$$\frac{n-4}{2(n-2)} + \sqrt{\left[\frac{n-4)^2}{4(n-2)^2} + \frac{2a}{n-2}\right]}, \text{ oder } x =$$

$$\frac{n-4}{2(n-2)} + \sqrt{\left[\frac{n-4)^2}{4\,n-2)^2} + \frac{8(n-2)a}{4\,(n-2)^2}\right]} \text{ gefunden}$$

wird, und folglich $x = \dfrac{n-4+\sqrt{(8(n-2\,a+(n-4)^2)}}{2(n-2)}$.

Diese Formel enthält eine allgemeine Regel, um aus gegebenen Zahlen alle mögliche vieleckige Wurzeln zu finden.

Um dieses mit einem Beyspiele zu erläutern, so sey diese 24eckige Zahl 3009 gegeben. Weil nun hier a = 3009 und n = 24, folglich n — 2 = 22 und n — 4 = 20, so bekommen wir die Wurzel durch folgende Gleichung: $x = \dfrac{20 + \sqrt{(529584 + 400)}}{44} =$

$\dfrac{20 + 728}{44} = 17.$

Zusatz. Hier will ich nun das Versprechen erfüllen, welches ich im zweyten Theile dieser Algebra zu Ende des 42 §. gemacht habe.

Um von der dortigen Aufgabe eine allgemeinere Auflösung zu geben, so wollen wir die Anzahl der Kinder = y setzen, so muß das letzte, oder welches einerley ist, das yte Kind y . 100 Rthl. bekommen haben, weil der 10te Theil des übrigen = o gewesen seyn muß. Da nun ein jedes gleich viel bekommen haben soll, so muß das ganze Vermögen y². 100 Rthl. betragen. Laut den Bedingungen der Aufgabe ist der Theil des ersten Kindes =

$100 + \dfrac{(y^2-1)\,100}{2}$. Wir haben demnach folgende Gleichung.

$$100 + \frac{(y^2-1)\,100}{10} = y \cdot 100$$
$$100 + (y^2-1)\,10 = y \cdot 100$$
$$10 + y^2 - 1 = y \cdot 10$$

daher $y^2 = 10 . y - 9$

folglich $y = 5 \pm \sqrt{16} = 5 \pm 4.$

Die Anzahl der Kinder ist also entweder 5 + 4 = 9, oder 5 — 4 = 1 gewesen; im ersten Fall ist das Vermögen 8100 Rthlr., im andern Fall aber 100 Rthl.

Eulers Auflösung giebt nur einen Werth, nämlich 9 Kinder und 8100 Rthl. hinterlassenes Vermögen. Sonderbar! daß

bisher

bisher noch kein Schriftsteller die Auflösung dieser Aufgabe so gab, als ich sie hier mitgetheilt habe.

Um die Aufgabe allgemeiner zu machen, so setze man darin statt

$$100, \quad a$$

und statt $\quad 10, \quad n$

so hat das letzte oder jedes Kind ay erhalten, und das ganze hinterlassene Vermögen wäre ay². Den Bedingungen der Aufgabe gemäß würde das erste Kind $a + \dfrac{(y^2 - 1)a}{n}$ erhalten. Demnach muß $a + \dfrac{(y^2 - 1)a}{n} = ay$ seyn, $1 + \dfrac{y^2 - 1}{n} = y$, $n + y^2 - 1 = ny$, daher $y^2 = ny - (n - 1)$, folglich $y = \dfrac{n}{2} \pm r \left(\dfrac{n^2}{4} - (n-1) \right) = \dfrac{n}{2} \pm r \left(\dfrac{n^2 - 4n + 4}{4} \right) = \dfrac{n}{2} \pm \dfrac{(n-2)}{2} = \dfrac{n \pm (n-2)}{2}$, also y entweder $= n - 1$ oder $= 1$.

VIII. Capitel.

Von der Ausziehung der Quadratwurzeln aus Binomien.

§. 107.

Ein Binomium nennt man in der Algebra eine aus zwey Theilen bestehende Zahl, wovon eine oder auch beyde das quadratische Wurzelzeichen enthalten.

Also ist $3 + r \, 5$ ein Binomium, imgleichen $r \, 8 + r \, 3$, und es ist gleich viel, ob diese beyden Theile mit dem Zeichen $+$ oder $-$ verbunden sind. Daher wird $3 - r \, 5$ eben so wohl ein Binomium genannt, als $3 + r \, 5$.

Anmerk. Binomium, (Binomialgröße, zweytheilige Größe) wird überhaupt eine jede Größe genannt,

nannt, die aus zweyen durch + oder — verbundenen
Theilen bestehet, z. B. a+b, n — m, 1 + y². Es
läßt sich daher eine jede Zahl leicht auf mehrere Weise in
eine Binomialzahl verwandeln, indem man sie in
zwey andere zerfället, die zusammengesetzt oder von einander abgezogen, diese Zahl ausmachen, z. B. 548 = 500
+ 48 = 508 + 40 = 540 + 8 = 600 — 52 u. s. f.
Selbst kann dieses geschehen, wenn die Zahl nur mit
einer Ziffer geschrieben wird, denn z. B. 7 = 6 + 1 = 4
+ 3 = 8 — 1 = 12 — 5 u. s. w.

Euler nimmt hier das Wort Binomium in einem engern
Verstande, indem er nur solche Ausdrücke darunter ver-
stehet, welche zum Theil rational, zum Theil irrational
sind. Euklides in seinem zehnten Buche nimmt solches
in einem noch engern, denn, außer daß einer oder beyde
Theile irrational seyn müssen, so dürfen solche auch nur
durch das Zeichen + mit einander verbunden seyn. Er
macht davon sechs Gattungen. Deutsche Leser finden solche
in Euklids Elementen funfzehn Bücher, aus
dem Griechischen übersetzt von Johann Frie-
drich Lorenz. Halle, 1781. Seite 205.

§. 108.

Diese Binomien sind deswegen hauptsächlich
merkwürdig, weil man bey Auflösung der quadratischen Gleichungen jedesmal auf solche Formeln
kömmt, so oft die Auflösung nicht in rationalen
Zahlen geschehen kann.

Also wenn z. B. diese Gleichung vorkömmt $x^2 =$
$6x — 4$, so wird $x = 3 + \sqrt{5}$. Aus dieser Ursache
kommen nun solche Formeln in den algebraischen
Rechnungen sehr häufig vor, und wir haben auch
schon oben gezeigt, wie damit die gewöhnlichen Operationen der Addition, Subtraction, Multiplication
und Division angestellt werden sollen. Jetzt aber
sind wir erst im Stande zu zeigen, wie aus solchen
Formeln auch die Quadratwurzeln ausgezogen werden können, wofern nämlich eine solche Ausziehung
statt findet, indem im entgegengesetzten Fall nur

noch

noch ein Wurzelzeichen vorgesetzt wird; nämlich von
$3 + \sqrt{2}$ ist die Quadratwurzel $\sqrt{(3 + \sqrt{2})}$.

§. 109.

Man hat daher zuerst zu merken, daß die Quadrate von solchen Binomien wieder dergleichen Binomien werden, in welchen sogar der eine Theil rational ist.

Denn sucht man das Quadrat von $a + \sqrt{b}$, so
wird dasselbe $(a^2 + b) + 2a\sqrt{b}$. Wenn also von
dieser Formel $(a^2 + b) + 2a\sqrt{b}$ wieder die Quadratwurzel verlangt würde, so wäre dieselbe $a + \sqrt{b}$,
welche unstreitig deutlicher zu begreifen ist, als wenn
man vor jene Formel noch das $\sqrt{}$ Zeichen setzen
wollte. Eben so, wenn man von dieser Formel
$\sqrt{a} + \sqrt{b}$ das Quadrat nimmt, so wird dasselbe
$(a + b) + 2\sqrt{ab}$, daher auch umgekehrt von dieser Formel $(a + b) + 2\sqrt{ab}$ die Quadratwurzel
$\sqrt{a} + \sqrt{b}$ seyn wird; welcher Ausdruck wieder
verständlicher ist, als wenn man vor jene Formel
noch das $\sqrt{}$ Zeichen setzen wollte.

§. 110.

Es kömmt daher darauf an, wie ein Kennzeichen
zu finden sey, woraus in jedem Fall beurtheilt werden kann, ob eine solche Quadratwurzel Statt finde
oder nicht. Wir wollen zu diesem Ende mit einer
leichten Formel den Anfang machen, und sehen, ob
man aus diesem Binomio $5 + 2\sqrt{6}$ solchergestalt
die Quadratwurzel finden könne.

Man setze also, diese Wurzel sey $\sqrt{x} + \sqrt{y}$,
wovon das Quadrat $(x + y) + 2\sqrt{xy}$ ist; also
muß dieses Quadrat jener Formel $5 + 2\sqrt{6}$ gleich
seyn. Folglich muß der rationale Theil $x + y$ gleich
5 seyn, und der irrationale $2\sqrt{xy}$ muß $2\sqrt{6}$
gleich

gleich seyn; daher bekömmt man $\sqrt{xy} = \sqrt{6}$, und die Quadrate genommen, $xy = 6$. Da nun $x + y = 5$, so wird hieraus $y = 5 - x$, welcher Werth in der Gleichung $xy = 6$ gesetzt, $5x - x^2 = 6$ oder $x^2 = 5x - 6$ giebt; daher $x = \frac{5}{2} + \sqrt{(\frac{25}{4} - \frac{24}{4})} = \frac{5}{2} + \frac{1}{2} = 3$; also $x = 3$ und $y = 2$, folglich wird aus $5 + 2\sqrt{6}$ die Quadratwurzel $\sqrt{3} + \sqrt{2}$ seyn.

§. III.

Da wir jetzt diese beyden Gleichungen erhalten haben I.) $x + y = 5$ und II.) $xy = 6$, so wollen wir hier einen besondern Weg anzeigen, um daraus x und y zu finden.

Da $x + y = 5$, so nehme man die Quadrate $x^2 + 2xy + y^2 = 25$. Nun bemerke man, daß $x^2 - 2xy + y^2$ das Quadrat von $x - y$ ist. Man subtrahire daher von jener Gleichung, nämlich von $x^2 + 2xy + y^2 = 25$, diese $xy = 6$ viermal genommen, d. i. $4xy = 24$, so erhält man $x^2 - 2xy + y^2 = 1$, und wenn man hieraus die Quadratwurzel zieht, $x - y = 1$, so wird, weil $x + y = 5$ ist, $x = 3$ und $y = 2$ gefunden. Daher die gesuchte Quadratwurzel von $5 + 2\sqrt{6}$, seyn wird $\sqrt{3} + \sqrt{2}$.

§. 112.

Wir wollen nun dieses allgemeine Binomium $a + \sqrt{b}$ betrachten, und die Quadratwurzel davon $\sqrt{x} + \sqrt{y}$ setzen, so erhalten wir diese Gleichung*) $(x + y) + 2\sqrt{xy} = a + \sqrt{b}$, also $x + y = a$ und $2\sqrt{xy} = \sqrt{b}$, oder $4xy = b$. Von $x + y = a$ ist das Quadrat $x^2 + 2xy + y^2 = a^2$, hiervon die Gleichung $4xy = b$ subtrahirt, giebt $x^2 - 2xy + y^2 = a^2 - b$,

E 5

---

*) Die Parenthesen sind hier nicht schlechterdings nothwendig; man bedient sich derselben nur, um den rationalen Theil der Formel von dem irrationalen zu unterscheiden.

$a^2 - b$, wovon die Quadratwurzel $x - y = r(a^2-b)$ iſt. Da nun $x + y = a$, ſo finden wir $x = \dfrac{a + r(a^2-b)}{2}$

und $y = \dfrac{a - r(a^2-b)}{2}$, daher die verlangte Quadrat= wurzel aus dem Binomio $a + r\, b$ ſeyn wird:

$$r \frac{a + r(a^2-b)}{2} + r \frac{a - r(a^2-b)}{2}.$$

§. 113.

Dieſe Formel iſt allerdings verwickelter, als wenn man vor das gegebene Binomium $a + r\, b$ ſchlechtweg das Wurzelzeichen r geſetzt hätte, näm= lich $r\,(a + r\, b)$. Allein jene Formel kann weit einfacher werden, wenn die Zahlen a und b ſo be= ſchaffen ſind, daß $a^2 - b$ ein Quadrat wird, weil alsdenn das r hinter dem r wegfällt. Hieraus erkennt man, daß man nur in ſolchen Fällen aus dem Binomio $a + r\, b$ die Quadratwurzel bequem ausziehen könne, wenn $a^2 - b = c^2$; weil alsdann die geſuchte Quadratwurzel $r\,\dfrac{a + c}{2} + r\,\dfrac{a - c}{2}$ ſeyn wird. Wenn aber $a^2 - b$ keine Quadratzahl iſt, ſo läßt ſich die Quadratwurzel nicht füglicher anzeigen, als durch Vorſetzung des r Zeichens.

§. 114.

Iſt das Binomium nicht $a + r\, b$, ſondern $a - r\, b$, ſo wird, bey der vorigen Vorausſetzung, daß $a^2 - b = c^2$, die Quadratwurzel aus demſelben nothwendig $r\,\dfrac{a + c}{2} - r\,\dfrac{a - c}{2}$ ſeyn müſſen.

Denn nimmt man von dieſer Formel das Qua= drat, ſo wird ſolches $a - 2\, r\,\dfrac{a^2 - c^2}{4} = a - r(a^2 - c^2)$ Da nun $c^2 = a^2 - b$, ſo iſt $a^2 - c^2 = b$; daher dieſes Quadrat $= a - r\, b$.

§. 115.

§. 115.

Wenn also aus einem solchen Binomio $a \pm \sqrt{b}$ die Quadratwurzel gezogen werden soll, so subtrahirt man von dem Quadrat des rationalen Theils a^2 das Quadrat des irrationalen Theils b; aus dem Reste ziehe man die Quadratwurzel, welche hier durch den Buchstaben c ausgedrückt wird, so ist die verlangte Quadratwurzel $\sqrt{\frac{a+c}{2}} \pm \sqrt{\frac{a-c}{2}}$.

§. 116.

Man suche z. B. die Quadratwurzel aus $2 + \sqrt{3}$, so ist $a = 2$ und $b = 3$; daher $a^2 - b = c^2 = 1$ und also $c = 1$; folglich die verlangte Quadratwurzel $\sqrt{\frac{3}{2}} + \sqrt{\frac{1}{2}}$.

Es sey ferner dieses Binomium $11 + 6\sqrt{2}$ gegeben, woraus die Quadratwurzel gefunden werden soll. Hier ist nun $a = 11$ und $\sqrt{b} = 6\sqrt{2}$; daher $b = 36 . 2 = 72$ und $a^2 - b = 49$; folglich $c = 7$. Daher die Quadratwurzel aus $11 + 6\sqrt{2}$ seyn wird $\sqrt{9} + \sqrt{2} = 3 + \sqrt{2}$.

Man suche die Quadratwurzel aus $11 - 2\sqrt{30}$, so ist hier $a = 11$ und $\sqrt{b} = 2\sqrt{30}$, daher $b = 4 . 30 = 120$ und $a^2 - b = 1$ und $c = 1$. Folglich die gesuchte Quadratwurzel $\sqrt{6} - \sqrt{5}$.

§. 117.

Diese Regel findet auch Statt, wenn sogar imaginäre oder unmögliche Zahlen vorkommen.

Es sey z. B. folgendes Binomium $1 + 4\sqrt{-3}$ gegeben, so ist $a = 1$ und $\sqrt{b} = 4\sqrt{-3}$; daher $b = -48$ und $a^2 - b = 49$. Daher $c = 7$. Folglich die gesuchte Quadratwurzel $\sqrt{4} + \sqrt{-3} = 2 + \sqrt{-3}$.

Es

Es ſey ferner gegeben $-\frac{1}{2} + \frac{1}{2}\sqrt{} - 3$. Hier iſt $a = -\frac{1}{2}$, $\sqrt{}\, b = \frac{1}{2}\sqrt{} - 3$ und $b = \frac{1}{4}. - 3 = -\frac{3}{4}$. Daher $a^2 - b = \frac{1}{4} + \frac{3}{4} = 1$ und $c = 1$; folglich die geſuchte Quadratwurzel $\sqrt{}\,\frac{1}{4} + \sqrt{} - \frac{3}{4} = \frac{1}{2} + \dfrac{\sqrt{}-3}{2}$ oder $\frac{1}{2} + \frac{1}{2}\sqrt{} - 3$.

Noch iſt folgendes Beyſpiel merkwürdig, wo aus $2\sqrt{} - 1$ die Quadratwurzel geſucht werden ſoll.

Weil hier kein rationaler Theil iſt, ſo iſt $a = 0$ und $\sqrt{}\, b = 2\sqrt{} - 1$; daher $b = -4$ und $a^2 - b = 4$, alſo $c = 2$, woraus die geſuchte Quadratwurzel iſt: $\sqrt{}\,1 + \sqrt{} - 1 = 1 + \sqrt{} - 1$, wovon das Quadrat iſt: $1 + 2\sqrt{} - 1 - 1 = 2\sqrt{} - 1$.

§. 118.

Sollte nun auch die Auflöſung einer ſolchen Gleichung vorkommen, wie $x^2 = a \pm \sqrt{}\, b$ und es wäre $a^2 - b = c^2$, ſo würde man daraus dieſen Werth für x erhalten $x = \sqrt{}\,\dfrac{a+c}{2} \pm \sqrt{}\,\dfrac{a-c}{2}$, und dies kann in vielen Fällen großen Nutzen haben.

Es ſey z. B. $x^2 = 17 + 12\sqrt{}\,2$, ſo wird $x = 3 + \sqrt{}\,8 = 3 + 2\sqrt{}\,2$.

§. 119.

Dieſes findet vorzüglich bey Auflöſung einiger Gleichungen vom vierten Grade ſtatt, als $x^4 = 2ax^2 + d$. Denn ſetzt man hier $x^2 = y$, ſo wird $x^4 = y^2$, daher unſere Gleichung $y^2 = 2ay + d$. Hieraus findet man $y = a \pm \sqrt{}\,(a^2 + d)$, daher für die angenommene Gleichung $x^2 = a \pm \sqrt{}\,(a^2 + d)$ ſeyn wird, woraus folglich noch die Quadratwurzel gezogen werden muß. Da nun hier $\sqrt{}\, b = \sqrt{}\,(a^2 + d)$ alſo $b = a^2 + d$, ſo wird $a^2 - b = -d$. Wäre nun $-d$ ein Quadrat, nämlich c^2 oder $d = -c^2$, ſo

kann

kann die Wurzel angezeiget werden. Es sey daher d $=-c^2$, oder es sey diese Gleichung vom vierten Grade gegeben $x^4 = 2ax^2 - c^2$, so wird daraus der Werth von x also ausgedruckt: $x = \sqrt{\frac{a+c}{2}} \pm \sqrt{\frac{a-c}{2}}$.

§. 120.

Wir wollen dieses durch einige Beyspiele erläutern.

I. Man suche zwey Zahlen, deren Product 105 sey, und wenn man ihre Quadrate zusammen addirt, so sey die Summe $= 274$.

Man setze diese Zahlen seyen x und y, so hat man sogleich diese zwey Gleichungen: I.) $xy = 105$ und II.) $x^2 + y^2 = 274$. Aus der ersten findet man $y = \frac{105}{x}$, welcher Werth in der andern für y gesetzt, $x^2 + \frac{105^2}{x^2} = 274$ giebt. Mit x^2 multiplicirt, wird $x^4 + 105^2 = 274x^2$, oder $x^4 = 274x^2 - 105^2$.

Vergleicht man nun diese Gleichung mit der obigen, so wird $2a = 274$ und $-c^2 = -105^2$; daher $c = 105$ und $a = 137$. Also finden wir:

$$x = \sqrt{\frac{137 + 105}{2}} \pm \sqrt{\frac{137 - 105}{2}} = 11 \pm 4,$$

folglich entweder $x = 15$, oder $x = 7$. Im erstern Falle wird $y = 7$, im letztern aber $y = 15$. Daher die beyden gesuchten Zahlen 15 und 7 sind.

§. 121.

Es ist aber gut hier noch zu bemerken, daß die Rechnung weit leichter gemacht werden kann. Denn da $x^2 + 2xy + y^2$, und auch $x^2 - 2xy + y^2$ ein Quadrat ist, wir aber wissen, was sowohl $x^2 + y^2$ als xy ist, so dürfen wir nur das letztere doppelt genommen, sowohl zu dem ersten addiren, als auch

davon

davon subtrahiren, wie sich aus dem folgenden sehen läßt: $x^2 + y^2 = 274$. Erstlich $2xy = 210$ addirt, giebt $x^2 + 2xy + y^2 = 484$ und $x + y = 22$. Hernach $2xy$ subtrahirt, giebt $x^2 - 2xy + y^2 = 64$ und $x - y = 8$. Also $2x = 30$ und $2y = 14$, woraus sich zeigt, daß $x = 15$ und $y = 7$. Auf diese Art kann auch folgende allgemeine Aufgabe aufgelöset werden.

II. Man suche zwei Zahlen, davon das Product $= m$, und die Summe ihrer Quadrate $= n$?

Die gesuchten Zahlen seyen x und y, so hat man die beyden folgenden Gleichungen: I.) $xy = m$, II.) $x^2 + y^2 = n$. Nun aber ist $2xy = 2m$, woraus erstlich, wenn man $2xy$ addirt, $x^2 + 2xy + y^2 = n + 2m$ und $x + y = r(n + 2m)$ wird. Hierauf $2xy$ subtrahirt, giebt $x^2 - 2xy + y^2 = n - 2m$ und $x - y = r(n - 2m)$, also $x = \frac{1}{2}r(n + 2m) + \frac{1}{2}r(n - 2m)$ und $y = \frac{1}{2}r(n + 2m) - \frac{1}{2}r(n - 2m)$.

§. 122.

III.) Es sey ferner diese Aufgabe gegeben: man suche zwei Zahlen, deren Product $= 35$ und die Differenz ihrer Quadrate $= 24$ ist.

Es sey x die größere und y die kleinere, so hat man diese beyden Gleichungen $xy = 35$ und $x^2 - y^2 = 24$. Da nun hier die vorigen Vortheile nicht Statt finden, so verfahre man nach der gewöhnlichen Art, und da giebt die erste $y = \frac{35}{x}$, welcher Werth in der andern für y gesetzt, $x^2 - \frac{1225}{x^2} = 24$ giebt. Wenn man nun mit x^2 multiplicirt, so hat man $x^4 - 1225 = 24x^2$ und $x^4 = 24x^2 + 1225$.

Da

Da hier das letzte Glied das Zeichen $+$ hat, so kann die obige Gleichung nicht angewandt werden, weil nämlich $c^2 = -1225$, und also c imaginär würde.

Man setze daher $x^2 = z$, so hat man $z^2 = 24z + 1225$, hieraus findet man $z = 12 \pm \sqrt{(144 + 1225)}$ oder $z = 12 \pm 37$, daher $x^2 = 12 \pm 37$, d. i. entweder $x^2 = 49$ oder $x^2 = -25$.

Nach dem ersten Werth wird $x = 7$ und $y = 5$. Nach dem andern aber wird $x = \sqrt{-25}$ und $y = \frac{35}{\sqrt{-25}}$, oder $y = \sqrt{\frac{1225}{-25}}$, oder $y = \sqrt{-49}$.

§. 123.

Zum Beschluß dieses Capitels wollen wir noch folgende Aufgabe beyfügen:

IV. **Man suche zwey Zahlen, deren Summe, Product und die Differenz ihrer Quadrate einander gleich seyen.**

Die größere Zahl sey x, die kleinere y, so müssen diese drey Formeln einander gleich seyn: I.) Summe $x + y$, II.) Product xy, III.) Differenz der Quadrate $x^2 - y^2$. Vergleicht man die erste mit der zweyten, so hat man $x + y = xy$ und daraus suche man x. Man wird also $y = xy - x$ oder $y = x(y-1)$ haben, und daraus wird $x = \frac{y}{y-1}$; daher wird, wenn man beyderseits y addirt, $x + y = \frac{y^2}{y-1}$ und $xy = \frac{y^2}{y-1}$, und also ist die Summe dem Product schon gleich. Diesem muß aber noch die Differenz der Quadrate gleich seyn. Es wird aber $x^2 - y^2 = \frac{y^2}{y^2 - 2y + 1} - y^2 = \frac{-y^4 + 2y^3}{y^2 - 2y + 1}$, welches dem obigen Werthe $\frac{y^2}{y-1}$ gleich seyn muß; daher be=

bekömmt man $\frac{y^2}{y-1} = \frac{-y^4+2y^3}{(y-1)^2}$; dieses durch y^2 dividirt, wird $\frac{1}{y-1} = \frac{-y^2+2y}{(y-1)^2}$; ferner mit $y-1$ multiplicirt, wird $1 = \frac{-y^2+2y}{y-1}$, und nochmals mit $y-1$ multiplicirt, giebt $y-1 = -y^2+2y$; folglich $y^2 = y+1$. Hieraus findet man $y = \frac{1}{2} + \sqrt{(\tfrac{1}{4}+1)} = \frac{1}{2} + \frac{\sqrt 5}{2}$ oder $y = \frac{1+\sqrt 5}{2}$; und daher erhalten wir $x = \frac{1+\sqrt 5}{\sqrt 5 - 1}$. Um hier die Irrationalität aus dem Nenner wegzubringen, so multiplicirt man oben und unten mit $\sqrt 5 + 1$, so bekömmt man $x = \frac{6+2\sqrt 5}{4} = \frac{3+\sqrt 5}{2}$.

Antw. Also die größere der gesuchten Zahlen $x = \frac{3+\sqrt 5}{2}$, und die kleinere $y = \frac{1+\sqrt 5}{2}$. Ihre Summe ist also $x+y = 2+\sqrt 5$, ferner das Product $xy = 2+\sqrt 5$, und da $x^2 = \frac{7+3\sqrt 5}{2}$ und $y^2 = \frac{3+\sqrt 5}{2}$, so wird die Differenz der Quadrate $x^2 - y^2 = 2+\sqrt 5$.

§. 124.

Diese Auflösung ist aber etwas mühsam. Auf folgende Art kann man leichter zum Zweck gelangen. Man setze erstlich die Summe $x+y$, der Differenz der Quadrate $x^2 - y^2$ gleich, so hat man $x+y = x^2 - y^2$. Hier kann man durch $x+y$ dividiren, weil $x^2 - y^2 = (x+y)(x-y)$, und da erhält man $1 = x-y$, folglich $x = y+1$; daher $x+y = 2y+1$ und $x^2 - y^2 = 2y+1$, welchem noch das Product $xy = y^2+y$ gleich seyn muß. Man hat

hat also $y^2 + y = 2y + 1$, oder $y^2 = y + 1$, woraus, wie oben, $y = \frac{1+\sqrt{5}}{2}$ gefunden wird.

§. 125.

V. Dieses leitet uns noch auf folgende Aufgabe. Zwey Zahlen zu finden, deren Summe, Product und die Summe ihrer Quadrate einander gleich sind.

Die gesuchten Zahlen seyen x und y, so müssen diese drey Formeln einander gleich seyn I.) $x + y$, II.) xy, und III.) $x^2 + y^2$.

Setzt man die erste der zweyten gleich $x + y = xy$, so findet man daraus $x = \frac{y}{y-1}$ und $x + y = \frac{y^2}{y-1}$, welchem auch xy gleich ist. Hieraus aber wird $x^2 + y^2 = \frac{y^2}{y^2 - 2y + 1} + y^2$, welches $\frac{y^2}{y-1}$ gleich zu setzen ist. Man multiplicire mit $y^2 - 2y + 1$, so bekömmt man $y^4 - 2y^3 + 2y^2 = y^3 - y^2$ oder $y^4 = 3y^3 - 3y^2$, und durch y^2 dividirt, $y^2 = 3y - 3$; daher $y = \frac{3}{2} \pm \sqrt{(\frac{9}{4} - 3)}$, also $y = \frac{3 + \sqrt{-3}}{2}$; daher $y - 1 = \frac{1 + \sqrt{-3}}{2}$, folglich $x = \frac{3 + \sqrt{-3}}{1 + \sqrt{-3}}$. Man multiplicire oben und unten mit $1 - \sqrt{-3}$, so wird $x = \frac{6 - 2\sqrt{-3}}{4}$ oder $x = \frac{3 - \sqrt{-1}}{2}$.

Antw. Also sind die beyden gesuchten Zahlen $x = \frac{3 - \sqrt{-3}}{2}$ und $y = \frac{3 + \sqrt{-3}}{2}$, ihre Summe ist $x + y = 3$, das Product $xy = 3$, und da endlich $x^2 = \frac{3 - 3\sqrt{-3}}{2}$ und $y^2 = \frac{3 + 3\sqrt{-3}}{2}$, so wird $x + y^2 = 3$.

§. 126.

Auch diese Rechnung kann durch einen besondern Vortheil nicht wenig erleichtert werden, welcher auch

II. Theil.   F

auch in andern Fällen Statt findet. Dieſes beſteht
darin, daß man die geſuchten Zahlen nicht durch
einzelne Buchſtaben, ſondern durch die Summe
und Differenz zweyer andern ausdrückt.

Alſo bey der vorigen Aufgabe ſetze man die eine
der geſuchten Zahlen gleich $p + q$ und die andere
$p - q$, ſo wird die Summe derſelben $2p$ ſeyn, ihr
Product $p^2 - q^2$, und die Summe ihrer Quadrate
$2p^2 + 2q^2$, welche drey Stücke einander gleich ſeyn
müſſen. Man ſetze das erſte dem zweyten gleich, ſo
wird $2p = p^2 - q^2$ und daraus $q^2 = p^2 - 2p$. Dieſen Werth ſetze man im dritten für q^2, ſo wird daſſelbe $4p^2 - 4p$. Dieſes dem erſten gleich geſetzt,
giebt $2p = 4p^2 - 4p$. Man addire $4p$, ſo wird
$6p = 4p^2$, durch p dividirt, giebt $6 = 4p$ und alſo $p = \frac{3}{2}$.

Hieraus findet man $q^2 = -\frac{3}{4}$ und $q = \frac{r-3}{2}$.
Folglich ſind unſere geſuchten Zahlen $p + q =$
$\frac{3 + r - 3}{2}$, und die andere $p - q = \frac{3 - r - 3}{2}$, dieſelben, welche wir auch vorher ſchon gefunden haben.

IX. Capitel.

Von der Natur der quadratiſchen Gleichungen.

§. 127.

Aus dem vorhergehenden hat man deutlich erſehen,
daß die quadratiſchen Gleichungen auf eine doppelte
Art aufgelöſet werden können; und dieſe Eigenſchaft
verdient allerdings in Erwägung gezogen zu werden,
weil dadurch die Natur der höhern Gleichungen nicht
wenig erläutert wird. Wir wollen daher genauer
unter-

untersuchen, woher es komme, daß eine jede qua=
dratische Gleichung zweyerley Auflösungen zulässe,
weil darin unstreitig eine durchaus wesentliche Ei=
genschaft dieser Gleichungen enthalten ist.

§. 128.

Man hat zwar schon gesehen, daß diese doppelte
Auflösung daher rührt, weil die Quadratwurzel aus
einer jeden Zahl sowohl negativ als positiv angenom=
men werden könne. Allein dieser Grund würde sich
nicht wohl auf höhere Gleichungen anwenden lassen;
daher wird es gut seyn, den Grund davon noch auf
eine andere Art deutlich vor Augen zu legen. Es
ist daher nöthig zu erklären, woher es komme, daß
eine quadratische Gleichung, z. B. $x^2 = 12x - 35$
auf eine doppelte Art aufgelöset werden, oder daß
für x zweyerley Werthe angezeigt werden können,
welche beyde der Gleichung ein Genüge leisten, wie
in diesem Beyspiele für x sowohl 5 als 7 gesetzt wer=
den kann, weil in beyden Fällen x^2 und $12x - 35$
einander gleich werden.

§. 129.

Um den Grund hiervon deutlicher einzusehen, so
ist es gut, alle Glieder der Gleichung auf eine Seite
zu bringen, so daß auf der andern o zu stehen kömmt,
daher die obige Gleichung $x^2 - 12x + 35 = 0$ seyn
wird. Hiebey kömmt es nun darauf an, daß eine
solche Zahl gefunden werde, wodurch, wenn sie statt
x gesetzt wird, die Formel $x^2 - 12x + 35$ wirklich
in nichts verwandelt werde; und hernach muß auch
die Ursache gezeigt werden, warum dieses auf zweyer=
ley Art geschehen könne.

§. 130.

Hier kömmt nun alles darauf an, daß man deutlich zeige, es könne eine solche Formel $x^2 — 12x + 35$ als ein Product aus zwey Factoren angesehen werden, wie denn diese Formel wirklich aus folgenden zwey Factoren besteht $(x — 5) . (x - 7)$. Wenn daher jene Formel 0 werden soll, so muß auch dieses Product $(x — 5) . (x - 7) = 0$ seyn. Ein Product aber, aus so viel Factoren dasselbe auch immer bestehen mag, wird allezeit 0, wenn nur einer von seinen Factoren 0 wird. Denn so groß auch das Product aus den übrigen Factoren seyn mag, wenn dasselbe noch mit 0 multiplicirt wird, so kömmt immer 0 heraus, welcher Grundsatz für die höhern Gleichungen wohl zu merken iſt.

§. 131.

Hieraus begreift man nun ganz deutlich, daß dieses Product $(x — 5) . (x — 7)$ auf eine doppelte Art 0 werden könne: einmal nämlich, wenn der erste Factor $x — 5 = 0$ wird, und hernach auch, wenn der andere Factor $x — 7 = 0$ wird. Das erstere geschieht, wenn $x = 5$, das andere aber, wenn $x = 7$. Hieraus versteht man also den wahren Grund, warum eine solche Gleichung $x^2 — 12x + 35 = 0$, zweyerley Auflösungen zuläßt, oder warum für x zwey Werthe gefunden werden können, welche beyde der Gleichung Genüge leisten.

Der Grund liegt nämlich darin, daß sich die Formel $x^2 — 12x + 35$ als ein Product aus Factoren vorstellen läßt.

§. 132.

Eben dieser Umstand findet bey allen quadratischen Gleichungen Statt. Denn wenn alle Glieder

auf

auf eine Seite gebracht werden, so erhält man immer eine solche Form $x^2 - ax + b = 0$; und diese Formel kann ebenfalls als ein Product aus zwey Factoren angesehen werden, welche wir folgender Gestalt vorstellen wollen: $(x - p)(x - q)$, ohne uns darum zu bekümmern, was p und q für Zahlen seyn mögen. Da nun unsere Gleichung erfordert, daß dieses Product 0 gleich werde, so ist offenbar, daß solches auf zweyerley Art geschehen könne; erstlich, wenn $x = p$, und zweytens, wenn $x = q$, welches die beyden Werthe für x sind, die der Gleichung ein Genüge leisten.

§. 133.

Wir wollen nun sehen, wie diese zwey Factoren beschaffen seyn müssen, daß derselben Product gerade unsere Formel $x^2 - ax + b$ hervorbringe. Man multiplicire daher dieselben wirklich, so erhält man den Ausdruck $x^2 - (p+q)x + pq$; und da dieser mit $x^2 - ax + b$ einerley seyn soll, so ist deutlich, daß $p + q = a$ und $pq = b$ seyn muß; hieraus erfahren wir diese herrliche Eigenschaft, daß von einer solchen Gleichung $x^2 - ax + b = 0$ die beyden Werthe für x also beschaffen sind, daß erstlich ihre Summe der Zahl a und ihr Product der Zahl b gleich sey. Sobald man also einen Werth kennt, so ist auch leicht den andern zu finden.

Anmerk. 1. Bestimmter und richtiger drückt man sich so aus: in einer geordneten unreinen quadratischen Gleichung, als: $x^2 + Ax + B = 0$ ist der Coefficient von x die Summe und der Coefficient von 1 oder x^0 das Product aus denen den beyden Wurzeln entgegengesetzten Größen. Das heißt, wenn p und q die beyden Wurzeln der Gleichung sind, so ist: $A = -(p + q)$ und $B = -p \cdot -q = pq$.

Die Form $x^2 + Ax + B = 0$ ist allgemein, indem ich voraussetze, daß A und B, und überhaupt jeder Buchstabe, sowohl eine positive als negative Größe bedeuten kann, also

das

das Zeichen + vor einer Größe nichts weiter anzeigt, als
daß man diese Größe zu den übrigen Gliedern algebraisch
addiren, und das Zeichen —, daß man die dahinter stehende
Größe von den übrigen Gliedern algebraisch subtrahiren soll.
Ist nun z. B. B positiv; so ist das Glied + B allerdings
eine positive, und — B, als = — (+ B) = (— B),
eine negative Größe. Wäre aber B eine negative Größe,
so würde das Glied + B, als = + (— B), eine negat-
tive, und das Glied — B, als = — (— B) = + B,
eine positive Größe werden.

Anmerk. 2. Da in jeder quadratischen Gleichung A = —
p — q ist, so muß in den reinen quadratischen Gleichungen, wo A = o wird, nothwendig — p = + q, oder die
eine Wurzel gerade das Gegentheil der andern, also die
eine — p seyn, wenn die andere + q ist. Dasselbe ist
schon aus dem 5ten Capitel des 2ten Theils bekannt.

$$\S.\ 134.$$

Dieses war der Fall, wenn beyde Werthe für x
positiv sind, alsdann in der Gleichung das zweyte
Glied das Zeichen —, das dritte aber das Zeichen
+ hat. Wir wollen nunmehr auch die Fälle betrachten, da einer von den beyden Werthen für x,
oder auch alle beyde negativ sind. Jenes geschieht,
wenn die beyden Factoren der Gleichung folgende
Beschaffenheit haben: $(x - p)\ (x + q)$; woraus
diese zwey Werthe für x entstehen; erstlich x = p und
zweytens x = — q. Die Gleichung selbst aber ist
alsdann $x^2 + (q - p)\ x - pq = o$, wo das zweyte
Glied das Zeichen + hat, wenn nämlich q größer
ist als p. Wäre aber q kleiner als p, so hätte es
das Zeichen —, das dritte Glied aber ist hier immer
negativ.

Wären aber die beyden Factoren $(x + p)\ (x + q)$,
so wären beyde Werthe für x negativ, nämlich x =
— p und x = — q, und die Gleichung selbst würde
$x^2 + (p + q)\ x + pq = o$ seyn, wo sowohl das
zweyte, als auch das dritte Glied das Zeichen +
haben muß.

$$\S.\ 135.$$

§. 135.

Wir können daher die Beschaffenheit der Wur= zeln einer jeden quadratischen Gleichung aus dem Zeichen des zweyten und dritten Gliedes erkennen. Es sey die Gleichung $x^2 \ldots ax \ldots b = 0$. Wenn nun das zweyte und dritte Glied das Zeichen $+$ haben, so sind beyde Werthe negativ; ist das zweyte Glied $-$, das dritte aber $+$, so sind beyde Werthe positiv; ist aber das dritte Glied negativ, so ist ein Werth positiv. Jedesmal aber enthält das zweyte Glied die Summe der beyden Werthe, und das dritte ihr Product.

Anmerk. Da in dem 135 §. Behauptungen vorkommen, die nur unter gewissen Einschränkungen richtig bleiben, so wird dem Anfänger vielleicht folgender Vortrag mehr Gnüge leisten, und ihm strengere Folgerungen entdecken lassen.

Sind in der Gleichung $x^2 + Ax + B = 0$,

Erstens, beyde Wurzeln p und q positiv, so ist jene allgemeine Form mit folgender gleichgeltend: $x^2 - (p+q)x + pq = 0$; (denn A ist $= -(p+q)$ und $B = -p. -q = pq$. (Siehe die Anmerk. zu §. 133).

Sind zweytens beyde Wurzeln negativ, so ist A $= -(-p-q) = p+q$ und $B = +p. +q = pq$, daher hat in diesem Falle die Gleichung folgende Form: $x^2 + (p+q)x + pq = 0$.

Ist drittens die eine Wurzel, als etwa p, positiv, die andere q aber negativ, so ist in diesem Falle A $= -(a-b)$ $= -a + b$ und $B = -a + b = -ab$, und daher die Form der Gleichung diese: $x^2 + (-p+q)x - pq = 0$.

In dieser Gleichung ist das dritte Glied immer negativ; das Zeichen des 2ten Gliedes hängt aber davon ab, ob p größer oder kleiner als q ist.

Wir sehen also aus diesem letzten Fall, daß wenn in einer geordneten unreinen quadratischen Gleichung das 3te Glied das Zeichen $-$ hat, so muß die Gleichung 2 Werthe haben, davon der eine $+$ der andere $-$ ist, es mag das Zeichen des 2ten Gliedes $+$ oder $-$ seyn.

Bey

Bey dieſem 3ten Fall kann auch p = q ſeyn, wo alsdann das 2te Glied der Gleichung = 0 wird, und es bleibt alſo $x^2 - pq = 0$, folglich $x = \pm r$ pq, wie es ſeyn muß. (Siehe die 2. Anmerk. zu §. 133).

Da ſolche Gleichungen auch unmögliche Wurzeln von der Form $r - p$ enthalten können (ſiehe weiter unten §. 138), und dieſer Ausdruck eben darum unmöglich iſt, weil weder eine poſitive noch negative Größe, in ſich ſelbſt multiplicirt, — p geben kann; ſo gilt natürlich das bisherige nur von ſolchen Gleichungen, welche mögliche Wurzeln enthalten. Unmögliche Wurzeln ſind immer paarweiſe und finden nur dann ſtatt, wenn B poſitiv und $>$ als

$\left(\dfrac{A}{2}\right)^2$, wie Euler in dem 139 §. u. f. beweiſet.

§. 136.

Es iſt alſo ganz leicht, ſolche quadratiſche Gleichungen zu machen, welche nach Belieben zwey gegebene Werthe in ſich enthalten. Man verlangt z. B. eine ſolche Gleichung, wo der eine Werth für x die poſitive Zahl 7, der andere aber — 3 ſeyn ſoll. Man mache daraus folgende einfache Gleichungen: $x = 7$ und $x = -3$; hieraus ferner dieſe: $x - 7 = 0$ und $x + 3 = 0$, welches die Factoren der verlangten Gleichung ſeyn werden, durch deren Multiplication die Gleichung ſelbſt erhalten wird, nämlich $x^2 - 4x - 21 = 0$, woraus auch nach der obigen Regel eben dieſe beyden Werthe für x gefunden werden. Denn da $x^2 = 4x + 21$, ſo wird $x = 2 \pm r$ 25, alſo $x = 2 \pm 5$, und daher entweder $x = 7$ oder $x = -3$.

§. 137.

Es kann auch der Fall ſeyn, daß beyde Werthe für x einander gleich werden; man ſuche z. B. eine Gleichung, wo beyde Werthe von x der Zahl 5 gleich ſind; die beyden Factoren werden alſo $(x - 5)(x - 5)$ ſeyn

seyn und die Gleichung selbst ist also beschaffen: $x^2 - 10x + 25 = 0$; welche nur einen Werth zu haben scheint, weil auf eine doppelte Art $x = 5$ wird, wie auch die gewöhnliche Auflösung zeigt. Denn da $x^2 = 10x - 25$, so wird $x = 5 \pm \sqrt{} 0$, oder $x = 5 \pm 0$, und daher wird $x = 5$ und $x = 5$.

Zusatz. Wenn beyde Werthe für x einander gleich sind, so ist die allgemeine Form (wenn $x = a$) diese: $(x - a(x - a) = x^2 - 2ax + a^2 = 0$. Das 3te Glied a^2 ist daher in einer solchen Gleichung allemal gleich dem Quadrate des halben Coef= ficienten $\frac{2a}{2} = a$ vom 2ten Gliede 2ax.

§. 138.

Vorzüglich ist hier noch zu merken, daß biswei= len beyde Werthe von x imaginär oder unmöglich werden, in welchen Fällen es ganz und gar unmög= lich ist, einen solchen Werth für x anzuzeigen, wel= cher der Gleichung ein Genüge leistet, wie dieses z. B. geschieht, wenn die Zahl 10 in zwey solche Theile zertheilt werden soll, deren Product 30 ist. Denn es sey ein Theil $= x$, so wird der andere $10 - x$ seyn und also ihr Product $10x - x^2 = 30$, folglich $x^2 = 10x - 30$ und $x = 5 \pm \sqrt{} - 5$, welches eine imaginäre oder unmögliche Zahl, und daher zu erkennen giebt, daß die Aufgabe unmöglich ist.

§. 139.

Es ist deshalb sehr wichtig ein Kennzeichen aus= zumitteln, durch welches man sogleich erkennen kann, ob eine quadratische Gleichung möglich sey oder nicht. Es sey daher diese allgemeine Gleichung gegeben: $x^2 - ax + b = 0$, so wird $x^2 = ax - b$ und $x = \frac{1}{2}a$ $+ \sqrt{} (\frac{1}{4}a^2 - b)$; woraus erhellt, daß, wenn die Zahl b größer ist als $\frac{1}{4}a^2$, oder 4b größer als a^2, die

F 5   beyden

beyden Werthe unmöglich werden; weil man aus
einer negativen Zahl die Quadratwurzel auszziehen
müßte. So lange aber hingegen b kleiner ist als
$\frac{1}{4}a^2$, oder auch gar kleiner als 0, das ist negativ, so
sind die beyden Werthe immer möglich. Diese mö-
gen nun möglich oder unmöglich seyn, so können sie
doch nach dieser Art stets ausgedrückt werden, und
haben auch immer die Eigenschaft, daß ihre Summe = a und ihr Product = b ist, wie man aus folgendem Beyspiele ersehen kann: $x^2 - 6x + 10 = 0$,
in welchem die Summe der beyden Werthe für $x = 6$
und das Product = 10 seyn muß. Man findet aber
diese beyden Werthe: I.) $x = 3 + r - 1$ und II.)
$x = 3 - r - 1$, deren Summe = 6 und ihr Product = 10 ist.

Anmerk. Euler siehet bey der Summe und Product der
   Wurzeln nur auf ihre Größe, und nimmt keine Rücksicht
   auf die Zeichen der Glieder in der Gleichung, wozu diese
   Summe und Product gehören. (Siehe die 1. Anmerk.
   zu §. 133).

§. 140.

Man kann dieses Kennzeichen auf eine allgemeinere Art ausdrücken, so daß es auch auf solche Gleichungen angewandt werden kann, wie $fx^2 \pm gx +$
$h = 0$; denn hieraus hat man $x^2 = \mp \frac{gx}{f} - \frac{h}{f}$;
daher $x = \mp \frac{g}{2f} \pm r\left(\frac{g^2}{4f^2} - \frac{h}{f}\right)$, oder $x =$
$\frac{\mp g \pm r(g^2 - 4fh)}{2f}$; hieraus zeigt sich, daß beyde
Werthe imaginär oder die Gleichung unmöglich
wird, wenn 4fh größer ist als g^2, oder wenn in dieser Gleichung $fx^2 \pm gx + h = 0$ das vierfache Product aus dem ersten und letzten Gliede größer ist, als

das

das Quadrat des zweyten Gliedes. Denn das vierfache Product aus dem ersten und letzten Gliede ist
$4fhx^2$, das Quadrat aber des mittlern Gliedes ist
g^2x^2; wenn nun $4fhx^2$ größer als g^2x^2, so ist auch
$4fh$ größer als g^2 und also die Gleichung unmöglich;
in allen übrigen Fällen aber ist die Gleichung möglich und die beyden Werthe für x können wirklich
angegeben werden, wenn dieselben auch öfters irrational werden, in welchen Fällen man immer näher
zu ihrem wahren Werthe gelangen kann, wie schon
oben bemerkt worden; dagegen bei imaginären Ausdrücken, als $\sqrt{-5}$, auch keine Näherung Statt
findet, indem 100 davon eben so weit entfernt ist,
als 1 oder irgend eine andere Zahl.

§. 141.

Hierbey ist noch zu erinnern, daß eine jede solche
Formel vom zweyten Grade $x^2 \pm ax \pm b$ nothwendig jedesmal in zwey solche Factoren $(x \pm p)(x \pm q)$
aufgelöset werden kann. Denn wenn man drey solche
Factoren nehmen wollte, so würde man zum dritten
Grade kommen, und einer allein würde nicht zum
zweyten Grade ansteigen. Daher es eine ausge-
machte Sache ist, daß eine jede Gleichung vom
zweyten Grade nothwendig zwey Werthe für x in
sich enthalte, und daß es ihrer weder mehr noch weniger geben könne.

§. 142.

Man hat schon gesehen, daß, wenn diese beyden
Factoren gefunden worden, man daraus auch die
beyden Werthe für x anzeigen kann, indem ein jeder
Factor, wenn er gleich 0 gesetzt wird, einen Werth
für x angiebt. Dieses findet auch umgekehrt Statt,
daß,

Daß, sobald man einen Werth für x gefunden, daraus auch ein Factor der quadratischen Gleichung gefunden werde. Denn wenn x = p ein Werth für x in einer quadratischen Gleichung ist, so ist auch x — p ein Factor derselben, oder die Gleichung, wenn alle Glieder auf eine Seite gebracht worden, läßt sich durch x — p theilen, und der Quotient giebt den andern Factor.

§. 143.

Um dieses zu erläutern, so sey folgende Gleichung gegeben: $x^2 + 4x - 21 = 0$, von dieser wissen wir, daß x = 3 ein Werth für x sey, indem $3 \cdot 3 + 4 \cdot 3 - 21 = 0$ ist, und daher können wir sicher schließen, daß x — 3 ein Factor dieser Gleichung ist, oder daß sich $x^2 + 4x - 21$ durch x — 3 theilen läßt, wie man aus folgender Division ersehen kann.

$$
\begin{array}{r}
x - 3) \; x^2 + 4x - 21 \; (x + 7 \\
\underline{x^2 - 3x} \qquad\qquad \\
7x - 21 \\
\underline{7x - 21} \\
0
\end{array}
$$

Also ist der andere Factor x + 7, und unsere Gleichung wird durch dieses Product vorgestellt: $(x - 3)(x + 7) = 0$, woraus die beyden Werthe für x sich folglich zeigen, da nämlich aus dem ersten Factor x = 3, aus dem andern aber x = — 7 wird.

X. Ca=

X. Capitel.

Von der Auflösung der reinen cubischen Gleichungen.

§. 144.

Eine reine cubische Gleichung ist eine solche, in welcher der Cubus der unbekannten Zahl einer bekannten Zahl gleich gesetzt wird, so daß darin weder das Quadrat der unbekannten Zahl, noch die unbekannte Zahl selbst vorkömmt.

Eine solche Gleichung ist $x^3 = 125$, oder auf eine allgemeine Art $x^3 = a$, oder $x^3 = \frac{a}{b}$.

§. 145.

Wie man nun aus einer solchen Gleichung den Werth von x finden soll, ist für sich offenbar, indem man nur auf beyden Seiten die Cubicwurzeln ausziehen darf.

Also z. B. aus der Gleichung $x^3 = 125$ findet man $x = 5$, und aus der Gleichung $x^3 = a$ bekömmt man $x = \sqrt[3]{a}$; aus $x^3 = \frac{a}{b}$ aber hat man $x = \sqrt[3]{\frac{a}{b}}$ oder $x = \frac{\sqrt[3]{a}}{\sqrt[3]{b}}$. Wenn man daher nur die Cubicwurzel aus einer gegebenen Zahl auszuziehen versteht, so kann man auch solche Gleichungen leicht auflösen.

§. 146.

Auf diese Art erhält man aber nur einen Werth für x. Da nun eine jede quadratische Gleichung zwey Werthe hat, so läßt sich vermuthen, daß eine cubische

cubische Gleichung auch mehr als einen Werth haben
müsse.　Es wird daher der Mühe werth seyn, dies
genauer zu untersuchen, und im Fall eine solche
Gleichung mehr Werthe für x haben sollte, diese alle
ausfindig zu machen.

§. 147.

Wir wollen z. B. folgende Gleichung betrachten
$x^3 = 8$, woraus alle Zahlen gefunden werden sollen,
deren Cubus gleich 8 ist.　Da nun eine solche Zahl
unstreitig x = 2 ist; so muß nach dem vorigen Capitel die Formel $x^3 - 8 = 0$ sich nothwendig durch
x — 2 theilen lassen; wir wollen also diese Theilung
folgender Gestalt verrichten:

$$x - 2) \; x^3 - 8 \; (\; x^2 + 2x + 4$$
$$\underline{x^3 - 2x^2}$$
$$2x^2 - 8$$
$$\underline{2x^2 - 4x}$$
$$4x - 8$$
$$\underline{4x - 8}$$
$$0$$

Also läßt sich unsere Gleichung $x^3 - 8 = 0$ durch
diese Factoren vorstellen $(x - 2)(x^2 + 2x + 4) = 0$.

§. 148.

Da nun die Frage ist: was für eine Zahl für x
angenommen werden müsse, daß $x^3 = 8$ werde, oder
daß $x^3 - 8 = 0$ werde, so ist deutlich, daß dieses
geschieht, wenn das gefundene Product gleich 0
werde.　Dieses wird aber 0, nicht nur, wenn der
erste Factor x — 2 = 0 ist, woraus x = 2 entsteht,
sondern auch, wenn der andere Factor $x^2 + 2x +$
4 = 0 ist.　Man setze also $x^2 + 2x + 4 = 0$, so hat
man $x^2 = - 2x - 4$ und daher wird x = — 1
$\pm \sqrt{- 3}$.

§. 149.

§. 149.

Außer diesem Fall also x = 2, in welchem die Gleichung x³ = 8 erfüllt wird, haben wir noch zwey andere Werthe für x, deren Cubi ebenfalls 8 sind, und welche folgende Beschaffenheit haben:

I.) x = $-1 + \sqrt{-3}$ und II.) x = $-1 - \sqrt{-3}$, welches außer Zweifel gesetzt wird, wenn man die Cubi davon nimmt, wie folgt:

$$
\begin{array}{ll}
-1 + \sqrt{-3} & \quad -1 - \sqrt{-3} \\
-1 + \sqrt{-3} & \quad -1 - \sqrt{-3} \\
\hline
1 - \sqrt{-3} & \quad 1 + \sqrt{-3} \\
-\sqrt{-3} - 3 & \quad +\sqrt{-3} - 3 \\
\hline
-2 - 2\sqrt{-3}\ \text{Quadr.} & \quad -2 + 2\sqrt{-3} \\
-1 + \sqrt{-3} & \quad -1 - \sqrt{-3} \\
\hline
2 + 2\sqrt{-3} & \quad 2 - 2\sqrt{-3} \\
-2\sqrt{-3} + 6 & \quad +2\sqrt{-3} + 6 \\
\hline
8 \quad \text{Cubus} & \quad 8
\end{array}
$$

Diese beyden Werthe sind zwar imaginär oder unmöglich, verdienen aber dennoch bemerkt zu werden.

§. 150.

Dieses findet auch gewöhnlich für eine jede solche cubische Gleichung x³ = a Statt, wo außer den Werth x = $\sqrt[3]{a}$ noch zwey andere ebenfalls vorhanden sind. Man setze um der Kürze willen $\sqrt[3]{a} = c$ also, daß a = c³ und unsere Gleichung folgende Form bekomme x³ — c³ = 0, welche letztere sich durch x — c theilen läßt, wie aus nachstehender Division zu sehen:

x — c)

$$x - c)\ x^3 - c^3\ (x^2 + cx + c^3$$
$$\underline{x^3 \overset{!}{-} cx^2}$$
$$cx^2 - c^3$$
$$\underline{cx^2 - c^2x}$$
$$c^2x - c^3$$
$$\underline{c^2x - c^3}$$
$$0$$

Daher wird unsere Gleichung durch folgendes Pro=
duct vorgestellt: $(x-c)(x^2 + cx + c^2) = 0$, wel=
ches wirklich gleich o wird, nicht nur, wenn $x - c = 0$
oder $x = c$, sondern auch, wenn $x^2 + cx + c^2 = 0$,
daraus aber wird $x^2 = -cx - c^2$, und daher
$x = -\frac{c}{2} + r\left[\frac{c^2}{4} - c^2\right]$ oder $x = \frac{-c \pm r - 3c^2}{2}$

das ist $x = \frac{-c \pm c\,r - 3}{2} = \frac{-1 \pm r - 3}{2}$. c, und in
dieser Formel sind noch zwey Werthe für x enthalten.

§. 151.

Da nun c statt $\overset{3}{r}$ a geschrieben worden, so zie=
hen wir daher folgenden Schluß: daß von einer je=
den cubischen Gleichung von dieser Form $x^3 = a$
dreyerley Werthe für x gefunden werden können,
welche folgender Gestalt ausgedrückt werden:

I.) $x = \overset{3}{r} a$, II.) $x = \frac{-1 + r - 3}{2} \cdot \overset{3}{r} a$, III.) $x = \frac{-1 - r - 3}{2} \cdot \overset{3}{r} a$

woraus erhellet, daß eine jede Cubicwurzel dreyerley
Werthe habe, wovon zwar nur der erste möglich, die
beyden andern aber unmöglich sind; dieses ist des=
wegen hier wohl zu bemerken, weil wir schon oben
gesehen haben, daß eine jede quadratische Gleichung
zweyerley Werthe hat, und unten noch gezeigt wer=
den wird, daß eine jede Wurzel vom vierten Grade
vier verschiedene Werthe, vom fünften Grade fünf
dergleichen u. s. f. habe.

Bey

Bey gemeinen Rechnungen wird nur der erste von diesen 3 Werthen gebraucht, weil die beyden andern unmöglich sind, und hierüber wollen wir noch einige Beyspiele beyfügen.

§. 152.

I. Aufg. Suche eine Zahl, so daß das Quadrat derselben mit ihrem Viertel multiplicirt, 432 hervorbringe.

Diese Zahl sey x, so muß x^2 mit $\frac{1}{4}x$ multiplicirt, der Zahl 432 gleich werden; daher wird $\frac{1}{4}x^3 = 432$. Diese Gleichung mit 4 multiplicirt, giebt $x^3 = 1728$, hieraus wird nun die Cubicwurzel gezogen, so erhält man $x = 12$.

Antw. Die gesuchte Zahl ist 12, denn ihr Quadrat 144 mit ihrem Viertel multiplicirt (das ist 3) giebt 432.

§. 153.

II. Aufg. Suche eine Zahl, deren vierte Potenz durch ihre Hälfte dividirt und dazu $14\frac{1}{4}$ addirt, 100 gebe.

Die Zahl sey x, so ist ihre vierte Potenz x^4, welche durch ihre Hälfte $\frac{1}{2}x$ dividirt, $2x^3$ giebt, dazu $14\frac{1}{4}$ addirt, soll 100 machen; also hat man $2x^3 + 14\frac{1}{4} = 100$, wo $14\frac{1}{4}$ subtrahirt, $2x^3 - \frac{343}{4}$ giebt, durch 2 dividirt, wird $x^3 = \frac{343}{8}$, und die Cubicwurzel ausgezogen, erhält man $x = \frac{7}{2}$.

§. 154.

III. Aufg. Einige Hauptleute liegen zu Felde; jeder hat unter sich dreymal so viel Reuter und 20mal so viel Fußgänger, als der Hauptleute sind; und ein Reuter bekommt zum monathlichen Solde gerade so viel Gulden als der Haupt=

II. Theil.   G   leute

leute sind, ein Fußgänger aber nur halb
so viel, und der ganze monathliche Sold
beträgt in allem 13000 Gulden. Wie
viel sind es Hauptleute gewesen?

Es seyen x Hauptleute gewesen, so hat einer
unter sich 3x Reuter und 20x Fußgänger gehabt.
Also die Zahl aller Reuter war 3x^2 und der Fußgänger 20x^2. Da nun ein Reuter x Fl. bekommt, ein
Fußgänger aber ½x Fl., so ist der monathliche Sold
der Reuter 3x^3 Fl., der Fußgänger aber 10x^3 Fl.
Beyde zusammen also bekommen 13x^3 Fl., welches
der Zahl 13000 gleich seyn muß. Da nun 13x^3 =
13000, so wird x^3 = 1000 und x = 10.
So viel sind also der Hauptleute gewesen.

§. 155.

IV. Aufg. Einige Kaufleute verbinden sich zu einer Gesellschaft, und es
legt ein jeder 100mal so viel ein, als
Theilnehmer sind. Mit diesem Capital
schicken sie einen Factor nach Venedig,
der gewinnt mit jeden 100 Fl. zweymal
so viel Fl. als Kaufleute waren, kommt
dann wieder und nach seiner Zurückkunft
beträgt der Gewinnst 2662 Fl. Nun ist
also die Frage, wie viel der Kaufleute
gewesen sind?

Es seyen x Kaufleute gewesen, so hat jeder eingelegt 100x Fl. und das ganze Capital war 100x^2 Fl.
Da nun mit 100 Fl. 2x Fl. gewonnen worden, so
war der Gewinnst 2x^3, welcher der Zahl 2662 gleich
seyn soll. Folglich 2x^3 = 2662, daher x^3 = 1331,
und also die gesuchte Anzahl der Kaufleute x = 11.

§. 156.

§. 156.

V. Aufg. Eine Bäuerin vertauscht Käse gegen Hühner, und giebt 2 Käse für 3 Hühner; die Hühner legen Eyer, jede $\frac{1}{3}$ so viel als der Hühner sind. Mit denselben geht sie auf den Markt, giebt immer 9 Eyer für so viel Pfennige, als ein Huhn Eyer gelegt hat, und löset 72 Pfennige. Wie viel hat nun die Bäuerin Käse vertauscht?

Die Zahl der Käse sey x gewesen, so sind dieselben gegen $\frac{3}{2}$x Hühner vertauscht worden. Da nun ein Huhn $\frac{1}{2}$x Eyer legt, so ist die Zahl aller Eyer $\frac{3}{4}$x². Nun werden 9 Eyer für $\frac{1}{2}$x Pf. verkauft und also wird in allem $\frac{1}{24}$x³ gelöset. Vermöge der Aufgabe ist $\frac{1}{24}$x³ = 72, folglich x³ = 24 · 72 = 8 · 3 · 8 · 9 = 8 · 7 · 3 · 9 = 8 · 8 · 27, so findet man, wenn man die Cubicwurzel auszieht, daß x = 12, und daß also die Bäuerin 12 Käse gehabt hat, welche gegen 18 Hühner vertauscht worden sind.

XI. Capitel.

Von der Auflösung der vollständigen cubischen Gleichungen.

§. 157.

Eine vollständige cubische Gleichung ist eine solche Gleichung, in welcher außer dem Cubus der unbekannten Zahl, noch diese unbekannte Zahl selbst und ihr Quadrat vorkommen, daher die allge-

G 2   meine

meine Form solcher Gleichungen, wenn man näm=
lich alle Glieder auf eine Seite bringt, folgende ist:

$$ax^3 + bx^2 + cx + d = 0.$$

Wie nun aus einer solchen Gleichung die Werthe
von x, die man auch die Wurzeln der Glei=
chung nennt, zu finden sind, soll in diesem Capi=
tel gezeigt werden. Denn man kann hier schon vor=
aussetzen, daß eine solche Gleichung immer drey
Wurzeln habe; weil dieses schon im vorigen Capitel
von den reinen Gleichungen dieses Grades gezeigt ist.

§. 158.

Wir wollen zuerst folgende Gleichung betrach=
ten: $x^3 - 6x^2 + 11x - 6 = 0$, und da eine qua=
dratische Gleichung als ein Product aus zweyen
Factoren angesehen werden kann, so kann man diese
cubische Gleichung als ein Product aus drey Facto=
ren ansehen, welche in diesem Fall sind:

$$(x - 1)(x - 2)(x - 3) = 0,$$

als welche mit einander multiplicirt, die obige Glei=
chung hervorbringen. Denn $(x - 1) . (x - 2)$
giebt $x^2 - 3x + 2$, und dieses noch mit $x - 3$
multiplicirt, giebt $x^3 - 6x^2 + 11x - 6$, welches
die obige Form ist, die = 0 seyn soll. Dieses ge=
schieht daher, wenn dieses Product $(x - 1)(x - 2)$
$(x - 3)$ gleich Null wird, welches eintrifft, wenn
nur einer von den drey Factoren = 0 wird, und also
in drey Fällen, erstlich wenn $x - 1 = 0$ oder $x = 1$,
zweytens wenn $x - 2 = 0$ oder $x = 2$, und drittens
wenn $x - 3 = 0$ oder $x = 3$.

Man sieht auch sogleich, daß, wenn für x eine
jede beliebige andere Zahl gesetzt wird, keiner von
diesen drey Factoren 0 werde, und also auch nicht
das Product. Daher hat unsere Gleichung keine
andern Wurzeln als diese drey.

§. 159.

§. 159.

Könnte man in einem jeden andern Falle die drey Factoren einer solchen Gleichung anzeigen, so hätte man sogleich die drey Wurzeln derselben. Wir wollen zu diesem Ende drey solche Factores auf eine allgemeine Art betrachten, welche $x - p$, $x - q$, $x - r$ seyn sollen. Man suche daher ihr Product, und da der erste mit dem zweyten multiplicirt, $x^2 - (p+q) x + pq$ giebt, so giebt dieses Product, noch mit $x - r$ multiplicirt, folgende Formel: $x^3 - (p+q+r) x^2 + (pq+pr+qr) x - pqr$. Soll nun diese Formel gleich o seyn, so geschieht dieses in drey Fällen, erstlich, wenn $x - p = o$ oder $x = p$, zweytens, wenn $x - q = o$ oder $x = q$, und drittens, wenn $x - r = o$ oder $x = r$.

§. 160.

Es sey nun diese Gleichung folgender Gestalt ausgedrückt: $x^3 - ax^2 + bx - c = o$, und wenn die Wurzeln derselben I.) $x = p$, II.) $x = q$, III.) $x = r$ sind, so muß erstlich $a = p+q+r$, und hernach zweytens $b = pq+pr+qr$, und drittens $c = pqr$ seyn; hieraus sehen wir, daß das zweyte Glied die Summe der drey Wurzeln, das dritte Glied die Summe der Producte aus je zwey Wurzeln, und endlich das letzte Glied das Product aus allen drey Wurzeln enthält.

Diese letzte Eigenschaft hilft uns sogleich zu diesem wichtigen Vortheil, daß eine cubische Gleichung gewiß keine andere Rationalwurzeln haben kann, als solche, wodurch sich das letzte Glied theilen läßt. Denn da dasselbe das Product aller drey Wurzeln ist, so muß es sich auch durch eine jede derselben theilen lassen. Man weiß daher sogleich, wenn man

G 3   eine

eine Wurzel nur errathen will, mit was für Zahlen man die Probe machen muß*).

Dieses zu erläutern wollen wir folgende Gleichung betrachten: $x^3 = x + 6$ oder $x^3 - x - 6 = 0$. Da nun dieselbe keine andere Rationalwurzeln haben kann, als solche, durch welche sich das letzte Glied 6 theilen läßt, so hat man nur nöthig mit folgenden Zahlen 1, 2, 3, 6 die Probe anzustellen, welche man in der Gleichung für x setzt.

I.) Wenn x=1, so ist $x^3 - x - 6 = $ $1 - 1 - 6 = -6$.

II.) Wenn x=2, so ist $x^3 - x - 6 = $ $8 - 2 - 6 = 0$.

III.) Wenn x=3, so ist $x^3 - x - 6 = $ $27 - 3 - 6 = 18$.

IV.) Wenn x=6, so ist $x^3 - x - 6 = 216 - 6 - 6 = 204$.

Hieraus sehen wir, daß $x = 2$ eine Wurzel der vorgegebenen Gleichung seyn muß, aus welcher es nun leicht ist, die beyden übrigen zu finden. Denn da $x = 2$ eine Wurzel ist, so ist $x - 2$ ein Factor der Gleichung; man darf also nur den andern suchen, welches durch folgende Division geschieht:

$$x - 2 \overline{) \, x^3 - x - 6 \,} (x^2 + 2x + 3$$
$$\underline{x^3 - 2x^2}$$
$$2x^2 - x - 6$$
$$\underline{2x^2 - 4x}$$
$$3x - 6$$
$$\underline{3x - 6}$$
$$0$$

Weil sich nun unsere Formel durch dieses Product vorstellen läßt $(x - 2)(x^2 + 2x + 3)$, so wird dieselbe 0, nicht nur, wenn $x - 2 = 0$, sondern auch

---

*) Man wird in der Folge sehen, daß diese Eigenschaft allgemein für jede Gleichung von beliebigen Grade gilt. Da diese Versuche die Theiler des letzten Gliedes der Gleichung erfordern, so kann man Gebrauch von dem im ersten Theile §. 43 Anmerk. angeführten Tafeln machen.

auch, wenn $x^2 + 2x + 3 = 0$. Hieraus aber bekommen wir $x^2 = -2x - 3$, und daher $x = -1$ $\pm r - 2$, welches die beyden andern Wurzeln unserer Gleichung seyn müssen, die, wie man sieht, unmöglich oder imaginär sind.

Anmerk. 1. Der erste Theil dieses § enthält eine so wichtige analytische Wahrheit, daß es wohl der Mühe werth ist, sie hier bestimmter und strenger zu entwickeln.

In jeder cubischen Gleichung von der Form
$$x^3 + Ax^2 + Bx + C = 0 \text{ ist}$$
1) $A = -p - q - r = -(p + q + r)$
2) $B = (-p.-q) + (-p-r) + (-q.-r) = pq + pr + qr$
3) $C = -p.-q.-r = -pqr$.

D. i., wenn man statt der 3 Wurzeln p, q, r die 3 ihnen entgegengesetzten Größen nimmt, so ist der Coefficient von x^2 die Summe, der Coefficient von x die Summe der drey Producte aus je zwey und zwey, und der Coefficient von x^0 das Product aus diesen drey Größen.

Denn $(x-p)(x-q)(x-r)$ ist $= x^3 - (a+b+c)x^2 + (ab+ac+bc)x - abc$.

Vergleicht man nun in dieser letzten Gleichung Glied für Glied mit $x^3 + Ax^2 + Bx + C$, so wird die Richtigkeit der obigen Behauptung in die Augen fallen.

Anmerk. 2. Fehlt in einer cubischen Gleichung das Glied Ax^2 gänzlich, so muß $Ax^2 = 0$, also $A = 0$ seyn; dieses wäre eine sichere Anzeige, daß das Gegentheil von einer der 3 Wurzeln gleich sey der Summe aus den beyden übrigen: denn nur in diesem Falle kann die Summe aus allen 3 Wurzeln $= 0$ werden.

§. 161.

Dieses findet aber nur dann Statt, wenn das erste Glied der Gleichung x^3 mit 1, die übrigen aber mit ganzen Zahlen multiplicirt sind. Kommen aber darin Brüche vor, so hat man ein Mittel, die Gleichung in eine andere zu verwandeln, die von Brüchen frey ist, da man dann die vorige Probe anstellen kann.

G 4   Denn

Denn es sey z. B. folgende Gleichung gegeben:
$x^3 - 3x^2 + \frac{11}{4}x - \frac{3}{4} = 0$. Weil hier nun Viertel vorkommen, so setze man $x = \frac{y}{4}$; hierdurch be-
kömmt man $\frac{y^3}{8} - \frac{3y^2}{4} + \frac{11y}{8} - \frac{3}{4} = 0$, diese mit
8 multiplicirt, giebt $y^3 - 6y^2 + 11y - 6 = 0$,
hiervon sind die Wurzeln, wie wir oben gesehen haben, $y = 1$, $y = 2$, $y = 3$. Daher ist für unsere
Gleichung I.) $x = \frac{1}{2}$, II.) $x = 1$, III.) $x = \frac{3}{2}$.

§. 162.

Wenn nun das erste Glied mit einer Zahl multiplicirt, das letzte aber 1 ist, wie z. B. in folgender
Gleichung: $6x^3 - 11x^2 + 6x - 1 = 0$, so dividire man alle Glieder mit dem Coefficienten des ersten Gliedes, also die gegenwärtige Gleichung mit
6, wodurch man folgende neue Gleichung erhält:
$x^3 - \frac{11}{6}x^2 + x - \frac{1}{6} = 0$, welche nach obiger Regel von den Brüchen befreyet werden kann, wenn
man $x = \frac{y}{6}$ setzt; denn da erhält man $\frac{y^3}{216} - \frac{11y^2}{216}$
$+ \frac{y}{6} - \frac{1}{6} = 0$, und diese Gleichung mit 216 multiplicirt, giebt $y^3 - 11y^2 + 36y - 36 = 0$. Hier
würde es zu mühsam seyn, die Probe mit allen Theilern der Zahl 36 anzustellen. Weil aber in unserer
ersten Gleichung das letzte Glied 1 ist, so setze man
$x = \frac{1}{z}$, so wird $\frac{6}{z^3} - \frac{11}{z^2} + \frac{6}{z} - 1 = 0$, welche
mit z^3 multiplicirt, $6 - 11z + 6z - z^3 = 0$ giebt,
oder wenn alle Glieder auf die andere Seite gebracht
werden, $0 = z^3 - 6z^2 + 11z - 6$, deren Wurzeln folgende sind: $z = 1$, $z = 2$, $z = 3$; daher wir
für unsere Gleichung erhalten: $x = 1$, $x = \frac{1}{2}$, $x = \frac{1}{3}$.

Zusatz.

Zusatz. Hier wird schon folgender Satz verständlich seyn.

Eine cubische Gleichung, welche gar keine Folge hat, kann keine negative, und welche keine Wechselung hat, keine positive Wurzel haben.

Beweis. In einer Gleichung, wo gar keine Folge vorkommen soll, müssen die Zeichen in folgender Ordnung stehen.

$$1) + x^3 - Ax^2 + Bx - 6 = 0$$
$$\text{oder } 2) - x^3 + Ax^2 - Bx + 6 = 0$$

In 1) kann x keinen negativen Werth haben, weil dabey auch das erste und dritte Glied negativ werden müßte, die Summe aus lauter negativen Gliedern, aber niemals $= 0$ werden kann. Daraus folgt schon, daß auch in der Gleichung 2) x keinen negativen Werth haben kann. Denn bey eben denselben Werthen von x, unter welchen die Gleichung bey 2) richtig ist, muß auch die bey 1) richtig bleiben, indem das Resultat beyder Gleichungen gleich nur entgegengesetzt ist.

Kommen aber in einer cubischen Gleichung keine Wechselungen vor, so muß die Ordnung der Zeichen seyn

$$\text{entweder } 1) + x^3 + Ax^2 + Bx + C = 0$$
$$\text{oder } 2) - x^3 - Ax^2 - Bx - C = 0$$

Sollte nun x positiv seyn, so würden in 1) alle Glieder positiv, in 2) alle Glieder negativ bleiben, ihre Summe also nicht gleich 0 seyn können.

§. 163.

Aus dem obigen sieht man nun, daß, wenn alle Wurzeln positive Zahlen sind, in der Gleichung die Zeichen + und — mit einander abwechseln müssen, so daß die Gleichung folgende Gestalt bekömmt:

$$x^3 - ax^2 + bx - c = 0,$$

wo drey Abwechselungen vorkommen, nämlich eben so viel, als positive Wurzeln vorhanden sind. Wären aber alle drey Wurzeln negativ gewesen, und man hätte diese drey Factoren mit einander multiplicirt $x + p$, $x + q$, $x + r$, so würden alle Glieder das Zeichen +, und die Gleichung folgende Form bekommen haben: $x^3 + ax^2 + bx + c = 0$, wo dreymal zwey gleiche Zeichen auf einander folgen, d. i. eben so viel als negative Wurzeln sind.

G 5 Hieraus

Hieraus hat man nun folgenden Schluß gezogen, daß, so oft die Zeichen abwechseln, die Gleichung auch so viel positive Wurzeln, so oft aber gleiche Zeichen auf einander folgen, dieselbe eben so viel negative Wurzeln habe; diese Anmerkung ist hier von großer Wichtigkeit, damit man wisse, ob man die Theiler des letzten Gliedes, mit welchem man die Probe anstellen will, negativ oder positiv nehmen soll.

§. 164.

Um dieses mit einem Beyspiele zu erläutern, so wollen wir folgende Gleichung betrachten:

$$x^3 + x^2 - 34x + 56 = 0,$$

in welcher zwey Abwechselungen der Zeichen, und nur eine Folge eben desselben Zeichens vorkömmt; daraus schließen wir, daß diese Gleichung zwey positive und eine negative Wurzel habe, welche Theiler des letzten Gliedes 56 seyn, und also unter diesen Zahlen ± 1, 2, 4, 7, 8, 14, 28, 56 sich befinden müssen.

Setzt man nun $x = 2$, so wird $8 + 4 - 68 + 56 = 0$; woraus wir sehen, daß $x = 2$ eine positive Wurzel, und also $x - 2$ ein Theiler unserer Gleichung sey, und hieraus können die beyden übrigen Wurzeln leicht gefunden werden, wenn man nur die Gleichung durch $x - 2$ dividirt, wie folgende Rechnung zeigt:

$$x - 2) \, x^3 + x^2 - 34x + 56 \, (x^2 + 3x - 28$$
$$\underline{x^3 - 2x^2}$$
$$3x^2 - 34x + 56$$
$$\underline{3x^2 - 6x}$$
$$-28x + 56$$
$$\underline{-28x + 56}$$
$$0$$

Man

Man setze also diesen gefundenen Quotienten $x^2 + 3x - 28 = 0$, so wird man daraus die beyden übrigen Wurzeln finden, welche $x = -\frac{3}{2} \pm \frac{11}{2}$, d. i. $x = 4$ und $x = -7$ seyn werden.

Hieraus zeigt sich, daß wirklich zwey positive, nämlich 2 und 4, aber nur eine negative Wurzel, nämlich — 7, hier statt finden. Dieses wollen wir noch durch folgende Beyspiele erläutern.

§. 165.

I. Aufg. Man suche zwey Zahlen, welche diese Eigenschaft haben, daß, wenn man die kleinere von der größern abzieht, 12 übrig bleibt, wenn man aber ihr Product mit ihrer Summe multiplicirt, die Zahl 14560 herauskömmt.

Die kleinere sey x, so ist die größere $x + 12$, und das Product der einen in die andere $x^2 + 12x$. Dieses mit ihrer Summe $2x + 12$ multiplicirt, giebt $2x^3 + 36x^2 + 144x + 14560$, und wenn man durch 2 dividirt, erhält man $x^3 + 18x^2 + 72x = 7280$.

Weil nun das letzte Glied 7280 zu groß ist, als daß die Probe mit allen seinen Theilern angestellt werden könnte, dasselbe aber durch 8 theilbar ist, so setze man $x = 2y$, und verwandle die vorige Gleichung in eine andere, wo kein x, sondern lauter y vorkömmt. Von 2y ist das Quadrat $4y^2$ und die Cubiczahl $8y^3$. Setzt man also anstatt x das, was ihm gleich ist, 2y, und anstatt x^2 das Quadrat $4y^2$, und anstatt x^3 die $y-7$ Cubiczahl $8y^3$, so erhält man folgende Gleichung: $8y^3 + 72y^2 + 144y = 7280$, welche durch 8 dividirt, folgende giebt: $y^3 + 9y^2 + 18y = 910$, und nun darf man nur mit

mit den Theilern der Zahl 910, d. i. mit 1, 2, 5, 7, 10, 13 nach und nach die Probe machen. Die erſten 1, 2, 5 ſind offenbar zu klein; nimmt man aber y = 7, ſo bekömmt man 343 + 441 + 126 gerade = 910, alſo iſt eine Wurzel y = 7, folglich x = 14; will man noch die beyden übrigen Wurzeln von y wiſſen, ſo dividire man $y^3 + 9y^2 + 18y - 910$ durch y — 7 folgender Geſtalt:

$$y - 7)y^3 + 9y^2 + 18y - 910 \,(y^2 + 16y + 130$$

$$\underline{y^3 - 7y^2}$$

$$16y^2 + 18y - 910$$
$$\underline{16y^2 - 112y}$$

$$130y - 910$$
$$\underline{130y - 910}$$

$$0$$

Setzt man nun dieſen Quotienten $y^2 + 16y + 130 = 0$, ſo bekömmt man $y^2 = -16y - 130$, und daher $y = -8 \pm \sqrt{-66}$; alſo ſind die beyden andern Wurzeln unmöglich.

Antw. Die beyden geſuchten Zahlen ſind alſo 14 und 26, deren Product 364 mit ihrer Summe 40 multiplicirt, die Zahl 14560 giebt.

§. 166.

II. Aufg. Suche zwey Zahlen, die um 18 von einander unterſchieden ſind, und noch dieſe Eigenſchaft haben, daß, wenn man die Differenz ihrer Cubiczahlen mit der Summe der Zahlen multiplicirt, 275184 herauskomme.

Die kleinere Zahl ſey x, ſo iſt die größere x + 18, der Cubus der kleinern aber x^3, und der Cubus der größern $= x^3 + 54x^2 + 972x + 5832$, alſo die

Diffe=

Differenz derselben $54x^2 + 972x + 5832 = 54$ ($x^2 + 18x + 108$) welche mit der Summe der Zahlen $2x + 18 = 2$ ($x + 9$) multiplicirt werden soll. Das Product ist aber 108 ($x^3 + 27x^2 + 270x + 972$) $= 275184$. Man addire durch 108, so kömmt $x^3 + 27x^2 + 270x + 972 = 2548$ oder $x^3 + 27x^2 + 270x = 1576$ heraus. Die Theiler der Zahl 1576 sind $1, 2, 4, 8$ u. s. w., wo 1 und 2 zu klein, 4 aber für x gesetzt dieser Gleichung ein Genüge leistet. Wollte man die beyden übrigen Wurzeln finden, so müßte man die Gleichung durch $x - 4$ theilen, welches auf folgende Art geschieht:

$$x - 4) \; x^3 + 27x^2 + 270x - 1576 \; (x^2 + 31x + 394$$
$$\underline{x^3 - 4x^2}$$
$$31x^2 + 270x$$
$$\underline{31x^2 - 124x}$$
$$394x - 1576$$
$$\underline{394x - 1576}$$
$$0$$

Aus dem Quotienten erhält man daher $x^2 = -31x - 394$, und daraus wird $x = -\frac{3\,1}{2} + \mathit{r} \left(\frac{961}{4} - \frac{1576}{4} \right)$, welche beyde Wurzeln imaginär oder unmöglich sind.

Antw. Die gesuchten Zahlen sind also 4 und 22.

§. 167.

III. Aufg. Suche zwey Zahlen, die zur Differenz 720 und übrigens noch diese Eigenschaft haben, daß, wenn man die Quadratwurzel der größern Zahl mit der kleinern Zahl multiplicirt, 20736 herauskomme.

Es

Es sey die kleinere $= x$, so ist die größere $x + 720$, und soll seyn $x \sqrt{(x + 720)} = 20736 = 8 . 8 . 4 . 81$. Nun nehme man auf beyden Seiten die Quadrate, so wird $x^2 (x + 720) = x^3 + 720 x^2 = 8^2 . 8^2 . 4^2 . 81^2$.

Man setze ferner $x = 8y$, so wird $8^3 y^3 + 720 . 8^2 y^2 = 8^2 . 8^2 . 4^2 . 81^2$. Durch 8^3 dividirt, wird $y^3 + 90 y^2 = 8 . 4^2 . 81^2$.

Es sey nun $y = 2z$, so wird $8z^3 + 4 . 90 z^2 = 8 . 4 . 81^2$. Durch 8 dividirt, wird $z^3 + 45 z^2 = 4^2 . 81^2$.

Man setze ferner $z = 9u$, so wird $9^3 u^3 + 45 . 9^2 u^2 = 4^2 . 9^4$. Durch 9^3 dividirt, wird $u^3 + 5 u^2 = 4^2 . 9$ oder $u^2 (u + 5) = 16 . 9 = 144$. Hier sieht man offenbar, daß $u = 4$; denn da wird $u^2 = 16$ und $u + 5 = 9$. Weil nun $u = 4$, so ist $z = 36$, $y = 72$ und $z = 576$, welches die kleinere Zahl war; die größere aber ist 1296, wovon die Quadratwurzel 36 ist, und diese mit der kleinern Zahl 576 multiplicirt, giebt 20736.

§. 168.

Anmerk. Diese Aufgabe kann auf folgende Art bequemer aufgelöset werden. Weil die größere Zahl ein Quadrat seyn muß, indem sonst ihre Wurzel mit der kleinern Zahl multiplicirt, nicht die vorgegebene Zahl hervorbringen könnte, so sey die größere Zahl x^2, die kleinere also $x^2 - 720$, welche mit der Quadratwurzel jener, das ist mit x multiplicirt, $x^3 - 720 x = 20736 = 64 . 27 . 12$ giebt. Man setze $x = 4y$, so ist $64 y^3 - 720 . 4y = 64 . 27 . 12$. Durch 64 dividirt, wird $y^3 - 45 y = 27 . 12$.

Man setze ferner $y = 3z$, so ist $27 z^3 - 135 z = 27 . 12$. Durch 27 dividirt, wird $z^3 - 5z = 12$ oder $z^3 - 5z - 12 = 0$. Die Theiler von 12 sind 1, 2, 3, 4, 6, 12. Von diesen sind 1 und 2 zu klein, setzt man aber $z = 3$, so kömmt $27 - 15 - 12 = 0$;

$12 = 0$; daher ist $z = 3$, $y = 9$ und $x = 36$. Die größere Zahl ist also, wie oben, $x^2 = 1296$, und die kleinere $x^2 - 720 = 576$.

§. 169.

IV Aufg. Es sind 2 Zahlen, deren Differenz 12 ist. Wenn man nun diese Differenz mit der Summe ihrer Cubi multiplicirt, so kömmt 102144 heraus. Welche Zahlen sind es?

Es sey die kleinere x, so ist die größere $x + 12$, der Cubus der erstern ist x^3, der andern aber $x^3 + 36x^2 + 432x + 1728$, die Summe derselben mit 12 multiplicirt, giebt $12(2x^3 + 36x^2 + 432x + 1728) = 102144$; durch 12 dividirt, wird $2x^3 + 36x^2 + 432x + 1728 = 8512$, noch durch 2 dividirt, giebt $x^3 + 18x^2 + 216x + 864 = 4256$ oder $x^3 + 18x^2 + 216x = 3392 = 8 . 8 . 53$. Man setze $x = 2y$ und dividire sogleich durch 8, so wird $y^3 + 9y^2 + 54y = 8 . 53 = 424$.

Die Theiler des letzten Gliedes sind 1, 2, 4, 8, 53, u. s. f. Von diesen sind 1 und 2 zu klein. Setzt man aber $y = 4$, so kömmt $64 + 144 + 216 = 424$. Also ist $y = 4$ und $x = 8$; daher sind die beyden Zahlen 8 und 20.

§. 170.

V. Aufg. Es verbinden sich einige Personen zu einer Gesellschaft, und jeder legt zehnmal so viel Fl. ein, als der Personen sind, und mit dieser Summe gewinnen sie 6 Procent mehr, als ihrer sind. Nun findet sich, daß der Gewinnst zusammen 392 Fl. betrage. Wie viel sind der Kaufleute gewesen?

Man

Man setze, es seyen x Personen gewesen, so legt einer 10x Fl., alle aber legen 10x² Fl. ein, und gewinnen mit 100 Fl. 6 Fl. mehr als ihrer sind; also mit 100 Fl. gewinnen sie x + 6 Fl. und mit dem ganzen Capital gewinnen sie zusammen

$$\frac{x^3 + 6x^2}{10} = 392.$$

Multiplicirt man mit 10, so erhält man x³ + 6x² = 3920. Setzt man nun x = 2y und also x² = 8y² und x³ = 8y³, so wird 8y³ + 24y² = 3920. Diese Gleichung durch 8 dividirt, giebt y³ + 3y² = 490.

Die Theiler des letzten Gliedes sind 1, 2, 5, 7, 10 u. s. f., von welchen 1, 2 und 5 zu klein sind.

Setzt man aber y = 7, so wird 343 + 147 = 490, also ist y = 7 und x = 14.

Antw. Es sind 14 Personen gewesen, und es hat ein jeder 140 Fl. eingelegt.

§. 171.

VI. Aufg. Einige Kaufleute haben zusammen ein Capital von 8240 Rthl. Hierzu legt ein jeder noch 40mal so viel Rthl. als der Kaufleute sind. Mit dieser ganzen Summe gewinnen sie so viel Procente, als der Personen sind. Hierauf theilen sie den Gewinnst, und ein jeder nimmt zehnmal so viel Rthl. als der Personen sind; es bleibt aber dennoch 224 Rthl. übrig. Wie viel sind es Kaufleute gewesen?

Die Zahl der Kaufleute sey = x, so legt ein jeder noch 40x Rthl. zu dem Capital von 8240 Rthl. Alle zusammen legen also dazu noch 40x² Rthl. und folglich war die ganze Summe 40x² + 8240 Rthl.

Mit

Mit dieser gewinnen sie x Procent; daher wird der ganze Gewinnst seyn:

$$\frac{40x^3}{100} + \frac{8240x}{100} = \frac{4}{10}x^3 + \frac{824x}{10} = \frac{2}{5}x^3 + \frac{412x}{5}.$$

Hiervon nimmt nun ein jeder 10x Rthlr. und also alle zusammen 10x² Rthl. und da bleiben noch 224 Rthl. übrig; hieraus zeigt sich, daß der Gewinnst 10x² + 224 gewesen seyn müsse, woraus folgende Gleichung entsteht: $\frac{2}{5}x^3 + \frac{412x}{5} = 10x^2 + 224$, diese mit 5 multiplicirt und durch 2 dividirt, wird x³ + 206x = 25x² + 560 oder x³ — 25x² + 206x — 560 = 0. Aber um zu probiren, wird die erste Form bequemer seyn. Da nun die Theiler des letzten Gliedes sind: 1, 2, 4, 5, 7, 8, 10, 14, 16, u. s. f., welche positiv genommen werden müssen, weil in der letztern Gleichung drey Abwechselungen von Zeichen vorkommen, woraus man sicher schließen kann, daß alle drey Wurzeln positiv sind (§. 163). Probirt man nun mit x = 1 oder x = 2, so ist offenbar, daß der erste Theil viel kleiner werde, als der zweyte. Wir wollen also mit den folgenden probiren:

Wenn x = 4, so wird 64 + 824 = 400 + 560. Trifft also nicht zu.

Wenn x = 5, so wird 125 + 1030 = 625 + 560. Trifft ebenfalls nicht zu.

Wenn x = 7, so wird 343 + 1442 = 1225 + 560. Trifft genau zu.

Daher ist x = 7 eine Wurzel unsrer Gleichung. Um die beyden andern zu finden, so theile man die letzte Form durch x — 7 wie folgt:

$$x - 7)\; x^3 - 25x^2 + 206x - 560 \;(x^2 - 18x + 80$$

$$\underline{x^3 - 7x^2}$$

$$-18x^2 + 206x$$

$$\underline{-18x^2 + 126x}$$

$$80x - 560$$

$$\underline{80x - 560}$$

$$0$$

Man setze also den Quotienten gleich 0, so hat man $x^2 - 18x + 80 = 0$ oder $x^2 = 18x - 80$; daher $x = 9 \pm 1$. Folglich sind die beyden andern Wurzeln $x = 8$ und $x = 10$.

Antw. Es finden also auf diese Frage dreyerley Antworten Statt. Nach der ersten war die Zahl der Kaufleute 7, nach der zweyten war sie 8, und nach der dritten 10, wie dies die von allen hier beygefügte Probe zeigt.

	I.	II.	III.
Die Zahl der Kaufleute	7	8	10
Ein jeder legt ein 40x	280	320	400
Alle zusammen legen also ein 40x²	1960	2560	4000
Das alte Capital war	8240	8240	8240
Das ganze Capital ist 40x² + 8240	10200	10800	12240
Mit demselben wird gewonnen so viel Procent als Kaufleute sind	714	864	1224
Hiervon nimmt ein jeder weg 10x	70	80	100
Folglich alle zusammen 10x²	490	640	1200
Bleibt also noch übrig	224	224	224

Zusatz. Wenn eine Wurzel p einer vollständigen cubischen Gleichung bekannt ist, so läßt sich allemal die quadratische Gleichung finden, welche die beyden Wurzeln q und r giebt, indem man die cubische Gleichung durch x — p dividirt, wie die bisherigen Beyspiele zeigen. Man kann aber diese quadratische Gleichung ohne solche mühsame Division auf folgende Weise erhalten.

Aus

Aus dem Vorhergehenden ist bekannt, daß
$$x^3 + Ax^2 + Bx + C = 0 \text{ einerley ist}$$
mit $x^3 + (-p - q - r)x^2 + Bx - pqr = 0.$
Eine quadratische Gleichung, welche die Wurzeln q und r enthalten soll, ist keine andere als folgende:
$$x^2 + (-q - r) x + qr = 0.$$
Nun aber ist $A = -p - q - r$, also $A + p = -q - r$ und
$\frac{C}{-p} = + qr$, daher ist jene quadratische Gleichung einerley mit folgender:

$$\text{2I) } x^2 + (A + p) x + \frac{C}{p} = 0,$$

d. h. eine Gleichung $x^3 + Ax + Bx + C = 0$, deren Wurzeln p, p und r sind, giebt mit $x - p$ dividirt, eine quadratische Gleichung von der Form (2I), z. B. in der Gleichung
$$x^3 - 25x^2 + 206x - 560 = 0$$
ist eine Wurzel werth $x = 7 = p$, also muß nach der Gleichung

$$\text{(2I) } x^2 + (-25 + 7) x + \frac{-560}{-7} = 0$$

oder $x^2 - 18x + 80 = 0$ die beyden übrigen Wurzeln enthalten. Eben diese Gleichung haben wir (§. 171) mit mehrerer Mühe durch die Division gefunden.

XII. Capitel.

Von der Regel des Cardani oder des Scipionis Ferrei.

§. 172.

Wenn eine cubische Gleichung auf ganze Zahlen gebracht wird, wie schon oben gezeigt worden, und kein Theiler des letzten Gliedes eine Wurzel der Gleichung ist, so ist dieses ein sicheres Zeichen, daß die Gleichung keine Wurzel in ganzen Zahlen habe, daß aber auch in Brüchen keine Statt finde. Dies läßt sich auf folgende Art zeigen:

Es

Es sey die Gleichung x³ — ax² + bx — c = o, wo a, b und c ganze Zahlen sind. Wollte man hier z. B. x = ½ setzen, so kömmt ⅞ — ¼a + ½b — c. Hier hat nun das erste Glied allein 8 zum Nenner; die übrigen sind nur durch 4 und 2 getheilt oder ganze Zahlen, diese können also mit dem ersten nicht o werden, welches auch von allen andern Brüchen gilt.

§. 173.

Da nun in diesen Fällen die Wurzeln der Glei-chung weder ganze Zahlen noch Brüche seyn können, so sind dieselben irrational, und auch sogar öfters imaginär. Wie diese aber ausgedrückt werden sol-len, und was darin für Wurzelzeichen vorkommen, ist eine Sache von großer Wichtigkeit, wovon die Erfindung schon vor einigen 100 Jahren dem Cardano oder vielmehr dem Scipione Ferreo zugeschrieben ist; sie verdient auch deswegen hier mit allem Fleiß erklärt zu werden.

Anmerk. Die in diesem Capitel vom Euler erklärte Regel ist eigentlich nicht von Cardan, wie man aus der Benen-nung schließen könnte, sondern zuerst von dem Scipione Ferreo, aus Bologna, erfunden worden. Weil aber dieser ein Geheimniß aus seiner Erfindung machte, so wurde Nicolaus Tartaglia, ebenfalls ein italienischer Gelehrter, dadurch veranlaßt, selbst über diese Materie nachzudenken. Er brachte auch diese Regel glücklich heraus, und theilte sie dem Cardan mit, jedoch ohne Beweis, welchen Cardan hernach in seiner Algebra lieferte, die un-ter dem Titel: Artis magnae live de regulis algebraicis liber unus, und mit seinem Opere novo de proportioni-bus numerorum, motuum etc. zu Basel 1570 heraus-gekommen ist.

Die Geschichte dieser Regel lieset man mit eben so viel Interesse als Nutzen in l'Histoire de Mathematiques, par M. de *Montucla*.

§. 174.

§. 174.

Man muß zu diesem Ende die Natur eines Cubi, dessen Wurzel ein Binomium ist, genauer betrachten:

Es sey daher die Wurzel $a + b$, so ist der Cubus davon $a^3 + 3a^2b + 3ab^2 + b^3$, welche erstlich aus dem Cubus eines jeden Theils besteht, und außerdem noch die zwey Mittelglieder enthält, nämlich $3a^2b + 3ab^2$, welche beyde $3ab$ zum Factor haben; der andere Factor aber ist $a + b$. Denn $3ab$ mit $a + b$ multiplicirt, giebt $3a^2b + 3ab^2$. Diese beyden Glieder enthalten also, das dreyfache Product der beyden Theile a und b mit ihrer Summe multiplicirt.

§. 175.

Man setze nun, es sey $x = a + b$, und nehme auf beyden Seiten die Cubiczahl, so wird $x^3 = a^3 + b^3 + 3ab \, (a + b)$. Da nun $a + b = x$ ist, so hat man folgende cubische Gleichung: $x^3 = a^3 + b^3 + 3abx$ oder $x^3 = 3abx + a^3 + b^3$; von dieser wissen wir, daß eine Wurzel $x = a + b$ seyn muß. So oft daher eine solche Gleichung vorkömmt, so läßt sich jedesmal eine Wurzel davon anzeigen.

Es sey z. B. $a = 2$ und $b = 3$, so bekömmt man folgende Gleichung: $x^3 = 18x + 35$, von welcher sich mit Gewißheit bestimmen läßt, daß $x = 5$ eine Wurzel sey.

§. 176.

Man setze nun ferner $a^3 = p$ und $b^3 = q$, so wird $a = \sqrt[3]{p}$ und $b = \sqrt[3]{q}$; folglich $ab = \sqrt[3]{pq}$. Wenn daher folgende cubische Gleichung vorkömmt: $x^3 = 3x\sqrt[3]{pq} + p + q$, so ist eine Wurzel davon $\sqrt[3]{p} + \sqrt[3]{q}$:

H 3   Man

Man kann aber p und q immer so bestimmen, daß sowohl $3\sqrt[3]{}pq$ als $p+q$ einer jeden gegebenen Zahl gleich werde, wodurch man im Stande ist, jede beliebige cubische Gleichung von dieser Art aufzulösen.

§. 177.

Es sey daher folgende allgemeine cubische Gleichung gegeben: $x^3 = fx + g$. Hier muß also f mit $3\sqrt[3]{}pq$, und g mit $p+q$ verglichen werden; oder man muß p und q so bestimmen, daß $3\sqrt[3]{}pq$ der Zahl f, und $p+q$ der Zahl g gleich werde, und alsdann wissen wir, daß eine Wurzel unserer Gleichung $x = \sqrt[3]{}p + \sqrt[3]{}q$ seyn werde.

§. 178.

Man hat also folgende zwey Gleichungen aufzulösen: I.) $3\sqrt[3]{}pq = f$ und II.) $p+q = g$. Aus der ersten erhält man $\sqrt[3]{}pq = \frac{1}{3}f$ und $pq = \frac{1}{27}f^3$, und $4pq = \frac{4}{27}f^3$. Die andere Gleichung quadrire man, so kömmt $p^2 + 2pq + q^2 = g^2$ heraus. Hiervon subtrahire man $4pq = \frac{4}{27}f^3$, so wird $p^2 - 2pq + q^2 = g^2 - \frac{4}{27}f^3$; hieraus die Quadratwurzel gezogen, giebt $p - q = \sqrt{}(g^2 - \frac{4}{27}f^3)$. Da nun $p+q = g$, so wird $2p = g + \sqrt{}(g^2 - \frac{4}{27}f^3)$ und $2q = g - \sqrt{}(g^2 - \frac{4}{27}f^3)$. Daher erhalten wir $p = \frac{g + \sqrt{}(g^2 - \frac{4}{27}f^3)}{2}$ und $q = \frac{g - \sqrt{}(g^2 - \frac{4}{27}f^3)}{2}$.

§. 179.

Wenn also eine solche cubische Gleichung wie $x^3 = fx + g$ vorkömmt, die Zahlen f und g mögen auch beschaffen seyn wie sie wollen, so ist eine Wurzel zet derselben jedesmal $x = \sqrt[3]{\dfrac{g + \sqrt{(g^2 - \frac{4}{27}f^3)}}{2}}$

$+ \sqrt[3]{\dfrac{g - \sqrt{(g^2 - \frac{4}{27}f^3)}}{2}}$. Hieraus sieht man, daß diese Irrationalität nicht nur das Quadratwurzel= zeichen, sondern auch das cubische in sich fasse; und diese Formel ist das, was man die Regel des Cardani zu nennen pflegt.

§. 180.

Wir wollen dieselbe jetzt noch mit einigen Bey= spielen erläutern.

Es sey $x^3 = 6x + 9$, so ist hier $f = 6$ und $g = 9$, also $g^2 = 81$, $f^3 = 216$ und $\frac{4}{27}f^3 = 32$; daher $g^2 - \frac{4}{27}f^3 = 49$ und $\sqrt{(g^3 - \frac{4}{27}f^3)} = 7$. Folg= lich wird von der gegebenen Gleichung eine Wurzel seyn $x = \sqrt[3]{\dfrac{9 + 7}{2}} + \sqrt[3]{\dfrac{9 - 7}{2}}$, d. i. $x = \sqrt[3]{\frac{16}{2}} +$

$\sqrt[3]{1} = \sqrt[3]{8} + \sqrt[3]{1}$ oder $x = 2 + 1 = 3$. Also ist $x = 3$ eine Wurzel der gegebenen Gleichung.

§. 181.

Es sey ferner folgende Gleichung gegeben: $x^3 = 3x + 2$, so wird $f = 3$ und $g = 2$, also $g^2 = 4$, $f^3 = 27$ und $\frac{4}{27}f^3 = 4$; folglich die Quadratwurzel aus $g^2 - \frac{4}{27}f^3 = 0$; daher eine Wurzel seyn wird:

$x = \sqrt[3]{\dfrac{2 + 0}{2}} + \sqrt[3]{\dfrac{2 - 0}{2}} = 1 + 1 = 2.$

§. 182.

Wenn aber auch wirklich eine solche Gleichung eine rationale Wurzel hat, so geschieht es doch oft, daß sie durch jene Regel nicht gefunden wird, ob sie gleich darin steckt.

Es sey diese Gleichung gegeben: $x^3 = 6x + 40$, wo $x = 4$ eine Wurzel ist. Hier ist nun $f = 6$ und

$g = 40$,

g $=$ 40, ferner g^2 $=$ 1600 und $\frac{4}{27}$f^3 $=$ 32; alſo
g^2 $-$ $\frac{4}{27}$f^3 $=$ 1568 und $\sqrt{}$ (g^2 $-$ $\frac{4}{27}$f^3) $=$ $\sqrt{}$ 1568
$=$ $\sqrt{}$ 4 . 4 . 49 . 2 $=$ 28 $\sqrt{}$ 2; folglich iſt eine Wur-
zel x $=$ $\sqrt[3]{}$ $\frac{40 + 28 \sqrt{} 2}{2}$ $+$ $\sqrt[3]{}$ $\frac{40 - 28 \sqrt{} 2}{2}$ oder x $=$
$\sqrt[3]{}$ (20 $+$ 14 $\sqrt{}$ 2) $+$ $\sqrt[3]{}$ (20 $-$ 14 $\sqrt{}$ 2),
welche Formel wirklich 4 iſt, ungeachtet ſolches nicht
ſogleich daraus erhellet.

Denn da der Cubus von 2 $+$ $\sqrt{}$ 2 iſt 20 $+$
14 $\sqrt{}$ 2, ſo iſt umgekehrt die Cubicwurzel aus
20 $+$ 14 $\sqrt{}$ 2 gleich 2 $+$ $\sqrt{}$ 2, und eben ſo auch
$\sqrt[3]{}$ (20 $-$ 14 $\sqrt{}$ 2) $=$ 2 $-$ $\sqrt{}$ 2, hieraus wird
unſere Wurzel x $=$ 2 $+$ $\sqrt{}$ 2 $+$ 2 $-$ $\sqrt{}$ 2 $=$ 4.

Anmerk. Man hat für die Ausziehung der Cubicwurzel aus
ſolchen Binomien keine ſolche allgemeine Regeln, als für
die Quadratwurzel; diejenigen Regeln, welche verſchiedene
Analyſten gegeben haben, führen immer zu einer vermiſch-
ten Gleichung vom dritten Grade der gegebenen ähnlich.
Uebrigens, wenn die Ausziehung der Cubicwurzel möglich
iſt, ſo wird die Summe der beyden Wurzelausdrücke,
welche die Wurzel der Gleichung vorſtellen, immer rational werden, man kann daher ſolche unmittelbar durch die
im §. 160 angegebene Methode finden.

§. 183.

Man kann aber gegen dieſe Regel einwenden,
daß ſich dieſelbe nicht auf alle cubiſche Gleichungen
erſtrecke, weil darin nicht das Quadrat von x vorkömmt, oder weil darin das zweyte Glied fehlt. Es
iſt aber zu merken, daß eine jede vollſtändige Gleichung jedesmal in eine andere verwandelt werden
kann, in welcher das zweyte Glied fehlt, und worauf
ſich folglich dieſe Regel anwenden läßt. Um dieſes
zu zeigen, ſo ſey folgende vollſtändige cubiſche Gleichung gegeben: x^3 $-$ 6x^2 $+$ 11x $-$ 6 $=$ 0. Man
nehme hier den dritten Theil der Zahl 6 im zweyten
Gliede,

Gliede und setze x — 2 = y, so wird x = y + 2, und wenn man überall y anstatt x setzt, die vorige vollständige Gleichung in eine andere verwandelt werden, worin kein Quadrat von der unbekannten Größe vorkömmt, wie folgende Rechnung zeigt:

Da $x = y + 2$, und also $x^2 = y^2 + 4y + 4$

$$\begin{aligned}
\text{so ist} \quad x^3 &= y^3 + 6y^2 + 12y + 8 \\
-6x^2 &= \quad\;\; -6y^2 - 24y - 24 \\
+11x &= \quad\quad\quad\quad +11y + 22 \\
-6 &= \quad\quad\quad\quad\quad\quad\; -6 \\
\hline
x^3 - 6x^2 + 11x - 6 &= y^3 \quad\quad\quad - y.
\end{aligned}$$

Daher erhalten wir folgende Gleichung: $y^3 - y = 0$, deren Auflösung sogleich in die Augen fällt. Denn nach den Factoren hat man $y (y^2 - 1) = y (y + 1) (y - 1) = 0$; setzt man nun einen jeden Factor gleich 0, so bekömmt man:

I. $\begin{cases} y = 0, \\ x = 2, \end{cases}$ II. $\begin{cases} y = -1, \\ x = 1, \end{cases}$ III. $\begin{cases} y = 1 \\ x = 3 \end{cases}$

und dies sind die drey Wurzeln, welche wir schon oben gefunden haben.

§. 184.

Folgende allgemeine cubische Gleichung sey gegeben: $x^3 + ax^2 + bx + c = 0$, aus welcher man das zweyte Glied wegbringen soll.

Zu diesem Ende setze man zu x den dritten Theil der Zahl des zweyten Gliedes mit ihrem Zeichen und schreibe dafür einen neuen Buchstaben, z. B. y. Nach dieser Regel werden wir haben: $x + \frac{1}{3}a = y$ und also $x = y - \frac{1}{3}a$, woraus folgende Rechnung entsteht:

$x = y - \frac{1}{3}a$; und daher $x^2 = y^2 - \frac{2}{3}ay + \frac{1}{9}a^2$. Ferner $x^3 = y^3 - ay^2 + \frac{1}{3}a^2y - \frac{1}{27}a^3$;

H 5   also

$$\text{also} \quad
\begin{aligned}
x^3 &= y^3 - ay^2 + \tfrac{1}{3}a^2y - \tfrac{2}{27}a^3 \\
ax^2 &= + ay^2 - \tfrac{2}{3}a^2y + \tfrac{1}{9}a^3 \\
bx &= + by - \tfrac{1}{3}ab \\
c &= \phantom{y^3 + ay^2 - \tfrac{2}{3}a^2y} + c \\
\hline
\end{aligned}$$

$$y^3 - (\tfrac{1}{3}a^2 - b)\,y + \tfrac{2}{27}a^3 - \tfrac{1}{3}ab + c = 0$$

in welcher Gleichung das zweyte Glied fehlt.

§. 185.

Nun läßt sich auch des Cardani Regel leicht auf diesen Fall anwenden. Denn da wir oben die Gleichung hatten: $x^3 = fx + g$ oder $x^3 - fx - g = 0$, so wird für unsern Fall $f = \tfrac{1}{3}a^2 - b$, und $g = -\tfrac{2}{27}a^3 + \tfrac{1}{3}ab + c$. Aus diesen für die Buchstaben f und g gefundenen Werthen erhalten wir wie oben:

$$y = \sqrt[3]{\frac{g + \sqrt{(g^2 - \tfrac{4}{27}f^3)}}{2}} + \sqrt[3]{\frac{g - \sqrt{(g^2 - \tfrac{4}{27}f^3)}}{2}}$$

und da auf diese Art y gefunden worden, so werden wir für die gegebene Gleichung haben: $x = y - \tfrac{1}{3}a$.

§. 186.

Mit Hülfe dieser Veränderung ist man nun im Stande, die Wurzeln aller cubischen Gleichungen zu finden, welches wir durch folgendes Beyspiel zeigen wollen. Es sey daher die gegebene Gleichung folgende: $x^3 - 6x^2 + 13x - 12 = 0$. Um hier das zweyte Glied wegzubringen, so setze man $x - 2 = y$. Es wird also seyn: $x = y + 2$, $x^2 = y^2 + 4y + 4$, ferner $x^3 = y^3 + 6y^2 + 12y + 8$, also

$$
\begin{aligned}
x^3 &= y^3 + 6y^2 + 12y + 8 \\
-6x^2 &= - 6y^2 - 24y - 24 \\
+13x &= + 13y + 26 \\
-12 &= - 12 \\
\hline
y^3 & + y - 2 = 0
\end{aligned}
$$

oder

oder $y^3 = -y + 2$, welche mit der Formel $x^3 = fx + g$ verglichen, giebt $f = -1$, und $g = 2$; folglich $g^2 = 4$, und $\frac{4}{27} f^3 = -\frac{4}{27}$.

Also $g^2 - \frac{4}{27} f^3 = 4 + \frac{4}{27} = \frac{112}{27}$; daher erhalten wir $\sqrt{(g^2 - \frac{4}{27} f^3)} = \sqrt{\frac{112}{27}} = \frac{4\sqrt{21}}{9}$, woraus

folgt $y = \sqrt[3]{\left(2 + \frac{4\sqrt{21}}{\frac{9}{2}}\right)} + \sqrt[3]{\left(2 - \frac{4\sqrt{21}}{\frac{9}{2}}\right)}$ oder

$y = \sqrt[3]{\left(1 + \frac{2\sqrt{21}}{9}\right)} + \sqrt[3]{\left(1 - \frac{2\sqrt{21}}{9}\right)}$ oder

$y = \sqrt[3]{\left(\frac{9 + 2\sqrt{21}}{9}\right)} + \sqrt[3]{\left(\frac{9 - 2\sqrt{21}}{9}\right)}$, oder

$y = \sqrt[3]{\left(\frac{27 \mp 6\sqrt{21}}{27}\right)} + \sqrt[3]{\left(\frac{27 - 6\sqrt{21}}{27}\right)}$, oder

$y = \frac{1}{3}\sqrt[3]{(27 + 6\sqrt{21})} + \frac{1}{3}\sqrt[3]{(27 - 6\sqrt{21})}$; und hernach bekömmt man $x = y + 2$.

§. 187.

Bey Auflösung dieses Beyspiels sind wir auf eine doppelte Irrationalität gerathen; gleichwohl läßt sich daraus nicht schließen, daß die Wurzel durchaus irrational sey, indem es sich glücklicher Weise fügen könnte, daß die Binomien $27 \pm 6\sqrt{21}$ wirkliche Cubi wären. Dieses trifft auch hier zu, denn da der Cubus von $\frac{3 + \sqrt{21}}{2} = \frac{216 + 48\sqrt{21}}{8} = 27 + 6\sqrt{21}$, so ist die Cubicwurzel aus $27 + 6\sqrt{21} = \frac{3 + \sqrt{21}}{2}$ und die Cubicwurzel aus $27 - 6\sqrt{21} = \frac{3 - \sqrt{21}}{2}$. Hieraus wird also der obige Werth für y seyn $y = \frac{1}{3}\left(\frac{3 + \sqrt{21}}{2}\right) + \frac{1}{3}\left(\frac{3 - \sqrt{21}}{2}\right) = \frac{1}{2} + \frac{1}{2} = 1$. Da nun $y = 1$, so bekommen wir $x = 3$, und dies ist eine Wurzel der gegebenen Gleichung. Wollte man die beyden andern Wurzeln auch finden, so müßte man die Gleichung durch $x - 3$ folgender Gestalt dividiren:

$$x - 3) x^3 - 6x + 13x - 12 \ (x^2 - 3x + 4$$
$$\underline{x^2 - 3x^2}$$
$$\underline{- 3x^2 + 13x}$$
$$- 3x^2 + 9x$$
$$\underline{+ 4x - 12}$$
$$+ 4x - 12$$
$$\overline{0.}$$

Nimmt man nun an, daß dieser Quotient $x^2 - 3x + 4 = 0$, so wird $x^2 = 3x - 4$, und $x = \frac{3}{2}$ $\pm r(\frac{9}{4} - \frac{16}{4}) = \frac{3}{2} \pm r - \frac{7}{4}$, d. i. $x = \frac{3 \pm r - 7}{2}$.

Dieses wären also die beiden andern Wurzeln, welche beyde imaginär sind.

§. 188.

Es war aber hier ein bloßer Zufall, daß man aus den gefundenen Binomien wirklich die Cubicwurzel ausziehen konnte, welches auch nur in solchen Fällen Statt findet, wo die Gleichung eine Rationalwurzel hat, die man daher weit leichter nach den Regeln des vorigen Capitels hätte finden können. Wenn aber keine Rationalwurzel Statt findet, so kann dieselbe auch nicht anders als auf diese Art nach des Cardani Regel ausgedrückt werden, so daß alsdann keine weitere Abkürzung möglich ist, wie es z. B. in folgender Gleichung geschieht: $x^3 = 6x + 4$, wo $f = 6$ und $g = 4$. Daher wird $x = \overset{3}{r}(2 + 2r - 1) + \overset{3}{r}(2 - 2r - 1)$ gefunden welches sich nicht anders ausdrücken läßt.

Anmerk. Man hat in diesem Beyspiele $\frac{4}{27} f^3$ kleiner als g^2, welches der unter dem Namen irreducible Fall des 3ten Grades bekannte Satz ist, und der um so merkwürdiger

würdiger ist, da alsdann alle 3 Wurzeln reel sind. In diesem Falle kann man nur Gebrauch von der Cardanischen Formel machen, wenn man Näherungsmethoden auf sie anwendet, z. B. indem man sie in eine unendliche Reihe verwandelt. Lambert hat in seinem Werke (Zusätze zu den logarithmischen und trigonometrischen Tabellen) besondre Tafeln gegeben, welche dienen, auf eine leichte Art den numerischen Werth der Wurzeln der Gleichungen vom 3ten Grade, sowohl im irreduciblen, als auch in andern Fällen, zu finden. Man kann auch dazu die gewöhnlichen Sinustafeln gebrauchen. S. l'Astronomie sphérique de M. Mauduit, Paris 1765.

Wer mehr über die Auflösung der Gleichungen, sowohl direct, als durch Näherung, nachzulesen wünscht, dem empfehle ich l'Histoire des Mathematiques, Clairauts Algebra, le Cours de Mathematiques de Mr. Bezoud und auch dem von Bossut — und welcher Deutsche der Mathematik sich widmender wird die Kästnerischen Schriften ungelesen lassen?

XII. Capitel.

Von der Auflösung der Gleichungen des vierten Grades, welche auch biquadratische Gleichungen genannt werden.

§. 189.

Wenn die höchste Potenz der Zahl x zum vierten Grade hinauf steigt, so werden solche Gleichungen vom vierten Grade auch biquadratische genannt, und also wird von diesen die allgemeine Form seyn: $x^4 + ax^3 + bx^2 + cx + d = 0$.
Von diesen müssen wir nun vor allen Dingen die so genannten reinen biquadratischen Gleichungen betrachten, deren Form $x^4 = f$ ist, woraus

aus man sogleich auf beyden Seiten die Wurzel vom vierten Grade auszieht, da man dann $x = \sqrt[4]{}$ f erhält.

§. 190.

Da x^4 das Quadrat von x^2 ist, so wird die Rechnung um vieles deutlicher, wenn man erstlich nur die Quadratwurzel auszieht, da man denn $x^2 = \sqrt{}$ f bekömmt; hernach zieht man nochmals die Quadratwurzel aus, so bekömmt man $x = \sqrt{}\sqrt{}$ f, so daß $\sqrt{}\sqrt{}$ f nichts anders ist, als die Quadratwurzel aus der Quadratwurzel von f.

Hat man z. B. folgende Gleichung: $x^4 = 2401$, so findet man daraus erstlich $x^2 = 49$ und dann $x = 7$.

§. 191.

Auf diese Art läßt sich aber nur eine Wurzel finden. Da es aber bey den cubischen Gleichungen immer drey Werthe für x giebt, so läßt sich nicht ohne Grund vermuthen, daß eine biquadratische Gleichung vier Wurzeln haben werde, welche auch auf diese Art herausgebracht werden können. Denn da aus dem letzten Beyspiele nicht nur folget, daß $x^2 = 49$, sondern auch, daß $x^2 = -49$, so erhalten wir aus jenem folgende zwey Wurzeln: $x = 7$, $x = -7$, aus diesem aber bekommen wir ebenfalls: $x = \sqrt{}-49 = 7\sqrt{}-1$, und $x = -\sqrt{}-49 = -7\sqrt{}-1$, welches die vier biquadratischen Wurzeln aus 2401 sind. Und so verhält es sich auch mit allen andern Zahlen.

§. 192.

Auf diese reinen Gleichungen folgen der Ordnung nach diejenigen, in welchen nicht nur das zweyte, sondern auch das vierte Glied fehlt, oder die folgende Form haben: $x^4 + f x^2 + g = o$, welche
man

man nach der Regel der biquadratischen Gleichungen auflösen kann. Denn setzt man $x^2 = y$, so hat man $y^2 + fy + g = 0$, oder $y^2 = -fy - g$, woraus

$$y = -\tfrac{1}{2}f \pm r\,(\tfrac{1}{4}f^2 - g) = \frac{-f \pm r\,(f^2 - 4g)}{2}$$

gefunden wird. Da nun $x^2 = y$, so wird daraus

$$x = \pm\, r\, \frac{-f \pm r\,(f^2 - 4g)}{2}\,,$$

wo die zweydeutigen Zeichen $\pm$ alle vier Wurzeln angeben.

§. 193.

Kommen aber alle Glieder in der Gleichung vor, so kann man dieselbe immer als ein Product aus vier Factoren ansehen. Denn multiplicirt man diese vier Factoren mit einander $(x - p)(x - q)(x - r)(x - s)$, so findet man folgendes Product $x^4 - (p + q + r + s)x^3 + (pq + pr + ps + qr + qs + rs)\,x^2 - (pqr + pqs + prs + qrs)\,x + pqrs$, welche Formel auf keine andere Art $= 0$ werden kann, als wenn einer von obigen vier Factoren $= 0$ ist. Dieses kann daher auf viererley Art geschehen, I.) wenn $x = p$, II.) $x = q$, III.) $x = r$, IV.) $x = s$, welches also die vier Wurzeln dieser Gleichung sind.

§. 194.

Betrachtet man diese Form etwas genauer, so findet man, daß in dem zweiten Gliede die Summe aller vier Wurzeln vorkömmt, welche mit $-x^3$ multiplicirt ist, im dritten Gliede ist der Coefficient die Summe der Producte aus immer zwey Wurzeln mit einander multiplicirt, und der zweyte Factor ist x^2; im vierten Gliede sieht man die Summe der Producte aus immer drey Wurzeln, welche mit $-x$ multiplicirt ist, und endlich das fünfte und letzte Glied enthält das Product aus allen vier Wurzeln mit einander multiplicirt.

Anmerk.

Anmerk.   Der obige Satz sollte so ausgedrückt werden. Wenn $x^4 + Ax^3 + Bx^2 + Cx + D = 0$; so ist (wenn p, q, r, s die Wurzeln wären).

$A = -p - q - r - s = -(p + q + r + s)$

$B = (-p. -q) + (-p. -r + -p. -s) + (-q. -r) +$
$\quad (-q. -s) + (-r. -s = (pq + pr + ps + qr + qs + rs)$

$C = (-p. -q. -r) + (-p. -q. -s) + (-p. -r. -s) +$
$\quad (-q. -r. -s) = -(pqr + pqs + prs + qrs)$

$D = -p. -q. -r. -s = pqrs.$

Aehnliche Erinnerungen habe ich auch schon §. 133. Anmerk. 1 gemacht.

§. 195.

Da das letzte Glied das Product aus allen Wurzeln enthält, so kann eine solche biquadratische Gleichung keine Rationalwurzeln haben, welche nicht zugleich Theiler des letzten Gliedes sind, daher man aus diesem Grunde alle Rationalwurzeln, wenn dergleichen vorhanden sind, leicht finden kann, wenn man nur für x nach und nach einen jeden Theiler des letzten Gliedes setzt, und zusieht, mit welchem der Gleichung ein Genüge geschehe. Hat man aber auch nun eine solche Wurzel gefunden, z. B. x = p, so darf man nur die Gleichung, nachdem alle Glieder auf eine Seite gebracht worden, durch x — p dividiren und den Quotienten gleich 0 setzen; dies wird eine cubische Gleichung geben, die nach den obigen Regeln weiter aufgelöset werden kann.

§. 196.

Hierzu wird aber nun durchaus erfordert, daß alle Glieder aus ganzen Zahlen bestehen, und daß das erste keinen andern Coefficient als 1 hat. Wenn daher in einigen Gliedern Brüche vorkommen, so müssen diese vorher weggeschafft werden; dies kann jederzeit geschehen, wenn man für x schreibt: y getheilt durch eine Zahl, welche die Nenner der Brüche in sich schließt. Z. B. wenn folgende Gleichung vor-

vorfäme: $x^4 - \frac{1}{2}x^3 + \frac{1}{3}x^2 + \frac{3}{4}x + \frac{1}{18} = 0$, fo
feße man, weil in den Nennern 2 und 3 nebft ihren
Potenzen vorkommen, $x = \dfrac{y}{6}$,

fo wird $\dfrac{y^4}{6^4} - \dfrac{\frac{1}{2}y^3}{6^3} + \dfrac{\frac{1}{3}y^2}{6^2} - \dfrac{\frac{3}{4}y}{6} + \dfrac{1}{18} = 0$, wel=
ches mit 6^4 multiplicirt, $y^4 - 3y^3 + 12y^2 - 162y$
$+ 72 = 0$ giebt. Wollte man nun unterfuchen, ob
diefe Gleichung Rationalwurzeln habe, fo müßte man
für y nach und nach die Theiler der Zahl 72 fchrei=
ben, um zu fehen, in welchen Fällen die Formel
wirflich 0 werde.

§. 197.

Da aber die Wurzeln fowohl negativ als pofitiv
feyn können, fo müßte man mit einem jeden Theiler
zwey Proben anftellen, die erfte, da derfelbe pofitiv,
die andere, da derfelbe negativ genommen würde.
Man hat aber auch hier wieder zu bemerfen, daß,
fo oft die zwey Zeichen + und — mit
einander abwechfeln, die Gleichung eben
fo viel pofitive Wurzeln habe; fo oft
aber einerley Zeichen auf einander fol=
gen, eben fo viel negative Wurzeln vor=
handen feyn müffen *). Da nun in unferm
Bey=

*) Diefe Regel gilt allgemein für Gleichungen von allen
Graden; dir Franzofen fchreiben die Erfindung derfelben
Descartes, die Engländer Harriot zu; der l'Abbé
de Gua ift der erfte gewefen, der davon einen allgemeinen
Beweis gegeben hat. Man fehe die Mem. de l'Académie
des Sciences de Paris, 1741 oder den Holländifchen Nach=
druck von 1747. Der fürzefte und ftrengfte Beweis ift von
Käftner. Siehe deffen Analyfis des Unendlichen 2te Aufl.
Seite 129. §. 190. Noch muß ich erinnern, daß jene
Regel nur für Gleichungen gilt, die lauter mögliche Wur=
zeln haben. Denn unmögliche Wurzeln kann man weder
als bejaht noch als verneint anfehen, daher folche auch
nicht nach einer folchen Regel beurtheilt werden können.

Beyspiele 4 Abwechselungen vorkommen, und keine
Folge, so sind alle Wurzeln positiv, und also hat
man nicht nöthig einen Theiler des letzten Gliedes
negativ zu nehmen.

§. 198.

Es sey z. B. folgende Gleichung gegeben: $x^4 +$
$2x^3 - 7x^2 - 8x + 12 = 0$. Hier kommen nun
zwey Abwechselungen der Zeichen und auch zwey
Folgen vor, woraus man sicher schließen kann, daß
diese Gleichung zwey positive und auch zwey negative
Wurzeln habe, welche alle Theiler der Zahl 12 seyn
müssen. Da nun diese Theiler 1, 2, 3, 4, 6, 12
sind, so probire man erstlich mit $x = + 1$. Weil
auch wirklich, wenn man 1 anstatt x in der Gleichung setzt, o heraus kömmt, so ist eine Wurzel
$x = 1$. Setzt man ferner $x = - 1$, so kömmt folgendes $+ 1 - 2 - 7 + 8 + 12 = 21 - 9 = 12$,
und daher giebt $x = - 1$ keine Wurzel. Man setze
ferner $x = 2$, so wird unsere Formel wieder $= 0$, und
also $x = 2$ eine Wurzel; hingegen $x = - 2$ geht
nicht an. Setzt man weiter $x = 3$, so kömmt
$81 + 54 - 63 - 24 + 12 = 60$; geht also auch
nicht an. Man setze aber $x = - 3$, so kömmt
$81 - 54 - 63 + 24 + 12 = 0$; folglich ist $x - 3$
eine Wurzel. Eben so findet man auch, daß $x = - 4$
eine Wurzel seyn werde, also daß alle vier Wurzeln
rational, und zwar zwey positiv und zwey negativ
sind, nämlich: I.) $x = 1$, II.) $x = 2$, III.) $x = - 3$,
IV.) $x = - 4$.

§. 199.

Wenn aber keine Wurzel rational ist, so läßt
sich auch durch diesen Weg keine finden; daher man
auf solche Mittel bedacht gewesen ist, um in diesen

Fällen die Irrationalwurzeln ausdrücken zu können.
Man hat auch wirklich zwey verschiedene Wege ent=
deckt, um solche Wurzeln zu finden, die biquadrati=
sche Gleichung mag auch beschaffen seyn wie sie wolle.

Ehe wir aber diese allgemeine Untersuchungen
erläutern, so wird es gut seyn, vorher noch einige
besondere Fälle aufzulösen, welche öfters mit Nutzen
gebraucht werden können.

§. 200.

Wir wollen setzen, die Gleichung sey so beschaf=
fen, daß die Zahlen in den Gliedern oder die Coeffi=
cienten rückwärts eben so fortgehen als vorwärts,
wie in folgender Gleichung geschieht:
$$x^4 + mx^3 + nx^2 + mx + 1 = 0,$$
welche man noch etwas allgemeiner auf folgende Art
vorstellen kann:
$$x^4 + max^3 + na^2x^2 + ma^3x + a^4 = 0.$$
Eine solche Form kann jedesmal als ein Product
zweyer Factoren, welche quadratische Gleichungen
sind, angesehen werden, welche sich leicht bestimmen
lassen. Denn man setze für diese Gleichung folgen=
des Product: $(x^2 + pax + a^2)(x^2 + qax + a^2) = 0$,
wo p und q gesucht werden müssen, daß die obige
Gleichung herauskomme. Es wird aber durch wirk=
liche Multiplication gefunden:
$$x^4 + (p+q)ax^3 + (pq+2)a^2x^2 + (p+q)a^3x + a^4 = 0;$$
damit also diese Gleichung mit der gegebenen einer=
ley sey, so werden folgende zwey Stücke erfordert:
I.) daß $p + q = m$, und II.) daß $pq + 2 = n$, folg=
lich $pq = n - 2$.

Die erstere quadrirt, giebt $p^2 + 2pq + q^2 = m^2$,
und wenn man hiervon die andere viermal genom=
men, nämlich $4pq = 4n - 8$, subtrahirt, so bleibt
übrig $p^2 - 2pq + q^2 = m^2 - 4n + 8$, wovon die

J 2 Qua=

Quadratwurzel $p - q = r(m^2 - 4n + 8)$ ist.
Da nun $p + q = m$, so erhalten wir durch die Addition: $2p = m + r(m^2 - 4n + 8)$ oder $p = \frac{m + r(m^2 - 4n + 8)}{2}$; durch die Subtraction aber bekommen wir: $2q = m - r(m^2 - 4n + 8)$ oder $q = \frac{m - r(m^2 - 4n + 8)}{2}$. Hat man nun p und q gefunden, so darf man nur einen jeden der Factoren $= 0$ setzen, um daraus die Werthe von x zu finden. Der erste giebt $x^2 + pax + a^2 = 0$ oder $x^2 = -pax - a^2$, woraus man findet $x = -\frac{pa}{2} \pm r\left(\frac{p^2 a^2}{4} - a^2\right)$ oder $x = -\frac{pa}{2} \pm a\, r\left(\frac{p^2}{4} - 1\right)$ oder $x = -\frac{pa}{2} \pm \frac{1}{2}a\, r(p^2 - 4)$; der andere Factor giebt aber $x = -\frac{a^2}{2} \pm \frac{1}{2}a\, r(q^2 - 4)$ und also hat man die vier Wurzeln der gegebenen Gleichung.

Anmerk. Solche Gleichungen kann man reciproke Gleichungen nennen, weil sie sich nicht verändern, wenn man in ihnen $\frac{1}{x}$ statt x setzt. Aus dieser Eigenschaft folgt, daß wenn z. B. a eine Wurzel wäre, auch $\frac{1}{a}$ eine seyn muß; dieses ist die Ursache, warum dergleichen Gleichungen sich auf andere bringen lassen, deren Grad um die Hälfte kleiner ist. de *Moivre* giebt in seinen Miscellaneis analyticis, Seite 71. allgemeine Formeln für die Reduction solcher Gleichungen von beliebigem Grade. Deutsche finden dergleichen in den analytischen Entdeckungen u. s. w. von Hulbe. Berlin, 1794.

§. 201.

Um dies zu erläutern, so sey folgende Gleichung gegeben: $x^4 - 4x^3 - 3x^2 - 4x + 1 = 0$. Hier ist nun $a = 1$, $m = -4$, $n = -3$, daher $m^2 - 4n + 8 = 36$ und die Quadratwurzel daraus $= 6$ seyn wird. Wir bekommen also $p = -\frac{4+6}{2} = 1$ und $q = -$

$q = -\dfrac{4-6}{2} = -5$, woraus die vier Wurzeln
seyn werden: I.) und II.) $x = -\frac{1}{2} \pm \frac{1}{2}\sqrt{-3} = -\dfrac{1 \pm \sqrt{-3}}{2}$; ferner die III.) und IV.) $x = \frac{5}{2} + \frac{1}{2}\sqrt{21} = \dfrac{5 \pm \sqrt{21}}{2}$. Die vier Wurzeln der gegebenen Gleichung sind also folgende:

I.) $x = \dfrac{-1 + \sqrt{-3}}{2}$, II.) $x = \dfrac{-1 - \sqrt{-3}}{2}$,

III.) $x = \dfrac{5 + \sqrt{21}}{2}$, IV.) $x = \dfrac{5 - \sqrt{21}}{2}$,

von welchen die zwey ersten imaginär oder unmöglich, die beyden andern aber möglich sind, weil man $\sqrt{21}$ so genau anzeigen kann als man will, indem man die Wurzel durch Decimalbrüche ausdrückt. Denn da 21 so viel ist als 21,00000000, so ziehe man daraus die Quadratwurzel wie folget:

```
21|00|00|00|00|4,5825
16|
  85|500
    |425
  908|7500
     |7264
  9162|23600
      |18324
  91645|527600
       |458225
       69375
```

Da nun $\sqrt{21} = 4,5825$, so ist die dritte Wurzel ziemlich genau $x = 4,7812$, und die vierte $x = 0,2087$, welche man leicht noch genauer hätte berechnen können.

J 3   Weil

Weil die vierte Wurzel dem Bruch $\frac{2}{10}$ oder $\frac{1}{5}$ ziemlich nahe kömmt, ſo wird dieſer Werth der Gleichung auch ziemlich ein Genüge leiſten. Man ſetze alſo $x = \frac{1}{5}$, ſo bekömmt man $\frac{1}{625} - \frac{4}{125} - \frac{3}{25} - \frac{4}{5} + 1 = \frac{31}{625}$, und dieſes ſollte $= 0$ ſeyn, welches ziemlich genau eintrifft.

§. 202.

Der zweyte Fall, wo eine ähnliche Auflöſung ſtatt findet, iſt den Zahlen nach dem vorigen gleich, nur daß das zweyte und vierte Glied verſchiedene Zeichen haben. Eine ſolche Gleichung iſt daher: $x^4 + max^3 + na^2x^2 - ma^3x^3 + a^4 = 0$, welche durch folgendes Product vorgeſtellt werden kann: $(x^2 + pax - a^2)(x^2 + qax - a^2) = 0$. Denn durch die Multiplication bekömmt man $x^4 + (p+q)ax^3 + (pq - 2)a^2x^2 - (p + q)a^3x + a^4$, welche mit der gegebenen einerley wird, wenn erſtlich $p+q=m$, und hernach $pq - 2 = n$ oder $pq = n + 2$; denn auf dieſe Art wird das vierte Glied von ſelbſt einerley. Man quadrire, wie vorher, die erſte Gleichung, ſo hat man $p^2 + 2pq + q^2 = m^2$. Hiervon ſubtrahire man die andere viermal genommen $4pq = 4n + 8$, ſo bekömmt man $p^2 - 2pq + q^2 = m^2 - 4n - 8$, woraus die Quadratwurzel giebt:

$$p - q = \sqrt{(m^2 - 4n - 8)};$$ daher erhalten wir
$$p = \frac{m + \sqrt{(m^2 - 4n - 8)}}{2} \text{ und } q = \frac{m - \sqrt{(m^2 - 4n - 8)}}{2}.$$

Hat man nun p und q gefunden, ſo giebt der erſte Factor dieſe zwey Wurzeln $x = -\frac{1}{2}pa \pm \frac{1}{2}a\sqrt{(p^2 + 4)}$ und der zweyte Factor giebt dieſe: $x = -\frac{1}{2}qa \pm \frac{1}{2}a\sqrt{(q^2 + 4)}$, und ſo hat man die vier Wurzeln der gegebenen Gleichung.

§. 203.

§. 203.

Es sey z. B. folgende Gleichung gegeben: $x^4 -$ 3 . $2x^3 + 3 . 8x + 16 = 0$. Hier ist nun $a = 2$ und $m = -3$ und $n = 0$; daher $\sqrt{(m^2 - 4n - 8)} = 1$; folglich $p = \frac{-3+1}{2} = -1$, und $q = \frac{-3-1}{2} = -2$, woraus die zwey erstern Wurzeln seyn werden: $x = 1 \pm \sqrt{5}$, und die zwey letztern: $x = 2 + \sqrt{8}$, so daß die vier gesuchten Wurzeln seyn werden: I.) $x = 1 + \sqrt{5}$, II.) $x = 1 - \sqrt{5}$, III.) $x = 2 + \sqrt{8}$, IV.) $x = 2 - \sqrt{8}$. Die vier Factoren unserer Gleichung sind also $(x - 1 - \sqrt{5})(x - 1 + \sqrt{5})$ $(x - 2 - \sqrt{8})(x - 2 + \sqrt{8})$, welche wirklich mit einander multiplicirt, unsere Gleichung hervorbringen müssen. Denn der erste und zweyte mit einander multiplicirt, geben $x^2 - 2x - 4$, und die beyden andern geben $x^2 - 4x - 4$, und diese zwey Producte wieder mit einander multiplicirt, geben $x^4 - 6x^3 + 24x + 16$, welches gerade die gegebene Gleichung ist.

XIV. Capitel.

Von der Regel des Bombelli, die Auflösung der biquadratischen Gleichungen auf cubische zu bringen.

§. 204.

Da schon oben gezeigt ist, wie die cubischen Gleichungen durch Hülfe der Regel des Cardan aufgelöset werden können, so kömmt es hauptsächlich bey den biquadratischen Gleichungen darauf an, daß

J 4   man

man die Auflöſung derſelben auf cubiſche Gleichun=
gen zu bringen wiſſe, weil ohne Hülfe der cubiſchen
Gleichungen es nicht möglich iſt, die biquadratiſchen
auf eine allgemeine Art aufzulöſen. Denn wenn
man auch eine Wurzel gefunden hat, ſo erfordern
doch die übrigen Wurzeln eine cubiſche Gleichung,
woraus man ſogleich erkennt, daß die Gleichungen
von einem höhern Grade die Auflöſung aller niedri=
gen voraus ſetzen.

Hierzu hat nun ſchon vor vielen Jahren ein Ita=
liener, Namens Bombelli, eine Regel gegeben,
welche wir in dieſem Capitel vortragen wollen *).

§. 205.

Es ſey daher die allgemeine biquadratiſche Glei=
chung gegeben: $x^4 + ax^3 + bx^2 + cx + d = 0$,
wo die Buchſtaben a, b, c, d alle nur mögliche
Zahlen bedeuten können. Nun ſtelle man ſich vor,
daß dieſe Gleichung mit der folgenden einerley ſey:
$$(x^2 + \tfrac{1}{4}ax + p)^2 - (qx + r)^2 = 0,$$
wo es nur darauf ankommt die Buchſtaben p und q
und r ſo zu beſtimmen, daß die gegebene Gleichung
herauskömmt. Bringt man nun dieſe letztere in
Ordnung, ſo erhält man:
$$x^4 + ax^3 + \tfrac{1}{4}a^2x^2 + apx + p^2$$
$$+ 2px^2 - 2qrx - r^2$$
$$- q^2x^2$$

Hier ſind nun die zwey erſten Glieder mit unſe=
rer Gleichung ſchon einerley; für das dritte Glied
muß man ſetzen: $\tfrac{1}{4}a^2 + 2p - q^2 = b$, woraus
man bekömmt $q^2 = \tfrac{1}{4}a^2 + 2p - b$. Für das vierte
Glied

*) Dieſe Methode gehört vielmehr dem Ludwig Ferrari. Man
nennt ſie uneigentlich die Regel des Bombelli, eben
ſo, wie man die von Scipio Ferreo erfundene Methode,
dem Cardan zuſchreibt.

Glied muß man setzen $ap - 2qr = c$; hieraus erhält man $2qr = ap - c$. Für das letzte Glied aber $p^2 - r^2 = d$, woraus $r^2 = p^2 - d$ wird. Aus diesen drey Gleichungen müssen nun die drey Buchstaben p, q und r bestimmt werden.

§. 206.

Um dieses auf die leichteste Art zu bewerkstelligen, so nehme man von der ersten Gleichung $q^2 = \frac{1}{4}a^2 + 2p - b$ das vierfache, d. i. $4q^2 = a^2 + 8p - 4b$; dieses multiplicire man mit der letzten Gleichung $r^2 = p^2 - d$, so bekömmt man folgende Gleichung: $4q^2r^2 = 8p^3 + (a^2 - 4b) p^2 - 8dp - d (a^2 - 4b)$. Nun quadrire man die mittlere Gleichung $2qr = ap - c$, wovon das Quadrat ist $4q^2r^2 = a^2p^2 - 2acp + c^2$. Wir haben also zwey Werthe für $4q^2r^2$, welche einander gleich gesetzt, folgende Gleichung geben: $8p^3 + (a^2 - 4b) p^2 - 8dp - d (a^2 - 4b) = a^2p^2 - 2acp + c^2$; oder wenn alle Glieder auf eine Seite gebracht werden, $8p^3 - 4bp^2 + (2ac - 8d) p - a^2d + 4bd - c^2$, welches eine cubische Gleichung ist, aus welcher in jedem Falle der Werth von p nach den oben gegebenen Regeln bestimmt werden muß.

§. 207.

Hat man nun aus den gegebenen Zahlen a, b, c, d die drey Werthe des Buchstaben p gefunden, wozu es hinreicht, wenn man nur einen davon entdeckt hat, so erhält man daraus sogleich die beyden andern Buchstaben q und r. Denn aus der ersten Gleichung wird $q = \sqrt{(\frac{1}{4}a^2 + 2p - b)}$ seyn, und aus der zweyten erhält man $r = \frac{ap - c}{2q}$. Wenn aber diese drey Buchstaben für einen jeden Fall gefunden

J 5   sind,

ſind, ſo können daraus alle vier Wurzeln der gegebenen Gleichung folgendergeſtalt beſtimmt werden.

Da wir die gegebene Gleichung auf die Form
$(x^2 + \tfrac{1}{2}ax + p)^2 - (qx + r)^2 = 0$ gebracht haben,
ſo iſt $(x^2 + \tfrac{1}{2}ax + p)^2 = (qx + r)^2$; und die
Quadratwurzel davon $x^2 + \tfrac{1}{2}ax + p = qx + r$, oder
auch $x^2 + \tfrac{1}{2}ax + p = -qx - r$. Die erſtere giebt
$x^2 = (q - \tfrac{1}{2}a)x - p + r$, woraus zwey Wurzeln
gefunden werden; die übrigen zwey werden aber aus
der andern gefunden, welche $x^2 = -(q + \tfrac{1}{2}a)$
$x - p - r$ iſt.

§. 208.

Um dieſe Regel mit einem Beyſpiele zu erläutern, ſo ſey folgende Gleichung gegeben: $x^4 - 10x^3$
$+ 35x^2 - 50x + 24 = 0$, welche mit unſerer allgemeinen Formel verglichen, giebt $a = -10$,
$b = 35$, $c = -50$, $d = 24$; woraus zur Beſtimmung des Buchſtaben p folgende Gleichung entſteht:
$8p^3 - 140p^2 + 808p - 1540 = 0$; welche durch
4 dividirt, $2p^3 - 35p^2 + 202d - 385 = 0$ giebt.
Die Theiler der letzten Zahl ſind 1, 5, 7 11 u. ſ. f.,
von welchen 1 nicht angeht; ſetzt man aber $p = 5$, ſo
kömmt $250 - 875 + 1010 - 385 = 0$, folglich
iſt $p = 5$. Will man auch ſetzen $p = 7$, ſo erhält
man $686 - 1715 + 1414 - 385 = 0$; alſo iſt
$p = 7$ die zweyte Wurzel. Man dividire, um die
dritte zu finden, die Gleichung durch 2, ſo kömmt
$p^3 - \tfrac{35}{2}p^2 + 101p - \tfrac{385}{2} = 0$, und da die Zahl
im zweyten Gliede $\tfrac{35}{2}$ die Summe aller drey Wurzeln iſt, die beyden erſtern aber zuſammen 12 machen, ſo muß die dritte $\tfrac{11}{2}$ ſeyn; alſo haben wir nun
alle drey Wurzeln. Es wäre aber genug, nur eine
zu wiſſen, weil aus einer jeden die vier Wurzeln
unſerer biquadratiſchen Gleichung herauskommen
müſſen.   §. 209.

§. 209.

Um dieses zu zeigen, so sey erstlich p = 5, daraus wird alsdann q = $\sqrt{(25 + 10 - 35)} = 0$ und r = $-\frac{50 + 50}{0} = \frac{0}{0}$. Da nun hierdurch nichts bestimmt wird, so nehme man die dritte Gleichung: $r^2 = p^2 - d = 25 - 24 = 1$, und also r = 1; daher unsere beyden Quadratgleichungen seyn werden:

I.) $x^2 = 5x - 4$, II.) $x^2 = 5x - 6$.

Die erstere giebt nun diese zwey Wurzeln: x = $\frac{5}{2}$ $\pm \sqrt{\frac{9}{4}}$, also x = $\frac{5 \pm 3}{2}$, folglich entweder x = 4, oder x = 1. Die andere aber giebt x = $\frac{5}{2} \pm \sqrt{\frac{1}{4}}$, also x = $\frac{5 \pm 1}{2}$; daraus wird entweder x = 3, oder x = 2.

Will man aber p = 7 setzen, so wird q = $\sqrt{(25 + 14 - 35)} = 2$ und r = $\pm \frac{-70 + 50}{4} = -5$, woraus folgende zwey Quadratgleichungen entstehen: I.) $x^2 = 7x - 12$, II.) $x^2 = 3x - 2$; die erstere giebt x = $\frac{7}{2} \pm \sqrt{\frac{1}{4}}$, also x = $\frac{7 \pm 1}{2}$, daher x = 4 und x = 3. Die zweyte giebt die Wurzel x = $\frac{3}{2}$ $\pm \sqrt{\frac{1}{4}}$, also x = $\frac{3 \pm 1}{2}$; daher x = 2 und x = 1, welches eben die vier schon vorher gefundenen Wurzeln sind. Eben dieselben folgen auch aus dem dritten Werth q = $\frac{1}{2}$. Denn da wird q = $\sqrt{(25 + 11 - 35)} = 1$ und r = $\frac{-55 + 50}{2} = -\frac{5}{2}$, woraus die beyden quadratischen Gleichungen fließen:

I.) $x^2 = 6x - 8$, II.) $x^2 = 4x - 3$.

Aus der erstern bekömmt man x = $3 \pm \sqrt{1}$, also x = 4 und x = 2; aus der andern aber x = $2 \pm \sqrt{1}$, also

also $x = 3$ und $x = 1$, welches die schon gefundenen vier Wurzeln sind.

§. 210.

Es sey ferner folgende Gleichung gegeben: $x^4 - 16x - 12 = 0$, in welcher $a = 0$, $b = 0$, $c = -16$, $d = -12$ ist; daher unsere cubische Gleichung seyn wird: $8p^3 + 96p - 256 = 0$, d. i. $p^3 + 12p - 32 = 0$; diese Gleichung wird noch einfacher, wenn man $p = 2t$ setzt; da wird nämlich $8t^3 + 24t - 32 = 0$ oder $t^3 + 3t - 4 = 0$. Die Theiler des letzten Gliedes sind 1, 2, 4, aus welchen $t = 1$ eine Wurzel ist. Hieraus findet man $p = 2$ und ferner $q = \sqrt{4} = 2$ und $r = \frac{16}{4} = 4$. Daher sind die beyden Quadratgleichungen $x^2 = 2x + 2$ und $x^2 = -2x - 6$: folglich die Wurzeln $x = 1 \pm \sqrt{3}$, und $x = -1 \pm \sqrt{-5}$.

§. 211.

Um die bisherige Auflösung noch deutlicher zu machen, so wollen wir dieselbe in folgendem Beyspiele ganz wiederholen:

Es sey daher die Gleichung $x^4 - 6x^3 + 12x^2 - 12x + 4 = 0$ gegeben, welche in der Formel $(x^2 - 3x + p)^2 - (qx + r)^2 = 0$ enthalten seyn soll. Hier ist im ersten Theil $-3x$ gesetzt worden, weil -3 die Hälfte der Zahl -6 im zweyten Gliede der Gleichung ist; diese Form aber entwickelt, giebt $x^4 - 6x^3 + (2p + 9 - q^2) x^2 - (6p + 2qr) x + p^2 - r^2 = 0$, mit dieser Form vergleicht man nun unsere Gleichung und so bekömmt man: I.) $2p + 9 - q^2 = 12$, II.) $6p + 2qr = 12$, III.) $p^2 - r^2 = 4$; aus der ersten erhalten wir $q^2 = 2p - 3$, aus der zweyten $2qr = 12 - 6p$ oder $qr = 6 -$

3p,

3p, aus der dritten $r^2 = p^2 - 4$. Nun multiplicire man r^2 und q^2 mit einander, so bekömmt man
$q^2 r^2 = 2p^3 - 3p^2 - 8p + 12$. Quadrirt man
aber den Werth von qr, so kömmt $q^2 r^2 = 36 - 36p$
$+ 9p^2$; daher erhalten wir folgende Gleichung:
$2p^3 - 3p^2 - 8p + 12 = 9p^2 - 36p + 36$, oder
$2p^3 - 12p^2 + 28p - 24 = 0$, durch 2 dividirt,
giebt $p^3 - 6p^2 + 14p - 12 = 0$, wovon die Wurzel $p = 2$ ist; daraus wird $q^2 = 1$, $q = 1$ und $qr = r$
$= 0$. Unsere Gleichung wird also seyn: $(x^2 - 3x$
$+ 2)^2 = x^2$, daraus die Quadratwurzel $x^2 - 3x$
$+ 2 = \pm x$; gilt das obere Zeichen, so hat man
$x^2 = 4x - 2$, für das untere Zeichen aber $x^2 = 2x$
$- 2$, woraus diese vier Wurzeln gefunden werden:
$x = 2 \pm \sqrt{2}$, und $x = 1 \pm \sqrt{-1}$.

XV. Capitel.

Von einer neuen Auflösung der biquadratischen Gleichungen.

§. 212.

Wie durch die obige Regel des Bombelli die biquadratischen Gleichungen mit Hülfe einer cubischen
aufgelöset werden, so hat man seitdem noch einen
neuen Weg entdeckt, um eben diesen Zweck zu erreichen, der aber von dem vorigen durchaus abweicht,
und daher wohl eine besondere Erklärung verdient*).

§. 213.

---

*) Die in diesem Capitel enthaltene Methode ist von Euler
selbst. Er hat sie in dem sechsten Theil der ältern Petersbur-
gischen Commentarien bekannt gemacht.

§. 213.

Man ſetze, die Wurzel einer biquadratiſchen Gleichung habe die Form: $x = \sqrt[3]{p} + \sqrt[3]{q} + \sqrt[3]{r}$, wo die Buchſtaben p, q und r die drey Wurzeln einer ſolchen cubiſchen Gleichung andeuten: $z^3 - fz^2 + gz - h = 0$, ſo daß $p + q + r = f$, $pq + pr + qr = g$ und $pqr = h$ ſeyn wird. Dieſes vorausgeſetzt, ſo quadrire man die angenommene Form der Wurzel $x = \sqrt[3]{p} + \sqrt[3]{q} + \sqrt[3]{r}$, wodurch man erhält: $x^2 = p + q + r + 2\sqrt[3]{pq} + 2\sqrt[3]{pr} + 2\sqrt[3]{qr}$. Da nun $p + q + r = f$, ſo wird $x^2 - f = 2\sqrt[3]{pq} + 2\sqrt[3]{pr} + 2\sqrt[3]{qr}$ ſeyn. Nun nehme man nochmals die Quadrate, ſo wird $x^4 - 2fx^2 + f^2 = 4pq + 4pr + 4qr + 8\sqrt[3]{p^2qr} + 8\sqrt[3]{pq^2r} + 8\sqrt[3]{pqr^2}$. Da nun $4pq + 4pr + 4qr = 4g$, ſo wird $x^4 - 2fx^2 + f^2 - 4g = 8\sqrt[3]{pqr} \cdot (\sqrt[3]{p} + \sqrt[3]{q} + \sqrt[3]{r})$. Weil aber $\sqrt[3]{p} + \sqrt[3]{q} + \sqrt[3]{r} = x$ und $pqr = h$, alſo $\sqrt[3]{pqr} = \sqrt[3]{h}$, ſo gelangen wir zu der biquadratiſchen Gleichung: $x^4 - 2fx^2 - 8x\sqrt[3]{h} + f^2 - 4g = 0$, von welcher die Wurzel gewiß $x = \sqrt[3]{p} + \sqrt[3]{q} + \sqrt[3]{r}$ iſt, und wo p, q und r die drey Wurzeln von der obigen cubiſchen Gleichung:

$$z^3 - fz^2 + gz - h = 0 \text{ ſind.}$$

§. 214.

Die herausgebrachte biquadratiſche Gleichung kann als allgemein angeſehen werden, obgleich das zweyte Glied x^3 darin fehlt. Denn man kann immer eine jede vollſtändige Gleichung in eine andere verwandeln, wo das zweyte Glied fehlt, wie wir dies hernach zeigen wollen.

Es ſey daher dieſe biquadratiſche Gleichung gegeben: $x^4 - ax^2 - bx - c = 0$, wovon eine Wurzel gefunden werden ſoll. Man vergleiche dieſelbe

selbe daher mit der gefundenen Form, um dadurch die Buchstaben f, g und h zu bestimmen. Dazu wird erfordert, daß I.) $2f = a$, also $f = \frac{a}{2}$, II.) $8\sqrt{\,}h = b$, also $h = \frac{b2}{64}$, III.) $f^2 - 4g = -c$, oder $\frac{a^2}{4} - 4g + c = 0$, oder $\frac{1}{4}a^2 + c = 4g$, folglich $g = \frac{1}{16}a^2 + \frac{1}{4}c$.

§. 215.

Aus der gegebenen Gleichung: $x^4 - ax^2 - bx - c = 0$ findet man daher die Buchstaben f, g und h also bestimmt: $f = \frac{1}{2}a$, $g = \frac{1}{16}a^2 + \frac{1}{4}c$, und $h = \frac{1}{64}b^2$ oder $\sqrt{\,}h = \frac{1}{8}b$. Hieraus mache man diese cubische Gleichung: $z^3 - fz^2 + gz - h = 0$, wovon man nach der obigen Regel die drey Wurzeln suchen muß. Diese mögen nun folgende seyn: I.) $z = p$, II.) $z = q$, III.) $z = r$; aus welchen, wenn sie gefunden worden sind, eine Wurzel unserer biquadratischen Gleichung seyn wird, $x = \sqrt{\,}p + \sqrt{\,}q + \sqrt{\,}r$.

§. 216.

So scheint es zwar, daß nur eine Wurzel unserer Gleichung gefunden sey, allein da ein jedes Quadratwurzelzeichen sowohl negativ als positiv genommen werden kann, so enthält diese Form sogar alle vier Wurzeln.

Wollte man alle Veränderungen der Zeichen gelten lassen, so kämen 8 verschiedene Werthe für x heraus, wovon doch nur 4 gelten können. Denn es ist zu bemerken, daß das Product dieser drey Glieder, nämlich $\sqrt{\,}$ pqr gleich seyn müsse dem $\sqrt{\,}h = \frac{1}{8}b$; daher wenn $\frac{1}{8}b$ positiv ist, so muß das Product der Theile auch positiv seyn, in welchem Fall nur diese vier Aenderungen gelten.

I.) x

$$\text{I.) } x = \sqrt{p} + \sqrt{q} + \sqrt{r},$$
$$\text{II.) } x = \sqrt{p} - \sqrt{q} - \sqrt{r},$$
$$\text{III.) } x = -\sqrt{p} + \sqrt{q} - \sqrt{r},$$
$$\text{IV.) } x = -\sqrt{q} - \sqrt{q} + \sqrt{r},$$

iſt aber $\tfrac{1}{8}$b negativ, ſo ſind die 4 Werthe von x folgende:

$$\text{I.) } x = \sqrt{p} + \sqrt{q} - \sqrt{r},$$
$$\text{II.) } x = \sqrt{p} - \sqrt{q} + \sqrt{r},$$
$$\text{III.) } x = -\sqrt{p} + \sqrt{q} + \sqrt{r},$$
$$\text{IV.) } x = -\sqrt{p} - \sqrt{q} - \sqrt{r},$$

Mit Hülfe dieſer Anmerkung können in jedem Fall alle vier Wurzeln beſtimmt werden, wie man aus folgendem Beyſpiele erſehen kann.

§. 217.

Es ſey folgende biquadratiſche Gleichung gegeben, in welcher das zweyte Glied fehlt: $x^4 - 25x^2 + 60x - 36 = 0$, welche mit der obigen Formel verglichen, $a = 25$, $b = -60$ und $c = 36$ giebt, woraus man ferner erhält: $f = \tfrac{25}{2}$, $g = \tfrac{625}{16} + 9 = \tfrac{769}{16}$ und $h = \tfrac{225}{4}$. Folglich iſt nunmehr unſere cubiſche Gleichung:

$$z^3 - \tfrac{25}{2} z^2 + \tfrac{769}{16} z - \tfrac{225}{4} = 0.$$

Um die Brüche wegzubringen, ſetze man $z = \tfrac{u}{4}$, ſo wird $\tfrac{u^3}{64} - \tfrac{25}{2} \cdot \tfrac{u^2}{16} + \tfrac{769}{16} \cdot \tfrac{u}{4} - \tfrac{225}{4} = 0$, woraus man, wenn man mit 64 multiplicirt, $u^3 - 50u^2 + 769u - 3600 = 0$ erhält, wovon die drey Wurzeln gefunden werden müſſen, welche alle drey poſitiv ſind, und wovon eine Wurzel $u = 9$ iſt. Um die zweyte zu finden, ſo theile man $u^3 - 50u^2 + 769u - 3600$ durch $u - 9$, und da kömmt dieſe neue Gleichung: $u^2 - 41u + 400 = 0$ oder $u^2 = 41u - 400$, woraus $u = \tfrac{41}{2} + \sqrt{\left(\tfrac{1681}{4} - \tfrac{1600}{4}\right)} =$

$=\frac{41\pm9}{2}$ gefunden wird. Folglich sind die drey Wurzeln u = 9, u = 16, u = 25; daher wir nunmehr erhalten:

I.) $z=\frac{9}{4}$, II.) $z=4$, III.) $z=\frac{25}{4}$.

Dieses sind nun die Werthe der Buchstaben p, q und r, so daß $p=\frac{9}{4}$, $q=4$, $r=\frac{25}{4}$. Weil nun $\sqrt{pqr}=\sqrt{h}=-\frac{15}{2}$, und dieser Werth $=\frac{1}{4}b$ negativ ist, so muß man sich mit den Zeichen der Wurzeln $\sqrt{p}$, $\sqrt{q}$, $\sqrt{r}$ darnach richten. Es muß nämlich entweder nur ein (—) oder drey (—) vorhanden seyn. Da nun $\sqrt{p}=\frac{3}{2}$, $\sqrt{q}=2$ und $\sqrt{r}=\frac{5}{2}$, so werden die vier Wurzeln unserer gegebenen Gleichung seyn:

I.) $x=\ \ \frac{3}{2}+2-\frac{5}{2}=\ \ 1,$

II.) $x=\ \ \frac{3}{2}-2+\frac{5}{2}=\ \ 2,$

III.) $x=-\frac{3}{2}+2+\frac{5}{2}=\ \ 3,$

IV.) $x=-\frac{3}{2}-2-\frac{5}{2}=-6,$

aus welchen folgende vier Factoren der Gleichung entstehen: $(x-1)(x-2)(x-3)(x+6)=0$, wovon die beyden ersten x^2-3x+2, die beyden letztern aber $x^2+3x-18$ geben, und diese zwey Producte mit einander multiplicirt, bringen gerade unsere Gleichung hervor.

§. 218.

Nun ist noch übrig zu zeigen, wie eine biquadratische Gleichung, in welcher das zweyte Glied vorhanden ist, in eine andere verwandelt werden könne, darin das zweyte Glied fehlt; hierzu dient folgende Regel:

Es sey folgende allgemeine Gleichung gegeben: $y^4+ay^3+by^2+cy+d=0$. Hier setze man zu y den vierten Theil des Coefficienten von dem zweyten Gliede, nämlich $\frac{1}{4}a$, und schreibe dafür einen

II. Theil.   K   neuen

neuen Buchstaben x, so daß $y + \frac{1}{4}a = x$, folglich $y = x - \frac{1}{4}a$; daraus wird $y^2 = x^2 - \frac{1}{2}ax + \frac{1}{16}a^2$, ferner $y^3 = x^3 - \frac{3}{4}ax^2 + \frac{3}{16}a^2x - \frac{1}{64}a^3$, und daraus endlich:

$$
\begin{aligned}
y^4 &= x^4 - ax^3 + \tfrac{3}{8}a^2x^2 - \tfrac{1}{16}a^3x + \tfrac{1}{256}a^4 \\
+\, ay^3 &= \quad\ + ax^3 - \tfrac{3}{4}a^2x^2 + \tfrac{3}{16}a^3x - \tfrac{1}{64}a^4 \\
+\, by^2 &= \qquad\qquad + bx^2 - \tfrac{1}{2}abx + \tfrac{1}{16}a^2b \\
+\, cy &= \qquad\qquad\qquad\qquad + cx - \tfrac{1}{4}ac \\
+\, d &= \qquad\qquad\qquad\qquad\qquad\qquad + d
\end{aligned}
$$

$$
\left.
\begin{aligned}
x^4 + 0 - \tfrac{3}{8}a^2x^2 + \tfrac{1}{8}a^3x - \tfrac{3}{256}a^4 \\
+ bx^2 - \tfrac{1}{2}abx + \tfrac{1}{16}a^2b \\
+ cx - \tfrac{1}{4}ac \\
+ d
\end{aligned}
\right\} = 0
$$

in welcher Gleichung, wie man sieht, das zweyte Glied weggefallen ist, so daß man jetzt die gegebene Regel darauf anwenden, und daraus die vier Wurzeln von x bestimmen kann, aus welchen hernach die vier Werthe von y sich von selbst ergeben, weil $y = x - \frac{1}{4}a$ ist.

§. 219.

So weit ist man bisher in Auflösung der algebraischen Gleichungen gekommen, nämlich bis auf den vierten Grad, und alle Bemühungen, die Gleichungen vom fünften und den höhern Graden auf gleiche Art aufzulösen, oder wenigstens auf die niedrigsten Grade zu bringen, sind fruchtlos gewesen, so daß es nicht möglich ist, allgemeine Regeln zu geben, wodurch die Wurzeln von höhern Gleichungen gefunden werden könnten.

Alles, was darin geleistet worden, geht nur auf ganz besondre Fälle, worunter derjenige der vornehmste ist, wenn irgend eine Rationalwurzel Statt findet, welche durch Probiren leicht heraus gebracht

gebracht werden kann, weil man weiß, daß dieselbe immer ein Theiler des letzten Gliedes seyn muß; und hiermit ist es eben so beschaffen, wie wir schon bey den Gleichungen vom dritten und vierten Grade gesehen haben.

§. 220.

Es wird aber doch noch nöthig seyn, diese Regel auch auf eine solche Gleichung anzuwenden, deren Wurzeln nicht rational sind:

Eine solche Gleichung sey nun $y^4 - 8y^3 + 14y^2 + 4y - 8 = 0$. Hier muß man vor allen Dingen das zweyte Glied wegschaffen; daher setze man zu der Wurzel y noch den vierten Theil des Coefficienten von dem zweyten Gliede, nämlich $y - 2 = x$, so wird $y = x + 2$ und $y^2 = x^2 + 4x + 4$, ferner $y^3 = x^3 + 6x^2 + 12x + 8$.

$$
\begin{array}{rl}
\text{und } y^4 = & x^4 + 8x^3 + 24x^2 + 32x + 16 \\
- 8y^3 = & \quad\;\; - 8x^3 - 48x^2 - 96x - 64 \\
+ 14y^2 = & \quad\qquad\qquad + 14x^2 + 56x + 56 \\
+ 4y = & \quad\qquad\qquad\qquad\quad + 4x + 8 \\
- 8 = & \quad\qquad\qquad\qquad\qquad\quad - 8 \\
\hline
& x^4 + 0 - 10x^2 - 4x + 8 = 0.
\end{array}
$$

Diese Gleichung mit unserer allgemeinen Form verglichen, giebt $a = 10$, $b = 4$, $c = -8$; woraus wir daher schließen, daß $f = 5$, $g = \frac{17}{4}$, $h = \frac{1}{4}$ und $\Gamma h = \frac{1}{2}$ sey. Hieraus sehen wir, daß das Product Γpqr positiv seyn wird. Die cubische Gleichung wird daher seyn: $z^3 - 5z^2 + \frac{17}{4}z - \frac{1}{4} = 0$; von dieser cubischen Gleichung müssen nun die drey Wurzeln p, q und r gesucht werden.

§. 221.

Hier müssen nun erst die Brüche weggeschafft werden, deswegen setze man $z = \frac{u}{2}$, so wird $\frac{u^3}{8} -$ $\frac{5u^2}{4} + \frac{17}{4} \cdot \frac{u}{2} - 4 = 0$. Diese Gleichung mit 8 multiplicirt, giebt $u^3 - 10u^2 + 17u - 2 = 0$, wo alle Wurzeln positiv sind. Da nun die Theiler des letzten Gliedes 1 und 2 sind, so sey erstlich $u = 1$, alsdann wird $1 - 10 + 17 - 2 = 6$, und also nicht 0. Setzt man aber $u = 2$, so wird $8 - 40 + 34 - 2 = 0$; daher ist eine Wurzel $u = 2$. Um die andere zu finden, so theile man durch $u - 2$, wie folget:

$$u - 2) \; u^3 - 10u^2 + 17u - 2 \;(\, u^2 - 8u + 1$$
$$\underline{u^3 - 2u^2}$$
$$\underline{- 8u^2 + 17u}$$
$$- 8u^2 + 16u$$
$$\underline{u - 2}$$
$$u - 2$$
$$0$$

und da bekömmt man $u^2 - 8u + 1 = 0$, oder $u^2 = 8u - 1$, woraus die beyden übrigen Wurzeln $u = 4 \pm \sqrt{15}$ sind. Da nun $z = \frac{1}{2}u$, so sind die drey Wurzeln der cubischen Gleichung:

I.) $z = p = 1$, II.) $z = q = \frac{4 + \sqrt{15}}{2}$, III.) $z = r = \frac{4 - \sqrt{15}}{2}$.

§. 222.

Da wir nun p, q und r gefunden haben, so werden ihre Quadratwurzeln seyn: $\sqrt{p} = 1$, $\sqrt{q} = \frac{\sqrt{8 + 2\sqrt{15}}}{2}$, $\sqrt{r} = \frac{\sqrt{8 - 2\sqrt{15}}}{2}$.

Weil

Weil aber, wie oben (§. 115) gezeigt worden ist, die Quadratwurzel aus $(a \pm \sqrt{b})$, wenn $\sqrt{(a^2 - b)} = c$, folgendergestalt ausgedrückt werden kann: $\sqrt{(a \pm b)} = \sqrt{\frac{a+c}{2}} \pm \sqrt{\frac{a-c}{2}}$, so ist für unsern Fall $a = 8$ und $\sqrt{b} = 2\sqrt{15}$; folglich $b = 60$, daher $c = 2$. Hieraus bekommen wir $\sqrt{(8 + 2\sqrt{15})} = \sqrt{5} + \sqrt{3}$, und $\sqrt{(8 - 2\sqrt{15})} = \sqrt{5} - \sqrt{3}$. Da wir nun gefunden haben: $\sqrt{p} = 1$, $\sqrt{q} = \frac{\sqrt{5} + \sqrt{3}}{2}$ und $\sqrt{r} = \frac{\sqrt{5} - \sqrt{3}}{2}$, so werden die vier Werthe für x, denn wir wissen, daß das Product derselben positiv seyn muß, folgende Beschaffenheit haben:

I.) $x = \sqrt{p} + \sqrt{q} + \sqrt{r} = 1 + \frac{\sqrt{5} + \sqrt{3} + \sqrt{5} - \sqrt{3}}{2} = 1 + \sqrt{5}$

II.) $x = \sqrt{p} - \sqrt{q} - \sqrt{r} = 1 - \frac{\sqrt{5} - \sqrt{3} - \sqrt{5} + \sqrt{3}}{2} = 1 - \sqrt{5}$

III.) $x = -\sqrt{p} + \sqrt{q} - \sqrt{r} = -1 + \frac{\sqrt{5} + \sqrt{3} - \sqrt{5} + \sqrt{3}}{2} = -1 + \sqrt{3}$

IV.) $x = -\sqrt{p} - \sqrt{q} + \sqrt{r} = -1 - \frac{\sqrt{5} - \sqrt{3} + \sqrt{5} - \sqrt{3}}{2} = -1 - \sqrt{3}$.

Da nun für die gegebene Gleichung $y = x + 2$ war, so sind die vier Wurzeln derselben:

I.) $y = 3 + \sqrt{5}$,   III.) $y = 1 + \sqrt{3}$,

II.) $y = 3 - \sqrt{5}$,   IV.) $y = 1 - \sqrt{3}$.

XVI. Capitel.

Von der Auflösung der Gleichungen durch Näherung.

§. 223.

Wenn die Wurzeln einer Gleichung nicht rational sind, sie mögen nun durch Wurzelzeichen ausgedrückt werden können oder nicht, wie bey den höhern Gleichungen geschieht, so muß man sich begnügen, den Werth derselben durch Näherungen zu bestimmen, so, daß man dem wahren Werthe derselben immer näher komme, bis der Fehler endlich für nichts zu achten ist. Man hat zu diesem Ende verschiedene Mittel erfunden, von welchen wir die vornehmsten hier erklären wollen.

§. 224.

Die erste Art besteht darin, daß man den Werth einer Wurzel schon ziemlich genau erforscht habe, und z. B. schon wisse, daß derselbe größer sey als 4, und doch kleiner als 5. Alsdenn setze man den Werth der Wurzel $= 4 + p$, da denn p gewiß einen Bruch bedeuten wird. Ist aber p ein Bruch, und also kleiner als 1, so ist das Quadrat, der Cubus, und eine jede höhere Potenz von p noch weit kleiner; daher man dieselbe aus der Rechnung weglassen kann, weil es doch nur auf eine Näherung ankömmt. Hat man nun weiter diesen Bruch p nur beynahe bestimmt, so erkennt man die Wurzel $4 + p$ schon genauer. Hieraus erforscht man auf gleiche Art seinen noch genauern Werth, und geht solchergestalt

so

so weit fort, bis man der Wahrheit so nahe gekommen ist, als man wünschet.

Anmerk. Diese Methode hat Newton gleich zu Anfange seines Method of Fluxions Introd. §. 19 gegeben. Untersucht man sie genauer, so wird man manche Unvollkommenheiten gewahr. Indessen scheint sie unter mehreren Methoden, die man hat, die bequemste zu seyn. Nur die Methode von Lagrange in den Mémoires de Berlin 1767 und 68, möchte ihr diesen Vorzug streitig machen.

§. 225.

Wir wollen dieses zuerst durch ein leichtes Beyspiel erläutern, und die Wurzel der Gleichung $x^2 = 20$ durch Näherungen bestimmen.

Hier sieht man nun, daß x größer ist als 4, und doch kleiner als 5; daher setze man $x = 4 + p$, so wird $x^2 = 16 + 8p + p^2 = 20$. Weil aber p^2 sehr klein ist, so lasse man dieses Glied weg, um folgende Gleichung zu haben: $16 + 8p = 20$, oder $8p = 4$. Hieraus wird $p = \frac{1}{2}$ und $x = 4\frac{1}{2}$, welches der Wahrheit schon weit näher kömmt, ob man gleich siehet, daß $4\frac{1}{2}$ etwas zu groß ist. Man setze daher ferner $x = 4\frac{1}{2} - p$, so ist man gewiß, daß p ein noch weit kleinerer Bruch seyn werde, als vorher; daher p^2 jetzt mit noch größerem Rechte weggelassen werden kann. Man wird also haben: $x^2 = 20\frac{1}{4} - 9p + p^2 = 20$, und wenn man p^2 wegläßt, $20\frac{1}{4} - 9p = 20$, oder $20\frac{1}{4} - 20 = 9p$, d. i. $\frac{1}{4} = 9p$, und also $p = \frac{1}{36}$, folglich $x = 4\frac{1}{2} - \frac{1}{36} = 4\frac{17}{36}$. Wollte man der Wahrheit noch näher kommen, so setze man $x = 4\frac{17}{36} - p$, so bekömmt man $x^2 = 20\frac{1}{1296} - 8\frac{34}{36}p = 20$; daher $8\frac{34}{36}p = \frac{1}{1296}$, mit 36 multiplicirt kömmt $322p = \frac{36}{1296} = \frac{1}{36}$, und daraus wird $p = \frac{1}{36\cdot 322} = \frac{1}{11592}$, folglich $x = 4\frac{17}{36} - \frac{1}{11592} = 4\frac{4473}{11592}$; und dieser Werth kömmt der Wahrheit

K 4

so

so nahe, daß der Fehler sicher als nichts angesehen werden kann.

Anmerk. Wem es nicht sogleich einleuchtend seyn möchte, daß $4\frac{1}{2}$ größer als x, oder $\frac{1}{2}$ größer als p ist, der darf nur folgende Betrachtung anstellen. Weil eigentlich die drey Theile $16 + 8p + p^2$ die Zahl 20 ausmachen, so müssen die zwey Theile $16 + 8p$ nothwendig kleiner als 20, und daher, wenn man 16 abzieht, 8p kleiner als 4, folglich auch der achte Theil von 8p, d. i. p kleiner, als der achte Theil von 4, d. i. $\frac{1}{2}$, oder umgekehrt $\frac{1}{2}$ größer als p seyn. Diese Schlüsse sind allgemein gültig, denn wenn $x^2 = a$, und man hätte $x > n$ gefunden, so sey $x = n + p$, also $x^2 = n^2 + 2np + p^2$, läßt man p^2 weg, so ist offenbar $x^2 > n^2 + 2np$ oder $a > n^2 + 2np$, folglich auch $\frac{a - n^2}{2n} > p$. Man findet also mittelst der Formel $\frac{a - n^2}{2n}$, p immer zu groß, mithin auch $n + \frac{a - n^2}{2n}$ größer als x. Wer indessen während dem Rechnen nicht darauf achtet, den belehren die Resultate, ob p addirt oder subtrahirt werden müsse.

§. 226.

Um dieses allgemeiner zu machen, so sey folgende Gleichung gegeben: $x^2 = a$ und man wisse schon, daß x größer ist als n, doch aber kleiner als $n + 1$; man setze also $x = n + p$, so daß p ein Bruch seyn muß, und daher p^2 als sehr klein weggelassen werden kann. Weil nun $x^2 = (n + p)^2 = n^2 + 2np + p^2 = a$, so wird, wenn man p^2 wegläßt, $x^2 = n^2 + 2np = a$, also $2np = a - n^2$ und $p = \frac{a - n^2}{2n}$, folglich $x = n + \frac{a - n^2}{2n} = \frac{n^2 + a}{2n}$. Kam nun n der Wahrheit schon nahe, so kömmt dieser neue Werth $\frac{n^2 + a}{2n}$ der Wahrheit noch weit näher. Diesen setze man von neuem für n, so wird man der

Wahr-

Wahrheit noch näher kommen, und wenn man diesen neuen Werth nochmal für n setzet, so wird man dem wahren Werthe noch näher kommen; und auf diese Art kann man so weit fortgehen, als man nur immer will.

Es sey z. B. a $=$ 2, oder man verlange die Quadratwurzel aus 2 zu wissen; hat man nun dafür schon einen ziemlich nahen Werth gefunden, welcher wiederum n heißen kann, so wird $\frac{n^2+2}{2n}$ einen noch nähern Werth geben. Es sey daher

I.) n $=$ 1, so wird x $= \frac{3}{2}$,

II.) n $= \frac{3}{2}$, so wird x $= \frac{17}{12}$,

III.) n $= \frac{17}{12}$, so wird x $= \frac{577}{408}$,

welcher letzte Werth der $\sqrt{}$ 2 schon so nahe kömmt, daß das Quadrat davon $= \frac{332929}{166464}$ nur um $\frac{1}{166464}$ größer ist als 2.

§. 227.

Eben so kann man verfahren, wenn die Cubicwurzel oder eine noch höhere Wurzel durch die Näherung gefunden werden soll.

Es sey z. B. folgende cubische Gleichung gegeben: x³ $=$ a, oder man verlange $\sqrt[3]{}$ a zu finden. Diese Cubicwurzel sey nun beynahe $=$ n, und man setze x $=$ n $+$ p, so wird, wenn man p² und die höhern Potenzen davon wegläßt, x³ $=$ n³ $+$ 3n²p $=$ a; daher 3n²p $=$ a $-$ n³ und p $= \frac{a-n^3}{3n^2}$; folglich x $=$ $\frac{2n^3+a}{3n^2}$. Kömmt also n der $\sqrt[3]{}$ a schon ziemlich nahe, so kömmt diese Form noch weit näher. Setzt man nun diesen neuen Werth wieder für n, so wird diese Formel der Wahrheit noch weit näher kommen,

K 5   und

und ſo kann man fortgehen, ſo weit man will. Es
ſey z. B. $x^3 = 2$, oder man verlange $\sqrt[3]{2}$ zu finden,
welcher die Zahl n ſchon ziemlich nahe komme, ſo
wird dieſe Formel $x = \dfrac{2n^3 + a}{3n^2}$ noch näher kommen;
alſo ſetze man:

I.) $n = 1$, ſo wird $x = \frac{4}{3}$,
II.) $n = \frac{4}{3}$, ſo wird $x = \frac{91}{72}$,
III.) $n = \frac{91}{72}$, ſo wird $x = \frac{1622131 0896}{1280634254}$.

§. 228.

Vermittelſt dieſer Methode laſſen ſich auch die
Wurzeln aus allen übrigen Gleichungen durch Näherungen finden. Es ſey daher die folgende allgemeine cubiſche Gleichung gegeben: $x^3 + ax^2 +$
$bx + c = o$, und n zeige wiederum eine Zahl an, die
einer Wurzel ſchon ziemlich nahe kömmt. Man
ſetze daher $x = n - p$, und da p ein Bruch ſeyn wird,
ſo laſſe man p^2 und die höhern Potenzen davon weg.
Man bekömmt alſo $x^2 = n^2 - 2np$ und $x^3 = n^3 -$
$3n^2p$, woraus folgende Gleichung entſteht:
$n^3 - 3n^2p + an^2 - 2anp + bn - bp + c = o$,
oder $n^3 + an^2 + bn + c = 3n^2p + 2anp + bp =$
$(3n^2 + 2an + b)p$; daher $p = \dfrac{n^3 + an^2 + bn + c}{3nn + 2an + b}$ und
folglich bekommen wir für x folgenden genauern
Werth $x = n - \left(\dfrac{n^3 + an^2 + bn + c}{3n^2 + 2an + b} \right) = \dfrac{2n^3 + an^2 - c}{3n^2 + 2an + b}$.
Setzt man nun dieſen neuen Werth noch einmal für
n, ſo erhält man dadurch einen neuen, der der
Wahrheit noch weit näher kömmt.

§. 229.

Es ſey z. B. $x^3 + 2x^2 + 3x - 50 = o$, wo
$a = 2$, $b = 3$ und $c = -50$, daher wenn n einer
Wurzel ſchon nahe kömmt, ſo wird ein noch näherer
Werth

Werth $x = \frac{2n^3 + 2n^2 + 50}{3n^2 + 4^n + 3}$ seyn. Nun aber kömmt der Werth $x = 3$ der Wahrheit schon ziemlich nahe; daher setze man $n = 3$, so bekömmt man $x = \frac{62}{27}$. Wollte man nun diesen Werth noch einmal für n schreiben, so würde man einen neuen Werth bekommen, der der Wahrheit noch weit näher käme.

§. 230.

Von höhern Gleichungen wollen wir nur folgendes Beyspiel beyfügen: $x^5 = 6x + 10$ oder $x^5 - 6x - 10 = 0$, wo leicht zu ersehen, daß 1 zu klein und 2 zu groß sey. Es sey aber $x = n$ ein schon näher Werth und man setze $x = n + p$, so wird $x^5 = n^5 + 5n^4 p$, und also $n^5 + 5n^4 p = 6n + 6p + 10$, oder $5n^4 p - 6p = 6n + 10 - n^5$ und folglich $p = \frac{6n + 10 - n^5}{5n^4 - 6}$ und daher $x = \frac{4n^5 + 10}{5n^4 - 6}$.

Man setze nun $n = 1$, so wird $x = \frac{14}{-1} = -14$, welcher Werth ganz ungeschickt ist; dies rührt daher, daß der nahe Werth n gar zu klein war, man setze daher $n = 2$, so wird $x = \frac{138}{74} = \frac{69}{37}$, welcher der Wahrheit schon weit näher kömmt. Wollte man sich nun die Mühe geben, und für n diesen Bruch $\frac{69}{37}$ schreiben, so würde man zu einem noch weit genauern Werth der Wurzel x gelangen.

§. 231.

Dieses ist nun die bekannteste Art, die Wurzeln der Gleichung durch Näherung zu finden; und kann man sie auch in allen Fällen mit Nutzen gebrauchen.

Wir wollen aber doch noch eine andere Art hinzufügen, die wegen der Leichtigkeit der Rechnung unsere Aufmerksamkeit, obgleich keinen Vorzug vor jener verdient. Der Grund derselben beruht darauf, daß man für eine jede Gleichung eine Reihe von

Zahlen

Zahlen suche, als a, b, c, u. s. f., die so beschaffen sind, daß ein jedes Glied durch das vorhergehende dividirt, den Werth der Wurzel um so viel genauer anzeige, je weiter man diese Reihe Zahlen fortsetzt.

Wir wollen annehmen, daß wir damit schon bis zu den Gliedern p, q, r, s, t u, s. f. gekommen wären, so muß $\frac{q}{p}$ die Wurzel x schon ziemlich genau anzeigen, oder es wird beynahe $\frac{q}{p} = x$ seyn.

Eben so wird man auch haben $\frac{r}{q} = x$, woraus wir durch die Multiplication erhalten $\frac{r}{p} = x^2$. Da auch $\frac{s}{r} = x$, so wird ferner $\frac{s}{p} = x^3$, und da weiter $\frac{t}{s} = x$, so wird $\frac{t}{p} = x^4$, u. s. f.

Anmerk. Diese Näherungsmethode gründet sich auf die Theorie der wiederkehrenden Reihen (séries récurrentes), welche wir de Moivre verdanken. Daniel Bernoulli hat diese Näherungsmethode im 3ten Theile der ältern Petersburger Commentarien zuerst bekannt gemacht. Aber Euler giebt sie hier ein wenig verändert. Diejenigen, welche diese Materie weiter studiren wollen, mögen das 13 und 14te Capitel des ersten Theils von Eulers Introd. in anal. inf. nachlesen. In diesem vortrefflichen Werke werden sie manche in gegenwärtiger Algebra befindliche Materien, und sehr viele andere, die ebenfalls in Verbindung mit der reinen Mathematik stehen, mit eben so vieler Deutlichkeit als Gründlichkeit abgehandelt finden. Wir verdanken dem gelehrten Herrn Prof. Michelsen eine deutsche Uebersetzung unter dem Titel: Eulers Einleitung in die Analysis des Unendlichen. 8. Berlin 1788 u. s. Es sind 3 Bände, wovon der dritte enthält: Abh. von Euler und Lagrange aus den Petersburger und Berliner Memoiren, Gleichungen betreffend.

§. 232.

Um dieses zu erläutern, wollen wir folgende quadratische Gleichung betrachten: $x^2 = x + 1$, und wie=

wiederum setzen, daß in der oben gedachten Reihe von Zahlen folgende Glieder: p, q, r, s, t, u.s.f. vorkommen. Da nun $\frac{q}{p} = x$ und $\frac{r}{p} = x^2$, so erhalten wir daraus diese Gleichung: $\frac{r}{p} = \frac{q}{p} + 1$ oder $q + p = r$. Eben so wird auch seyn: $s = r + q$ und $t = s + r$; woraus wir erkennen, daß ein jedes Glied unserer Reihe die Summe der beyden vorhergehenden ist, wodurch die Reihe, so weit man will, leicht fortgesetzt werden kann, wenn man nur einmal die zwey ersten Glieder hat; diese aber kann man nach Belieben annehmen. Daher setze man dafür 0, 1, so wird unsere Reihe also herauskommen: 0, 1, 1, 2, 3, 5, 8, 13, 21, 34, 55, 89, 144, u.s.f., wo von den entferntern Gliedern ein jedes durch das vorhergehende dividirt, den Werth für x um so viel genauer anzeigen wird, als man die Reihe weiter fortgesetzt hat. Anfangs ist zwar der Fehler sehr groß, je weiter man aber geht, desto geringer wird er. Diese der Wahrheit immer näher kommenden Werthe für x schreiten daher folgendergestalt fort: $x = \frac{1}{0}, \frac{1}{1}, \frac{2}{1}, \frac{3}{2}, \frac{5}{3}, \frac{8}{5}, \frac{13}{8}, \frac{21}{13}, \frac{34}{21}, \frac{55}{34}, \frac{89}{55}, \frac{144}{89}$ u.s.f., wovon z. B. $x = \frac{21}{13}$ giebt $\frac{441}{169} = \frac{21}{13} + 1 = \frac{442}{169}$, wo der Fehler nur $\frac{1}{169}$ beträgt, die folgenden Brüche aber kommen der Wahrheit immer näher.

§. 233.

Wir wollen nun auch folgende Gleichung betrachten: $x^2 = 2x + 1$, und weil jedesmal $x = \frac{q}{p}$ und $x^2 = \frac{r}{p}$, so erhalten wir $\frac{r}{p} = \frac{2q}{p} + 1$, oder $r = 2q + p$; woraus wir erkennen, daß ein jedes Glied doppelt genommen, nebst dem vorhergehenden, das folgende giebt. Wenn wir also wieder

mit

mit 0, 1 anfangen; so bekommen wir folgende
Reihe:

0, 1, 2, 5, 12, 29, 70, 169, 408, u. s. f.,
daher der gesuchte Werth von x immer genauer durch
folgende Brüche ausgedrückt wird:

$x = \frac{1}{0}, \frac{2}{1}, \frac{5}{2}, \frac{12}{5}, \frac{29}{12}, \frac{70}{29}, \frac{169}{70}, \frac{408}{169}$, u. s. f.,

welche folglich dem wahren Werthe $x = 1 + \sqrt{2}$
immer näher kommen. Nimmt man nun 1 weg,
so geben folgende Brüche den Werth von $\sqrt{2}$ immer genauer:

$\frac{1}{0}, \frac{1}{1}, \frac{3}{2}, \frac{7}{3}, \frac{17}{12}, \frac{41}{29}, \frac{99}{70}, \frac{239}{169}$, u. s. f., von
welchen $\frac{99}{70}$ zum Quadrat hat $\frac{9801}{4900}$, welches nur
um $\frac{1}{4900}$ größer ist als 2.

§. 234.

Bey höhern Gleichungen findet diese Methode
ebenfalls Statt. Denn wenn z. B. folgende cubische Gleichung gegeben wäre: $x^3 = x^2 + 2x + 1$,
so setze man $x = \frac{q}{p}$, $x^2 = \frac{r}{p}$ und $x^3 = \frac{s}{p}$, und da
bekömmt man $s = r + 2q + p$; hieraus sieht man,
wie man aus drey Gliedern p, q und r das folgende
s finden soll, und hier kann man wiederum den Anfang nach Belieben machen; eine solche Reihe wird
daher seyn:

0, 0, 1, 1, 3, 6, 13, 28, 60, 129, u. s. f.
woraus folgende Brüche den Werth für x immer
genauer geben werden:

$x = \frac{0}{0}, \frac{1}{0}, \frac{1}{1}, \frac{3}{1}, \frac{6}{3}, \frac{13}{6}, \frac{28}{13}, \frac{60}{28}, \frac{129}{60}$, u. s. f.
Hier sieht man gleich, wie stark die ersten von der
Wahrheit abweichen, aber $x = \frac{60}{28} = \frac{15}{7}$ giebt in der
Gleichung $\frac{3375}{343} = \frac{225}{49} + \frac{30}{7} + 1 = \frac{3388}{343}$, wo
der Fehler nur $\frac{13}{343}$ ist.

§. 235.

Es ist aber dabey wohl zu merken, daß nicht
alle Gleichungen diese Beschaffenheit haben, so daß
man

man darauf diese Methode anwenden könne; besonders ist sie da unbrauchbar, wo das zweyte Glied fehlt. Denn es sey z. B. $x^2 = 2$ und man wollte setzen $x = \frac{q}{p}$ und $x^2 = \frac{r}{p}$, so würde man bekommen $\frac{r}{p} = 2$ oder $r = 2p$, das ist $r = 0q + 2p$, und es würde daraus folgende Reihe Zahlen entstehen: $1, 1, 2, 2, 4, 4, 8, 8, 16, 16, 16, 32, 32, u. s. f.$ Es kann aber hieraus nichts geschlossen werden, weil jedes Glied durch das vorhergehende dividirt, entweder $x = 1$ oder $x = 2$ giebt. Diesem läßt sich aber abhelfen, wenn man $x = y - 1$ setzt; dann bekömmt man $y^2 + 2y - 1 = 2$, und wenn man hier $y = \frac{q}{p}$ und $y^2 = \frac{r}{p}$ setzt, so erhält man die schon oben gegebene Näherung.

§. 236.

Eben so verhält es sich auch mit der Gleichung $x^3 = 2$, aus welcher sich keine Reihe von Zahlen finden läßt, die den Werth von $\sqrt[3]{2}$ anzeigte. Man darf aber nur $x = y - 1$ setzen, um die Gleichung $y^3 - 3y^2 + 3y - 1 = 2$, oder $y^3 = 3y^2 - 3y + 3$ zu bekommen. Setzt man nun für die Reihe Zahlen $y = \frac{q}{p}$, $y^2 = \frac{r}{p}$ und $y^3 = \frac{s}{p}$; so wird $s = 3r - 3q + 3p$ seyn; woraus man sieht, wie man aus drey Gliedern das folgende bestimmen muß. Man nimmt also die drey ersten Glieder nach Belieben an, als z. B. $0, 0, 1$, so bekömmt man diese Reihe: $0, 0, 1, 3, 6, 12, 27, 63, 144, 324 u. s. f.$ wovon die zwey letzten Glieder $y = \frac{324}{144}$ und $x = \frac{5}{4}$ geben, welcher Bruch auch der Cubicwurzel aus 2 ziemlich nahe kömmt, denn der Cubus von $\frac{5}{4}$ ist $\frac{125}{64}$, dagegen ist $2 = \frac{128}{64}$.

§. 237.

§. 237.

Bey dieser Methode ist noch ferner zu merken. Wenn die Gleichung eine Rationalwurzel hat, und der Anfang der Reihe so angenommen wird, daß daraus diese Wurzel herauskömmt, so wird auch ein jedes Glied derselben, durch das vorhergehende dividirt, eben dieselbe Wurzel genau geben.

Um dieses zu zeigen, so sey folgende Gleichung gegeben: $x^2 = x + 2$, worin eine Wurzel $x = 2$ ist. Da man nun für die Reihe diese Formel $r = q + 2p$ hat, so erhält man, wenn man den Anfang setzt 1, 2, diese Reihe: 1, 2, 4, 8, 16, 32, 64, u. s. f., d. i. eine geometrische Progression, deren Nenner $= 2$ ist.

Eben dieses erhellt auch aus der cubischen Gleichung: $x^3 = x^2 + 3x + 9$, wovon eine Wurzel $x = 3$ ist. Setzt man nun für den Anfang der Reihe 1, 3, 9, so findet man aus der Formel $s = r + 3q + 9p$ diese Reihe: 1, 3, 9, 27, 81, 243, 729, u. s. f., welches wieder eine geometrische Progression, deren Nenner $= 3$ ist.

§. 238.

Weicht aber der Anfang der Reihe von dieser Wurzel ab, so folgt daraus nicht, daß man dadurch immer genauer zu derselben Wurzel kommen werde. Denn wenn die Gleichung mehr Wurzeln hat, so nähert sich diese Reihe immer nur der größten Wurzel, und die kleinere erhält man nicht anders, als wenn gerade der Anfang nach derselben eingerichtet wird. Dieses wird durch ein Beyspiel deutlich werden. Es sey die Gleichung $x^2 = 4x - 3$, deren zwey Wurzeln $x = 1$ und $x = 3$ sind. Nun ist die Formel für die Reihe Zahlen $r = 4q - 3p$, und

setzt

seßt man für den Anfang derselben 1, 1, nämlich für die kleinere Wurzel, so wird die ganze Reihe 1, 1, 1, 1, 1, 1, 1, 1, 1, u. ſ. f. Seßt man aber den Anfang 1, 3, worin die größere Wurzel enthalten iſt, so wird die Reihe: 1, 3, 9, 27, 81, 243, 729, u. ſ. f., wo alle Glieder die Wurzel 3 genau angeben. Seßt man aber den Anfang anders, nach Belieben, nur daß darin die kleinere Wurzel nicht genau enthalten iſt, so nähert ſich die Reihe immer der größern Wurzel 3, wie man aus folgenden Reihen ſehen kann:

der Anfang ſey 0, 1, 4, 13, 40, 121, 364, u. ſ. f.

ferner 1, 2, 5, 14, 41, 122, 365, u. ſ. f.

ferner 2, 3, 6, 15, 42, 123, 366, 1095, u. ſ. f.

ferner 2, 1, -2, -11, -38, -118, -362, -1091, -3287, u. ſ. f.

wo die leßten Glieder durch die vorhergehenden dividirt, immer ſolche Quotienten geben, die immer der größern Wurzel 3, niemals aber der kleinern, näher kommen.

§. 239.

Diese Methode kann auch ſogar auf Gleichungen, die in das Unendliche fortlaufen, angewendet werden, folgende Gleichung mag hier zum Beyſpiele dienen:

$$x^{\infty} = x^{\infty-1} + x^{\infty-2} + x^{\infty-3} + x^{\infty-4} + \text{u. ſ. f.}$$

für welche die Reihe Zahlen ſo beſchaffen ſeyn muß, daß eine jede der Summe aller vorhergehenden gleich ſey, woraus dieſe Reihe entſteht:

1, 1, 2, 4, 8, 16, 32, 64, 128, u. ſ. f.

Hieraus ſieht man, daß die größte Wurzel dieſer Gleichung ganz genau $x = 2$ ſey, welches auch auf dieſe Art gezeigt werden kann. Man theile die

II. Theil. L Glei=

Gleichung durch x^{∞}, so bekömmt man

$$1 = \frac{1}{x} + \frac{1}{x^2} + \frac{1}{x^3} + \frac{1}{x^4} \text{ u. s. f.}$$

welches eine geometrische Progression ist, von welcher die Summe $= \frac{1}{x-1}$ gefunden wird, so daß $1 = \frac{1}{x-1}$; multiplicirt man mit $x-1$, so wird $x-1 = 1$, folglich $x = 2$.

§. 240.

Außer diesen zwey Methoden die Wurzel der Gleichung durch Näherung zu finden, giebt es hin und wieder zwar noch andere, die aber entweder zu mühsam, oder nicht allgemein sind. Vor allen aber verdient die hier zuerst erklärte Methode den Vorzug, weil diese auf alle Arten von Gleichungen mit dem besten Erfolge angewendet werden kann, dahingegen die andere oft eine gewisse Vorbereitung in der Gleichung erfordert, ohne welche dieselbe nicht einmal gebraucht werden kann, wie wir schon bey mehrern Beyspielen gezeigt haben.

Ende des ersten Abschnitts von den algebraischen Gleichungen und deren Auflösung.

Des

Zweyten Theils

Zweyter Abschnitt.

Von
der unbestimmten Analytik.

Des

Zweyten Theils.

Zweyter Abschnitt.

Von der unbestimmten Analytik.

I. Capitel.

Von der Auflösung solcher einfachen Gleichungen, in welchen mehr als eine unbekannte Zahl vorkömmt.

§. 1.

Wir haben oben gesehen, da eine einzige unbekannte Zahl auch nur eine einzige Gleichung erfordert, zwey unbekannte Zahlen aber durch zwey Gleichungen, 3 durch 3, 4 durch 4 u. s. f. bestimmt werden können; so daß jedesmal eben so viel Gleichungen erfordert werden, als unbekannte Zahlen bestimmt werden sollen, wenn anders die Aufgabe selbst bestimmt ist.

Wenn aber nicht so viel Gleichungen aus den in der Aufgabe bekannt gemachten Umständen gezogen werden können, als unbekannte Zahlen angenommen worden sind, so bleiben einige unbestimmt, und bleiben unserer Willkühr überlassen; daher solche Aufgaben unbestimmte genannt werden, und es machen diese einen eigenen Theil der Analytik aus, welche man die unbestimmte Analytik zu nennen pflegt.

§. 2.

Da in diesen Fällen eine oder mehrere unbekannte Zahlen nach Belieben angenommen werden können, so finden hier mehrere Auflösungen Statt.

Allein es wird gewöhnlich die Bedingung hinzu gefügt, daß die gesuchten Zahlen ganze, und sogar positive, oder wenigstens Rationalzahlen seyn sollen, wodurch die Anzahl der möglichen Auflösungen sehr eingeschränkt wird, so daß oft nur etliche wenige, oft zwar auch unendlich viele, welche aber nicht so leicht in die Augen fallen, Statt finden, zuweilen auch nicht einmal eine einzige möglich ist. Daher dieser Theil der Analytik nicht selten ganz besondere Kunstgriffe erfordert, und sehr dazu dient den Verstand der Anfänger aufzuklären, und ihnen eine größere Fertigkeit in algebraischen Arbeiten beyzubringen.

§. 3.

Wir wollen mit einer der leichtesten Aufgaben den Anfang machen, und zwey ganze positive Zahlen suchen, deren Summe 10 seyn soll.

Diese Zahlen seyen nun x und y, so ist x + y = 10; hieraus findet man x = 10 — y, so daß y nicht anders bestimmt wird, als daß es eine ganze und positive Zahl seyn soll. Man könnte daher für y alle ganze Zahlen von 1 bis ins Unendliche annehmen. Da aber x auch positiv seyn muß, so kann y nicht größer als 10 angenommen werden, weil

weil sonst x negativ seyn würde; und wenn auch o nicht gelten soll, so kann y höchstens 9 gesetzt werden, weil sonst x = o würde; es finden daher nur die folgenden Auflösungen Statt:

wenn y = 1, 2, 3, 4, 5, 6, 7, 8, 9.
so wird x = 9, 8, 7, 6, 5, 4, 3, 2, 1.

Von diesen neun Auflösungen aber sind die vier letztern mit den vier erstern einerley, daher in allem nur fünf verschiedene Auflösungen möglich sind.

Sollten drey Zahlen verlangt werden, deren Summe 10 wäre, so dürfte man nur die eine der hier gefundenen beyden Zahlen wiederum in zwey Theile zertheilen, wodurch man eine größere Menge Auflösungen erhalten würde.

§. 4.

Von dieser überaus leichten Aufgabe wollen wir zu etwas schwereren fortschreiten.

I. Aufg. Man soll 25 in zwey Theile zertheilen, wovon der eine sich durch 2, der andere aber durch 3 theilen läßt, beyde aber ganze und positive Zahlen sind.

Es sey der eine Theil 2x, der andere 3y, so muß seyn $2x + 3y = 25$. Also $2x = 25 - 3y$. Man theile durch 2, so kömmt $x = \frac{25 - 3y}{2}$, woraus wir zuerst sehen, daß 3y kleiner seyn muß als 25, und daher y nicht größer als 8. Man ziehe so viel Ganze daraus, als möglich, d. i. man dividire den Zähler 25 — 3y durch den Nenner 2, so wird $x = 12 - y + \frac{1-y}{2}$; also muß sich 1 — y, oder auch y — 1 durch 2 theilen lassen. Man setze daher $y - 1 = 2z$ und also $y = 2z + 1$, so wird $x = 12 - 2z - 1 - z = 11 - 3z$. Weil nun y

L 4   nicht

nicht größer seyn kann als 8, so können auch für z keine andere Zahlen angenommen werden, als solche, die 2z + 1 nicht größer geben als 8. Folglich muß z kleiner seyn als 4; daher z nicht größer als 3 angenommen werden kann, woraus diese Auflösungen folgen:

Setzt man z = 0, z = 1, z = 2, z = 3,
so wird y = 1, y = 3, y = 5, y = 7,
und x = 11, x = 8, x = 5, x = 2.

Daher die gesuchten zwey Theile von 25 seyn werden:

I.) 22 + 3, II.) 16 + 9, III.) 10 + 15, IV.) 4 + 21.

§. 5.

II. Aufg. Man theile 100 in zwey Theile, so daß der erste sich durch 7, der andere aber durch 11 theilen lasse.

Der erste Theil sey also 7x, der andere aber 11y, so muß 7x + 11y = 100 seyn; daher

$$x = \frac{100 - 11y}{7} = \frac{98 + 2 - 7y - 4y}{7},$$ also wird x =

$$14 - y + \frac{2 - 4y}{7},$$ also muß 2 — 4y oder 4y — 2 sich durch 7 theilen lassen. Läßt sich aber 4y — 2 durch 7 theilen, so muß sich auch die Hälfte davon 2y — 1 durch 7 theilen lassen. Man setze daher 2y — 1 = 7z, oder 2y = 7z + 1, so wird x = 14 — y — 2z; da aber 2y = 7z + 1 = 6z + z + 1 seyn muß, so hat man $y = 3z + \frac{z + 1}{2}$. Nun setze man z + 1 = 2u oder z = 2u — 1, so wird y = 3z + u. Folglich kann man für u eine jede ganze Zahl nehmen, die so beschaffen ist, daß weder x noch y negativ wird, und alsdann bekömmt man:

y = 7u — 3 und x = 19 — 11u.

Nach

Nach der erſten Formel muß 7u größer ſeyn als 3, nach der andern aber muß 11u kleiner ſeyn als 19, oder u kleiner als $\frac{19}{11}$, alſo daß u nicht einmal 2 ſeyn kann; da nun u unmöglich 0 ſeyn kann, ſo bleibt nur ein einziger Werth übrig, nämlich u $=$ 1, daraus bekommen wir x $=$ 8 und y $=$ 4; daher die beyden geſuchten Theile von 100 ſeyn werden I. 56 und II. 44.

§. 6.

III. Aufg. Man theile 100 in zwey Theile, die folgende Eigenſchaften haben müſſen: wenn man den erſten durch 5 dividirt, ſo muß 2 übrig bleiben, und wenn man den zweyten durch 7 dividirt, ſo muß der Reſt 4 ſeyn.

Da der erſte Theil durch 5 dividirt, 2 übrig läßt, ſo ſetze man denſelben 5x $+$ 2, und weil der andere durch 7 dividirt, 4 übrig läßt, ſo ſetze man denſelben 7y $+$ 4; alſo wird 5x $+$ 7y $+$ 6 $=$ 100 oder 5x $=$ 94 $-$ 7y $=$ 90 $+$ 4 $-$ 5y $-$ 2y. Hieraus erhält man x $=$ 18 $-$ y $- \dfrac{2y+4}{5}$; alſo muß 4 $-$ 2y, oder 2y $-$ 4, oder auch die Hälfte davon y $-$ 2 durch 5 theilbar ſeyn. Man ſetze daher y $-$ 2 $=$ 5z, oder y $=$ 5z $+$ 2, ſo wird x $=$ 16 $-$ 7z; hieraus erhellt, daß 7z kleiner ſeyn muß als 16, folglich z kleiner als $\frac{16}{7}$ und alſo nicht größer als 2. Wir haben alſo hier drey Auflöſungen:

I. z $=$ 0 giebt x $=$ 16 und y $=$ 2; daher die beyden geſuchten Theile von 100 ſeyn werden 82 $+$ 18.

II. z $=$ 1 giebt x $=$ 9, und y $=$ 7; daher die beyden Theile ſeyn können 47 $+$ 53.

£ 5   III.

III. z $=$ 2 giebt x $=$ 2, und y $=$ 12; woraus man für die verlangten beyden Theile erhält 12 $+$ 88.

§. 7.

IV Aufg.   Zwey Bäuerinnen haben zusammen 100 Eyer.   Die erste spricht: wenn ich die meinigen immer zu 8 über= zähle, so bleiben 7 übrig; die andere spricht: wenn ich die meinigen zu 10 überzähle, so bleiben mir auch 7 übrig. Wie viel hat jede Eyer gehabt?

Weil die Anzahl der Eyer der ersten Bäuerin, durch 8 dividirt, 7 übrig läßt, die Zahl der Eyer der zweyten Bäuerin, durch 10 dividirt, auch 7 übrig läßt, so setze man die Zahl der ersten 8x $+$ 7, der andern aber 10y $+$ 7, so daß 8x $+$ 10y $+$ 14 $=$ 100, oder 8x $=$ 86 $-$ 10y, oder 4x $=$ 43 $-$ 5y $=$ 40 $+$ 3 $-$ 4y $-$ y.   Daher setze man y $-$ 3 $=$ 4z, so wird y $=$ 4z $+$ 3 und x $=$ 10 $-$ 4z $-$ 3 $-$ z $=$ 7 $-$ 5z.   Folglich muß 5z kleiner seyn als 7, und also z kleiner als 2; woraus folgende zwey Auflö= sungen entstehen:

I. z $=$ 0 giebt x $=$ 7, und y $=$ 3; daher die erste Bäuerin 63 Eyer, die andere aber 37 gehabt hat.

II. z $=$ 1 giebt x $=$ 2, und y $=$ 7; daher auch die erste Bäuerin 23 Eyer, die andere aber 77 ge= habt haben kann.

§. 8.

V. Aufg.   Eine Gesellschaft von Män= nern und Weibern haben zusammen 41 Thlr. 16 Gr. verzehrt.   Ein Mann hat 19 Gr., eine Frau aber 13 Gr. bezahlt; wie viel sind es Männer und Weiber gewesen?

Die

Die Zahl der Männer sey $=x$, der Weiber aber $=y$, so bekömmt man, weil 41 Thlr. 16 Gr. 1000 Groschen ausmachen, diese Gleichung: $19x + 13y = 1000$. Daraus wird folgende: $13y = 1000 - 19x$, oder $13y = 988 + 12 - 13x - 6x$, und daher $y = 76 - x + \frac{12 - 6x}{13}$. Folglich muß sich $12 - 6x$ oder $6x - 12$, durch 13 theilen lassen, welches allemal geschehen wird, wenn sich der sechste Theil davon, nämlich $x - 2$, durch 13 dividiren läßt. Man setze also $x - 2 = 13z$, so wird $x = 13z + 2$, und $y = 76 - 13z - 2 - 6z$, oder $y = 74 - 19z$. Es muß also z kleiner seyn als $\frac{74}{19}$, und folglich kleiner als 4; daher folgende vier Auflösungen möglich sind.

I.) $z = 0$ giebt $x = 2$ und $y = 74$. Es können also 2 Männer und 74 Weiber gewesen seyn; jene haben 38, diese aber 962 Groschen bezahlt.

II.) $z = 1$ giebt die Zahl der Männer $x = 15$, und die Zahl der Weiber $y = 55$; jene haben 285, diese aber 715 Groschen verzehrt.

III.) $z = 2$ giebt die Zahl der Männer $x = 28$, und die Zahl der Weiber $y = 36$; jene haben 532, diese aber 468 Groschen verzehrt.

IV.) $z = 3$ giebt die Zahl der Männer $x = 41$, und die Zahl der Weiber $y = 17$; jene haben 779, diese aber 221 Groschen verzehrt.

§. 9.

VI. Aufg. Ein Amtmann kauft Pferde und Ochsen zusammen für 1770 Thlr. Er zahlt für ein Pferd 31 Thlr., für einen Ochsen aber 21 Thlr. Wie viel sind es Pferde und Ochsen gewesen?

Die

Die Zahl der Pferde sey $= x$, der Ochsen aber $= y$, so muß seyn: $31x + 21y = 1770$, oder $21y = 1770 - 31x = 1764 + 6 - 21x - 10x$, und also $y = 84 - x + \dfrac{6 - 10x}{21}$. Daher muß $6 - 10x$ oder $10x - 6$ durch 21 theilbar seyn. Wäre nun die Hälfte $5x - 3$ durch 21 theilbar, so würde es auch $10x - 6$ seyn. Man setze also $5x - 3 = 21z$, so ist $5x = 21z + 3$ und $x = \dfrac{21z + 3}{5}$ oder $x = 4z + \dfrac{z + 3}{5}$. Man setze nun ferner $z + 3 = 5u$, so wird $z = 5u - 3$, $x = 21u - 12$ und $y = 84 - 21u + 12 - 10u + 6 = 102 - 31u$; es muß daher u größer seyn als 0, und doch kleiner als 4; woraus wir folgende drey Auflösungen erhalten:

I.) $u = 1$ giebt die Zahl der Pferde $x = 9$, und der Ochsen $y = 71$; jene haben 279, diese aber 1491, beyde zusammen 1770 Rthl. gekostet.

II.) $u = 2$ giebt die Zahl der Pferde $x = 30$, und der Ochsen $y = 40$; jene kosteten 930, diese aber 840, beyde zusammen also 1770 Rthl.

III.) $u = 3$ giebt die Zahl der Pferde $x = 51$, und der Ochsen $y = 9$; jene kosteten 1581, diese aber 189, und beyde zusammen 1770 Rthl.

§. 10.

Die bisherigen Aufgaben leiten immer auf eine solche Gleichung, wie $ax + by = c$, wo die Buchstaben a, b und c ganze und positive Zahlen bedeuten, und wo für x und y auch ganze und positive Zahlen gefordert werden.

Wenn aber b negativ ist, und die Gleichung die Form $ax = by + c$ erhält, so sind die Aufgaben von einer ganz andern Art, und lassen eine unendliche Menge Auflösungen zu, wovon die Methode noch

noch in diesem Capitel erklärt werden soll. Die leichtesten Aufgaben von dieser Art sind, wenn man zwey Zahlen sucht, deren Differenz gegeben ist. Wäre sie z. B. 6, so nehme man an, die kleinere sey $= x$, die größere $= y$, und dann muß $y — x = 6$, folglich $y = 6 + x$ seyn. Hier hindert nun nichts, daß nicht für x alle mögliche ganze Zahlen sollten genommen werden können, und was man immer für eine nehmen mag, so wird y jedesmal um 6 größer. Nimmt man z. B. $x = 100$, so ist $y = 106$; es ist hieraus also ganz klar, daß unendlich viele Auflösungen Statt finden.

§. 11.

Darauf folgen die Aufgaben, wo $c = 0$, und ax schlechtweg dem by gleich seyn soll. Man suche nämlich eine Zahl, die sich sowohl durch 5, als auch durch 7 theilen läßt, und setze diese Zahl $= N$, so muß erstlich $N = 5x$ seyn, weil die Zahl N durch 5 theilbar seyn soll; ferner muß auch $N = 7y$ seyn, weil sich diese Zahl auch durch 7 soll theilen lassen; daher bekömmt man $5x = 7y$ und also $x = \frac{7y}{5}$; da sich nun 7 nicht durch 5 theilen läßt, so muß sich y dadurch theilen lassen. Man setze daher $y = 5z$, so wird $x = 7z$, daher die gesuchte Zahl $N = 35z$, wo man für z eine jede ganze Zahl annehmen kann, also daß für N unendlich viele Zahlen angegeben werden können, z. B.

35, 70, 105, 140, 175, 910, u. s. f.

Wollte man, daß sich die Zahl N noch überdies durch 9 theilen ließe, so wäre erstlich $N = 35z$, hernach müßte auch $N = 9u$ seyn, also $35z = 9u$, und daher $u = \frac{35z}{9}$; woraus sich ergiebt, daß sich z durch

durch 9 muß theilen lassen. Es sey also $z = 9s$, so wird $u = 35s$ und die gesuchte Zahl $N = 315s$.

§. 12.

Mehrere Schwierigkeit hat es, wenn die Zahl c nicht 0 ist, z. B. wenn $5x = 7y + 3$ seyn soll, welche Gleichung herauskömmt, wenn eine solche Zahl N gefunden werden soll, welche durch 5 theilbar ist; mit 7 aber dividirt, 3 übrig läßt. Denn alsdann muß $N = 5x$ seyn, ferner $N = 7y + 3$, und deswegen wird $5x = 7y + 3$; folglich $x = \frac{7y+3}{5} = \frac{5y+2y+3}{5} = y + \frac{2y+3}{5}$.

Man setze $\frac{2y+3}{5} = z$, so wird $2y + 3 = 5z$, und $x = y + z$. Da aber $2y + 3 = 5z$, oder $2y = 5z - 3$, so wird $y = \frac{5z-3}{2}$ oder $y = 2z + \frac{z-3}{2}$.

Man setze nun $z - 3 = 2u$, so wird $z = 2u + 3$ und $y = 5u + 6$, und $x = y + z = 7u + 9$; folglich die gesuchte Zahl $N = 35u + 45$, wo für u alle ganze und auch sogar negative Zahlen angenommen werden können, wofern nur N positiv wird, welches hier geschieht, wenn $u = -1$, denn da wird $N = 10$. Die folgenden erhält man, wenn man dazu immer 35 addirt, daher die gesuchten Zahlen 10, 45, 80, 115, 150, 185, 220 u. s. f. sind.

§. 13.

Die Auflösung solcher Fragen beruht auf dem Verhältniß der beyden Zahlen, wodurch getheilt werden soll, und nach der Beschaffenheit desselben wird die Auflösung bald kürzer, bald weitläuftiger. Bey folgender Aufgabe findet eine kurze Auflösung Statt:

VII.

VII. Aufg. Man suche eine Zahl, welche durch 6 dividirt, 2 übrig läßt, wenn man selbige aber durch 13 dividirt, so bleiben 3 übrig.

Diese Zahl sey N, so muß erstlich $N = 6x + 2$ seyn, hernach aber $N = 13y + 3$; also wird $6x + 2 = 13y + 3$, und $6x = 13y + 1$; daher $x = \frac{13y + 1}{6} = 2y + \frac{y + 1}{6}$. Man setze also $y + 1 = 6z$, so wird $y = 6z - 1$, und $x = 2y + z = 13z - 2$. Folglich wird die gesuchte Zahl $N = 78z - 10$. Solche Zahlen sind daher folgende: 68, 146, 224, 302, 380, u. s. f., welche nach einer arithmetischen Progression fortgehen, deren Differenz $78 = 6 \cdot 13$ ist. Wenn man also nur eine von diesen Zahlen weiß, so lassen sich alle übrigen leicht finden, indem man nur jedesmal 78 dazu addiren, oder auch davon subtrahiren darf, so lange wie es angeht.

§. 14.

Ein Beyspiel, wo die Rechnung weitläuftiger und schwerer wird, mag folgendes seyn.

VIII. Aufg. Man suche eine Zahl N, welche durch 39 dividirt, 16, und durch 56 dividirt, 27 übrig läßt.

Erstlich muß also $N = 39p + 16$ seyn, hernach aber $N = 56q + 27$; daher wird $39p + 16 = 56q + 27$, oder $39p = 56q + 11$, und $p = \frac{56q + 11}{39}$, oder $p = q + \frac{17q + 11}{39} = q + r$, so daß $r = \frac{17q + 11}{39}$; daher wird $39r = 17q + 11$, und $q = \frac{39r - 11}{17} = 2r + \frac{5r - 11}{17} = 2r + s$, so daß $s = \frac{5r - 11}{17}$ oder

$17s = 5r - 11$, und daher wird $r = \frac{17s + 11}{5} = 3s$

$+ \frac{2s + 11}{5} = 3s + t$, ſo daß $t = \frac{2s + 11}{5}$, oder $5t$

$= 2s + 11$, und alſo wird $s = \frac{5t - 11}{2} = 2t +$

$\frac{t - 11}{2} = 2t + u$, ſo daß $u = \frac{t - 11}{2}$ und $t = 2u + 11$.

Da nun kein Bruch mehr vorhanden iſt, ſo kann man u nach Belieben annehmen, und daraus erhalten wir rückwärts folgende Beſtimmungen:

$$t = 2u + 11$$
$$s = 2t + u = 5u + 22$$
$$r = 3s + t = 17u + 77$$
$$q = 2r + s = 39u + 176$$
$$p = q + r = 56u + 253$$

und endlich $N = 39 . 56u + 9883$. Um die kleinſte Zahl für N zu finden, ſetze man $u = - 4$, ſo wird $N = 1147$. Setzt man $u = x - 4$, ſo wird $N = 2184x - 8736 + 9883$, oder $N = 2184x + 1147$. Dieſe Zahlen machen alſo folgende arithmetiſche Progreſſion aus, deren erſtes Glied 1147, und die Differenz $= 2184$ iſt:

1147, 3331, 5515, 7699, 9883, 12067 u. ſ. f.

Anmerk. Zu Aufgaben dieſer Art gehört die Chronologiſche: das Jahr der Julianiſchen Periode zu finden, dem gegebene: Indiction, Mondszirkel und Sonnenzirkel zugehören, wovon wir im dritten Theile dieſer Algebra die Auflöſung geben wollen.

§. 15.

Zur Uebung wollen wir noch einige Aufgaben hinzufügen.

IX. Aufg. Eine Geſellſchaft von Männern und Weibern ſind in einem Wirthshauſe. Ein Mann verzehrt 25

Gro=

Groschen, ein Weib aber 16 Groschen, und es findet sich, daß die Weiber zusammen einen Groschen mehr verzehrt haben, als die Männer. Wie viel sind es Männer und Weiber gewesen?

Die Zahl der Weiber sey $= p$, der Männer aber $= q$ gewesen, so haben die Weiber $16p$, die Männer aber $25q$ verzehrt; daher muß $16p = 25q + 1$ seyn, und da wird $p = \frac{25q + 1}{16} = q + \frac{9q + 1}{16} = q + r$.

Es ist also $r = \frac{9q + 1}{16}$, oder $9q = 16r - 1$; daher wird $q = \frac{16r - 1}{9} = r + \frac{7r - 1}{9} = r + s$, so daß $s = \frac{7r - 1}{9}$, oder $9s = 7r - 1$; daher wird $r = \frac{9s + 1}{7} = s + \frac{2s + 1}{7} = s + t$, also $t = \frac{2s + 1}{7}$ oder $7t = 2s + 1$; mithin wirds $= \frac{7t - 1}{2} = 3t + \frac{t - 1}{2} = 3t + u$, so daß $u = \frac{t - 1}{2}$ oder $2u = t - 1$, daher $t = 2u + 1$.

Hieraus erhalten wir nun rückwärts:

$$t = 2u + 1$$
$$s = 3t + u = 7u + 3$$
$$r = s + t = 9u + 4$$
$$q = r + s = 16u + 7$$
$$p = q + r = 25u + 11$$

Es war daher die Anzahl der Weiber $25u + 11$, der Männer aber $16u + 7$, wo man für u in ganzen Zahlen annehmen kann was man will. Die kleineren Zahlen sind daher nebst den folgenden wie hier steht:

Anzahl der Weiber: $= 11, 36, 61, 86, 111$, u. s. f.

der Männer $= 7, 23, 39, 55, 71$, u. s. f.

Nach der ersten Auflösung in den kleinsten Zahlen haben die Weiber 176, die Männer aber 175 Gro-

schen

schen verzehrt; also die Weiber einen Groschen mehr als die Männer, dem Verlangen der Aufgabe gemäß.

§. 16.

X. Aufg. Es kauft jemand Pferde und Ochsen, und bezahlt für ein Pferd 31 Rthl., für einen Ochsen aber 20 Rthl., nun findet sich, daß die Ochsen insgesammt 7 Rthl. mehr gekostet haben als die Pferde. Wie viel sind es Ochsen und Pferde gewesen?

Es sey die Anzahl der Ochsen $= p$, die Zahl der Pferde aber $= q$, so ist $20p = 31q + 7$, und $p = \frac{31q+7}{20} = q + \frac{11q+7}{20} = q + r$; daher $20r = 11q + 7$, und $q = \frac{20r-7}{11} = r + \frac{9r-7}{11} = r + s$; mithin $11s = 9r - 7$ und $r = \frac{11s+7}{9} = s + \frac{2s+7}{9} = s + t$, also $9t = 2s + 7$, und $s = \frac{9t-7}{2} = 4t + \frac{t-7}{2} = 4t + u$, folglich $2u = t - 7$, und $t = 2u + 7$

$$s = 4t + u = 9u + 28$$
$$r = s + t = 11u + 35$$
$$q = r + s = 20u + 63 \quad \text{Zahl der Pferde}$$
$$p = q + r = 31u + 98 \quad \text{Zahl der Ochsen.}$$

Hieraus findet man die kleinsten positiven Zahlen für p und q, wenn man $u = -3$ annimmt; die größeren steigen nach arithmetischen Progressionen wie folgt:

Zahl der Ochsen p = 5, 36, 67, 98, 129, 160, 191, 222, 253, u.s.f.

Zahl der Pferde q = 3, 23, 43, 63, 83, 103, 123, 143, 163, u.s.f.

§. 17.

§. 17.

Wenn wir bey dieſem Beyſpiele erwägen, wie die Buchſtaben p und q durch die folgenden beſtimmt werden, ſo iſt leicht einzuſehen, daß ſolches auf dem Verhältniſſe der Zahlen 31 und 20 beruht, und zwar auf demjenigen, nach welchem der größte gemeinſchaftliche Theiler dieſer beyden Zahlen gefunden zu werden pflegt, wie aus folgendem erhellt:

$$
\begin{array}{r}
20 \,|\, 31 \,|\, 1 \\
|\, 20 \,| \\
11 \,|\, 20 \,|\, 1 \\
|\, 11 \,| \\
9 \,|\, 11 \,|\, 1 \\
|\, 9 \,| \\
2 \,|\, 9 \,|\, 4 \\
|\, 8 \,| \\
1 \,|\, 2 \,|\, 2 \\
|\, 2 \,| \\
0
\end{array}
$$

Denn hier iſt klar, daß die Quotienten in der auf einander folgenden Beſtimmung der Buchſtaben p, q, r, s, u. ſ. f. vorkommen, und mit dem erſten Buchſtaben auf der rechten Hand verbunden ſind, indem der letztere immer einfach bleibt; bey der letzten Gleichung aber kömmt zuerſt die Zahl 7 zum Vorſchein, und zwar mit dem Zeichen $+$, weil die letzte Beſtimmung die fünfte iſt; wäre hingegen die Zahl derſelben gerade geweſen, ſo hätte -7 geſetzt werden müſſen. Dieſes wird aus der folgenden Tabelle deutlicher hervorgehen, wo zuerſt die Zergliederung der Zahlen 31 und 20, und hernach die Beſtimmung der Buchſtaben p, q, r, u. ſ. f. vorkömmt.

M 2   31 = 1.

$$31 = 1 . 20 + 11. \qquad p = 1 . q + r$$
$$20 = 1 . 11 + 9. \qquad q = 1 . r + s$$
$$11 = 1 . 9 + 2. \qquad r = 1 . s + t$$
$$9 = 4 . 2 + 1. \qquad s = 4 . t + u$$
$$2 = 2 . 1 + 0. \qquad t = 2 . u + 7$$

Anmerk. Euler hat zwar hier die Aehnlichkeit zwischen dem
Verfahren §. 16. und 17. bemerkt, aber hat von §. 17.
den Beweis der Auflösung nicht entwickelt. Diesen nun
gebe ich im dritten Theile dieser Algebra.

§. 18.

Eben so kann auch die vorhergehende Aufgabe
im 14. §. vorgestellt werden, wie aus folgendem
erhellet.

$$56 = 1 . 39 + 17 \qquad p = 1 . q + r$$
$$39 = 2 . 17 + 5 \qquad q = 2 . r + s$$
$$17 = 3 . 5 + 2 \qquad r = 3 . s + t$$
$$5 = 2 . 2 + 1 \qquad s = 2 . t + u$$
$$2 = 2 . 1 + 0 \qquad t = 2 . u + 11$$

§. 19.

Auf diese Art sind wir im Stande alle dergleichen Aufgaben auf eine allgemeine Art aufzulösen:

Es sey z. B. die Gleichung $bp = aq + n$ gegeben, wo a, b und n bekannte Zahlen sind. Hier
darf man nur eben die Rechnung anstellen, als wenn
man zwischen den Zahlen a und b den größten gemeinschaftlichen Theiler suchen wollte, aus welchen
sogleich p und q durch die folgenden Buchstaben bestimmt werden, wie folgt:

$$\text{Es sey } a = Ab + c \qquad \text{so wird } p = Aq + r$$
$$b = Bc + d \qquad q = Br + s$$
$$c = Cd + e \qquad r = Cs + t$$
$$d = De + f \qquad s = Dt + u$$
$$e = Ef + g \qquad t = Eu + v$$
$$f = Fg + h \qquad u = Fv + n$$

Hier

Hier wird in der letzten Beſtimmung $+ n$ ge‐
nommen, wenn die Anzahl der Beſtimmungen un‐
gerade iſt, hingegen aber $- n$, wenn dieſelbe Zahl
gerade iſt. Auf dieſe Art können nun alle derglei‐
chen Aufgaben ziemlich geſchwind aufgelöſet werden,
wovon wir einige Beyſpiele geben wollen.

§. 20.

XI. Aufg. Man ſucht eine Zahl, wel‐
che durch 11 dividirt, 3, durch 19 aber
dividirt, 5 übrig läßt.

Dieſe Zahl ſey N, ſo muß erſtlich $N = 11p + 3$,
hernach auch $N = 19q + 5$ ſeyn; folglich $11p + 3$
$= 19q + 5$ oder $11p = 19q + 2$, woraus fol‐
gende Tabelle verfertigt wird:

$19 = 1 . 11 + 8$	$p = q + r$
$11 = 1 . 8 + 3$	$q = r + s$
$8 = 2 . 3 + 3$	$r = 2s + t$
$3 = 1 . 2 + 1$	$s = t + u$
$2 = 2 . 1 + 0$	$t = 2u + 2$

Hier kann man u nach Belieben annehmen, und
daraus die vorhergehenden Buchſtaben der Ordnung
nach rückwärts beſtimmen, wie ſich aus dem folgen‐
den zeigt:

$$t = 2u + 2$$
$$s = t + u = 3u + 2$$
$$r = 2s + t = 8u + 6$$
$$q = r + s = 11u + 8$$
$$p = q + r = 19u + 14$$

Hieraus bekömmt man die geſuchte Zahl $= 209u$
$+ 157$, daher iſt die kleinſte Zahl für $N = 157$.

§. 21.

XII. Aufg. Man ſucht eine Zahl N,
welche, wie vorher, durch 11 dividirt, 3,

M 3   und

und durch 19 dividirt, 5; durch 29 dividirt, aber 10 übrig läßt.

Nach der letzten Bedingung muß N = 29p +
10 seyn, und da die zwey ersten Bedingungen schon
berechnet worden, so muß zufolge derselben, wie
oben gefunden worden ist, N = 209u + 157 seyn,
wofür wir N = 209q + 157 schreiben wollen; daher wird 29p + 10 = 209q + 157 oder 29p =
209q + 147; woraus die folgende Rechnung angestellt wird:

$$209 = 7 \cdot 29 + 6; \quad \text{also } p = 7q + r$$
$$29 = 4 \cdot 6 + 5; \quad q = 4r + s$$
$$6 = 1 \cdot 5 + 1; \quad r = s + t$$
$$5 = 5 \cdot 1 + 0; \quad s = 5t - 147$$

Nun wollen wir auf folgende Art zurückgehen:

$$s = 5t - 147$$
$$r = s + t = 6t - 147$$
$$q = 4r + s = 29t - 735$$
$$p = 7q + r = 209t - 5292$$

Folglich N = 6061t — 153458. Die kleinste
Zahl kömmt heraus, wenn man t = 26 annimmt,
dann wird N = 4128.

§. 22.

Es ist aber hier wohl zu bemerken, daß, wenn
eine solche Gleichung, wie bp = aq + n aufgelöset
werden soll, die beyden Zahlen a und b keinen gemeinschaftlichen Theiler außer 1 haben müssen, denn
sonst wäre die Aufgabe unmöglich, wenn nicht die
Zahl n eben denselben gemeinschaftlichen Theiler
hätte.

Denn wenn z. B. 9p = 15q + 2 seyn sollte,
wo 9 und 15 den gemeinschaftlichen Theiler 3 haben,
wodurch sich 2 nicht theilen läßt, so ist es unmöglich,
diese

diese Aufgabe aufzulösen, weil sich $9p - 15q$ jedesmal durch 3 theilen läßt und also niemals 2 werden kann. Wäre aber in diesem Fall $n = 3$ oder $n = 6$ u. s. f., so wäre die Auflösung wohl möglich, man müßte aber die Gleichung durch 3 theilen, da man dann $3p = 5q + 1$ erhielte, welche Gleichung nach der obigen Regel leicht aufgelöset wird. Also sieht man deutlich, daß die beyden Zahlen a und b keinen gemeinschaftlichen Theiler außer 1 haben müssen, und daß die gegebene Regel in keinen andern Fällen Statt finden kann.

§. 23.

Um dieses noch deutlicher zu zeigen, wollen wir die Gleichung $9p = 15q + 2$ nach der natürlichen Art behandeln. Da wird nun $p = \frac{15q+2}{9} = q + \frac{6q+2}{9}$ $= q + r$, so daß $9r = 6q + 2$, oder $6q = 9r - 2$; daher $q = \frac{9r-2}{6} = r + \frac{3r-2}{6} = r + s$, so daß $3r$ $- 2 = 6s$, oder $3r = 6s + 2$; daher $r = \frac{6s+2}{3} = 2s$ $+ \frac{2}{3}$, welche Formel niemals eine ganze Zahl werden kann, weils nothwendig eine ganze Zahl seyn muß; woraus deutlich zu ersehen ist, daß dergleichen Aufgaben ihrer Natur nach unmöglich sind.

Anmerk. Im dritten Theile dieser Algebra werde ich das unentbehrlichste von den vortrefflichen Hindenburgschen combinatorischen Operationen mittheilen. Diese glückliche Erfindung läßt sich auch in der un bestimmten Analytik mit vielem Nutzen anwenden.

II. Capitel.

Von der sogenannten Regel Coeci, wo aus zweyen Gleichungen drey oder mehrere unbe= kannte Zahlen bestimmt werden sollen.

§. 24.

In dem vorhergehenden Capitel haben wir gesehen, wie aus einer Gleichung zwey unbekannte Zahlen auf die Art bestimmt werden sollen, daß dafür ganze und positive Zahlen gefunden werden. Sind aber zwey Gleichungen gegeben, und die Aufgabe soll unbestimmt seyn, so müßten mehr als zwey unbe= kannte Zahlen vorkommen. Dergleichen Aufgaben kommen selbst in den gemeinen Rechenbüchern vor, und pflegen nach der so genannten Regel Coeci aufgelöset zu werden, von welcher wir hier den Grund anzeigen und diese Regel durch Beyspiele erläutern wollen.

§. 25.

I. Aufg. 30 Personen, Männer, Wei= ber und Kinder verzehren in einem Wirthshause 50 Rthl., und zwar bezahlt ein Mann 3, ein Weib 2, und ein Kind 1 Rthl. Wie viel Personen sind von jeder Gattung gewesen?

Es sey die Zahl der Männer $= p$, die Zahl der Weiber $= q$, und die der Kinder $= r$, so erhält man die zwey folgenden Gleichungen: I.) $p + q + r = 30$, II.) $3p + 2q + r = 50$; aus welchen die drey Buchstaben p, q und r in ganzen und positiven Zahlen

Zahlen bestimmt werden sollen. Aus der ersten Gleichung wird nun r = 30 — p — q, und darum muß p + q kleiner seyn als 30. Dieser Werth in der zweyten Gleichung für r geschrieben, giebt 2p + q + 30 = 50; also q = 20 — 2p und p + q = 20 — p, welches von selbst kleiner ist als 30. Nun kann man für p alle Zahlen annehmen, die nicht größer sind als 10; woraus folgende Auflösungen entstehen:

Zahl der Männer p = 0, 1, 2, 3, 4, 5, 6, 7, 8, 9, 10,

Zahl der Weiber q = 20, 18, 16, 14, 12, 10, 8, 6, 4, 2, 0,

Zahl der Kinder r = 10, 11, 12, 13, 14, 15, 16, 17, 18, 19, 20.

Läßt man von diesen die ersten und letzten weg, so bleiben noch 9 wahre Auflösungen übrig.

§. 26.

II. Aufg. Es kauft jemand 100 Stück Vieh, Schweine, Ziegen und Schaafe, für 100 Rthl. Ein Schwein kostet $3\frac{1}{2}$, eine Ziege $1\frac{1}{3}$, ein Schaaf $\frac{1}{2}$ Rthl. Wie viel waren es von jeder Gattung?

Die Zahl der Schweine sey = p, der Ziegen = q, der Schaafe = r, so hat man folgende zwey Gleichungen: I.) p + q + r = 100, II.) $3\frac{1}{2}$p + $1\frac{1}{3}$q + $\frac{1}{2}$r = 100. Multiplicirt man diese letztere mit 6, um die Brüche wegzubringen, so kömmt 21p + 8q + 3r = 600 heraus. Aus der ersten hat man r = 100 — p — q, welcher Werth in der zweyten Gleichung für r gesetzt, 18p + 5q = 300, oder 5q = 300 — 18p und q = 60 — $\frac{18p}{5}$ giebt, folglich muß 18p durch 5 theilbar seyn, oder 5 als

M 5   einen

gen Factor in sich schließen. Man setze also p = 5s,
so wird q = 60 — 18s und r = 13s + 40, wo für s
eine beliebige ganze Zahl genommen werden kann,
doch so, daß q nicht negativ werde; daher s nicht
größer als 3 angenommen werden kann, und also,
wenn o auch ausgeschlossen wird, nur folgende drey
Auflösungen Statt finden:

$$\text{nämlich wenn } s = 1, 2, 3.$$

$$\text{so wird } p = 5, 10, 15.$$

$$q = 42, 24, 16.$$

$$r = 53, 66, 79.$$

§. 27.

Wenn man dergleichen Aufgaben selbst andern
zur Auflösung aufgeben will, so ist vor allen Dingen
darauf zu sehen, daß sie mögliche Fälle betreffen.
Zur Beurtheilung dieser Möglichkeit dient folgendes.

Wir wollen die beyden bisher betrachteten Gleichungen so vorstellen: I.) $x + y + z = a$, II.) fx
$+ gy + hz = b$, wo f, g, h, nebst a und b, gegebene Zahlen sind. Nun sey unter den Zahlen f, g
und h die erste f die größte und h die kleinste. Da
$x + y + z = a$, so wird $fx + fy + fz = fa$. Nun
ist $fx + fy + fz$ größer als $fx + gy + hz$; daher
muß fa größer seyn, als b, und b muß kleiner seyn,
als fa; und da ferner $hx + hy + hz = ha$ und
$hx + hy + hz$ gewiß kleiner ist, als $fx + gy + hz$,
so muß auch ha kleiner seyn als b, oder b größer
als ha. Wenn daher die Zahl b nicht kleiner als
fa, und zugleich größer als ha ist, so bleibt die Auflösung der Aufgabe immer unmöglich.

Diese Bedingung pflegt man auch so auszudrücken: die Zahl b muß zwischen den Gränzen fa
und ha enthalten seyn; ferner muß dieselbe auch nicht
einer.

einer der beyden Gränzen gar zu nahe kommen, weil sonst die übrigen Buchstaben nicht bestimmt werden könnten.

In dem vorigen Beyspiele, wo $a = 100$, $f = 3\frac{1}{2}$, und $h = \frac{1}{2}$, waren die Gränzen 350 und 50. Wollte man nun $b = 51$ statt 100 setzen, so wären die Gleichungen $x + y + z = 100$, und $3\frac{1}{2}x + 1\frac{1}{2}y + \frac{1}{2}z = 51$, und wenn man mit 6 multiplicirt, $21x + 8y + 3z = 306$. Man nehme die erste Gleichung dreymal, so wird $3x + 3y + 3z = 300$, und wenn man diese von jener abzieht, $18x + 5y = 6$, welche offenbar unmöglich ist, weil x und y ganze Zahlen seyn müssen.

§. 28.

Diese Regel hat auch für die Münzmeister und Goldschmiede ihren großen Nutzen, wenn sie aus drey oder mehreren Sorten von Silber eine Masse von einem gegebenen Gehalte zusammenschmelzen wollen, wie man aus folgendem Beyspiele sehen kann.

III. Aufg. Ein Münzmeister hat dreyerley Silber; das erste ist 14löthig, das andere 11löthig, das dritte 9löthig. Nun braucht er 30 Mark zwölflöthiges Silber zu einer gewissen Arbeit, wie viel Mark muß er von jeder Sorte nehmen?

Er nehme von der ersten Sorte x Mark, von der zweyten y M., und von der dritten z M., so muß $x + y + z = 30$ seyn, welches die erste Gleichung ist.

Da ferner eine Mark von der ersten Sorte 14 Loth fein Silber hält, so werden die x Mark $14x$ Loth Silber enthalten. Eben so werden die y Mark

von

von der zweyten Sorte 11y Loth, und die z Mark
von der dritten Sorte werden 9z Loth Silber enthalten; daher die ganze Masse an Silber 14x +
11y + 9z Loth enthalten wird. Weil nun dieselbe
30 Mark wiegt, wovon eine Mark 12 Loth Silber
enthalten soll, so muß auch die Quantität Silber
darin enthalten seyn, nämlich 360 Loth; woraus
diese zweyte Gleichung entsteht: 14x + 11y + 9z
= 360. Hiervon subtrahire man die erste neunmal
genommen, nämlich 9x + 9y + 9z = 270, so
bleibt 5x + 2y = 90, woraus x und y bestimmt
werden sollen, und zwar in ganzen Zahlen; alsdann
aber wird z = 30 — x — y. Aus jener Gleichung
bekömmt man 2y = 90 — 5x und y = 45 — $\frac{5x}{2}$.
Es sey daher x = 2u, so wird y = 45 — 5u und
z = 3u — 15. Folglich muß u größer als 4 und
gleichwohl kleiner als 10 seyn; hieraus werden folgende Auflösungen gezogen:

u =	5,	6,	7,	8,	9,
x =	10,	12,	14,	16,	18,
y =	20,	15,	10,	5,	0,
z =	0,	3,	6,	9,	12.

§. 39.

Es kommen öfters mehr als drey unbekannte
Zahlen vor, aber die Auflösung kann dennoch auf
eben diese Art geschehen, wie sich aus folgendem
Beyspiele ersehen läßt.

IV. Aufg. Es kauft jemand 100 Stück
Vieh für 100 Rthl. und zwar 1 Ochsen
für 10 Rthl., 1 Kuh für 5 Rthl., 1 Kalb
für 2 Rthl., 1 Schaaf für ½ Rthl. Wie
viel Ochsen, Kühe, Kälber und Schaafe
sind es gewesen?

Die

Die Zahl der Ochsen sey $= p$, der Kühe $= q$, der Kälber $= r$, und der Schaafe $= s$, so ist die erste Gleichung: $p + q + r + s = 100$; die zweyte Gleichung aber wird $10p + 5q + 2r + \tfrac{1}{2}s = 100$, und wenn man sie, um die Brüche wegzubringen, mit 2 multiplicirt, $20p + 10q + 4r + s = 200$. Hiervon subtrahire man die erste Gleichung, so hat man folgende: $19p + 9q + 3r = 100$, und also $3r = 100 - 19p - 9q$ und $r = 33 + \tfrac{1}{3} - 6p - \tfrac{1}{3}p - 3q$, oder $r = 33 - 6p - 3q + \dfrac{1-p}{3}$, daher muß $1 - p$ oder $p - 1$ durch 3 theilbar seyn. Man setze daher $p - 1 = 3t$, so wird

$$p = 3t + 1 \text{ und } -3t = 1 - p, \text{ folglich}$$
$$6p = 18t + 6 \text{ und } -t = \dfrac{1-p}{3}.$$

Wenn man nun in der vorigen Gleichung $33 - 6p - 3q + \dfrac{1-p}{3} = r$, anstatt $6p$ den gleichgeltenden Ausdruck $18t + 6$, und anstatt $\dfrac{1-p}{3}$ das ihm gleiche $-t$ setzt, so erhält man folgende Gleichung: $r = 33 - 18t - 6 - 3q - t = 27 - 19t - 3q$. Und weil $p + q + r + s = 100$, so ist $s = 100 - p - q - r$. Wenn man nun hier anstatt p den ihm gleichgeltenden Ausdruck $3t + 1$, und anstatt r die Formel $27 - 19t - 3q$ setzt, so wird $s = 72 + 2q + 16t$. Also muß $19t + 3q$ kleiner seyn als 27. Hier können nun q und t nach Belieben angenommen werden, wenn nur die Bedingung beobachtet wird, daß $19t + 3q$ nicht größer werden als 27; daher wir folgende Fälle zu bemerken haben.

I. wenn

I. wenn t = 0,	II. wenn t = 1,
so wird p = 1,	so wird p = 4,
q = q,	q = q,
r = 27 — 3q	r = 8 — 3q
s = 72 + 2q	s = 88 + 2q

Im ersten Fall muß q nicht größer seyn als 9, und im zweyten Fall nicht größer als 2. Mehr Fälle sind aber nicht möglich, weil t nicht 2, noch viel weniger größer seyn kann. Denn wollte man t = 2 setzen, so würde $19t + 3q = 38 + 3q$, folglich größer als 27, und daher r negativ werden. Wie könnte man aber unter r eine negative Größe verstehen, da dieser Buchstabe die Anzahl der eingekauften Kälber anzeigt? Aus beyden Fällen erhalten wir also folgende Auflösungen:

Aus dem ersten Fall nämlich fließen nachstehende 10 Auflösungen:

	I.	II.	III.	IV.	V.	VI.	VII.	VIII.	IX.	X.
p	1	1	1	1	1	1	1	1	1	1
q	0	1	2	3	4	5	6	7	8	9
r	27	24	21	18	15	12	9	6	3	0
s	72	74	76	78	80	82	84	86	88	90

Aus dem zweyten Fall aber diese drey Auflösungen:

	I.	II.	III.
p	4	4	4
q	0	1	2
r	8	5	2
s	88	90	92

Dieses sind nun in allem zusammen 13 Auflösungen. Wollte man aber 0 nicht gelten lassen, so wären es nur 10 Auflösungen.

§. 30.

§. 30.

Die Art der Auflösung bleibt einerley, wenn auch in der ersten Gleichung die Buchstaben mit gegebenen Zahlen multiplicirt sind, wie aus folgendem Beyspiele zu ersehen ist:

V. Aufg. Man suche drey ganze Zahlen; wenn die erste mit 3, die andere mit 5, und die dritte mit 7 multiplicirt wird, daß dann die Summe der Producte 560 sey; wenn aber die erste mit 9, die andere mit 25 und die dritte mit 49 multiplicirt wird, daß die Summe der Producte 2920 sey.

Es sey die erste Zahl $= x$, die zweyte $= y$, die dritte $= z$, so hat man folgende zwey Gleichungen: I.) $3x + 5y + 7z = 560$, II.) $9x + 25y + 49z = 2920$, von der zweyten subtrahirt man die erste dreymal genommen, nämlich $9x + 15y + 21z = 1680$, so bleiben übrig $10y + 28z = 1240$, oder durch 2 dividirt, $5y + 14z = 620$, daraus wird $y = 124 - \frac{14z}{5}$; also muß sich z durch 5 theilen lassen; daher setze man $z = 5u$, so wird $y = 124 - 14u$; welche Werthe in der ersten Gleichung für z und y geschrieben, geben $3x - 35u + 620 = 560$, oder $3x = 35u - 60$ und $x = \frac{35u}{3} - 20$; deswegen setze man $u = 3t$, so bekommen wir endlich folgende Auflösung: $x = 35t - 20$, $y = 124 - 42t$, und $z = 15t$, wo man für t eine beliebige ganze Zahl setzen kann, doch so, daß t größer sey als 0 und doch kleiner als 3, woraus man 2 Auflösungen erhält:

I.) wenn $t = 1$, so wird $x = 15$, $y = 82$, $z = 15$,
II.) wenn $t = 2$, so wird $x = 50$, $y = 40$, $z = 30$;

III. Ca-

III. Capitel.

Von den zuſammengeſetzten unbeſtimmten Gleichungen, wo von der einen unbekannten Zahl nur die erſte Potenz vorkömmt.

§. 31.

Wir kommen nun zu ſolchen unbeſtimmten Gleichungen, wo zwey unbekannte Zahlen geſucht werden, und die eine nicht, wie bisher, allein ſteht, ſondern entweder mit der andern multiplicirt oder in einer höhern Potenz vorkömmt, wenn nur von der andern blos die erſte Potenz vorhanden iſt. Auf eine allgemeine Art haben ſolche Gleichungen folgende Form:

$$a + bx + cy + dx^2 + exy + fx^2 + gx^2y$$
$$+ hx^4 + kx^3y + \text{u. ſ. f.} = 0$$

in welcher nur y vorkömmt, und alſo aus dieſer Gleichung leicht beſtimmt werden kann; die Beſtimmung muß aber ſo geſchehen, daß für x und y ganze Zahlen herauskommen. Dergleichen Fälle wollen wir nun betrachten und mit den leichtern den Anfang machen.

§. 32.

I. Aufg. Man ſuche zwey Zahlen von dieſer Beſchaffenheit, daß, wenn ihre Summe zu ihrem Product addirt wird, 79 herauskomme.

Es ſeyen die zwey verlangten Zahlen x und y, ſo muß $xy + x + y = 79$ ſeyn, woraus wir bekommen
men

men $xy + y = 79 - x$, und $y = \frac{79-x}{x+1} = -1 + \frac{80}{x+1}$; hieraus erhellt, daß $x+1$ ein Theiler von 80 seyn muß. Da nun 80 viele Theiler hat, so findet man aus einem jeden einen Werth für x, wie sich im folgenden zeigt:

die Theiler sind	1	2	4	5	8	10	16	20	40	80
daher wird x =	0	1	3	4	7	9	15	19	39	79
und y =	79	39	19	15	9	7	4	3	1	0

Weil nun hier die letztern Auflösungen mit den erstern übereinkommen, so hat man in allem folgende fünf Auflösungen:

I.	II.	III.	IV.	V.
0	1	3	4	7
79	39	19	15	9

§. 33.

Auf diese Art kann auch folgende allgemeine Gleichung aufgelöset werden: $xy + ax + by = c$, woraus man $xy + by = c - ax$, und also $y = \frac{c-ax}{x+b}$ oder $y = -a + \frac{ab+c}{x+b}$ erhält. Daher muß $x+b$ ein Theiler der bekannten Zahl $ab+c$ seyn, und also kann aus einem jeden Theiler derselben ein Werth für x gefunden werden. Man setze daher, es sey $ab+c = fg$, so daß $y = -a + \frac{fg}{x+b}$. Nun nehme man $x+b = f$, oder $x = f - b$, so wird $y = -a + g$, oder $y = g - a$. Auf so viel verschiedene Arten sich also die Zahl $ab+c$ durch zwey Factoren, als fg, vorstellen läßt, so viel Auflösungen erhält man daher nicht bloß eine, sondern

II. Theil.   N   zwey

zwey Auflösungen Statt finden. Die erste ist näm=
lich x = f — b und y = g — a, die andere aber
kommt auf gleiche Art heraus, wenn man x + b
= g setzt, da wird x = g — b und y = f — a.

Sollte daher folgende Gleichung gegeben seyn:
$xy + 2x + 3y = 42$, so wäre a = 2, b = 3,
und c = 42; folglich $y = -2 + \frac{48}{x+3}$. Nun
kann die Zahl 48 auf vielerley Art durch 2 Facto=
ren, als fg, vorgestellt werden, wo dann immer
x = f — 3 und y = g — 2, oder auch x = g — 3
und y = f — 2 seyn wird. Dergleichen Factoren
sind nun folgende:

	I.		II.		III.		IV.		V.	
Factoren	1 . 48		2 . 24		3 . 16		4 . 12		6 . 8	
	x	y	x	y	x	y	x	y	x	y
Zahlen	-2	46	-1	22	0	14	1	10	3	6
oder	45	-1	21	0	13	1	9	2	5	4

§. 34.

Noch allgemeiner kann die Gleichung auf fol=
gende Art vorgestellt werden: $mxy = ax + by + c$,
wo a, b, c und m gegebene Zahlen sind, für x
und y aber ganze Zahlen verlangt werden.

Man suche daher y, so bekömmt man $y = \frac{ax + c}{mx - b}$; damit hier x aus dem Zähler weggebracht
werden könne, so multiplicirt man auf beyden Sei=
ten mit m, so hat man $my = \frac{max + mc}{mx - b} = a + \frac{mc + ab}{mx - b}$. Der Zähler dieses Bruchs ist nun eine
bekannte Zahl, wovon der Nenner ein Theiler seyn
muß. Man stelle daher den Zähler durch zwey
Factoren, als fg vor, welches oft auf vielerley Art
ge=

geschehen kann, und sehe, ob sich einer davon mit mx — b vergleichen lasse, so daß mx — b = f. Hierzu wird aber erfordert, weil $x = \frac{f+b}{m}$, daß f + b sich durch m theilen lasse; daher hier nur solche Factoren von mc + a b gebraucht werden können, die sich, wenn dazu b addirt wird, durch m theilen lassen, welches durch ein Beyspiel erläutert werden soll:

Es sey daher 5xy = 2x + 3y + 18. Hieraus bekömmt man $y = \frac{2x+18}{5x-3}$ und $5y = \frac{10x+90}{5x-3} = 2$ $+ \frac{96}{5x-3}$. Hier müssen nun von 96 solche Theiler gesucht werden, daß, wenn zu denselben 3 addirt wird, die Summe durch 5 theilbar werde. Man nehme daher alle Theiler von 96, welche sind: 1, 2, 3, 4, 6, 8, 12, 16, 24, 32, 48, 96, woraus man sieht, daß nur folgende, nämlich 2, 12, 32, gebraucht werden können.

Es sey demnach I.) 5x — 3 = 2, so wird 5y = 50, und daher x = 1, und y = 10.

II.) 5x — 3 = 12, so wird 5y = 10, und daher x = 3, und y = 2.

III.) 5x — 3 = 32, so wird 5y = 5, und daher x = 7, und y = 1.

§. 35.

Da hier in der allgemeinen Auflösung $my - a$ $= \frac{mc + ab}{mx - q}$ wird, so ist nöthig hier noch anzumerken, daß, wenn eine in der Form mc + ab enthaltene Zahl einen Theiler hat, der in der Form mx — b enthalten ist, alsdann der Quotient nothwendig die Form my — a haben müsse, und daß alsdann die

N 2   Zahl

Zahl mc + ab durch ein ſolches Product (mx — b) (my — a) vorgeſtellt werden könne. Es ſey z. B. m = 12, a = 5, b = 7, und c = 15; ſo bekömmt man, $12y - 15 = \frac{215x}{12x - 7}$. Nun ſind von 215 die Theiler 1, 5, 43, 215, unter welchen die geſucht werden müſſen, welche in der Form 12x — 7 enthalten ſind, oder wenn man 7 dazu addirt, daß ſich die Summe durch 12 theilen laſſe, von welchen nur 5 dieſes leiſtet, alſo 12x — 7 = 5 und 12y — 5 = 43. Wie nun aus der erſten x = 1 wird, ſo findet man auch aus der andern y in ganzen Zahlen, nämlich y = 4. Dieſe Eigenſchaft iſt in Betrachtung der Natur der Zahlen von der größten Wichtigkeit, und verdient deswegen wohl bemerkt zu werden.

§. 36.

Wir wollen nun auch eine Gleichung von folgender Art betrachten: xy + xx = 2x + 3y + 29. Hieraus findet man nun $y = \frac{2x - xx + 29}{x - 3}$, oder $y = -x - 1 + \frac{26}{x-3}$; alſo muß x — 3 ein Theiler von der Zahl 26 ſeyn, und dann wird der Quotient = y + x + 1. Nun ſind von 26 die Theiler 1, 2, 13, 26 u. ſ. f., alſo erhalten wir folgende Auflöſungen: iſt

I. x — 3 = 1 oder x = 4, ſo wird y + x + 1 = y + 5 = 26; und y = 21,

II.) x — 3 = 2 oder x = 5, alſo y + x + 1 = y + 6 = 13; und y = 7,

III.) x — 3 = 13 oder x = 16, ſo wird y + x + 1 = y + 17 = 2; und y = — 15,

welchen

welchen negativen Werth man aber weglassen kann, und deswegen muß auch der letzte Fall x — 3 = 26 nicht gerechnet werden.

§. 37.

Mehrere Formeln von dieser Art, wo nur die erste Potenz von y, noch höhere aber von x vorkom= men, sind nicht nöthig, hier zu berechnen, weil diese Fälle nur selten vorkommen, und dann auch nach der hier erklärten Art aufgelöset werden können. Wenn aber auch y zur zweyten oder einer noch hö= hern steigt, und man den Werth davon nach den gegebenen Regeln bestimmen will, so kömmt man auf Wurzelzeichen, hinter welchen x in der zweyten oder einer noch höhern Potenz befindlich ist, und dann kömmt es darauf an, solche Werthe für x ausfindig zu machen, daß die Irrationalität, oder die Wurzelzeichen wegfallen.

Hierin besteht vorzüglich die größte Kunst der unbestimmten Analytik, dergleichen Irrationalfor= meln zur Rationalität zu bringen, wozu in den fol= genden Capiteln einige Anleitung gegeben werden soll.

IV. Capitel.

Von der Art, folgende irrationale Formel $\gamma\,(a + bx + cx^2)$ rational zu machen.

§. 38.

Hier ist also die Frage, was für Werthe von x angenommen werden sollen, daß diese Formel a + bx + cx² ein wirkliches Quadrat werde, und

N 3 also

also die Quadratwurzel daraus rational angegeben werden könne.   Es bedeuten aber die Buchstaben a, b und c gegebene Zahlen, und auf der Beschaffenheit derselben beruht hauptsächlich die Bestimmung der unbekannten Zahl x; doch muß zum voraus bemerkt werden, daß in vielen Fällen die Auflösung davon unmöglich ist.   Wenn aber dieselbe möglich ist, so muß man sich wenigstens anfänglich in Bestimmung des Buchstabens x blos mit rationalen Werthen begnügen, und nicht fordern, daß diese sogar ganze Zahlen seyn sollen, welches letztere eine ganz besondere Untersuchung erfordert.

§. 39.

Wir nehmen hier an, daß diese Formel nur bis zur zweyten Potenz von x steige, indem höhere Potenzen besondere Methoden erfordern, wovon hernach gehandelt werden soll.

Sollte nicht einmal die zweyte Potenz vorkommen, und $c = o$ seyn, so hätte die Auflösung keine Schwierigkeit. Denn wenn diese Formel $\sqrt{(a+bx)}$ gegeben wäre, und man x so bestimmen sollte, daß a + bx ein Quadrat würde, so dürfte man nur $a + bx = y^2$ setzen, woraus man sogleich $x = \frac{y^2 - a}{b}$ erhielte; und nun möchte man für y alle beliebige Zahlen annehmen, und aus einer jeden würde man einen solchen Werth für x finden, daß a + bx ein Quadrat, und folglich $\sqrt{(a+bx)}$ rational herauskäme.

§. 40.

Wir wollen daher bey dieser Formel anfangen $\sqrt{(1 + x^2)}$, wo solche Werthe für x gefunden werden sollen, daß, wenn zu ihrem Quadrat x^2 noch

1 ab=

1 addirt wird, die Summe wiederum ein Quadrat werde, welches offenbar in ganzen Zahlen nicht geschehen kann, indem keine ganze Quadratzahl nur um 1 größer ist, als die vorhergehende: daher man sich nothwendig mit gebrochenen Zahlen für x begnügen muß.

§. 41.

Weil $1+x^2$ ein Quadrat seyn soll, und man $1+x^2=y^2$ annehmen wollte, so würde $x^2=y^2-1$ und $x=\Gamma\,(y^2-1)$. Um also x zu finden, müßte man solche Zahlen für y suchen, daß ihre um 1 verminderte Quadrate wieder neue Quadrate würden; welche Auflösung eben so schwer, als die vorige, und also hier von keinem Nutzen ist.

Daß es aber wirklich solche Brüche gebe, welche für x gesetzt $1+x^2$ zum Quadrat machen, kann man aus folgenden Fällen ersehen:

I.) wenn $x=\frac{3}{4}$, so wird $1+x^2=\frac{25}{16}$, folglich $\Gamma\,(1+x^2)=\frac{5}{4}$.

II.) Eben dieses geschieht, wenn $x=\frac{4}{3}$, denn so ist $\Gamma\,(1+x^2)=\frac{5}{3}$.

III.) Setzt man $x=\frac{5}{12}$, so erhält man $1+x^2=\frac{169}{144}$, wovon die Quadratwurzel $\frac{13}{12}$ ist.

Wie also dergleichen und sogar alle mögliche Zahlen gefunden werden sollen, muß hier gezeigt werden.

§. 42.

Es kann dieses aber auf zweyerley Art geschehen. Nach der ersten Art setze man $\Gamma\,(1+x^2)=x+p$, so wird $1+x^2=x^2+2px+p^2$, wo sich das Quadrat x^2 aufhebt, und folglich x ohne ein Wurzelzeichen bestimmt werden kann. Denn subtrahirt man in der gefundenen Gleichung auf beyden Seiten

N 4 x^2,

x^2, so wird $2px + p^2 = 1$, und also $x = \frac{1 - p.^2}{2p}$, wo man für p eine jede Zahl, und auch sogar Brüche annehmen kann.

Man setze daher $p = \frac{m}{n}$, so wird $x = \dfrac{1 - \frac{m^2}{n^2}}{\frac{2m}{n}}$;

diesen Bruch multiplicire man oben und unten mit n^2, so bekömmt man $x = \frac{n^2 - m^2}{2mn}$.

§. 43.

Damit also $1 + x^2$ ein Quadrat werde, so kann man für m und n nach Belieben alle mögliche ganze Zahlen annehmen, und also daraus unendlich viele Werthe für x finden.

Setzt man auch überhaupt $x = \frac{n^2 - m^2}{2mn}$, so wird $1 + x^2 = 1 + \frac{n^4 - 2n^2m^2 + m^4}{4m^2n^2}$ oder $1 + x^2 = \frac{n^4 + 2m^2n^2 + m^4}{4m^2n^2}$, welcher Bruch wirklich ein Quadrat ist, und man findet daraus: $\sqrt{(1 + x^2} = \frac{n^2 + m^2}{2mn}$. Hieraus können nun folgende kleinere Werthe für x bemerkt werden:

Wenn n = 2, 3, 3, 4, 4, 5, 5, 5, 5,
und m = 1, 1, 2, 1, 3, 1, 2, 3, 4,
so wird x = $\frac{3}{4}$, $\frac{4}{3}$, $\frac{5}{12}$, $\frac{5}{8}$, $\frac{7}{24}$, $\frac{12}{5}$, $\frac{21}{20}$, $\frac{8}{15}$, $\frac{9}{40}$.

§. 44.

Hieraus folgt auf eine allgemeine Art, daß $1 + \frac{(n^2 - m^2)^2}{(2mn)^2} = \frac{(n^2 + m^2)^2}{(2mn)^2}$. Nun multiplicire man

man diese Gleichung mit $(2mn)^2$, so wird $(2mn)^2$ $+ (n^2 - m^2)^2 = (n^2 + m^2)^2$. Wir haben also auf eine allgemeine Art zwey Quadrate, deren Summe wieder ein Quadrat ist. Hierdurch wird nun folgende Aufgabe aufgelöset:

Zwey Quadratzahlen zu finden, deren Summe wieder eine Quadratzahl ist.

Ist z. B. die Gleichung $p^2 + q^2 = r^2$ gegeben, so darf man nur $p = 2mn$ und $q = n^2 - m^2$ annehmen, so wird $r = n^2 + m^2$; und da hernach ferner $(n^2 + m^2)^2 - (2mn)^2 = (n^2 - m^2)^2$ ist, so können wir auch folgende Aufgabe auflösen:

Zwey Quadratzahlen zu finden, deren Differenz wieder eine Quadratzahl sey, so daß $p^2 - q^2 = r^2$; denn hier darf man nur setzen: p sey $= n^2 + m^2$ und $q = 2mn$, so wird $r = n^2 - m^2$. Oder man kann auch $p = n^2 + m^2$ und $q = n^2 - m^2$ setzen, so wird alsdann $r = 2mn$.

§. 45.

Wir haben aber noch eine zweyte Methode versprochen, um die Formel $1 + x^2$ zu einem Quadrat zu machen; diese zweyte Art nun ist folgende:

Man setze $\sqrt{}(1 + x^2) = 1 + \frac{mx}{n}$; daher bekömmt man $1 + x^2 = 1 + \frac{2mx}{n} + \frac{m^2x^2}{n^2}$. Subtrahirt man hier auf beyden Seiten 1, so wird $x^2 = \frac{2mx}{n} + \frac{m^2x^2}{n^2}$, welche Gleichung sich durch x theilen läßt. Diese Theilung giebt $x = \frac{2m}{n} + \frac{m^2x}{n^2}$, und wenn man mit n^2 multiplicirt, $n^2x = 2mn + m^2x$;

N 5   woraus

woraus man $x = \frac{2mn}{n^2 - m^2}$ findet. Setzt man diesen

Werth für x, so wird $1 + x^2 = 1 + \frac{4m^2n^2}{n^4 - 2m^2n^2 + m^4}$

oder $= \frac{n^4 + 2m^2n^2 + m^4}{n^4 - 2m^2n^2 + m^4}$, welcher Bruch das Qua-

drat von $\frac{n^2 + m^2}{n^2 - m^2}$ ist. Da man nun daher die Glei-

chung $1 + \frac{(2mn)^2}{(n^2 - m^2)^2} = \frac{(n^2 + m^2)^2}{(n^2 - m^2)^2}$ bekömmt, so

fließt daraus, wie oben, $(n^2 - m^2)^2 + (2mn)^2$
$= (n^2 + m^2)^2$, welches die vorigen zwey Quadrate
sind, deren Summe wieder ein Quadrat macht.

§. 46.

Dieser Fall, welchen wir hier ausführlich abgehandelt haben, giebt uns nun zwey Methoden an
die Hand, die allgemeine Formel $a + bx + cx^2$ zu
einem Quadrat zu machen. Die erstere geht auf alle
Fälle, wo c ein Quadrat ist; der andere aber, wo
a ein Quadrat ist, welche beyde Fälle wir hier
durchgehen wollen.

I.) Es sey also erstlich c eine Quadratzahl, oder
die gegebene Formel sey $a + bx + f^2x^2$, welche ein
Quadrat werden soll. Zu diesem Ende setze man
$\sqrt{(a + bx + f^2x^2)} = fx + \frac{m}{n}$, so wird das Qua-

drat $a + bx + f^2x^2 = f^2x^2 + \frac{2mfx}{n} + \frac{m^2}{n^2}$, wo sich

x^2 auf beyden Seiten aufhebt, so daß $a + bx =$
$\frac{2mfx}{n} + \frac{m^2}{n^2}$, welche Gleichung, wenn man sie mit

n^2 multiplicirt, $n^2a + n^2bx = 2mnfx + m^2$ giebt;

woraus $x = \frac{m^2 - n^2a}{n^2b - 2mnf}$ gefunden wird. Schreibt

man

man nun diesen Werth für x, so wird r $(a + bx$
$+ f^2x^2) = \frac{m^2 f - n^2 af}{n^2 b - 2mnf} + \frac{m}{n} = \frac{mnb - m^2 f - n^2 af}{n^2 b - 2mnf}$.

§. 47.

Da für x ein Bruch gefunden worden ist, so
setze man sogleich $x = \frac{p}{q}$, so daß $p = m^2 - n^2 a$, und
$q = n^2 b - 2mnf$; alsdann wird die Formel $a +$
$\frac{bp}{q} + \frac{f^2 p^2}{q^2}$ ein Quadrat. Folglich bleibt dieselbe
auch ein Quadrat, wenn sie mit dem Quadrat q^2
multiplicirt wird; daher auch wieder die Formel
$aq^2 + bpq + f^2 p^2$ ein Quadrat wird, wenn man
$p = m^2 - na$ und $q = n^2 b - 2mnf$ annimmt, woraus unendlich viele Auflösungen in ganzen Zahlen
gefunden werden können, weil man die Buchstaben
m und n nach Belieben annehmen kann.

§. 48.

II. Der zweyte Fall findet Statt, wenn der
Buchstabe a ein Quadrat ist. Es sey daher z. B.
die Formel gegeben: $f^2 + bx + cx^2$, welche zu einem Quadrat gemacht werden soll. Zu diesem Ende
setze man r $(f^2 + bx + cx^2) = f + \frac{mx}{n}$, so wird
das Quadrat $f^2 + bx + cx^2 = f^2 + \frac{2mfx}{n} + \frac{m^2 x^2}{n^2}$,
wo sich f^2 aufhebt, und die übrigen Glieder sich alle
durch x theilen lassen, so daß $b + cx = \frac{2mf}{n} +$
$\frac{m^2 x}{n^2}$, oder mit n^2 multiplicirt, $n^2 b + n^2 cx = 2mnf$
$+ m^2 x$, oder versetzt, $n^2 cx - m^2 x = 2mnf -$
$n^2 b$,

n^2b, und folglich $x = \frac{2mnf - n^2b}{n^2c - m^2}$. Setzt man nun diesen Werth für x, so wird $\Gamma\,(f^2 + bx + cx^2)$ $= f + \frac{2m^2f - mnb}{n^2c - m^2} = \frac{n^2cf + m^2f - mnb}{n^2c - m^2}$. Setzt man hier $x = \frac{p}{q}$, so kann, wie oben, folgende Form zu einem Quadrat gemacht werden: $f^2q^2 + bpq + cp^2$, und dieses geschieht, wenn man nämlich $p = 2mnf - n^2b$ und $q = n^2c - m^2$ annimmt.

§. 49.

Hier ist besonders der Fall merkwürdig, wenn $a = o$, oder wenn diese Formel $bx + cx^2$ zu einem Quadrat gemacht werden soll. Denn da darf man nur $\Gamma\,(bx + cx^2) = \frac{mx}{n}$ setzen, so wird $bx + cx^2$ $= \frac{m^2x^2}{n^2}$, und wenn man durch x dividirt und mit n^2 multiplicirt, $bn^2 + cn^2x = m^2x$; folglich $x = \frac{n^2b}{m^2 - cn^2}$. Man suche z. B. alle dreyeckige Zahlen, welche zugleich Quadratzahlen sind, so muß $\frac{x^2 + x}{2}$, und also auch $2x^2 + 2x$ ein Quadrat seyn. Dasselbe sey nun $\frac{m^2x^2}{n}$, so wird $2n^2x + 2n^2 = m^2x$ und $x = \frac{2n^2}{m^2 - 2n^2}$, wo man für m und n alle mögliche Zahlen annehmen kann, für x aber alsdenn gemeiniglich ein Bruch gefunden wird. Doch können auch ganze Zahlen herauskommen. Denn wenn

wenn man z. B. m = 3 und n = 2 setzt, so bekömmt man x = 8, wovon das Dreyeck 36 ist, welches auch ein Quadrat ist.

Man kann auch m = 7 und n = 5 setzen, so wird x = — 50, wovon das Dreyeck 1225 ist, welches zugleich das Dreyeck von + 49 und auch das Quadrat von 35 ist. Dieses wäre auch herausgekommen, wenn man n = 7, und m = 10 gesetzt hätte; denn da wird x = 49.

Eben so kann man m = 17, und n = 12 annehmen, da wird x = 288, wovon das Dreyeck ist

$$\frac{x(x+1)}{2} = \frac{288.289}{2} = 144.289,$$ welches eine

Quadratzahl ist, deren Wurzel = 12.17 = 204 ist.

§. 50.

Bey diesem letzten Fall ist zu erwägen, daß die Formel bx + cx² aus diesem Grunde zum Quadrat gemacht worden ist, weil dieselbe einen Factor hatte, nämlich x, welches uns auf neue Fälle führt, in welchen auch die Formel a + bx + cx² ein Quadrat werden kann, wenn weder a noch c ein Quadrat ist.

Diese Fälle finden Statt, wenn sich a + bx + cx² in zwey Factoren theilen läßt, welches geschieht, wenn b² — 4ac ein Quadrat ist. Hierbey ist aber zu merken, daß die Factoren immer von den Wurzeln einer Gleichung abhängen. Man setze also a + bx + cx² = o, so wird cx² = — bx — a; folglich $x^2 = -\frac{bx}{c} - \frac{a}{c}$, und $x = -\frac{b}{2c} \pm r$ $\left(\frac{b^2}{4c^2} - \frac{a}{c}\right)$, oder $x = -\frac{b}{2c} \pm \frac{r (b^2 - 4ac)}{2c}$; woraus erhellet, daß, wenn b² — 4ac ein Quadrat ist, diese Wurzel rational angegeben werden könne.

Es

Es sey daher $b^2 - 4ac = d^2$, so sind die Wurzeln $\dfrac{-b+d}{2c}$, oder es ist $x = \dfrac{-b+d}{2c}$; also werden von der Formel $a + bx + cx^2$ die Divisores seyn:

$x + \dfrac{b-d}{2c}$ und $x + \dfrac{b+d}{2c}$, welche mit einander multiplicirt, dieselbe Formel nur durch c dividirt hervorbringen. Man findet nämlich $x^2 + \dfrac{bx}{c} + \dfrac{b^2}{4c^2} - \dfrac{d^2}{4c^2}$. Da nun $d^2 = b^2 - 4ac$, so hat man

$$x^2 + \frac{bx}{c} + \frac{b^2}{4c} - \frac{b^2}{4c^2} + \frac{4ac}{4c^2} = x^2 + \frac{bx}{c} + \frac{a}{c},$$

woraus man durch die Multiplication mit c, $cx^2 + bx + a$ erhält. Man darf also nur den einen Factor mit c multipliciren, so wird unsere Formel folgendem Product gleich seyn:

$$\left(cx + \frac{b}{2} - \frac{d}{2}\right)\left(x + \frac{b}{2c} + \frac{d}{2c}\right)$$

und man sieht, daß diese Auflösung immer Statt findet, so oft $b^2 - 4ac$ ein Quadrat ist.

§. 51.

Hieraus fließt der dritte Fall, in welchem unsere Formel $a + bx + cx^2$ zu einem Quadrat gemacht werden kann; welchen wir also zu den obigen beyden hinzufügen wollen.

III. Dieser Fall ereignet sich nun, wenn unsere Formel durch ein solches Product vorgestellt werden kann: $(f + gx) \cdot (h + kx)$. Um dieses zu einem Quadrat zu machen, so setze man die Wurzel davon:

$$\sqrt{(f + gx) \cdot (h + kx)} = \frac{m \cdot (f + gx)}{n}, \quad \text{so bekömmt}$$

man

man $(f+gx)(h+kx)=\dfrac{m^2\cdot(f+gx)^2}{n^2}$, welche
Gleichung durch $f+gx$ dividirt, folgende giebt:
$h+kx=\dfrac{m^2\cdot(f+gx)}{n^2}$, d. i. $hn^2+kn^2x=fm^2$
$+gm^2x$, und also $x=\dfrac{fm^2-hn^2}{kn^2-gm^2}$.

§. 52.

Zur Erläuterung kann folgende Aufgabe dienen:

I. Aufg. Man suche die Zahlen x, welche von der Beschaffenheit sind, daß, wenn man von ihrem doppelten Quadrat 2 subtrahirt, der Rest wieder ein Quadrat sey.

Da nun $2x^2-2$ ein Quadrat seyn muß, so ist zu erwägen, daß sich diese Formel durch folgende Factoren vorstellen läßt: $2\cdot(x+1)(x-1)$. Man setze also die Wurzel davon $\dfrac{m\cdot(x+1)}{n}$, so wird $2\cdot(x+1)(x-1)=\dfrac{m^2(x+1)^2}{n^2}$. Nunmehr dividire durch $x+1$, und multiplicire mit n^2, so bekömmt man $2n^2x-2n^2=m^2x+m^2$, und daher $x=\dfrac{m^2+2n^2}{2n^2-m^2}$. Nimmt man hier $m=1$ und $n=1$, so wird $x=3$, und $2x^2-2=16=4^2$.

Setzt man $m=3$ und $n=2$, so wird $x=-17$. Da aber nur das Quadrat von x vorkömmt, so ist es gleich viel, ob man $x=-17$ oder $x=+17$ setzt; aus beyden wird $2x^2-2=576=24^2$.

§. 53.

II. Aufg. Es sey folgende Formel gegeben: $6 + 13x + 6x^2$, welche zu einem
Quadrat gemacht werden soll. Hier ist
nun $a = 6$, $b = 13$ und $c = 6$, wo also weder
a noch c ein Quadrat ist. Man sehe also,
ob $b^2 - 4ac$ ein Quadrat werde. Da nun
$b^2 - 4ac = 169 - 144 = 25 = 5^2$, so erhellt
hieraus, daß $b^2 - 4ac$ wirklich ein Quadrat ist. Die gegebene Formel $6 + 13x$
$+ 6x^2$ läßt sich durch folgende zwey
Factoren vorstellen: $(2 + 3x) \cdot (3 + 2x)$.
Davon sey nun die Wurzel $\frac{m(2+3x)}{n}$, so bekömmt
man $(2 + 3x) \cdot (3 + 2x) = \frac{m^2(2+3x)^2}{n^2}$; daraus
wird $3n^2 + 2n^2x = 2m^2 + 3m^2x$, und daher
$x = \frac{2m^2 - 3n^2}{2n^2 - 3m^2} = \frac{3n^2 - 2m^2}{3m^2 - 2n^2}$. Damit nun der
Zähler positiv werde, so muß $3n^2$ größer seyn, als
$2m^2$, und also $2m^2$ kleiner als $3n^2$; folglich muß
$\frac{m^2}{n^2}$ kleiner seyn als $\frac{3}{2}$. Damit aber auch der Nenner positiv werde, so muß $3m^2$ größer als $2n^2$, und
also $\frac{m^2}{n^2}$ größer als $\frac{2}{3}$ seyn. Um daher für x positive
Zahlen zu finden, so müssen für m und n solche
Zahlen angenommen werden, daß $\frac{m^2}{n^2}$ kleiner als $\frac{3}{2}$
und doch größer als $\frac{2}{3}$ sey.

Sezt man nun m $\frac{}{}$ 6, und n $=$ 5, so wird $\frac{m^2}{n^2}$ $= \frac{36}{25}$, welches kleiner als $\frac{1}{2}$, und offenbar größer als $\frac{2}{3}$ ist; daher bekömmt man x $= \frac{3}{38}$.

§. 54.

IV. Dieser dritte Fall leitet uns noch auf einen vierten, welcher Statt findet, wenn die Formel a + bx + cx² dergestalt in zwey Theile getheilt werden kann, daß der erste ein Quadrat sey, der andere aber sich in zwey Factoren auflösen lasse, so daß eine solche Form herauskomme: p² + qr, wo die Buchstaben p, q und r Formeln von dieser Art f + gx bedeuten. Denn da darf man nur sezen $\sqrt{}$ (p² + qr) $= p + \frac{mq}{n}$; so wird p² + qr = p² + $\frac{2mpq}{n} + \frac{m^2q^2}{n^2}$, wo sich die p² aufheben und die übrigen Glieder durch q theilen lassen, so daß r $= \frac{2mp}{n} + \frac{m^2q}{n^2}$ oder n²r = 2mnp + m²q, woraus sich das übrige leicht bestimmen läßt; und dieses ist der vierte Fall, in welchem unsere Formel zu einem Quadrat gemacht werden kann, welchen wir nun noch durch einige Beyspiele erläutern wollen.

§. 55.

III. Aufg. Man suche Zahlen x, die von der Beschaffenheit sind, daß ihr Quadrat doppelt genommen, um 1 grösser werde als ein anderes Quadrat, oder wenn man davon 1 subtrahirt, wieder ein Quadrat übrig bleibe, wie solches bey der Zahl 5 geschieht, deren Quadrat

25 doppelt genommen 50, und um eins größer, als das Quadrat 49 ist.

Also muß $2x^2 - 1$ ein Quadrat seyn, wo nach unserer Formel $a = -1$, $b = 0$, und $c = 2$, und also weder a noch c ein Quadrat ist; auch läßt sich dieselbe nicht in zwey Factoren auflösen, weil $b^2 - 4ac = 8$ kein Quadrat ist, und daher keiner von den drey ersten Fällen hier Statt findet.

Nach dem vierten Fall aber kann diese Formel auf folgende Art vorgestellt werden: $x^2 + (x^2 - 1) = x^2 + (x - 1)(x + 1)$. Hiervon werde nun die Wurzel $x + \frac{m(x+1)}{n}$ gesetzt, so wird das Quadrat davon seyn: $x^2 + (x + 1) \cdot (x - 1) = x^2 + \frac{2mx(x+1)}{n} + \frac{m^2(x+1)^2}{n^2}$, wo sich x^2 auf beyden Seiten abziehen und die übrigen Glieder durch $x + 1$ theilen lassen, wo denn $n^2 x - n^2 = 2mnx + m^2 x + m^2$ und $x = \frac{m^2 + n^2}{n^2 - 2mn - m^2}$ heraus kömmt; und weil in der Formel $2x^2 - 1$ nur das Quadrat x^2 vorkömmt, so ist es gleich viel, ob die Werthe von x positiv oder negativ herauskommen. Man kann auch sogleich $- m$ statt $+ m$ schreiben, damit man $x = \frac{m^2 + n^2}{n^2 + 2mn - m^2}$ bekomme. Nimmt man hier $m = 1$ und $n = 1$, so hat man $x = 1$ und $2x^2 - 1 = 1$. Es sey ferner $m = 1$ und $n = 2$, so wird $x = \frac{5}{7}$ und $2x^2 - 1 = \frac{1}{49}$. Setzt man aber $m = 1$ und $n = -2$, so wird $x = -5$, oder $x = +5$ und $2x^2 - 1 = 49$.

§. 56.

IV. Aufg. Man suche solche Zahlen, deren Quadrat doppelt genommen, wenn dazu 2 addirt wird, wieder ein Quadrat mache.

mache. Dergleichen ift die Zahl 7, von welcher das doppelt genommene Quadrat um 2 vermehrt, das Quadrat 100 giebt.

Es muß alfo die Formel $2x^2 + 2$ ein Quadrat feyn, wo $a = 2$, $b = 0$ und $c = 2$, und alfo weder a noch c ein Quadrat ift, auch ift $b^2 - 4ac$ oder $- 16$ kein Quadrat, und kann alfo die dritte Regel hier nicht Statt finden.

Nach der vierten Regel aber läßt fich unfere Formel fo vorftellen:

Man fetze den erften Theil $= 4$, fo wird der andere feyn: $2x^2 - 2 = 2(x+1).(x-1)$, und daher unfere Formel $4 + 2(x+1).(x-1)$. Davon fey die Wurzel $2 + \frac{m.(x+1)}{n}$, woraus folgende Gleichung entfteht: $4 + 2(x+1).(x-1) = 4 + \frac{4m(x+1)}{n} + \frac{m^2(x+1)^2}{n^2}$, wo fich 4 auf beyden Seiten aufhebt, die übrigen Glieder aber durch $x + 1$ theilen laffen, fo daß $2n^2 x - 2n^2 = 4mn + m^2 x + m^2$ und daher $x = \frac{4mn + m^2 + 2n^2}{2n^2 - m^2}$. Setzt man $m = 1$ und $n = 1$, fo wird $x = 7$, und $2x^2 + 2 = 100$.

Nimmt man $m = 0$ und $n = 1$, fo wird $x = 1$ und $2x^2 + 2 = 4$.

§. 57.

Oft gefchieht es auch, daß, wenn fich weder die erfte, noch die zweyte, noch die dritte Regel anwenden läßt, man nicht finden kann, wie zufolge der vierten Regel die Formel in zwey folche Theile zergliedert werden könne, als doch erfordert werden. Z. B. wenn diefe Formel vorkäme: $7 + 15x + 13x^2$, fo ift zwar eine folche Zergliederung möglich,

Das text

sie fällt aber nicht so leicht in die Augen. Denn der
erste Theil ist $(1 - x)^2$ oder $1 - 2x + x^2$, und
daher wird der andere $6 + 17x + 12x^2$ seyn, welcher deswegen Factoren hat, weil $17^2 - 4.6.12$
$= 1$, und also ein Quadrat ist. Die zwey Factoren
davon sind auch wirklich $(2 + 3x) \cdot (3 + 4x)$, so
daß diese Formel $(1 - x)^2 + (2 + 3x)(3 + 4x)$
seyn wird, welche sich jetzt nach der vierten Regel
auflösen läßt.

Es ist aber nicht wohl zu verlangen, daß jemand
diese Zergliederung errathen soll; daher wollen wir
noch einen allgemeinen Weg anzeigen, um zuerst zu
erkennen, ob es möglich sey eine solche Formel aufzulösen? Denn es giebt unendlich viel dergleichen
Formeln, deren Auflösung schlechterdings unmöglich ist, z. B. $3x^2 + 2$, welche nimmermehr zu
einem Quadrat gemacht werden kann.

Findet sich aber eine Formel in einem einzigen
Falle möglich, so ist es leicht, alle Auflösungen derselben zu finden, welches wir noch hier erläutern
wollen.

§. 58.

Der ganze Vortheil, welcher uns in solchen
Fällen zu statten kommen kann, besteht darin, daß
man suche, ob man keinen Fall finden, oder gleichsam errathen könne, in welchem eine solche Formel
wie $a + bx + cx^2$ ein Quadrat wird, indem man
für x einige kleinere Zahlen nach und nach setzt,
um zu sehen, ob in keinem Fall ein Quadrat
herauskomme.

Weil es auch möglich ist, daß man durch eine
gebrochene Zahl für x gesetzt seine Absicht erreichen
könne, so wird es rathsam seyn, sogleich für x einen
Bruch, z. B. $\frac{t}{u}$ zu schreiben, woraus diese Formel

ent-

entsteht: $a + \dfrac{bt}{u} + \dfrac{ct^2}{u^2}$, welche, wenn sie ein Quadrat ist, auch mit dem Quadrat u² multiplicirt, ein
Quadrat bleibt.　Man hat also nur nöthig zu versuchen, ob man für t und u solche Werthe in ganzen
Zahlen errathen könne, daß die Formel au² + btu
+ ct² ein Quadrat werde.　Denn alsdann, wenn
man $x = \dfrac{t}{u}$ annimmt, so wird auch die Formel
a + bx + cx² gewiß ein Quadrat seyn.

Kann man aber aller Mühe ungeachtet keinen
solchen Fall finden, so hat man einen hinreichenden
Grund zu vermuthen, daß es ganz und gar unmöglich sey, die Formel zu einem Quadrat zu machen.

§. 59.

Hat man aber einen Fall errathen, in welchem
eine solche Formel ein Quadrat wird, so ist es ganz
leicht, alle übrige Fälle zu finden, in welchen dieselbe ebenfalls ein Quadrat wird, und die Anzahl
derselben ist immer unendlich groß.　Um dieses zu
zeigen, so wollen wir erstlich folgende Formel betrachten: 2 + 7x², wo a = 2, b = 0, und c = 7.
Diese wird nun offenbar ein Quadrat, wenn x = 1;
daher setze man x = 1 + y, so wird x² = 1 + 2y
+ y², und unsere Formel wird seyn: 9 + 14y +
7y², in welcher das erste Glied ein Quadrat ist.
Setzen wir also nach der zweyten Regel die Quadratwurzel davon = $3 + \dfrac{my}{n}$, so bekommen wir die

Gleichung: $9 + 14y + 7y^2 = 9 + \dfrac{6my}{n} + \dfrac{m^2y^2}{n^2}$,
wo sich 9 auf beyden Seiten aufhebt, die übrigen
Glieder aber alle durch y theilen lassen; wir bekommen also 14n² + 7n²y = 6mn + m²y und daher y =

D 3　　　　　　　　6mn

$\dfrac{6mn - 14n^2}{7n^2 - m^2}$; daraus finden wir x $= \dfrac{6mn - 7n^2 - m^2}{7n^2 - m^2}$, wo man für m und n alle beliebige Zahlen anneh=men kann.

Setzt man nun m = 1 und n = 1, so wird x = — $\frac{1}{3}$, oder auch, weil nur x^2 vorkömmt, x = + $\frac{1}{3}$; daher 2 + $7x^2$ = $\frac{25}{9}$.

Man ſetze ferner m = 3 und n = 1, ſo wird x = — 1 oder x = + 1.

Setzt man aber m = 3 und n = — 1, ſo wird x = 17; hieraus erhält man 2 + $7x^2$ = 2025, welches das Quadrat von 45 iſt.

Wir wollen auch annehmen m = 8 und n = 3, ſo wird x = — 17, wie zuvor.

Setzen wir aber m = 8 und n = — 3, ſo wird x = 271, daraus wird 2 + $7x^2$ = 514089 = 717^2.

§. 60.

Wir wollen ferner die Formel $5x^2$ + 3x + 7 betrachten, welche ein Quadrat wird, wenn x = — 1. Deswegen ſetze man x = y — 1, ſo iſt x^2 = $(y-1)^2$ = y^2 — 2y + 1. Folglich

$$5x^2 = 5y^2 - 10y + 5$$
$$3x = \quad\ + 3y - 3$$
$$7 = \qquad\quad + 7$$

$$\overline{5x^2 + 3x + 7 = 5y^2 - 7y + 9}$$

Setzt man hiervon die Quadratwurzel = $3 - \dfrac{my}{n}$, ſo wird $5y^2 - 7y + 9 = 9 - \dfrac{6my}{n} + \dfrac{m^2y^2}{n^2}$; daher wir bekommen $5n^2y - 7n^2 = -6mn + m^2y$, und $y = \dfrac{7n^2 - 6mn}{5n^2 - m^2}$; folglich x $= \dfrac{2n^2 - 6mn + m^2}{5n^2 - m^2}$.

Es

Es sey m = 2 und n = 1, so wird x = — 6 und also $5x^2 + 3x + 7 = 169 = 13^2$.

Setzt man aber m = — 2 und n = 1, so wird x = 18 und $5x^2 + 3x + 7 = 1681 = 41^2$.

§. 61.

Betrachten wir nun auch folgende Formel: $7x^2 + 15x + 13$, und setzen wir sogleich $x = \frac{t}{u}$, so daß diese Formel $7t^2 + 15tu + 13u^2$ ein Quadrat seyn soll. Nun versuche man für t und u einige kleinere Zahlen wie folgt:

Es sey t = 1 und u = 1, so wird unsere Formel = 35

$\qquad$ t = 2 und u = 1, $\qquad\qquad\qquad$ = 71

$\qquad$ t = 2 und u = — 1, $\qquad\qquad\qquad$ = 11

$\qquad$ t = 3 und u = 1, $\qquad\qquad\qquad$ = 121

Da nun 121 ein Quadrat ist, und also der Werth x = 3 ein Genüge leistet, so setze man x = y + 3 und dann wird unsere Formel $7y^2 + 42y + 63 + 15y + 45 + 13$ oder $7y^2 + 57y + 121$; von dieser setze man die Wurzel $= 11 + \frac{my}{n}$, so bekömmt man $7y^2 + 57y + 121 = 121 + \frac{22my}{n} + \frac{m^2y^2}{n^2}$, oder $7n^2y + 57n^2 = 22mn + m^2y$, und daher $y = \frac{57n^2 - 22mn}{m^2 - 7n^2}$ und $x = \frac{36n^2 - 22mn + 3m^2}{m^2 - 7n^2}$.

Man setze z. B. m = 3 und n = 1, so wird x = — $\frac{3}{2}$ und unsere Formel $7x^2 + 15x + 13 = \frac{25}{4} = (\frac{5}{2})^2$. Es sey ferner m = 1 und n = 1, so wird x = — $\frac{17}{6}$. Nimmt man m = 3 und n = — 1, so wird x = $\frac{129}{2}$ und unsere Formel $7x^2 + 15x + 13 = \frac{120409}{4} = (\frac{347}{2})^2$.

D 4 $\qquad\qquad$ §. 62.

§. 62.

Zuweilen aber ist alle Mühe umsonst, einen Fall zu errathen, in welchem die gegebene Formel ein Quadrat wird, z. B. $3x^2 + 2$, oder wenn man anstatt x den Bruch $\frac{t}{u}$ setzt, $3t^2 + 2u^2$ wird niemals ein Quadrat, man mag auch für t und u Zahlen annehmen welche man will. Dergleichen Formeln, welche auf keine Weise zu einem Quadrat gemacht werden können, giebt es unendlich viele, und deswegen wird es der Mühe werth seyn, einige Kennzeichen anzugeben, woraus die Unmöglichkeit erkannt werden kann, damit man oft der Mühe überhoben seyn möge, durch Rathen solche Fälle zu finden, wo ein Quadrat herauskömmt. Wir wollen hiervon im folgenden Capitel ausführlich reden.

V. Capitel.

Von den Fällen, in welchen die Formel a + bx + cx² niemals ein Quadrat werden kann.

§. 63.

Da unsere allgemeine Formel aus drey Gliedern besteht, so ist zu bemerken, daß sie immer in eine andere verwandelt werden kann, in welcher das mittlere Glied fehlt. Dieses geschieht, wenn man $x = \frac{y-b}{2c}$ annimmt, dadurch bekömmt unsere Formel folgende Gestalt: $a + \frac{by - b^2}{2c} + \frac{y^2 - 2by + b^2}{4c}$,

oder

oder $\frac{4ac - b^2 + y^2}{4c}$. Soll diese Formel ein Quadrat

werden, so setze man dieselbe $= \frac{z^2}{4}$. Hierdurch er-

hält man $4ac - b^2 + y^2 = cz^2$, folglich $y^2 = cz^2$

$+ b^2 - 4ac$. Wenn also unsere Formel ein Qua-

drat seyn soll, so wird auch die Formel $cz^2 + b^2 -$

$4ac$ ein Quadrat, und umgekehrt, wenn diese ein

Quadrat wird, so wird auch die obige ein Quadrat.

Folglich wenn man für $b^2 - 4ac$ den Buchstaben t

setzt, so kömmt es darauf an, ob eine solche Formel

$cz^2 + t$ ein Quadrat werden könne oder nicht; und

da diese Formel nur aus zwey Gliedern besteht, so

ist es unstreitig weit leichter, die Möglichkeit und

Unmöglichkeit derselben zu beurtheilen, welches aus

der Beschaffenheit der beyden gegebenen Zahlen c

und t geschehen muß.

§. 64.

Setzt man $t = 0$, so ist offenbar, daß die For-

mel cz^2 nur alsdann ein Quadrat werde, wenn die

Zahl c ein Quadrat ist. Denn da ein Quadrat

durch ein anderes Quadrat dividirt, wieder ein

Quadrat wird, so kann cz^2 kein Quadrat seyn, wo-

fern nicht $\frac{cz^2}{z^2}$, das ist c, ein Quadrat ist. Also

wenn die Zahl c kein Quadrat ist, so kann auch die

Formel cz^2 auf keine Weise ein Quadrat werden.

Ist aber c eine Quadratzahl: so ist auch cz^2 ein

Quadrat, man mag für z annehmen, was man will.

§. 65.

Um andere Fälle beurtheilen zu können, so müs-

sen wir dasjenige zu Hülfe nehmen, was im sechsten

Capitel des ersten Theils von den Eigenschaften der

D 5   Zahlen

Zahlen in Ansehung ihrer Theiler gelehrt worden ist.

So sind z. B. in Ansehung des Theilers 3 die Zahlen von dreyerley Art; die erste begreift diejenigen Zahlen in sich, welche sich durch 3 theilen lassen und durch die Formel $3n$ vorgestellt werden.

Zu der andern Art gehören diejenigen, welche durch 3 dividirt, 1 übrig lassen, und in der Formel $3n + 1$ enthalten sind.

Die dritte Art aber begreift die Zahlen in sich, welche durch 3 dividirt, 2 übrig lassen, und durch die Formel $3n + 2$ vorgestellt werden.

Da nun alle Zahlen in einer von diesen 3 Formeln enthalten sind (1 Th. §. 60.), so wollen wir die Quadrate davon betrachten.

Ist die Zahl in der Formel $3n$ enthalten, so ist ihr Quadrat $9n^2$, welches sich also nicht nur durch 3, sondern auch sogar durch 9 theilen läßt.

Ist die Zahl in der Formel $3n + 1$ enthalten, so ist ihr Quadrat $9n + 6n + 1$, welches durch 3 dividirt; $3n^2 + 2n$ giebt und 1 zum Rest läßt, und also auch zur zweyten Art $3n + 1$ gehört.

Ist endlich die Zahl in der Formel $3n + 2$ enthalten, so ist ihr Quadrat $9n^2 + 12n + 4$, welches durch 3 dividirt; $3n^2 + 4n + 1$ giebt, und 1 zum Rest läßt, und also auch zu der zweyten Art $3n + 1$ gehört. Daher ist klar, daß alle Quadratzahlen in Ansehung des Theilers 3, nur von doppelter Art sind. Denn entweder lassen sie sich durch 3 theilen, und alsdann müssen sie sich auch nothwendig durch 9 theilen lassen; oder wenn sie sich nicht durch 3 theilen lassen, so bleibt jedesmal nur 1, niemals aber 2 übrig. Daher keine Zahl, die in der Form $3n + 2$ enthalten ist, ein Quadrat seyn kann.

§. 66.

§. 66.

Hieraus können wir nun leicht zeigen, daß die Formel $3x^2 + 2$ niemals ein Quadrat werden kann, man mag für x eine ganze Zahl oder einen Bruch setzen. Denn wenn x eine ganze Zahl ist, und man theilt diese Formel $3x^2 + 2$ durch 3, so bleiben 2 übrig; daher diese Formel kein Quadrat seyn kann. Ist aber x ein Bruch, so setze man $x = \frac{t}{u}$, von welchem Bruch wir annehmen können, daß derselbe schon in seine kleinste Form sey gebracht worden, und also t und u keinen gemeinschaftlichen Theiler außer 1 haben. Sollte nun $\frac{t^2}{u^2} + 2$ ein Quadrat seyn, so müßte dieselbe auch mit u^2 multiplicirt, d. i. $3t^2 + 2u^2$, ein Quadrat seyn, welches aber ebenfalls unmöglich ist. Denn die Zahl u läßt sich entweder durch 3 theilen, oder nicht. Läßt sie sich dadurch theilen, so läßt sich t nicht theilen, weil sonst t und u einen gemeinschaftlichen Theiler hätten.

Man setze daher $u = 3f$, so wird unsere Formel $3t^2 + 18f^2$, welche durch 3 getheilt, $t^2 + 6f^2$ giebt. Diese letzte Formel aber läßt sich nicht weiter durch 3 theilen, wie zu einem Quadrat erfordert wird, weil sich zwar $6f^2$ theilen läßt, t^2 aber durch 3 dividirt, 1 übrig läßt.

Läßt sich aber u nicht durch 3 theilen, so sehe man was übrig bleibt. Weil sich das erste Glied durch 3 theilen läßt, so kömmt es mit dem Rest bloß auf das zweite Glied $2u^2$ an. Da aber u^2 durch 3 dividirt 1 zum Rest hat, oder eine Zahl von der Art $3n + 1$ ist; so wird $2u^2$ eine Zahl von der Art $6n + 2$ seyn, und also durch 3 dividirt 2 übrig lassen; daher unsere Formel $3t^2 + 2u^2$ durch 3 dividirt,

dirt, 2 übrig läßt, und alſo gewiß keine Quadrat=
zahl ſeyn kann.

§. 67.

Eben ſo kann man beweiſen, daß auch die For=
mel: $3t^2 + 5u^2$ niemals ein Quadrat ſeyn kann,
und ſogar auch keine von den folgenden: $3t^2 + 8u^2$,
$3t^2 + 11u^2$, $3t^2 + 14u^2$ u. ſ. f., wo die Zahlen
3, 8, 11, 14 u. ſ. f. durch 3 dividirt, 2 übrig
laſſen. Denn wäre u durch 3 theilbar, folglich t
nicht, und man ſetzte $u = 3s$, ſo würde die Formel
durch 3, nicht aber durch 9 theilbar ſeyn. Wäre u
nicht durch 3 theilbar und alſo u^2 eine Zahl von der
Art $3n + 1$, ſo wäre zwar das erſte Glied $3t^2$ durch
3 theilbar, das andere aber $5u^2$ von der Form
$15n + 5$, oder $8u^2$ von der Form $24n + 8$, oder
$11u^2$ von dieſer $33n + 11$ u. ſ. f. würde durch 3
dividirt, 2 übrig laſſen, und alſo kein Quadrat ſeyn
können.

§. 68.

Dieſes gilt alſo auch von der allgemeinen For=
mel $3t^2 + (3n + 2) \cdot u^2$ welche nie ein Quadrat
werden kann, und auch dann nicht, wenn für n ne=
gative Zahlen geſetzt würden. Nimmt man z. B.
$n = -1$ an, ſo iſt es unmöglich, die Formel
$3t^2 - u^2$ zu einem Quadrat zu machen. Denn iſt
u durch 3 theilbar, ſo iſt die Sache offenbar; wäre
aber u nicht durch 3 theilbar, ſo würde u^2 eine Zahl
von der Art $3n + 1$, und alſo unſere Formel
$3t^2 - 3n - 1$ ſeyn, welche durch 3 dividirt, -1,
oder um 3 mehr, $+2$ übrig läßt. Man ſetze über=
haupt $n = -m$, ſo wird unſere Formel $3t^2 -$
$(3m - 2) u^2$, welche auch niemals ein Quadrat
werden kann.

§. 69.

§. 69.

Hierzu hat uns nun die Betrachtung des Theilers 3 geführt; wir wollen daher auch 4 als einen Theiler betrachten, wo dann alle Zahlen in einer von folgenden vier Formeln enthalten sind, als:

I. $4n$, II. $4n+1$, III. $4n+2$, IV. $4n+3$, (1 Th. §. 61) Von den Zahlen der ersten Art ist das Quadrat $16n^2$ und läßt sich also durch 16 theilen. Ist es eine Zahl von der zweyten Art $4n+1$, so ist ihr Quadrat $16n^2 + 8n + 1$, welches durch 8 dividirt, 1 übrig läßt und gehört also zu der Formel $8n + 1$.

Ist es eine Zahl von der dritten Art $4n + 2$, so ist ihr Quadrat $16n^2 + 16n + 4$, welche durch 16 dividirt, 4 übrig läßt, und also in der Form $16n + 4$ enthalten ist. Ist es endlich eine Zahl von der vierten Art $4n + 3$, so ist ihr Quadrat $16n^2 + 24n + 9$, welches durch 8 dividirt, 1 übrig läßt.

§. 70.

Hieraus lernen wir zuerst, daß alle gerade Quadratzahlen in der Form $16n$, oder in der $16n + 4$ enthalten sind; folglich alle übrige gerade Formeln, nämlich $16n + 2$, $16n + 6$, $16n + 8$, $16n + 10$, $16n + 12$, $16n + 14$, können niemals Quadratzahlen seyn.

Ferner ist offenbar, daß alle ungerade Quadratzahlen in der einzigen Formel $8n + 1$ enthalten sind, oder durch 8 dividirt, 1 als Rest lassen. Daher alle übrige ungerade Zahlen, welche in einer von diesen Formeln: $8n + 3$, $8n + 5$, $8n + 7$, enthalten sind, niemals Quadrate werden können.

§. 71.

§. 71.

Aus dieſem Grunde können wir auch wiederum zeigen, daß die Formel $3t^2 + 2u^2$ kein Quadrat ſeyn kann. Denn entweder ſind beyde Zahlen t und u ungerade, oder die eine iſt gerade und die andere iſt ungerade, weil beyde zugleich nicht gerade ſeyn können, indem ſonſt 2 ihr gemeinſchaftlicher Theiler ſeyn würde. Wären beyde ungerade, und folglich ſowohl t^2 als u^2 in der Form $8n+1$ enthalten, ſo würde das erſte Glied $3t^2$ durch 8 dividirt, 3, das andere Glied aber 2, und beyde zuſammen würden 5 als Reſt laſſen, und alſo keine Quadrate ſeyn. Wäre aber t eine gerade Zahl und u ungerade, ſo würde ſich das erſte Glied $3t^2$ durch 4 theilen laſſen, das andere aber $2u^2$ würde durch 4 dividirt, 2, alſo beyde zuſammen würden 2 übrig laſſen und alſo kein Quadrat ſeyn. Wäre aber endlich u gerade, näm-lich $u = 2s$, aber t ungerade und folglich $t^2 = 8n + 1$, ſo würde unſere Formel ſeyn: $24n + 3 + 8s^2$, welche durch 8 dividirt, 3 übrig läßt, und alſo kein Quadrat ſeyn kann.

Eben dieſer Beweis läßt ſich auch auf die For-mel $3t^2 + (8n + 2) u^2$ ausdehnen; ingleichen auch auf dieſe $(8m + 3) t^2 + 2u^2$, und auch ſogar auf die $(8m + 3) t^2 + (8n + 2) u^2$, wo für m und n alle ganze Zahlen ſowohl poſitive als negative, genommen werden können.

§. 72.

Wir gehen nun weiter zum Theiler 5, in Anſe-hung deſſen alle Zahlen in einer von folgenden fünf Formeln enthalten ſind.
I. 5n, II. 5n + 1, III. 5n + 2, IV. 5n + 3, V. 5n + 4, (1 Th. §. 62). Gehört nun eine Zahl zu der erſten Art,

Art, so ist ihr Quadrat 25n², welches nicht nur durch 5, sondern auch durch 25 theilbar ist.

Ist eine Zahl von der zweyten Art, so ist ihr Quadrat 25n² + 10n + 1, welches durch 5 dividirt, 1 übrig läßt und also in der Formel 5n + 1 enthalten ist.

Ist eine Zahl von der dritten Art, so ist ihr Quadrat 25n² + 20n + 4, welches durch 5 dividirt, 4 übrig läßt.

Ist eine Zahl von der vierten Art, so ist ihr Quadrat 25n² + 30n + 9, welches durch 5 dividirt, 4 übrig läßt.

Ist endlich eine Zahl von der fünften Art, so ist ihr Quadrat 25n² + 40n + 16, welches durch 5 dividirt, 1 übrig läßt. Wenn daher eine Quadratzahl sich nicht durch 5 theilen läßt, so ist der Rest immer entweder 1 oder 4, niemals aber 2 oder 3; daher in diesen Formeln 5n + 2 und 5n + 3 kein Quadrat enthalten seyn kann.

§. 73.

Aus diesem Grunde können wir auch beweisen, daß weder die Formel 5t² + 2u², noch diese 5t² + 3u² ein Quadrat werden könne. Denn entweder ist u durch 5 theilbar oder nicht; im ersten Falle würden sich diese Formeln durch 5, nicht aber durch 25 theilen lassen, und also auch keine Quadrate seyn können. Ist aber u nicht durch 5 theilbar, so ist u² entweder 5n + 1 oder 5n + 4. Im erstern Falle wird die erste Formel 5t² + 10n + 2, welche durch 5 getheilt, 2 übrig läßt, die andere aber wird 5t² + 15n + 3, welche durch 5 getheilt, 3 übrig läßt, und also keine ein Quadrat seyn kann. Ist aber u² = 5n + 4, so wird die erste Formel 5t² + 10n + 8, welche durch 5 dividirt, 3 übrig läßt;

die

Die andere aber wird $5t^2 + 15n + 12$, welche durch 3 dividirt, 2 übrig läßt, und also auch in diesem Falle kein Quadrat werden kann.

Aus eben diesem Grunde kann auch weder die Formel $5t^2 + (5n + 2) u^2$, noch diese $5t^2 + (5n + 3) u^2$ ein Quadrat seyn, weil eben dieselben Reste, wie vorher, überbleiben: man kann auch so gar im ersten Gliede $5mt^2$ statt $5t^2$ schreiben, wenn nur m nicht durch 5 theilbar ist.

§. 74.

Wie alle gerade Quadrate in dieser Form $4n$, alle ungerade aber in dieser Form $4n + 1$ enthalten sind, und also weder $4n + 2$, noch $4n + 3$, ein Quadrat seyn kann, so folgt daraus, daß die allgemeine Formel $(4m + 3) t^2 + (4n + 3) u^2$ niemals ein Quadrat seyn kann. Denn wär t gerade, so würde sich t^2 durch 4 theilen lassen, das andere Glied aber würde durch 4 dividirt, 3 übrig lassen. Wären hingegen die Zahlen t und u ungerade, so würden die Reste von t^2 und u^2 nur 1; also von der ganzen Formel würde 2 der Rest seyn. Nun aber ist keine Zahl, welche durch 4 dividirt, 2 übrig läßt, ein Quadrat. Hier ist auch zu merken, daß sowohl m als n negativ, und auch $= 0$, genommen werden kann; daher weder diese Formel $3t^2 + 3u^2$, noch diese $3t^2 - u^2$ ein Quadrat seyn kann.

§. 75.

So wie wir von den bisherigen Theilern gefunden haben: daß einige Arten der Zahlen niemals Quadrate sind, so gilt dieses auch bey allen andern Theilern, daß sich immer einige Arten finden, die keine Quadrate seyn können.

Es

Es sey z. B. der Theiler 7, so sind alle Zahlen in einer der folgenden sieben Arten enthalten, von welchen wir auch die Quadrate untersuchen wollen.

Arten der Zahlen	ihre Quadrate	gehören zu der Art
I. $7n$	$49n^2$	$7n$
II. $7n + 1$	$49n^2 + 14n + 1$	$7n + 1$
III. $7n + 2$	$49n^2 + 28n + 4$	$7n + 4$
IV. $7n + 3$	$49n^2 + 42n + 9$	$7n + 2$
V. $7n + 4$	$49n^2 + 56n + 16$	$7n + 2$
VI. $7n + 5$	$49n^2 + 70n + 25$	$7n + 4$
VII. $7n + 6$	$49n^2 + 84n + 36$	$7n + 1$

Da nun die Quadrate, die sich nicht durch 7 theilen lassen, in einer von diesen drey Arten: $7n+1$, $7n + 2$, $7n + 4$, enthalten seyn müssen, so werden die drey übrigen Arten von der Natur der Quadrate gänzlich ausgeschlossen. Diese Arten sind nun $7n + 3$, $7n + 5$, $7n + 6$, und der Grund davon ist offenbar, weil sich immer zwey Arten finden, von welchen die Quadrate zu einer Gattung gehören.

§. 76.

Um dieses noch deutlicher zu zeigen, so merke man, daß die letzte Art, $7n + 6$, auch durch $7n - 1$ ausgedrückt werden kann. Denn $7n + 6$ und $7n - 1$ sind um 7 von einander unterschieden. Aus eben dieser Ursache ist auch die Formel $7n + 5$ mit dieser, $7n - 2$, einerley, und $7n + 4$ ist eben so viel als $7n - 3$. Nun aber ist offenbar, daß von diesen zwey Arten der Zahlen $7n + 1$ und $7n - 1$ die Quadrate, durch 7 dividirt, einerley übrig lassen, nämlich 1; eben so sind auch die Quadrate dieser beyden Arten $7n + 2$ und $7n - 2$ von einerley Gattung.

II. Theil.   P   §. 77.

§. 77.

Ueberhaupt also, wie auch immer der Theiler beschaffen seyn mag, welchen wir mit dem Buchstaben d andeuten wollen, so sind die daher entstehenden verschiedenen Arten der Zahlen folgende:

$$dn;$$

$$dn + 1, \ dn + 2, \ dn + 3. \ u. \ s. \ f.$$

$$dn - 1, \ dn - 2, \ dn - 3. \ u. \ s. \ f.$$

wo die Quadrate von $dn + 1$ und $dn - 1$ dieses gemein haben, daß sie durch d dividirt, 1 übrig lassen, und also beyde zu einer Art, nämlich zu $dn+1$, gehören. Eben so verhält es sich auch mit den beyden Arten $dn + 2$ und $dn - 2$, deren Quadrate zu der Art $dn + 4$ gehören.

Und überhaupt gilt es auch von diesen zwey Arten $dn + a$ und $dn - a$, deren Quadrate durch d dividirt, einerley übrig lassen, nämlich a^2, oder so viel als übrig bleibt, wenn man a^2 durch d theilt.

§. 78.

So erhält man also eine unendliche Menge solcher Formeln, wie $at^2 + bu^2$, welche auf keine Art Quadrate werden können. So sieht man z. B. aus dem Theiler 7 gar leicht, daß keine von diesen drey Formeln $7t^2 + 3u^2$, $7t^2 + 5u^2$ und $7t^2 + 6u^2$ jemals ein Quadrat werden kann, weil u, durch 7 dividirt, entweder 1, oder 2, oder 4 übrig läßt; ferner weil bey der ersten entweder 3, oder 6, oder 5, bey der zweyten entweder 5, oder 3, oder 6, bey der dritten entweder 6, oder 5, oder 3 übrig bleibt, welches bey keinem Quadrat geschehen kann. Wenn nun dergleichen Formeln vorkommen, so würde man sich vergebens bemühen, irgend einen Fall zu errathen, wo ein Quadrat herauskommen möchte,

möchte, und deswegen ist diese Betrachtung von großer Wichtigkeit.

Ist aber eine gegebene Formel nicht von dieser Beschaffenheit, und man kann einen einzigen Fall errathen, wo dieselbe ein Quadrat wird, so ist in dem vorigen Capitel schon gezeigt worden, wie daraus unendlich viele andere Fälle gefunden werden sollen.

Die gegebene Formel war eigentlich ax² + b, und weil gewöhnlich für x Brüche gefunden werden, so haben wir x = $\frac{t}{u}$ gesetzt, so daß diese Formel at² + bu² zu einem Quadrat gemacht werden soll.

Es giebt aber auch oft unendlich viel Fälle, wo sogar x in ganzen Zahlen gegeben werden kann; wie nun diese zu finden sind, das soll in dem folgenden Capitel gezeigt werden.

─────※◎◎◎◎◎◎◎◎◎◎◎◎◎◎◎◎◎※─────

VI. Capitel.

Von den Fällen in ganzen Zahlen, wo die Formel ax² + b ein Quadrat wird.

§. 79.

Es ist schon oben (§. 63.) die Methode gezeigt worden, die Formel a + bx + cx² so zu verwandeln, daß das mittlere Glied wegfalle, und daher begnügen wir uns, die gegenwärtige Abhandlung nur auf die Form ax² + b einzuschränken; wobey es darauf ankömmt, daß für x nur ganze Zahlen gefunden werden, wodurch die Formel ein Quadrat wird. Vor allen Dingen aber ist es nöthig, daß

P 2   eine

eine solche Formel an sich möglich sey; denn wäre
sie unmöglich, so könnten nicht einmal Brüche für
x, noch weniger aber ganze Zahlen Statt finden.

§. 80.

Man setze also die Formel $ax^2 + b = y^2$, da
dann beyde Buchstaben x und y ganze Zahlen seyn
sollen, weil a und b dergleichen sind.

Zu diesem Ende ist unumgänglich nöthig, daß
man schon einen Fall in ganzen Zahlen wisse oder
errathen habe, denn sonst würde alle Mühe über=
flüssig seyn, mehrere dergleichen Fälle zu suchen,
weil vielleicht die Formel selbst etwas unmögliches
enthalten könnte.

Wir wollen daher annehmen, daß diese Formel
ein Quadrat werde, wenn man x = f setzt, und
wollen das Quadrat durch g^2 andeuten, so daß
$af^2 + b = g^2$, wo also f und g bekannte Zahlen
anzeigen. Es kömmt daher nur darauf an, wie
aus diesem Fall noch andere Fälle hergeleitet werden
können; und diese Untersuchung ist um so viel wich=
tiger, je mehr Schwierigkeiten dieselbe unterworfen
ist, welche wir aber durch folgende Kunstgriffe
überwinden werden.

§. 81.

Da nun schon $af^2 + b = g^2$ gefunden worden
ist, und überdem auch $ax^2 + b = y^2$ seyn soll, so
subtrahire man jene Gleichung von dieser, wodurch
man $ax^2 - af^2 = y^2 - g^2$ erhält, welche Glei=
chung sich durch folgende Factoren ausdrücken läßt:
$a (x + f) (x - f) = (y + g)(y - g)$. Man
multiplicire auf beyden Seiten mit pq, so hat man
$apq (x + f) (x - f) = pq (y + g) (y - g)$;
welche Gleichung sich auf folgende Art vertheilen
läßt:

läßt: $ap(x+f) = q(y+g)$ und $q(x-f) = p$ $(y-g)$. Nunmehr suche man aus diesen beyden Gleichungen die Buchstaben x und y zu bestimmen. Die erste Gleichung durch q dividirt, giebt $y+g$ $= \frac{apx+apf}{q}$; die andere durch p dividirt, giebt $y-g$ $= \frac{qx-qf}{p}$; diese von jener subtrahirt, giebt $2g =$ $\frac{(ap^2-q^2)x+(ap^2+q^2)f}{pq}$, und wenn man mit pq multiplicirt, so erhält man $2pqg = (ap^2-q^2)x$ $+(ap^2+q^2)f$; daher $x = \frac{2gpq}{ap^2-q^2} - \frac{(ap^2+q^2)f}{ap^2-q^2}$.

Hieraus findet man ferner $y = g + \frac{2gq^2}{ap^2-q^2} -$ $\frac{(ap^2+q^2)fq}{(ap^2-q^2)p} - \frac{qf}{p}$. Hier enthalten die zwey ersten Glieder den Buchstaben g, welche zusammengezo-gen, $\frac{g(ap^2+q^2)}{ap^2-q^2}$ geben; die beyden andern enthalten den Buchstaben f, und geben unter einer Benen-nung $-\frac{2afpq}{ap^2-q^2}$, daher ist $y = \frac{g(ap^2+q^2)-2afpq}{ap^2-q^2}$,

§. 82.

Diese Arbeit scheint unserm Zwecke gar nicht zu entsprechen, indem wir hier auf Brüche gerathen sind, da wir doch für x und y ganze Zahlen finden sollten, und es würde nun auf eine neue Untersu-chung ankommen, was man anstatt p und q für Zahlen annehmen müßte, damit die Brüche weg-fallen; diese Frage scheint aber noch schwerer zu seyn, als unsere Hauptfrage. Allein es kann hier ein besonderer Kunstgriff angewendet werden, wo-durch wir leicht zum Ziele gelangen. Denn da hier

alles

alles in ganzen Zahlen ausgedrückt werden soll, so setze man $\frac{ap^2 + q^2}{ap^2 - q^2} = m$, und $\frac{2pq}{ap^2 - q^2} = n$; hierdurch erhält man $x = ng - mf$ und $y = mg - naf$. Allein hier können wir m und n nicht nach Belieben nehmen, sondern sie müssen so bestimmt werden, daß den obigen Bestimmungen ein Genüge geschehe; zu diesem Ende wollen wir ihre Quadrate betrachten, da wir dann haben werden:

$$m^2 = \frac{a^2p^4 + 2ap^2q^2 + q^4}{a^2p^4 - 2ap^2q^2 + q^4} \text{ und } n^2 = \frac{4p^2q^2}{a^2p^4 - 2ap^2q^2 + q^4};$$

wir bekommen daher:

$$m^2 - an^2 = \frac{a^2p^4 + 2ap^2q^2 + q^4 - 4ap^2q^2}{a^2p^4 - 2ap^2q^2 + q^4}$$
$$= \frac{a^2p^4 - 2ap^2q^2 + q^4}{a^2p^4 - 2ap^2q^2 + q^4} = 1.$$

§. 83.

Hieraus sieht man, daß die beyden Zahlen m und n so beschaffen seyn müssen, daß $m^2 = an^2 + 1$. Da nun a eine bekannte Zahl ist, so muß man vor allen Dingen darauf bedacht seyn, eine solche ganze Zahl für n zu finden, daß $an^2 + 1$ ein Quadrat werde, von welchem hernach m die Wurzel ist; und so bald man eine solche gefunden, und überdem auch die Zahl f so bestimmt hat, daß $af^2 + b$ ein Quadrat werde, nämlich durch g^2, so bekömmt man für x und y folgende Werthe in ganzen Zahlen: $x = ng - mf$; $y = mg - naf$, und dadurch wird $ax^2 + b = y^2$.

§. 84.

Es ist schon für sich klar, daß, wenn einmal m und n gefunden worden, man dafür auch $-m$ und $-n$ schreiben könne, weil das Quadrat n^2 doch einerley bleibt:

Um

Um daher x und y in ganzen Zahlen zu finden, damit $ax^2 + b = y^2$ werde, so muß man vor allen Dingen einen solchen Fall schon haben, daß nämlich $af^2 + b = g^2$ sey. So bald dieser Fall bekannt ist, so muß man noch zu der Zahl a solche Zahlen m und n suchen, daß $an^2 + 1 = m^2$ werde, wozu in folgendem die Anleitung gegeben werden soll. Ist nun dies geschehen, so hat man sogleich einen neuen Fall, nämlich $x = ng + mf$ und $y = mg + naf$, da dann $ax^2 + b = y^2$ seyn wird.

Setzt man diesen neuen Fall an die Stelle des vorigen, für bekannt angenommenen Falls, und schreibt $ng + mf$, statt f, und $mg + naf$, statt g, so bekömmt man für x und y wieder neue Werthe, aus welchen ferner, wenn sie für f und g gesetzt werden, noch andere neue heraus gebracht werden, und so immerfort, so daß, wenn man anfänglich nur einen solchen Fall gehabt hat, man daraus unendlich viele andere finden kann.

§. 85.

Die Art, wie wir zu dieser Auflösung gelangt sind, war ziemlich mühsam, und schien anfänglich von unserm Endzweck sich zu entfernen, indem wir auf ziemlich verwirrte Brüche geriethen, die durch ein besonderes Glück haben weggeschafft werden können. Es wird daher gut seyn, noch einen andern kürzern Weg anzuzeigen, welcher uns zu eben dieser Auflösung führet.

§. 86.

Da $ax^2 + b = y^2$ seyn soll, und man schon $af^2 + b = g^2$ gefunden hat, so giebt uns jene Gleichung $b = y^2 - ax^2$, diese aber $b = g^2 - af^2$. Folglich muß auch $y^2 - ax^2 = g^2 - af^2$ seyn; und

P 4

jetzt

jetzt kömmt alles darauf an, daß man aus den bekannten Zahlen f und g die unbekannten x und y finden soll; wo denn sogleich in die Augen fällt, daß diese Gleichung erhalten werde, wenn man x = f und y = g annimmt. Allein hieraus erhält man keinen neuen Fall, außer denjenigen, der schon für bekannt genommen wird.

Wir wollen also setzen, man habe für n schon eine solche Zahl gefunden, daß $an^2 + 1$ ein Quadrat werde, oder daß $an^2 + 1 = m^2$; daher wird nun $m^2 - an^2 = 1$. Damit multiplicire man in obiger Gleichung den Theil $g^2 - af^2$, so muß auch $y^2 - ax^2 = (g^2 - af^2)(m^2 - an^2) = g^2m^2 - af^2m^2 - ag^2n^2 + a^2f^2n^2$ seyn. Wir wollen zu diesem Ende $y = gm + afn$ setzen, so bekommen wir: $g^2m^2 + 2afgmn + a^2f^2n^2 - ax^2 = g^2m^2 - af^2m^2 - ag^2n^2 + a^2f^2n^2$, wo sich die Glieder g^2m^2 und $a^2f^2n^2$ einander aufheben, und wir also $ax^2 = af^2m^2 + ag^2n^2 + 2afgmn$ erhalten, welche Gleichung, durch a getheilt, $x^2 = f^2m^2 + g^2n^2 + 2fgmn$ giebt. Diese Formel ist offenbar ein Quadrat, woraus wir $x = fm + gn$ erhalten, welches eben die Formeln sind, die wir vorher gefunden haben.

§. 87.

Es wird nun noch nöthig seyn, diese Auflösung durch einige Beyspiele deutlicher zu machen.

I. Aufg. Man suche alle ganze Zahlen für x, und zwar von der Beschaffenheit, daß $2x^2 - 1$ ein Quadrat werde, oder daß $2x^2 - 1 = y^2$ sey.

Hier ist also $2x^2 - 1 = ax^2 + b$, und daher a = 2 und b = — 1. Der erste Fall, welcher in die Augen fällt, ist nun, wenn man x = 1 und
y = 1

y = 1 annimmt. Aus diesem bekannten Falle haben wir nun f = 1 und g = 1. Es wird aber ferner erfordert, eine solche Zahl für n zu finden, daß 2n² + 1 ein Quadrat werde, nämlich m²; dieses geschieht nun, wenn n = 2 und m = 3, daher wir aus einem jeden bekannten Fall f und g folgende neue finden: x = 3f + 2g, und y = 3g + 4f. Da nun der erste bekannte Fall f = 1 und g = 1 ist, so finden wir daraus folgende neue Fälle:

$$x = f = 1 \quad | \quad 5 \quad | \quad 29 \quad | \quad 169$$
$$y = g = 1 \quad | \quad 7 \quad | \quad 41 \quad | \quad 239 \text{ u. s. f.}$$

§. 88.

II. Aufg. Man suche alle dreyeckige Zahlen, welche zugleich Quadratzahlen sind.

Es sey z die Dreyeckswurzel, so ist das Dreyeck $\frac{z^2 + z}{2}$, welches ein Quadrat seyn soll. Die Wurzel davon sey x, so muß $\frac{z^2 + z}{2} = x^2$ seyn. Man multiplicire mit 8, so wird 4z² + 4z = 8x² und auf beyden Seiten 1 addirt, giebt 4z² + 4z + 1 = (2z + 1)² = 8x² + 1. Es kömmt also darauf an, daß 8x² + 1 ein Quadrat werde, und wenn man 8x² + 1 = y² setzt, so wird y = 2z + 1, und also die gesetzte Dreyeckwurzel z = $\frac{y-1}{2}$.

Hier ist nun a = 8 und b = 1, und der bekannte Fall fällt sogleich in die Augen, nämlich f = 0 und g = 1. Damit ferner 8n² + 1 = m² werde, so ist n = 1 und m = 3; daher bekömmt man x = 3f + g und y = 3g + 8f, und z = $\frac{y-1}{2}$. Hieraus bekommen wir folgende Auflösungen:

P 5   x = f

$\dot{x} = f = 0$	1	6	35	204	1189
$y = g = 1$	3	17	99	577	3363
$z = \frac{y-1}{2} = 0$	1	8	49	288	1681	u. s. f.

§. 89.

III. Aufg. Man suche alle Fünfecks-zahlen, welche zugleich Quadratzahlen sind.

Die Fünfeckswurzel sey $= z$, so ist das Fünfeck $= \frac{3z^2 - z}{2}$, welches dem Quadrat x^2 gleich gesetzt werde; daher wird $3z^2 - z = 2x^2$; man multiplicire mit 12 und addire, so wird $36z^2 - 12z + 1 = 24x^2 + 1 = (6z - 1)^2$.

Setzt man nun $24x^2 + 1 = y^2$, so ist $y = 6z - 1$ und $z = \frac{y+1}{6}$. Da nun hier $a = 24$, $b = 1$, so ist der bekannte Fall $f = 0$ und $g = 1$. Da ferner $24n^2 + 1 = m^2$ seyn muß, so nehme man $n = 1$ und davon wird $m = 5$; daher erhalten wir $x = 5f + g$ und $y = 5g + 24f$ und $z = \frac{y+1}{6}$; oder auch $y = 1 - 6z$, so wird ebenfalls $z = \frac{-y}{6}$, woraus man folgende Auflösungen findet:

$x = f = 0$	1	10	99	980
$x = g = 1$	5	49	485	4801
$z = \frac{y+1}{6} = \frac{1}{3}$	1	$\frac{25}{3}$	81	$\frac{2401}{3}$
oder $z = \frac{1-y}{6} = 0$	$-\frac{2}{3}$	-8	$-\frac{242}{3}$	-800

§. 90.

IV. Aufg. Man suche alle Quadrate in ganzen Zahlen, welche siebenmal genommen und dazu 2 addirt, wiederum Quadrate werden.

Hier

Hier wird also gefordert, daß $7x^2 + 2 = 3y^2$ seyn soll, wo $a = 7$ und $b = 2$; der bekannte Fall fällt sogleich in die Augen, wenn $x = 1$ und dann ist $x = f = 1$ und $y = g = 3$. Nun betrachte man die Gleichung $7n^2 + 1 = m^2$, und da findet man leicht $n = 3$ und $m = 8$; daher erhalten wir $x = 8f + 3g$ und $y = 8g + 21f$, woraus folgende Werthe für x gefunden werden:

$$
\begin{array}{c|c|c}
x = f = 1 & 17 & 271 \\
y = g = 3 & 45 & 717
\end{array}
$$

§. 91.

V Aufg. Man suche alle dreyeckige Zahlen, welche zugleich fünfeckige Zahlen sind.

Es sey die Dreyeckswurzel $= p$ und die Fünfeckswurzel $= q$, so muß seyn $\frac{p^2 + p}{2} = \frac{3q^2 - q}{2}$, oder $3q^2 - q = p^2 + p$; hieraus suche man q, und da $q^2 = \frac{1}{3}q + \frac{p^2+p}{3}$, so wird $q = \frac{1}{6} \pm r\left(\frac{1}{36} + \frac{p^2+p}{3}\right)$, das ist $q = \frac{1 \pm r(12p^2 + 12p + 1)}{6}$. Es kömmt also darauf an, daß $12p^2 + 12p + 1$ ein Quadrat und zwar in ganzen Zahlen werde. Da nun hier das mittlere Glied $12p$ vorhanden ist, so setze man $p = \frac{x-1}{2}$; dadurch bekommen wir $12p^2 = 3x^2 - 6x + 3$ und $12p = 6x - 6$, daher $12p^2 + 12p + 1 = 3x^2 - 2$, welches ein Quadrat seyn muß.

Nehmen wir daher an, daß $3x^2 - 2 = y^2$, so haben wir daraus $p = \frac{x-1}{2}$ und $q = \frac{1+y}{6}$; da nun

die

die ganze Sache auf die Formel $3x^2 — 2 = y^2$ ankömmt, ſo iſt $a = 3$ und $b = — 2$, und der bekannte Fall $x = f = 1$ und $y = g = 1$; hernach haben
wir für dieſe Gleichung $m^2 = 3n^2 + 1$, $n = 1$ und
$m = 2$, daraus erhalten wir folgende Werthe für x
und y, und daher weiter für p und q.

Da $x = 2f + g$ und $y = 2g + 3f$ iſt, ſo wird:

$x = f =$	1	3	11	41
$y = g =$	1	5	19	71
$p =$	0	1	5	20
$q =$	$\frac{1}{3}$	1	$\frac{10}{3}$	12
ober $q =$	0	$—\frac{2}{3}$	$—3$	$—\frac{35}{3}$

weil nämlich auch $q = \frac{1. — y}{6}$ iſt.

§. 92.

Bisher waren wir gezwungen, aus der gegebenen Formel das zweyte Glied wegzuſchaffen, wenn
eines vorhanden war. Man kann aber auch die
erſte gegebene Methode auf ſolche Formeln anwenden, wo das mittlere Glied vorhanden iſt, welches
wir hier noch anzeigen wollen. Es ſey demnach die
gegebene Formel, die ein Quadrat ſeyn ſoll, dieſe:
$ax^2 + bx + c = y^2$, und hievon ſey ſchon der Fall
$af^2 + bf + c = g^2$ bekannt.

Nun ſubtrahire man dieſe Gleichung von der
gegebenen, ſo wird $a(x^2 — f^2) + b(x — f) =$
$y^2 — g^2$, welche durch folgende Factoren ausgedrückt werden kann: $(x — f)(ax + af + b) =$
$(y — g)(y + g)$. Man multiplicire auf beyden
Seiten mit pq, ſo wird $pq(x — f)(ax + af + b)$
$= pq(y — g)(y + g)$, welche Gleichung ſich in
dieſe zwey zergliedern läßt: I.) $p(x — f) = q(y — g)$;
II.) $q(ax + af + b) = p(y + g)$; denn wenn man
ſie in einander multiplicirt, ſo erhält man jene
Glei-

Gleichung. Nun multiplicire man die erste mit p, die andere mit q, und subtrahire jenes Product von diesem, so kömmt $(aq^2 - p^2) x + (aq^2 + p^2) f + bq^2 = 2gpq$ heraus. Folglich ist $x = \frac{2gpq}{aq^2 - p^2} - \frac{(aq^2 + p^2)f}{aq^2 - p^2} - \frac{bq^2}{aq^2 - p^2}$. Nach der ersten Gleichung ist $q(y - g) = p(x - f) = p\left(\frac{2gpq}{aq^2 - p^2} - \frac{2afq^2}{aq^2 - p^2} - \frac{bq^2}{aq^2 - p^2}\right)$; also $y - g = \frac{2gp^2}{aq^2 - p^2} - \frac{2afpq}{aq^2 - p^2} - \frac{bpq}{aq^2 - q^2}$, und daher $y = g\left(\frac{aq^2 + p^2}{aq^2 - p^2}\right) - \frac{2afpq}{aq^2 - p^2} - \frac{bpq}{aq^2 - p^2}$.

Um diese Brüche wegzubringen, nehme man, wie oben (§. 82) geschehen ist, $\frac{aq^2 + p^2}{aq^2 - p^2} = m$ und $\frac{2pq}{aq^2 - p^2} = n$ an, so wird $m + 1 = \frac{2aq^2}{aq^2 - p^2}$ und also $\frac{q^2}{aq^2 - p^2} = \frac{m + 1}{2a}$. Folglich, wird $x = ng - mf - b\frac{(m+1)}{2a}$ und $y = mg - naf - \frac{1}{2}bn$ seyn, wo die Buchstaben m und n eben so beschaffen seyn müssen, wie oben, nämlich daß $m^2 = an^2 + 1$.

§. 93.

Solchergestalt sind aber die für x und y gefundenen Formeln noch mit Brüchen vermengt, weil die Glieder, welche den Buchstaben b enthalten, Brüche sind, und also unserm Endzweck kein Genüge

nüge leisten. Allein es ist zu merken, daß, wenn man von diesen Werthen zu den folgenden fortschreitet, diese immer ganze Zahlen werden, welche man aber viel leichter aus den anfänglich angeführten Zahlen p und q finden kann. Denn man nehme p und q dergestalt an, daß $p^2 = aq^2 + 1$; so fallen, weil $aq^2 - p^2 = -1$, die Brüche von selbst weg; und da wird $x = -2gpq + f(aq^2 + p^2) + bq^2$, und $y = -g(aq^2 + p^2) + 2afpq + bpq$. Weil aber in dem bekannten Falle $af^2 + bf + c = g^2$ nur das Quadrat g^2 vorkömmt, so ist es gleichviel, ob man dem Buchstaben g das Zeichen $+$ oder $-$ giebt. Man schreibe also $-g$ statt $+g$, so werden unsere Formeln seyn: $x = 2gpq + f(aq^2 + p^2) + bq^2$; und $y = g(aq^2 + p^2) + 2afpq + bpq$, wo denn gewiß $ax^2 + bx + c = y^2$ seyn wird.

Man suche z. B. diejenigen Sechseck= zahlen, welche zugleich Quadrate sind.

Da muß dann $2x^2 - x = y^2$ seyn, wo $a = 2$, $b = -1$, und $c = 0$; der bekannte Fall ist hier offenbar $x = f = 1$, und $y = g = 1$.

Da hernach $p^2 = 2p^2 + 1$ seyn muß, so wird $q = 2$ und $p = 3$; daher wir erhalten $x = 12g + 17f - 4$ und $y = 17g + 24f - 6$, woraus folgende Werthe gefunden werden:

$$x = f = 1 \mid 25 \mid 841 \mid$$
$$y = g = 1 \mid 35 \mid 1189 \mid \text{ u. s. f.}$$

§. 94.

Wir wollen aber bey der ersten Formel, wo das mittlere Glied fehlt, noch etwas stehen bleiben, und die Fälle in Erwägung ziehen, wo die Formel $ax^2 + b$ ein Quadrat in ganzen Zahlen wird.

Es

Es sey daher ax² + b = y², und hiezu werden zwey Stücke erfordert:

Erstlich, daß man einen Fall wisse, wo dieses geschieht; derselbe sey nun af² + b = g².

Zweytens, daß man solche Zahlen für m und n wisse, daß m² = an² + 1 sey, wozu im folgenden Capitel die Anleitung gegeben werden soll.

Hieraus erhält man nun einen neuen Fall, nämlich x = ng + mf und y = mg + anf, aus welchem hernach auf gleiche Art neue Fälle gefunden werden können, welche wir folgendermaaßen vorstellen wollen:

x = f	A	B	C	D	E	
y = g	P	Q	R	S	T	u. s. f.

wo A = ng + mf | B = nP + mA | C = nQ + mB
und P = mg + anf | q = mP + anA | R = mQ + anB
D = nR + mC | F = nT + mE |
S = mR + anC | V = mT + anE | u. s. f.

welche beyde Reihen Zahlen man mit leichter Mühe so weit fortsetzen kann, als man nur immer will.

§. 95.

Bey dieser Art aber kann man weder die obere Reihe für x fortsetzen, ohne zugleich die untere zu wissen, und eben so wenig kann man auch die untere fortsetzen, ohne die obere zu kennen. Man kann aber doch leicht eine Regel angeben, die obere Reihe allein fortzusetzen, ohne die untere zu wissen, welche Regel denn auch für die untere Reihe gilt, ohne daß man nöthig hätte, die obere zu wissen.

Die Zahlen nämlich, welche für x gesetzt werden können, schreiten nach einer gewissen Progression fort, wovon man ein jedes Glied, z. B. E, aus den beyden vorhergehenden C und D, bestimmen kann,

kann, ohne dazu die untern Glieder R und S nöthig zu haben. Denn da $E = nS + mD = n(mR + anC) + m(nR + mC)$, d. i. $E = 2mnR + an^2C + m^2C$, so wird, weil $nR = D - mC$ gefunden, $E = 2mD - m^2C + an^2C$, oder $E = 2mD - (m^2 - an^2)C$. Da aber $m^2 = an^2 + 1$, also $m^2 - an^2 = 1$, so haben wir $E = 2mD - C$; woraus erhellt, wie eine jede dieser obern Zahlen aus den beyden vorhergehenden bestimmt wird.

Eben so verhält es sich auch mit der untern Reihe. Denn da $T = mS + anD$, und $D = nR + mC$, so wird $T = mS + an^2R + amnC$. Da nun ferner $S = mR + anC$, so ist $anC = S - mR$, welcher Werth für anC geschrieben, $T = 2mS - R$ giebt, so daß die untere Reihe nach eben der Regel fortschreitet, als die obere.

Man suche z. B. alle ganze Zahlen x, welche diese Eigenschaft haben, daß $2x^2 - 1 = y^2$. Da ist nun $f = 1$ und $g = 1$. Ferner damit $m^2 = 2n^2 + 1$, so muß $n = 2$ und $m = 3$ seyn. Da nun $A = ng + mf = 5$, so sind die zwey ersten Glieder 1 und 5, aus welchen die folgenden nach der Regel gefunden werden: $E = 6D - C$, d. h. ein jedes Glied sechsmal genommen, weniger dem vorhergehenden, giebt das folgende; daher die für x verlangten Zahlen nach dieser Regel folgendermaaßen fortgehen:

$$1, \ 5, \ 29, \ 169, \ 985, \ 5741 \ \text{u. f. f.}$$

Hieraus sieht man, daß sich diese Zahlen unendlich weit fortsetzen lassen. Wollte man aber auch Brüche gelten lassen, so würde, nach der oben gezeigten Methode, eine noch unendlich größere Menge angegeben werden können.

———

VII. Ca-

VII. Capitel.

Von einer besondern Methode die Formel an²+1 zu einem Quadrate in ganzen Zahlen zu machen.

§. 96.

Die in dem vorigen Capitel gegebenen Vorschriften können nicht zur Ausführung gebracht werden, wenn man nicht im Stande ist, für eine jede Zahl a, eine solche ganze Zahl n zu finden, daß an²+1 ein Quadrat werde, oder daß man m²=an²+1 bekomme.

Wollte man sich mit gebrochenen Zahlen begnügen, so würde diese Gleichung leicht aufzulösen seyn, indem man nur $m = 1 + \frac{np}{q}$ annehmen dürfte.

Denn da wird $m^2 = 1 + \frac{2np}{q} + \frac{n^2p^2}{q^2} = an^2 + 1$; wenn man also 1 auf beyden Seiten abzieht, und die übrigen Glieder durch n dividirt, und dann mit q² multiplicirt, so erhält man $2pq + np^2 = anq^2$, hieraus wird $n = \frac{2pq}{aq^2 - p^2}$ gefunden, woraus unendlich viele Werthe für n hergeleitet werden können. Weil aber n eine ganze Zahl seyn soll, so hilft uns dieses nichts; daher zur Erreichung unserer Absicht eine ganz andere Methode gebraucht werden muß.

§. 97.

Vor allen Dingen aber ist zu merken, daß, wenn an²+1 ein Quadrat in ganzen Zahlen werden soll, a mag eine Zahl seyn, was man für eine will, solches nicht allezeit möglich sey.

Denn erstlich werden alle Fälle, wo a eine negative Zahl ist, ausgeschlossen; hernach auch alle diejenigen Fälle, wo a selbst eine Quadratzahl ist, weil alsdann an^2 ein Quadrat seyn würde, kein Quadrat aber von einem andern Quadrate in ganzen Zahlen um 1 unterschieden seyn kann. Daher muß unsre Formel so eingeschränkt werden, daß der Buchstabe a weder eine negative, noch eine Quadratzahl sey. So oft aber a eine positive Zahl und kein Quadrat ist, so kann jedesmal für n eine solche ganze Zahl gefunden werden, daß $an^2 + 1$ ein Quadrat werde.

Hat man aber eine solche Zahl gefunden, so ist es leicht, nach dem vorigen Capitel unendlich viele andere herzuleiten. Zu unserm Vorhaben aber ist es genug, eine einzige, und zwar die kleinste, ausfindig zu machen.

§. 98.

Hierzu hat vormals ein gelehrter Engländer, Namens Pell, eine ganz sinnreiche Methode erfunden, welche wir hier erklären wollen. Diese ist aber nicht so beschaffen, daß sie auf eine allgemeine Art für eine jede Zahl a, sondern nur für einen jeden Fall besonders gebraucht werden kann.

Wir wollen daher mit den leichten Fällen den Anfang machen, und für n eine Zahl suchen, daß $2n^2 + 1$ ein Quadrat, oder daß $\sqrt{(2n^2 + 1)}$ rational werde.

Hier sieht man nun leicht, daß diese Quadratwurzel größer als n, aber kleiner als 2n seyn werde. Man nehme daher an, dieselbe sey $= n + p$, so wird p gewiß kleiner seyn, als n. Also haben wir

$$\sqrt{(2n^2}$$

$r(2n^2 + 1) = n + p$, und daher $2n^2 + 1 = n^2 + 2np + p^2$; woraus wir nun n suchen wollen. Da nun $n^2 = 2np + p^2 - 1$ ist, so wird $n = p + r(2p^2 - 1)$.

Es kömmt also darauf an, daß $2p^2 - 1$ ein Quadrat werde, welches geschieht, wenn $p = 1$ ist, und hieraus findet man $n = 2$ und $r(2n^2 + 1) = 3$. Wäre dieses letztere nicht sogleich in die Augen gefallen, so hätte man weiter fortgehen können, und da $r(2p^2 - 1)$ größer als p, folglich n größer als 2p ist, so setze man $n = 2p + q$, wo denn $2p + q = p + r(2p^2 - 1)$ oder $p + q = r(2p^2 - 1)$ wird. Hiervon die Quadrate genommen, kömmt $p^2 + 2pq + q^2 = 2p^2 - 1$ oder $p^2 = 2pq + q^2 + 1$, folglich $p = q + r(2q^2 + 1)$. Es muß also $2q^2 + 1$ ein Quadrat seyn, wenn $q = 0$; daher $p = 1$ und $n = 2$. Aus diesem Beyspiele kann man sich schon einen Begriff von dieser Methode machen, welcher aber durch das folgende noch weiter aufgeklärt wird.

§. 99.

Es sey nun $a = 3$, so daß die Formel $3n^2 + 1$ ein Quadrat werden soll. Man setze $r(3n^2 + 1) = n + p$, so wird $3n^2 + 1 = n^2 + 2np + p^2$ und $2n^2 = 2np + p^2 - 1$, folglich $n = \frac{p + r(3p^2 - 2)}{2}$. Da nun $r(3p^2 - 2)$ größer als p, und also n größer als $\frac{2p}{2}$ oder als p ist, so setze man $n = p + q$, da wird $2p + 2q = p + r(3p^2 - 2)$ oder $p + 2q = r(3p^2 - 2)$; hiervon die Quadrate genommen, wird $p^2 + 4pq + 4q^2 = 3p^2 - 2$ oder $2p^2 = 4pq + 4q^2 + 2$, d. i. $p^2 = 2pq + 2q^2 + 1$, daher $p = q + r(3q^2 + 1)$. Diese Formel ist der gegebenen

gebenen gleich, und also leistet $9 = 0$ ein Genüge; daraus wird $p = 1$ und $n = 1$, also $\sqrt{(3n^2 + 1)} = 2$.

§. 100.

Nun sey $a = 5$, um diese Formel $5n^2 + 1$ zu einem Quadrat zu machen, wovon die Wurzel grösser als $2n$ ist. Man setze also $\sqrt{(5n^2 + 1)} = 2n + p$, so wird $5n^2 + 1 = 4n^2 + 4np + p^2$, und daraus $n^2 = 4np + p^2 - 1$; daher $n = 2p + \sqrt{(5p^2 - 1)}$. Weil nun $\sqrt{(5p^2 - 1)}$ grösser ist als $2p$, so ist auch n grösser als $4p$; deswegen setze man $n = 4p + q$, so wird $2p + q = \sqrt{(5p^2 - 1)}$ oder $4p^2 + 4pq + q^2 = 5p^2 - 1$; folglich $p^2 = 4pq + q^2 + 1$, und also $p = 2q + \sqrt{(5q^2 + 1)}$. Dieser geschieht ein Genüge, wenn $q = 0$, folglich $p = 1$ und $n = 4$; daher $\sqrt{(5n^2 + 1)} = 9$.

§. 101.

Es sey ferner $a = 6$, um $6n^2 + 1$ zu einem Quadrat zu machen, wovon die Wurzel grösser ist als $2n$. Man setze deswegen $\sqrt{(6n^2 + 1)} = 2n + p$, so wird $6n^2 + 1 = 4n^2 + 4np + p^2$ oder $2n^2 = 4np + p^2 - 1$ und daher $n = p + \dfrac{\sqrt{(6p^2 - 2)}}{2}$, oder $n = \dfrac{2p + \sqrt{(6p^2 - 2)}}{2}$, also n grösser als $2p$. Es sey daher $n = 2p + q$, so wird $4p + 2q = 2p + \sqrt{(6p^2 - 2)}$ oder $2p + 2q = \sqrt{(6p^2 - 2)}$, und die Quadrate hiervon $4p^2 + 8pq + 4q^2 = 6p^2 - 2$, oder $2p^2 = 8pq + 4q^2 + 2$, d. i. $p^2 = 4pq + 2q^2 + 1$, woraus $p = 2q + \sqrt{(6q^2 + 1)}$ gefunden wird; welche Formel der ersten gleich ist, und also $q = 0$ gesetzt werden kann, woraus folgt, daß $p = 1$ und $n = 2$, also $\sqrt{(6n^2 + 1)} = 5$ ist.

§. 102.

§. 102.

Es sey weiter $a = 7$ und $7n^2 + 1 = m^2$. Weil nun m größer als 2n, so setze man $m = 2n + p$; folglich ist $7n^2 + 1 = 4n^2 + 4np + p^2$ oder $3n^2 = 4np + p^2 - 1$, also $n = \frac{2p + \sqrt{(7p^2 - 3)}}{3}$. Da nun n größer ist als $\frac{4}{3}p$, und also größer als p ist, so setze man $n = p + q$; so wird $p + 3q = \sqrt{(7p^2 - 3)}$, wovon die Quadrate sind: $p^2 + 6pq + 9q^2 = 7p^2 - 3$; oder $6p^2 = 6pq + 9q^2 + 3$, oder $2p^2 = 2pq + 3q^2 + 1$, und also $p = \frac{q + \sqrt{(7q^2 + 2)}}{2}$.

Da nun hier n größer als $\frac{3q}{2}$, und also größer als q ist, so setze man $p = q + r$, wodurch man erhält $q + 2r = \sqrt{(7q^2 + 2)}$, die Quadrate genommen, giebt $q^2 + 4qr + 4r^2 = 7q^2 + 2$, oder $6q^2 = 4qr + 4r^2 - 2$ oder $3q^2 = 2qr + 2r^2 - 1$, folglich $q = \frac{r + \sqrt{(7r^2 - 3)}}{3}$. Da aber q größer ist als r, so setze man $q = r + s$, da wird $2r + 3s = \sqrt{(7r^2 - 3)}$. Die Quadrate hiervon sind $4r^2 + 12rs + 9s^2 = 7r^2 - 3$, oder $3r^2 = 12rs + 9s^2 + 3$ und $r^2 = 4rs + 3s^2 + 1$; also $r = 2s + \sqrt{(7s^2 + 1)}$. Da nun diese Formel der erstern gleich, so setze man $s = 0$, und da bekömmt man $r = 1$, $q = 1$, $p = 2$ und $n = 3$, daraus $m = 8$.

Diese Rechnung kann auf folgende Art sehr abgekürzt werden, welches auch in andern Fällen stattfindet.

Da $7n^2 + 1 = m^2$, so ist m kleiner als 3n. Man setze deswegen $m = 3n - p$, so wird $7n^2 + 1 = 9n^2 - 6np + p^2$ oder $2n^2 = 6np - p^2 + 1$, und daraus $n = \frac{3p - \sqrt{(7p^2 + 2)}}{2}$. Weil also n kleiner als 3p ist, so setze man ferner $n = 3p - q$; es

wird

wird also $3p - 2q = r(7p^2 + 2)$ und die Quadrate genommen $9p^2 - 12pq + 4q^2 = 7p^2 + 2$, oder $2p^2 = 12pq - 4q^2 + 2$ und $p^2 = 6pq - 2q^2 + 1$, daraus wird $p = 3q + r(7q^2 + 1)$. Hier kann man nun sogleich $q = 0$ annehmen und dann wird $p = 1$, $n = 3$, und $m = 8$ wie vorher.

§. 103.

Nehmen wir ferner $a = 8$, so daß $8n^2 + 1 = m^2$ und daher m kleiner als $3n$, so setze man $m = 3n - p$, so wird $8n^2 + 1 = 9n^2 - 6np + p^2$, oder $n^2 = 6np - p^2 + 1$, daraus $n = 3p + r(8p^2 + 1)$, welche Formel der ersten schon gleich ist, daher man $p = 0$ setzen kann, dann kömmt $n = 1$ und $m = 3$.

§. 104.

Auf gleiche Art verfährt man für eine jede andere Zahl a, wenn diese nur positiv und kein Quadrat ist, und man kömmt endlich immer zu einem solchen Wurzelzeichen, welches der gegebenen Formel ähnlich ist, als z. B. zu dieser: $r(at^2 + 1)$, da man denn nur $t = 0$ setzen darf, als in welchem Fall die Irrationalität immer wegfällt, und hierauf, wenn man zurück geht, erhält man einen Werth für n, daß $an^2 + 1$ ein Quadrat wird.

Bisweilen gelangt man bald zu seinem Zweck, bisweilen aber werden dazu viele Operationen erfordert, nach Beschaffenheit der Zahl a, wovon man doch keine gewisse Kennzeichen angeben kann. Bis zu der Zahl 13 geht es noch ziemlich schnell; kömmt man aber bis zu dem Falle, wo $a = 13$, so wird die Rechnung viel weitläuftiger, und daher wird es gut seyn, diesen Fall hier genauer zu betrachten.

§. 105.

§. 105.

Es sey daher a = 13, so daß $13n^2 + 1 = m^2$ seyn soll. Weil nun m^2 größer ist als $9n^2$, und also m größer als 3n, so setze man m = 3n + p. Nunmehr wird $13n^2 + 1 = 9n^2 + 6np + p^2$, oder $4n^2 = 6np + p^2 - 1$, und folglich n = $\frac{3p + \sqrt{(13p^2 - 4)}}{4}$; daher n größer als $\frac{3}{4}$p, und also größer als p^2 ist. Man setze also n = p + q, so wird p + 4q = $\sqrt{(13p^2 - 4)}$, und die Quadrate hiervon $13p^2 - 4 = p^2 + 8pq + 16q^2$, daher $12p^2 = 8pq + 16q^2 + 4$, oder durch 4 getheilt, $3p^2 = 2pq + 4q^2 + 1$, und also p = $\frac{q + \sqrt{(13q^2 + 3)}}{3}$.

Hier ist p größer als $\frac{q + 3q}{3}$, also größer als q; man setze daher p = q + r, so erhält man 2q + 3r = $\sqrt{(13q^2 + 3)}$. Das Quadrat hiervon ist $13q^2 + 3 = 4q^2 + 12qr + 9r^2$, d. i. $9q^2 = 12qr + 9r^2 - 3$, durch 3 dividirt; $3q^2 = 4qr + 3r^2 - 1$; folglich q = $\frac{2r + \sqrt{(13r^2 - 3)}}{3}$. Hier ist q größer als $\frac{2r + 3r}{3}$, und also q größer als r; daher setze man q = r + s, so wird r + 3s = $\sqrt{(13r^2 - 3)}$; welche Gleichung quadrirt, sich in folgende verwandelt: $13r^2 - 3 = r^2 + 6rs + 9s^2$, oder $12r^2 = 6rs + 9s^2 + 3$, durch 3 dividirt, wird $4r^2 = 2rs + 3s^2 + 1$, folglich r = $\frac{s + \sqrt{(13s^2 + 4)}}{4}$. Hier ist r größer als $\frac{s + 3s}{4}$ oder s; daher setze man r = s + t, so wird 3s + 4t = $\sqrt{(13s^2 + 4)}$; das Quadrat genommen $13s^2 + 4 = 9s^2 + 24st + 16t^2$, und also $4s^2 = 24ts + 16t^2 - 4$, durch 4 dividirt, $s^2 = 6ts + 4t^2 - 1$, mithin s = $3t + \sqrt{(13t^2 - 1)}$. Also ists größer als 3t + 3t oder 6t, deswegen setze

man $s = 6t + u$, so wird $3t + u = r(13t^2 - 1)$,
und daher, wenn man die Quadrate nimmt, $13t^2$
$- 1 = 9t^2 + 6tu + u^2$ und daraus $4t^2 = 6tu +$
$u^2 + 1$, folglich $t = \dfrac{3u + r(13u^2 + 4)}{4}$, wo t größer

als $\dfrac{6u}{4}$ und also größer als u ist. Man setze deswegen $t = u + v$, so wird $u + 4v = r(13u^2 + 4)$;
das Quadrat genommen $13u^2 + 4 = u^2 + 8uv +$
$16v^2$ und $12u^2 = 8uv + 16v^2 - 4$, durch 4 dividirt, $3u^2 = 2uv + 4u^2 - 1$, daraus $u =$
$\dfrac{v + r(13v^2 - 3)}{3}$, wo u größer als $\dfrac{4v}{3}$ und also

größer als v, deswegen setze man $u = v + x$, so
wird $2v + 3x = r(13v^2 - 3)$; das Quadrat
genommen $13v^2 - 3 = 4v^2 + 12vx + 9x^2$ oder
$9v^2 = 12vx + 9x^2 + 3$, durch 3 dividirt, $3v^2 =$
$4vx + 3x^2 + 1$, daraus findet man $v =$
$\dfrac{2x + r(13x^2 + 3)}{3}$, wo v größer ist als $\tfrac{5}{3}x$, und also

größer als x, deswegen setze man $v = x + y$, so
wird $x + 3y = r(13x^2 + 3)$, die Quadrate genommen $13x^2 + 3 = x^2 + 6xy + 9y^2$ oder $12x^2$
$= 6xy + 9y^2 - 3$, durch 3 dividirt, $4x^2 = 2xy +$
$3y^2 - 1$, folglich $x = \dfrac{y + r(13y^2 - 4)}{4}$, wo x größer

ist als y; deswegen setze man $x = y + z$, so wird
$3y + 4z = r(13y^2 - 4)$, die Quadrate genommen $13y^2 - 4 = 9y^2 + 24yz + 16z^2$ oder $4y^2$
$= 24yz + 16z^2 + 4$, durch 4 dividirt, $y^2 = 6yz$
$+ 4z^2 + 1$, daraus $y = 3z + r(13z^2 + 1)$.
Da diese Formel endlich der ersten gleich ist, so setze
man $z = 0$, und dann bekömmt man rückwärts ge-
hend folgende Bestimmungen:

z = 0

$$z = 0,$$
$$y = 1.$$
$$x = y + z = 1$$
$$v = x + y = 2$$
$$u = v + x = 3$$
$$t = u + v = 5$$

$$s = 6t + u = 33$$
$$r = s + t = 38$$
$$q = r + s = 71.$$
$$p = q + r = 109$$
$$n = p + q = 180$$
$$m = 3n + p = 649$$

Also ist 180 nach 0 die kleinste ganze Zahl für
n, daß 13n² + 1 ein Quadrat werde.

§. 106.

Aus diesem Beyspiele sieht man deutlich, wie
weitläuftig oft eine solche Rechnung werden könne.
Denn unter den größern Zahlen muß man oft wohl
zehnmal mehr Operationen machen, als hier bey
der Zahl 13 vorgekommen sind: man kann auch
nicht wohl voraus sehen, bey welchen Zahlen so
große Mühe erfordert wird, daher es dienlich ist,
sich die Arbeit anderer zu Nütze zu machen, und eine
Tabelle beyzufügen, wo zu allen Zahlen a bis auf
100 die Werthe der Buchstaben m und n vorgestellt
werden, damit man bey vorkommenden Fällen daraus für eine jede Zahl a die gehörigen Buchstaben
m und n nehmen könne.

§. 107.

Indessen ist zu merken, daß bey einigen Arten
von Zahlen die Werthe für m und n allgemein gefunden werden können; dieses geschieht aber nur bey
solchen Zahlen, welche um 1 oder 2 kleiner oder
größer sind als eine Quadratzahl; dieses aber noch
zu erläutern, wird wohl der Mühe werth seyn.

§. 108.

Es sey also a = e² — 2, oder um 2 kleiner als
eine Quadratzahl, und da (e² — 2) n² + 1 = m²

Q 5   seyn

soll, so ist offenbar m kleiner als en; deswegen setze
man m $=$ en $-$ p, so wird $(e^2 - 2)$ n² $+$ 1 $=$
e²n² $-$ 2enp $+$ p² oder 2n² $=$ 2enp $-$ p² $+$ 1
und daraus n $= \dfrac{ep + \sqrt{(e^2 p^2 - 2p^2 + 2)}}{2}$, wo sogleich
in die Augen fällt, daß, wenn man p $=$ 1 annimmt,
das Wurzelzeichen wegfalle, und dann n $=$ 2 und
m $=$ e² $-$ 1 seyn werde.

Wäre z. B. n $=$ 23, wo e $=$ 5, so wird 23n²
$+$ 1 $=$ m², wenn n $=$ 5 und m $=$ 24. Dieses ist
auch an sich offenbar; denn setzt man n $=$ e, wenn
nämlich a $=$ e² $-$ 2, so wird an² $+$ 1 $=$ e⁴ $-$ 2e²
$+$ 1, welches das Quadrat von e² $-$ 1 ist.

§. 109.

Es sey nun auch a $=$ e² $-$ 1, nämlich um 1
weniger als eine Quadratzahl, so daß (e² $-$ 1)
n² $+$ 1 $=$ m² seyn soll. Da nun hier wieder m kleiner
ist als en, so setze man m $=$ en $-$ p, so wird (e² $-$ 1)
n² $+$ 1 $=$ e²n² $-$ 2enp $+$ p², oder n² $=$ 2enp $-$
p² $+$ 1 und daraus n $=$ ep $+ \sqrt{(e^2 p^2 - p^2 + 1)}$;
wo das Wurzelzeichen wegfällt, wenn p $=$ 1, und
daraus bekömmt man n $=$ 2e, und m $=$ 2e² $-$ 1.
Dieses ist auch leicht einzusehen; denn da a $=$ e² $-$ 1
und n $=$ 2e, so wird an² $+$ 1 $=$ 4e⁴ $-$ 4e² $+$ 1,
welches das Quadrat von 2e² $-$ 1 ist.   Es sey z. B.
a $=$ 24, so daß e $=$ 5, so wird n $=$ 10 und 24n²
$+$ 1 $=$ 2401 $=$ (49)² *).

§. 110.

*) Das Wurzelzeichen in diesem Fall verschwindet auch,
    wenn p $=$ 0 gesetzt wird; daher wir denn unstreitig die
    kleinsten Zahlen für n und m erhalten, welche n $=$ 1 und
    m $=$ e sind. Ist also e $=$ 5, so wird die Formel 24n²
    $+$ 1 ein Quadrat, wenn n $=$ 1, und die Wurzel dieses
    Quadrats m $=$ e $=$ 5.

§. 110.

Es sey nun auch a $= e^2 + 1$, oder um 1 größer als eine Quadratzahl, so daß $(e^2 + 1) n^2 + 1 = m^2$ seyn soll, wo m augenscheinlich größer ist als en, deswegen setze man $m = en + p$, so wird $(e^2 + 1)$ $n^2 + 1 = e^2n^2 + 2enp + p^2$ oder $n^2 = 2enp + p^2$ $- 1$, und daraus $n = ep + \sqrt{(e^2p^2 + p^2 - 1)}$, wo $p = 1$ genommen werden kann, und dann wird $n = 2e$ und $m = 2e^2 + 1$; dieses ist auch leicht einzusehen; denn da $a = e^2 + 1$ und $n = 2e$, so ist $an^2 + 1 = 4e^4 + 4e^2 + 1$, welches das Quadrat von $2e^2 + 1$ ist. Es sey z. B. $a = 17$, so daß $e = 4$, und da wird $17n^2 + 1 = m^2$, wenn $n = 8$ und $m = 33$.

§. 111.

Es sey endlich a $= e^2 + 2$, oder um 2 größer als eine Quadratzahl, so soll $(e^2 + 2) n^2 + 1 = m^2$ seyn, wo m offenbar größer ist als en, daher setze man $m = en + p$, so wird $e^2n^2 + 2n^2 + 1 = e^2n^2 + 2enp + p^2$, oder $2n^2 = 2enp + p^2 - 1$, und daraus $n = \dfrac{ep + \sqrt{(e^2p^2 + 2p^2 - 2)}}{2}$. Hier nehme man nun $p = 1$, so wird $n = e$ und $m = e^2 + 1$. Dieses fällt auch sogleich in die Augen, denn da $a = e^2 + 2$ und $n = e$, so ist $an^2 + 1 = e^4 + 2e^2$ $+ 1$, welches das Quadrat von $e^2 + 1$ ist. Es sey z. B. $a = 11$, so daß $e = 3$, so wird $11n^2 + 1$ $= m^2$ seyn, wenn $n = 3$ und $m = 10$. Wollte man $a = 83$ annehmen, so ist $e = 9$, und es wird $83n^2$ $+ 1 = m^2$, wenn man $n = 9$ und $m = 82$ annimmt.

Tabelle

Tabelle,

welche für einen jeden Werth von a die kleinsten Zahlen m und n angiebt, so daß $m^2 = an^2 + 1$

a	n	m	a	n	m
2	2	3	30	2	11
3	1	2	31	273	1520
5	4	9	32	3	17
6	2	5	33	4	23
7	3	8	34	6	35
8	1	3	35	1	6
10	6	19	37	12	73
11	3	10	38	6	37
12	2	7	39	4	25
13	180	649	40	3	19
14	4	15	41	320	2049
15	1	4	42	2	13
17	8	33	43	531	3482
18	4	17	44	30	199
19	39	170	45	24	161
20	2	9	46	3588	24335
21	12	55	47	7	48
22	42	197	48	1	7
23	5	24	50	14	99
24	1	5	51	7	50
26	10	51	52	90	649
27	5	26	53	9100	66251
28	24	127	54	66	485
29	1820	9801	55	12	89

a	n	m	a	n	m
56	2	15	78	6	53
57	20	151	79	9	80
58	2564	19603	80	1	9
59	69	530	82	18	163
60	4	31	83	9	82
61	226453980	1766319049	84	6	55
62	8	63	85	30996	285771
63	1	8	86	1122	10405
65	16	129	87	3	28
66	8	65	88	21	197
67	5967	48842	89	53000	500001
68	4	33	90	2	19
69	936	7775	91	165	1574
70	30	251	92	120	1151
71	413	3480	93	1260	12151
72	2	17	94	221064	2143295
73	267000	2281249	95	4	39
74	430	3699	96	5	49
75	3	26	97	6377352	62899633
76	6630	57799	98	10	99
77	40	351	99	1	10

VIII. Capitel.

Von der Art, die Irrationalformel $\sqrt{(a + bx + cx^2 + dx^4)}$ rational zu machen.

§. 112.

Wir gehen nun weiter zu einer Formel, in welcher x zur dritten Potenz ansteigt, um hernach bis zur vierten fort zu gehen, ungeachtet diese beyden Fälle auf eine ähnliche Art behandelt werden müssen.

Es soll also die Formel $a + bx + cx^2 + dx^3$ zu einem Quadrat gemacht, und darum geschickte Werthe für x in Rationalzahlen gesucht werden: denn da dieses schon weit größern Schwierigkeiten unterworfen ist, so erfordert es auch weit mehr Kunst, nur gebrochene Zahlen für x zu finden, und man ist genöthigt, sich damit zu begnügen, und keine Auflösung in ganzen Zahlen zu verlangen. Zum voraus ist auch hier dieses zu merken, daß man keine allgemeine Auflösung geben kann, wie eben geschehen, sondern eine jede Operation giebt uns nur einen einzigen Werth für x, da hingegen die oben gebrauchte Methode auf einmal zu unendlich vielen Auflösungen führt.

§. 113.

Da es unter der vorher abgehandelten Formel $a + bx + cx^2$ unendlich viele Fälle giebt, in welchen die Auflösung schlechterdings unmöglich ist, so findet solches vielmehr bey der gegenwärtigen Formel Statt, wo nicht einmal an eine Auflösung zu denken ist, wofern man nicht schon eine weiß oder errathen

rathen hat; daher man bloß für diese Fälle Re=
geln zu geben im Stande ist, durch welche man
aus einer schon bekannten Auflösung eine neue aus=
findig machen kann, aus welcher nachher auf gleiche
Weise noch eine andere neue gefunden wird, so
daß man auf diese Art immer weiter fortgehen kann.

Indessen geschieht es doch oft, daß, wenn
gleich schon eine Auflösung bekannt ist, aus dersel=
ben doch keine andere geschlossen werden kann, so
daß in solchen Fällen nur eine einzige stattfindet,
welcher Umstand besonders zu bemerken ist, weil in
dem vorhergehenden Fall aus einer einzigen Auf=
lösung unendlich viele neue gefunden werden können.

§. 114.

Wenn also eine solche Formel wie a + bx +
cx² + dx³ zu einem Quadrat gemacht werden soll,
so muß nothwendig schon ein Fall voraus gesetzt
werden, wo dieses geschieht; ein solcher aber fällt
am deutlichsten in die Augen, wenn das erste Glied
schon ein Quadrat ist und die Formel f² + bx +
cx² + dx³ ist, welche offenbar ein Quadrat wird,
wenn man x = o setzt.

Wir wollen also diese Formel zuerst betrachten,
und sehen, wie aus dem bekannten Fall x = o noch
ein anderer Werth für x gefunden werden könne.
Zu Erreichung dieser Absicht kann man zwey Wege
gebrauchen, von welchen wir einen jeden besonders
hier erklären wollen, und wobey es gut seyn wird,
mit besondern Fällen den Anfang zu machen.

§. 115.

Es sey daher die Formel 1 + 2x − x² + x³
gegeben, welche ein Quadrat werden soll. Da nun
hier

hier das erſte Glied 1 ein Quadrat iſt, ſo nehme man die Wurzel von dieſem Quadrat ſo an, daß die beyden erſten Glieder wegfallen. Es ſey daher die Quadratwurzel $1 + x$, von welcher das Quadrat unſerer Formel gleich ſeyn ſoll, und da bekommen wir $1 + 2x - x^2 + x^3 = 1 + 2x + x^2$, wo die beyden erſten Glieder einander aufheben, und die Gleichung $x^2 = - x^2 + x^3$ oder $x^3 = 2x^2$ heraus kömmt, welche durch x^2 dividirt, ſogleich $x = 2$ giebt, woraus unſere Formel $1 + 4 - 4 + 8 = 9$ wird.

Eben ſo, wenn die Formel $4 + 6x - 5x^2 + 3x^3$ ein Quadrat werden ſoll, ſo ſetze man zuerſt die Wurzel $= 2 + nx$ und ſuche n, ſo daß die beyden erſten Glieder wegfallen, weil nun $4 + 6x - 5x^2 + 3x^3 = 4 + 4nx + n^2x^2$ wird, ſo muß $4n = 6$ und alſo $n = \frac{3}{2}$ ſeyn, woher die Gleichung $- 5x^2 + 3x^3 = \frac{9}{4}x^2$ oder $3x^3 = \frac{29}{4}x^2$ entſteht, daher $x = \frac{29}{12}$, welcher Werth unſere Formel zu einem Quadrate macht, deſſen Wurzel $2 + \frac{3}{2}x = \frac{45}{8}$ ſeyn wird.

§. 116.

Der zweyte Weg beſteht darin, daß man der Wurzel drey Glieder giebt, als $f + gx + hx^2$, welche ſo beſchaffen ſind, daß in der Gleichung die drey erſten Glieder wegfallen.

Es ſey z. B. die Formel $1 - 4x + 6x^2 - 5x^3$ gegeben; hiervon ſetze man die Wurzel $1 - 2x + hx^2$, wo dann $1 - 4x + 6x^2 - 5x^3 = 1 - 4x + 4x^2 + 2hx^2 - 4hx^3 + h^2x^4$ ſeyn ſoll; hier fallen die zwey erſten Glieder ſchon weg, damit aber auch das dritte wegfalle, ſo muß $6 = 2h + 4$ ſeyn und alſo $h = 1$. Hieraus bekommen wir $- 5x^3 = - 4x^3 + x^4$, wo durch x^3 dividirt wird, $- 5 = - 4 + x$ und $x = - 1$.

§. 117.

§. 117.

Diese zwey Methoden können also gebraucht werden, wenn das erste Glied a ein Quadrat ist. Der Grund derselben beruht darauf, daß man bey der ersten Methode der Wurzel zwey Glieder giebt, als $f + px$, wo f die Quadratwurzel des ersten Gliedes ist, und p so angenommen wird, daß auch das zweyte Glied wegfallen, und also nur das dritte und vierte Glied unsrer Formel, nämlich $cx^2 + dx^3$ mit p^2x^2 verglichen werden muß, da denn die Gleichung durch x^2 dividirt, einen neuen Werth für x angiebt, welcher $x = \frac{p^2 - c}{d}$ seyn wird. Bey der zweyten Methode giebt man der Wurzel drey Glieder und setzt dieselben $f + px + qx^2$, wenn nämlich $a = f^2$, und bestimmt p und q dergestalt, daß die drey ersten Glieder auf beyden Seiten verschwinden, welches so geschieht: da $f^2 + bx + cx^2 + dx^3 = f^2 + 2fpx + 2fqx^2 + p^2x^2 + 2pqx^3 + q^2x^4$, so muß $b = 2fp$ seyn, also $p = \frac{b}{2f}$, und $c = 2fq + p^2$, also $q = \frac{c - p^2}{2f}$; und die übrige Gleichung $dx^3 = 2pqx^3 + q^2x^4$ läßt sich theilen, und daraus wird $x = \frac{d - 2pq}{q^2}$.

§. 118.

Indessen kann es oft geschehen, daß, obgleich $a = f^2$, dennoch diese Methode keinen neuen Werth für x angebe, wie aus der Formel $f^2 + dx^3$ sich ersehen läßt, wo das zweyte und dritte Glied fehlt.

Denn setzt man nach der ersten die Wurzel $= f + px$, so daß $f^2 + dx^3 = f^2 + 2fpx + p^2x^2$ seyn soll, so muß $o = 2fp$ und $p = o$ seyn, daher bekömmt

II. Theil.　　　　　　　　　R　　　　　　　　man

man $dx^3 = 0$, und daraus $x = 0$, welches kein neuer Werth ist.

Setzt man aber nach der andern Methode die Wurzel $= f + px + qx^2$, so daß $f^2 + dx^3 = f^2 + 2fpx + 2fqx^2 + 2pqx^3 + q^2x^4$ seyn soll, so muß $0 = 2fp$ und $p = 0$ seyn, ferner $0 = 2fp + p^2$, und also $q = 0$, daher man $dx^3 = 0$ und wiederum $x = 0$ bekömmt.

§. 119.

In solchen Fällen ist nun nichts zu thun, als daß man sehe, ob man nicht einen solchen Werth für x errathen könne, wo die Formel ein Quadrat wird, wo man dann aus derselben nach der vorigen Methode neue Werthe für x finden kann; welches auch angeht, wenn gleich das erste Glied kein Quadrat ist.

Um dieses zu zeigen, so soll die Formel $3 + x^3$ ein Quadrat seyn; da nun solches geschieht, wenn $x = 1$, so setze man $x = 1 + y$, und da bekömmt man: $4 + 3y + 3y^2 + y^3$, in welcher das erste Glied ein Quadrat ist. Man setze also nach der ersten Methode die Wurzel davon $2 + py$, so wird $4 + 3y + 3y^2 + y^3 = 4 + 4py + p^2y^2$; wo nun das zweyte Glied wegzuschaffen seyn muß $3 = 4p$, und also $y = \frac{3}{4}$, alsdann wird $3 + y = p^2$ und $y = p^2 - 3 = \frac{9}{16} - \frac{48}{16} = -\frac{39}{16}$, folglich $x = -\frac{23}{16}$, welches ein neuer Werth für x ist.

Setzt man weiter nach der zweyten Methode die Wurzel $= 2 + py + qy^2$, so wird $4 + 3y + 3y^2 + y^3 = 4 + 4py + 4qy^2 + 2pqy^3 + q^2y^4 + p^2y^2$, wo nun das zweyte Glied wegzuschaffen seyn muß $3 = 4p$, oder $p = \frac{3}{4}$, und um das dritte wegzuschaffen, $3 = 4q + p^2$, also $q = \frac{3 - p^2}{4} = \frac{39}{64}$;

so

so haben wir $1 = 2pq + q^2y$, und daraus $y = \frac{1 - 2pq}{q^2}$, oder $y = \frac{152}{1521}$, folglich $x = \frac{1873}{1521}$.

§. 120.

Nun wollen wir auch zeigen, wie man, wenn man schon einen solchen Werth gefunden hat, daraus weiter einen andern neuen finden soll. Wir wollen dieses auf eine allgemeine Art vorstellen, und auf folgende Formel anwenden: $a + bx + cx^2 + dx^3$, von welcher schon bekannt sey, daß sie ein Quadrat werde, wenn $x = f$, und daß alsdann $a + bf + cf^2 + df^3 = g^2$ sey. Hierauf setze man $x = f + y$, so erhält man folgende neue Formel:

$$
\begin{array}{l}
a \\
+ bf + b\,y \\
+ cf^2 + 2cfy + cy^2 \\
+ df^3 + 3df^2y + dy^3 \\
\hline
g^2 + (b + 2cf + 3df^2)\,y + (c + 3df)\,y^2 + dy^3
\end{array}
$$

in welcher Formel das erste Glied ein Quadrat ist; so daß die beyden obigen Methoden angewendet werden können; wodurch neue Werthe für y und also auch für x gefunden werden, nämlich $x = f + y$.

§. 121.

Oft hilft es aber auch nichts, wenn man gleich einen Werth für x errathen hat, wie in der Formel $1 + x^3$ geschieht, welche ein Quadrat wird, wenn man $x = 2$ setzt. Denn setzt man diesem zufolge $x = 2 + y$, so kömmt diese Formel $9 + 12y + 6y^2 + y^3$ heraus, welche nun ein Quadrat seyn soll. Es sey davon, nach der ersten Regel, die Wurzel $= 3 + py$, so wird $9 + 12y + 6y^2 + y^3 = 9 + 6py + p^2y^2$; wo $12 = 6p$ und $p = 2$ seyn muß; alsdann

R 2   wird

wird $6 + y = p^2 = 4$, und alſo $y = -2$; folglich $x = 0$, aus welchem Werth aber nichts weiter gefunden werden kann.

Nehmen wir aber nach der zweyten Methode die Wurzel $= 3 + py + qy^2$, ſo wird $9 + 12y + 6y^2 + y^3 = 9 + 6py + 6qy^2 + 2pqy^3 + q^2y^4 + p^2y^2$, wo erſtlich $12 = 6p$ und $p = 2$; ferner $6 = 6q + p^2 = 6q + 4$ und alſo $q = \frac{1}{3}$ ſeyn muß. Hieraus erhält man $1 = 2q + q^2y = \frac{4}{3} + \frac{1}{9}y$; daher $y = -3$, folglich $x = -1$, und $1 + x^3 = 0$; aus welchem nichts weiter geſchloſſen werden kann. Denn wollte man $x = -1 + z$ annehmen, ſo erhielte man die Formel $3z - 3z^2 + z^3$, wo das erſte Glied gar wegfällt, und alſo weder die eine noch die andere Methode gebraucht werden kann.

Hieraus wird ſchon ſehr wahrſcheinlich, daß die Formel $1 + x^3$ kein Quadrat werden könne, außer in dieſen drey Fällen:

I.) $x = 2$, II.) $x = 0$, III.) $x = -1$, doch kann dieſes aber auch aus andern Gründen bewieſen werden.

§. 122.

Zur Uebung wollen wir noch die Formel $1 + 3x^3$ betrachten, welche in dieſen Fällen ein Quadrat wird I.) $x = 0$, II.) $x = 1$, III.) $x = 2$, und wir wollen ſehen, ob ſich noch andere ſolche Werthe finden laſſen?

Da nun bekannt iſt, daß $x = 1$ ein Werth iſt, ſo ſetze man $x = 1 + y$; und da bekömmt man $1 + 3x^3 = 4 + 9y + 9y^2 + 3y^3$, davon ſey die Wurzel $2 + py$, ſo daß $4 + 9y + 9y^2 + 3y^3 = 4 + 4py + p^2y^2$ ſeyn ſoll, wo $9 = 4p$ und alſo $p = \frac{9}{4}$ ſeyn muß; die übrigen Glieder geben aber $9 + 3y = p^2 = \frac{81}{16}$ und $y = -\frac{21}{16}$; folglich $x = -\frac{5}{16}$, wo dann

dann $1 + 3x^3$ ein Quadrat wird, davon die Wurzel $-\frac{61}{4}$ oder auch $+\frac{61}{4}$ ist; wollte man nun weiter $x = -\frac{5}{16} + z$ annehmen, so würde man daraus wieder andere neue Werthe finden können.

Wollte man aber für die obige Formel nach der zweyten Methode die Wurzel setzen: $2 + py + qy^2$, so daß $4 + 9y + 9y^2 + 3y^3 = 4 + 4py + 4qy^2 + p^2y^2 + 2pqy^3 + q^2y^4$ seyn soll, so müßte erstlich seyn $9 = 4p$, also $p = \frac{9}{4}$; hernach $9 = 4q + p^2 = 4q + \frac{81}{16}$, und also $q = \frac{63}{64}$; aus den noch übrigen Gliedern wird $3 = 2pq + q^2y = \frac{567}{128} + q^2y$, oder $567 + 128q^2 = 384$, oder $128q^2y = -183$, das ist $126.\frac{63}{64}y = -183$, oder $42.\frac{63}{64}y = -61$, daher $y = -\frac{1952}{1323}$, folglich $x = -\frac{629}{1323}$, aus welchem nach der vorher gegebenen Anweisung wiederum andere neue gefunden werden können.

§. 123.

Hier haben wir aus dem bekannten Fall $x = 1$ zwey neue Werthe herausgebracht, aus welchen man, wenn man sich die Mühe geben wollte, wiederum andere neue finden könnte, wodurch man aber auf sehr weitläuftige Brüche gerathen würde.

Daher hat man Ursache sich zu verwundern, daß aus diesem Fall $x = 1$ nicht auch der andere $x = 2$, der ebenfalls leicht in die Augen fällt, herausgebracht worden; welches daher ohne Zweifel ein Zeichen der Unvollkommenheit der bisher erfundenen Methode ist. Man kann gleichergestalt aus dem Fall $x = 2$ andere neue Werthe herausbringen, man setze zu diesem Ende $x = 2 + y$, so daß folgende Formel ein Quadrat seyn soll: $25 + 36y + 18y^2 + 3y^3$; hiervon sey die Wurzel nach der ersten Methode $5 + py$, so wird $25 + 36y + 18y^2 + 3y^3 = 25 + 10py + p^2y^2$, und also $36 = 10p$ oder

$\mathfrak{R}$ 3 $p = \frac{18}{5}$;

$p = \frac{18}{5}$, daraus wird aus den übrigen Gliedern, durch y^2 dividirt, $18 + 3y = p^2 = \frac{324}{25}$, und daher $y = -\frac{42}{25}$, und $x = \frac{8}{25}$, hieraus wird $1 + 3x^3$ ein Quadrat, wovon die Wurzel ist $5 + py = -\frac{131}{125}$, oder $+\frac{131}{125}$.

Will man ferner nach der zweyten Methode die Wurzel ſetzen: $5 + py + qy^2$, ſo wird $25 + 36y + 18y^2 + 3y^3 = 25 + 10py + 10qy^2 + p^2y^2 + 2pqy^3 + q^2y^4$; wo, um die zweyten und dritten Glieder wegzuſchaffen, $36 = 10p$, oder $p = \frac{18}{5}$ ſeyn muß; hernach $18 = 10q + p^2$, und $10q = 18 - \frac{324}{25} = \frac{126}{25}$, und $q = \frac{63}{125}$, die übrigen Glieder, durch y^3 getheilt, geben $3 = 2pq + q^2y$, oder $q^2y = 3 - 2pq = -\frac{303}{625}$; alſo $y = -\frac{3275}{1323}$, und $x = -\frac{629}{1323}$.

§. 124.

Eben ſo ſchwer und mühſam wird dieſe Rechnung auch in ſolchen Fällen, wo aus einem andern Grunde es ganz leicht iſt, ſogar eine allgemeine Auflöſung zu geben, wie bey dieſer Formel: $1 - x - x^2 + x^3$ geſchieht, wo auf eine allgemeine Art $x = n^2 - 1$ genommen werden kann, und wo n eine jede beliebige Zahl bedeutet.

Denn wenn $n = 2$, ſo wird $x = 3$, und unſere Formel $= 1 - 3 - 9 + 27 = 16$. Nimmt man $n = 3$, ſo wird $x = 8$ und unſere Formel $= 1 - 8 - 64 + 512 = 441$.

Es ereignet ſich aber hier ein ganz beſonderer Umſtand, welchem wir dieſe leichte Auflöſung zu danken haben, und welcher ſogleich in die Augen fallen wird, wenn wir unſere Formel in Factoren auflöſen. Es iſt leicht einzuſehen, daß ſich dieſelbe durch $1 - x$ theilen laſſe und daß der Quotient $1 - x^2$ ſeyn werde, welcher weiter aus folgenden

genden Factoren besteht: $(1 + x) (1 - x)$, so
daß unsere Formel diese Gestalt erhält:
$1 - x - x^2 + x^3 = (1 - x) (1 + x) (1 - x) =$
$(1 - x)^2 . (1 + x)$. Da nun dieselbe ein Quadrat
seyn soll, und ein Quadrat durch ein Quadrat dividirt, wieder ein Quadrat wird, so muß auch $1 + x$
ein Quadrat seyn; und umgekehrt, wenn $1 + x$
ein Quadrat ist, so wird auch $(1 - x)^2 (1 + x)$ ein
Quadrat, man darf also nur $1 + x = n^2$ setzen, so
bekömmt man sogleich $x = n^2 - 1$.

Hätte man diesen Umstand nicht bemerkt, so
würde es schwer gefallen seyn, nach den obigen Methoden nur ein halb Dutzend Werthe für x ausfindig zu machen.

§. 125.

Bei einer jeden gegebenen Formel ist es daher
sehr gut, dieselbe in ihre Factoren aufzulösen, wenn
dieses nämlich möglich ist.

Wie dieses aber anzustellen sey, ist schon oben
gezeigt worden; man setzt nämlich die gegebene Formel $= 0$, und sucht von dieser Gleichung die Wurzel, wo dann eine jede Wurzel, z. B. $x = f$, einen
Factor $f = x$ giebt, welche Untersuchung um so
viel leichter anzustellen ist, da hier nur rationale
Wurzeln gesucht werden, welche alle Theiler der
bloßen Zahl sind.

§. 126.

Dieser Umstand trifft auch bey unserer allgemeinen Formel $a + bx + cx^2 + dx^3$ ein, wenn die
zwey ersten Glieder wegfallen, so daß $cx^2 + dx^3$
ein Quadrat seyn soll; denn alsdann muß auch nothwendig diese Formel, durch das Quadrat x^2 dividirt,
nämlich $c + dx$ ein Quadrat seyn, wo man denn

nur

nur setzen darf c $+$ dx $=$ n², um x $= \dfrac{n^2 - c}{d}$ zu be=
kommen, welche auf einmal unendlich viele, und
sogar alle mögliche Auflösungen in sich enthält.

§. 127.

Wenn man bey dem Gebrauch der obigen ersten
Methode den Buchstaben p nicht bestimmen wollte,
um das zweyte Glied wegzuschaffen, so würde man
auf eine andere irrationale Formel fallen, welche
rational gemacht werden soll.

Es sey demnach die gegebene Formel f² $+$ bx $+$
cx² $+$ dx³, und man setze die Wurzel davon $=$ f $+$
px, so wird f² $+$ bx $+$ cx² $+$ dx³ $=$ f² $+$ 2fpx $+$
p²x²; wo sich das erste Glied aufhebt, die übrigen
aber durch x dividirt, geben b $+$ cx $+$ dx² $=$ 2fp
$+$ p²x, welches eine quadratische Gleichung ist,
aus welcher x gefunden wird, wie folgt:

$$ x = \frac{p^2 - c + \sqrt{(p^4 - 2cp^2 + 8dfp + c^2 - 4bd)}}{2d}. $$

Jetzt kömmt es also darauf an, daß man solche
Werthe für p ausfindig mache, wodurch diese For=
mel p⁴ $-$ 2cp² $+$ 8dfp $+$ c² $-$ 4bd ein Quadrat
werde.   Da nun hier die vierte Potenz der gesuchten
Zahl p vorkömmt, so gehört dieser Fall in das fol=
gende Capitel.

IX. Ca=

IX. Capitel.

Von der Art, diese Irrationalformel
$$r(a + bx + cx^2 + dx^3 + ex^4)$$
rational zu machen.

§. 128.

Wir kommen nun zu solchen Formeln, wo die unbestimmte Zahl x bis zur vierten Potenz steigt, womit wir zugleich unsre Untersuchung über die Quadratwurzelzeichen endigen müssen, indem man es bisher noch nicht so weit gebracht hat, daß man Formeln, worin höhere Potenzen von x vorkommen, zu Quadrate machen könnte.

Bey dieser Formel kommen aber folgende drey Fälle in Betrachtung: nämlich erstens, wenn das erste Glied a ein Quadrat; zweytens, wenn das letzte ex⁴ ein Quadrat ist; endlich drittens, wenn das erste und letzte Glied zugleich Quadrate sind, welche drey Fälle wir hier besonders abhandeln wollen.

§. 129.

I.) Auflösung der Formel
$$r(f^2 + bx + cx^2 + dx^3 + ex^4).$$

Da hier das erste Glied ein Quadrat ist, so könnte man auch nach der ersten Methode die Wurzel $= f + px$ setzen, und p so bestimmen, daß die beyden ersten Glieder wegfielen, und die übrigen sich durch x^2 theilen ließen; allein alsdann würde in der Gleichung doch noch x^2 vorkommen, und also die Bestimmung des x ein neues Wurzelzeichen erfordern. Man muß also sogleich die zweyte Methode

R 5   zur

zur Hand nehmen und die Wurzel $= f + px + qx^2$
ſetzen, hierauf die Buchſtaben p und q ſo beſtimmen, daß die drey erſten Glieder wegfallen, und
alſo die übrigen durch x^3 theilbar werden, wo dann
nur eine einfache Gleichung herauskommt, aus
welcher x ohne Wurzelzeichen beſtimmt werden kann.

§. 130.

Man ſetze daher die Wurzel $= f + px + qx^2$,
ſo daß $f^2 + bx + cx^2 + dx^3 + ex^4 = f^2 + 2fpx$
$+ 2fqx^2 + 2pqx^3 + q^2x^4$ ſeyn ſoll, wo die erſten
$+ p^2x^2$
Glieder von ſelbſt wegfallen; für die zweyten ſetze
man $b = 2fp$, oder $p = \frac{b}{2f}$, ſo muß für die dritten
Glieder ſeyn: $c = fq + p^2$, oder $q = \frac{c - p^2}{2f}$;   iſt
dieſes geſchehen, ſo laſſen ſich die übrigen Glieder
durch x^3 theilen und geben die Gleichung: $d + ex$
$= 2pq + q^2x$, aus welcher man $x = \frac{d - 2pq}{q^2 - e}$,   oder
$x = \frac{2pq - d}{e - q^2}$ findet.

§. 131.

Es iſt aber leicht zu ſehen, daß durch dieſe Methode nichts gefunden wird, wenn das zweyte und
dritte Glied in der Formel mangelt, oder wenn ſowohl $b = 0$ als $c = 0$ iſt, weil alsdann $p = 0$ und
$q = 0$; folglich $x = \frac{d}{e}$, woraus ſich aber gewöhnlich nichts neues finden läßt; denn in dieſem Falle
wird offenbar $dx^3 + ex^4 = 0$, und alſo unſere Formel dem Quadrat f^2 gleich. Beſonders aber, wenn
auch $d = 0$ iſt, ſo kömmt $x = 0$, welcher Werth
nichts weiter hilft, daher dieſe Methode für eine
ſolche

solche Formel f² + ex⁴ keine Dienste leistet. Eben dieser Umstand ereignet sich auch, wenn b = o und d = o, oder wenn das zweyte und vierte Glied mangelt, und die Formel folgende Gestalt hat: f² + cx² + ex⁴; denn da wird p = o und q = $\frac{c}{2f}$, woraus x = o gefunden wird, welcher Werth sogleich in die Augen fällt und zu nichts weiter führt.

§. 132.

II.) Auflösung der Formel

$$\Gamma (a + bx + cx² + dx⁴ + g²x⁴).$$

Diese Formel könnte sogleich auf den ersten Fall gebracht werden, indem man x = $\frac{1}{y}$ annimmt, denn weil alsdann diese Formel a + $\frac{b}{y}$ + $\frac{c}{y²}$ + $\frac{d}{y³}$ + $\frac{g²}{y⁴}$ ein Quadrat seyn müßte, so muß auch dieselbe mit dem Quadrat y⁴ multiplicirt, ein Quadrat bleiben; alsdann aber bekömmt man diese Formel: ay⁴ + by³ + cy² + dy + g², welche rückwärts geschrieben, der obigen vollkommen ähnlich ist.

Man hat aber dieses nicht nöthig, sondern man kann die Wurzel davon so ansetzen: gx²+px+q, oder umgekehrt: q+px+gx², wo dann a+bx + cx² + dx³ + g²x⁴ = q² + 2pqx + 2gqx² + + p²x² 2gpx³+g²x⁴, weil sich nun hier die fünften Glieder von selbst aufheben, so bestimme man erstlich p, so daß sich auch die vierten Glieder aufheben; dieses geschieht, wenn d = 2gp oder p = $\frac{d}{2g}$, hernach bestimme man weiter q, so daß sich auch die dritten Glieder aufheben, welches geschieht, wenn c = 2gq + p²,

$+ p^2$, oder $q = \frac{c - p^2}{2g}$; iſt dieſes geſchehen, ſo geben die zwey erſten Glieder die Gleichung $a + bx = q^2 + 2pqx$, woraus $x = \frac{a - q^2}{2pq - b}$, oder $x = \frac{q^2 - a}{b - 2pq}$ gefunden wird.

§. 133.

Hier ereignet ſich abermals der oben angeführte Mangel, wenn das zweyte und vierte Glied fehlt, oder wenn $b = 0$ und $d = 0$; denn da wird $p = 0$ und $q = \frac{c}{2g}$, hieraus alſo $x = \frac{a - q^2}{0}$, welcher Werth unendlich groß iſt, und eben ſo wenig zu etwas führt, als der Werth $x = 0$ im erſtern Fall; daher dieſe Methode bey ſolchen Gleichungen, wie $a + cx^2 + g^2x^4$, gar nicht gebraucht werden kann.

§. 134.

III.) Auflöſung der Formel
$$\sqrt{(f^2 + bx + cx^2 + dx^3 + g^2x^4)}.$$

Es iſt klar, daß bey dieſer Formel beyde vorhergehende Methoden angebracht werden können, denn da das erſte Glied ein Quadrat iſt, ſo kann man die Wurzel $= f + px + qx^2$ annehmen und die drey erſten Glieder verſchwinden machen; hernach weil das letzte Glied ein Quadrat iſt, ſo kann man auch annehmen, die Wurzel ſey $= q + px + gx^2$, und die drey letzten Glieder verſchwinden machen, da man denn zwey Werthe für x herausbringt.

Allein man kann auch dieſe Formel noch auf zwey andere Arten behandeln, die derſelben eigen ſind.

Nach der erſten Art ſetzt man die Wurzel $= f + px + gx^2$, und beſtimmt p, ſo daß die zweyten Glieder

Glieder wegfallen, weil nämlich: $f^2 + bx + cx^2$
$+ dx^3 + g^2x^4 = f^2 + 2fpx + 2fgx^2 + 2gpx^3 +$
$$+ p^2x^2$$

g^2x^4 seyn soll, so mache man $b = 2fp$ oder $p = \dfrac{b}{2f}$,
und weil alsdann nicht nur die ersten und letzten
Glieder, sondern auch die zweyten sich einander auf=
heben, so geben die übrigen, durch x^2 dividirt, die
Gleichung: $c+dx = 2fg + p^2 + 2gpx$, woraus
$x = \dfrac{c - 2fg - p^2}{2gp - d}$, oder $x = \dfrac{p^2 + 2fg - c}{d - 2gp}$ gefunden
wird. Hier ist vorzüglich zu merken, daß, da in
der Formel nur das Quadrat g^2 vorkömmt, die
Wurzel davon g sowohl negativ als positiv genom=
men werden kann; woraus man noch einen andern
Werth für x erhält, nämlich $x = \dfrac{c + 2fg - p^2}{-2gp - d}$, oder
$x = \dfrac{p^2 - 2fg - c}{2gp + d}$.

§. 135.

Es giebt auch noch einen andern Weg, diese
Formel aufzulösen; man setzt nämlich, wie vorher,
die Wurzel $= f + px + gx^2$, bestimmt aber p der=
gestalt, daß die vierten Glieder sich einander auf=
heben, nämlich man setzt in der obigen Gleichung
$d = 2gp$ oder $p = \dfrac{d}{2g}$, und weil auch das erste Glied
mit dem letzten wegfällt, so geben die übrigen, durch
x dividirt, die einfache Gleichung: $b + cx = 2fp$
$+ 2fgx + p^2x$, woraus man $x = \dfrac{b - 2fp}{2fg + p^2 - c}$ findet;
wobey noch zu bemerken ist, daß, weil in der For=
mel nur das Quadrat f^2 vorkömmt, die Wurzel
davon auch $- f$ gesetzt werden könne, so daß x
auch

auch $= \dfrac{b + 2fp}{p^2 - 2fg - c}$ ſeyn wird; alſo daß auch hieraus zwey neue Werthe für x gefunden werden und
folglich durch die bisher erklärte Art zu verfahren,
in allem ſechs neue Werthe heraus gebracht worden ſind.

§. 136.

Hier ereignet ſich aber auch wieder der unange-
nehme Umſtand, daß, wenn das zweyte und vierte
Glied mangelt, oder b $=$ o und d $=$ o alsdann kein
tüchtiger Werth für x herausgebracht werden kann,
und alſo die Auflöſung der Formel $f^2 + cx^2 + g^2x^4$
dadurch nicht erhalten werden kann. Denn weil
b $=$ o und d $=$ o, ſo hat man für die beyden Arten
p $=$ o, und daher giebt die erſte x $= \dfrac{c - 2fg}{o}$, die
andere Art aber x $=$ o, aus welchen beyden nichts
weiter gefunden werden kann.

§. 137.

Dieſes ſind nun die drey Formeln, auf welche
die bisher erklärten Methoden angewendet werden
können; wenn aber in der gegebenen Formel weder
das erſte noch das letzte Glied ein Quadrat iſt, ſo
iſt nichts auszurichten, bis man einen ſolchen Werth
für x gefunden hat, durch welchen die Formel ein
Quadrat wird. Wir wollen daher annehmen, man
hätte ſchon gefunden, daß unſre Formel ein Quadrat werde, wenn man x $=$ h ſetzt, ſo daß a $+$ bh
$+$ ch² $+$ dh³ $+$ eh⁴ $= k^2$, ſo darf man nur x $=$ h
$+$ y annehmen, ſo bekömmt man eine neue Formel,
in welcher das erſte Glied k^2 und alſo ein Quadrat
ſeyn wird, daher der erſte Fall hier gebraucht werden kann. Dieſe Verwandlung kann auch gebraucht
werden, wenn man in den vorhergehenden Fällen
ſchon

schon einen Werth für x, als z. B. x = h gefunden
hat, denn da darf man nur x = h + y setzen, so
erhält man ein neue Gleichung, auf welche die
obige Gleichung angewendet werden kann; da man
denn aus den schon gefundenen Werthen für x andere neue herausbringen kann, und mit diesen neuen
kann man wieder auf gleiche Weise verfahren und
so immer mehrere neue Werthe für x auffinden.

§. 138.

Vorzüglich aber ist von den schon oft gemeldeten
Formeln, wo das zweyte und vierte Glied fehlt, zu
merken, daß keine Auflösung derselben zu finden ist,
wofern man nicht schon eine gleichsam errathen hat;
wie aber dann zu verfahren sey, wollen wir bey der
Formel $a + ex^4$ zeigen, welche nämlich sehr oft vor-
zukommen pflegt.

Wir wollen also annehmen, man habe schon
einen Werth x = h errathen, so daß $a + eh^4 = k^2$
sey; um nun daraus noch andere zu finden, setze
man x = h + y, so wird die folgende Formel ein
Quadrat seyn müssen: $a + eh^4 + 4eh^3y + 6eh^2y^2$
$+ 4eh^3 + ey^4$, das ist $k^2 + 4eh^3y + 6eh^2y^2 +$
$4ehy^3 + ey^4$, welche zu der ersten Art gehört; man
setze daher die Quadratwurzel davon $k + py + qy^2$
und folglich unsere Formel gleich diesem Quadrat:
$k^2 + 2kpy + 2kqy^2 + 2pqy^3 + q^2y^4$, wo zuerst
$\qquad + p^2y^2$
p und q so bestimmt werden müssen, daß auch die
zweyten Glieder wegfallen, deswegen muß $4eh^3 =$
$2kp$ und also $p = \dfrac{2eh^3}{k}$ seyn; ferner $6eh^2 = 2kq +$

p^2, daher $q = \dfrac{6eh^2 - p^2}{2k}$, oder $q = \dfrac{3eh^2k^2 - 2e^2h^6}{k^3}$,

oder

oder $q = \dfrac{eh^2(3k^2 - 2eh^4)}{k^3}$; folglich, da $eh^4 = k^2 - a$,

so wird $q = \dfrac{eh^2(k^2 + 2a)}{q^3}$; hernach geben die folgen-

den Glieder, durch y^3 dividirt, $4eh + ey = 2pq$

$+ q^2 y$, woraus $y = \dfrac{4eh - 2pq}{p^2 - e}$ gefunden wird, wo-

von der Zähler in die Form $\dfrac{4ehk^4 - 4e^2 h^5 (k^2 + 2a)}{k^4}$

gebracht wird, welche ferner, da $eh^4 = k^2 - a$ ist,
in folgende verwandelt wird:

$\dfrac{4ehk^4 - 4eh(k^2 - a)(k^2 + 2a)}{k^4}$, oder $\dfrac{4eh(-ak^2 + 2a^2)}{k^4}$,

oder $\dfrac{4aeh(2a - k^2)}{k^4}$. Der Nenner aber $q^2 - e$ wird

$= \dfrac{e(k^2 - a)(k^2 + 2a)^2 - ek^5}{k^6}$, und dieses wird $=$

$\dfrac{e(3ak^4 - 4a^3)}{k^6} = \dfrac{ea(3k^4 - 4a^2)}{k^6}$, woraus der gesuchte

Werth seyn wird $y = \dfrac{2aeh(2a - k^2)}{k^4} \cdot \dfrac{k^6}{ae(3k^4 - 4a^2)}$,

das ist $y = \dfrac{4hk^2(2a - k^2)}{3k^4 - 4a^2}$, und daher $x =$

$\dfrac{h(8ak^2 - k^4 - 4a^2)}{3k^4 - 4a^2}$, oder $x = \dfrac{h(k^4 - 8ak^2 + 4a^2)}{4a^2 - 3k^4}$.

Setzt man nun diesen Werth für x, so wird unsere
Formel, nämlich $a + ex^4$, ein Quadrat, von welchem die Wurzel seyn wird: $k + py + qy^2$, welches auf folgende Form gebracht wird: $k +$

$\dfrac{8k(k^2 - a) 2a - k^2)}{3k^4 - 4a^2} + \dfrac{16k(k^2 - a)(k^2 + 2a)(2a - k^2)^2}{(3k^4 - 4a^2)^2}$,

weil aus dem obigen $p = \dfrac{2eh^3}{k}$, und $q = \dfrac{eh^2(k^2 + 2a)}{k^3}$,

und $y = \dfrac{4hk^2(2a - k^2)}{3k^4 - 4a^2}$ ist.

§. 139.

§. 139.

Wir wollen bey der Formel a + ex⁴ noch stehen bleiben und weil der Fall a + eh⁴ = k² bekannt ist, so können wir denselben als zwey Fälle ansehen, weil sowohl x = — h, als x = + h ist, und deswegen können wir diese Formel in eine andere von der dritten Art verwandeln, wo das erste und letzte Glied Quadrate werden. Dieses geschieht, wenn wir x = $\frac{h(1+y)}{1-y}$ annehmen, welcher Kunstgriff oft gute Dienste thut, also wird unsere Formel:

$$\frac{a(1-y)^4 + eh^4(1+y)^4}{(1-y)^4}, \text{ oder}$$

$$\frac{k^2 + 4(k^2 - 2a)y + 6k^2y^2 + 4(k^2 - 2a)y^3 + k^2y^4}{(1-y)^4};$$

hiervon setze man die Quadratwurzel nach dem dritten Fall $\frac{k + py - ky^2}{(1-y)^2}$, so daß der Zähler unserer Formel dem Quadrate k² + 2kpy — 2k²y² + p²y² — 2kpy³ + k²y⁴ gleich seyn muß. Man mache, daß die zweyten Glieder wegfallen, welches geschieht, wenn 4k² — 8a = 2kp, oder p = $\frac{2k^2 - 4a}{k}$; die übrigen Glieder, durch y² dividirt, geben 6k² + 4 (k² — 2a) y = — 2k² + p² — 2kpy, oder y (4k² — 8a + 2kp) = p² — 8k²; da nun p = $\frac{2k^2 - 4a}{k}$; und pk = 2k² — 4a, so wird y (8k² — 16a) = $\frac{-4k^4 - 16ak^2 + 16a^2}{k^2}$; folglich y = $\frac{-k^4 - 4ak^2 + 4a^2}{k^2(2k^2 - 4a)}$; um nun daraus x zu finden, so ist zuerst

$$1 + y = \frac{k^4 - 8ak^2 + 4a^2}{k^2(2k^2 - 4a)}, \text{ und dann zweytens}$$

$$1 - y = \frac{3k^4 - 4a^2}{k^2(2k^2 - 4a)}; \text{ also}$$

II. Theil.   ℬ   1 + y

$$\frac{1+y}{1-y} = \frac{k^4 - 8ak^2 + 4a^2}{3k^4 - 4a^2};$$ folglich bekommen wir

$$x = \frac{k^4 - 8ak^2 + 4a^2}{3k^4 - 4a^2} \cdot h,$$ welches aber der nämliche Ausdruck ist, den wir schon vorher gefunden haben.

§. 140.

Um dieses mit einem Beyspiele zu erläutern, so sey die Formel $2x^4 - 1$ gegeben, welche ein Quadrat seyn soll. Hier ist nun $a = -1$ und $e = 2$, der bekannte Fall aber, wo diese Formel ein Quadrat wird, wenn $x = 1$; also ist $h = 1$ und $k^2 = 1$, das ist $k = 1$; hieraus erhalten wir also sogleich diesen neuen Werth $x = \frac{1+8+4}{3-4} = -13$, weil aber von x nur die vierte Potenz vorkömmt, so kann man auch $x = +13$ annehmen, und daraus wird $2x^4 - 1 = 57121 = (239)^2$.

Nehmen wir nun diesen Fall als bekannt an, so wird $h = 13$ und $k = 239$, woraus wieder ein neuer Werth für x gefunden wird, nämlich

$$x = \frac{815730721 + 228488 + 4}{2447192163 - 4} \cdot 13 = \frac{815959213}{2447192159} \cdot 13,$$

also wird $x = \frac{10607469769}{2447192159}$.

§. 141.

Auf gleiche Art wollen wir die etwas allgemeinere Formel $a + cx^2 + ex^4$ betrachten, und für den bekannten Fall, wo dieselbe ein Quadrat wird, annehmen $x = h$, so daß $a + ch^2 + eh^4 = k^2$. Um nun daraus andere zu finden, so setze man $x = h + y$, da dann unsere Formel folgende Gestalt bekommen wird:

a

a

$ch^2 + 2chy + cy^2$

$eh^4 + 4eh^3y + 6eh^2y^2 + 4ehy^3 + ey^4$

——————————————————————

$k^2 + (2ch + 4eh^3)\,y + (c + 6eh^2)\,y^2 + 4ehy^3 + ey^4$

wo das erste Glied ein Quadrat ist; man setze daher die Quadratwurzel davon $k + py + qy^2$, so daß unsere Formel dem Quadrate $k^2 + 2kpy + 2kqy^2$

$+ p^2y^2$

$+ 3pqy^3 + q^2y^4$ gleich seyn soll; nun bestimme man p und q, so daß die zweyten und dritten Glieder wegfallen, wozu erfordert wird, erstlich, daß $2ch + 4eh^3 = 2kp$ oder $p = \dfrac{ch + 2eh^3}{k}$, hernach aber, daß $c + 6eh^2 = 2kq + p^2$, oder $q = \dfrac{c + 6eh^2 - p^2}{2k}$; alsdann geben die folgenden Glieder, durch y^3 dividirt, die Gleichung $4eh + ey = 2pq + q^2y$, daraus wird $y = \dfrac{4eh - 2pq}{q^2 - e}$ gefunden, und daraus ferner $x = h + y$; in welchem Falle die Quadratwurzel aus unserer Formel seyn wird: $k + py + qy^2$. Sieht man nun dieses wieder als den anfänglich bekannten Fall an, so findet man daraus wieder einen neuen Fall, und man kann daher auf diese Art so weit fortgehen, als man will.

§. 142.

Um dieses zu erläutern, so sey die gegebene Formel $1 - x^2 + x^4$, wo folglich $a = 1$, $c = -1$ und $e = 1$. Der bekannte Fall fällt sogleich in die Augen, nämlich $x = 1$, so daß $h = 1$ und $k = 1$. Setzt man nun $x = 1 + y$, und die Quadratwurzel unserer Formel $= 1 + py + qy^2$, so muß erstlich $p = 1$ und hernach $q = 2$ seyn; hieraus wird $y = 0$ und $x = 1$ gefunden, welches eben der schon bekannte

S 2   Fall

Fall iſt, und alſo iſt kein neuer gefunden worden. Man kann aber aus andern Gründen beweiſen, daß dieſe Formel kein Quadrat ſeyn kann, außer in den Fällen, wo x $= 0$ und x $= \pm 1$ iſt.

§. 143.

Es ſey ferner z. B. die Formel $2 - 3x^2 + 2x^4$ gegeben, wo a $= 2$, c $= -3$ und e $= 2$ iſt. Der bekannte Fall giebt ſich auch ſogleich, nämlich x $= 1$; es ſey daher h $= 1$, ſo wird k $= 1$; ſetzt man nun x $= 1 + y$ und die Quadratwurzel $1 + py + qy^2$, ſo wird p $= 1$ und q $= 4$, daraus erhalten wir y $= 0$ und x $= 1$, aus welchem wieder nichts neues gefunden wird.

§. 144.

Noch ein anderes Beiſpiel ſey die Formel $1 + 8x^2 + x^4$, wo a $= 1$, c $= 8$ und e $= 1$. Nach einer geringen Betrachtung ergiebt ſich der Fall x $= 2$; denn nimmt man h $= 2$, ſo wird k $= 7$; ſetzt man nun x $= 2 + y$, und die Wurzel $7 + py + qy^2$, ſo muß p $= \frac{3}{7}$, und q $= \frac{272}{343}$ ſeyn; hieraus erhalten wir y $= -\frac{5880}{2911}$ und x $= -\frac{58}{2911}$, wo das Zeichen ($-$) weggelaſſen werden kann. Bey dieſem Beyſpiel aber iſt zu merken, daß, weil das letzte Glied ſchon für ſich ein Quadrat iſt, und alſo auch in der neuen Formel ein Quadrat bleiben muß, die Wurzel auch noch anders, nach dem obigen dritten Fall, angenommen werden kann.

Es ſey daher wie vorhin x $= 2 + y$, ſo bekommen wir:

$$
\begin{array}{l}
1 \\
3^2 + 33y + 8y^2 \\
16 + 32y + 24y^2 + 8y^3 + y^4 \\
\hline
49 + 64y + 32y^2 + 8y^3 + y^4
\end{array}
$$

welche

welches jetzt auf mehrere Arten zu einem Quadrate gemacht werden kann; denn erstlich kann man die Wurzel $7 + py + y^2$ annehmen, so daß unsere Formel dem Quadrate $49 + 14py + 14y^2 + 2py^3 + p^2y^2 + y^4$ gleich seyn soll; nun kann man die vorletzten Glieder verschwinden lassen, wenn man $2p = 8$, oder $p = 4$ annimmt; wo denn die übrigen, durch y dividirt, $64 + 32y = 14p + 14y + p^2y = 56 + 30y$ geben, und daher $y = -4$ und $x = -2$, oder $x = +2$, welches der bekannte Fall selbst ist.

Nimmt man aber p so an, daß die zweyten Glieder wegfallen, so wird $14p = 64$ und $p = \frac{32}{7}$; da denn die übrigen Glieder, durch y^2 dividirt, $14 + p^2 + 2py = 32 + 8y$, oder $\frac{1710}{49} + \frac{64}{7}y = 32 + 8y$ geben, und daher $y = -\frac{71}{8}$, folglich $x = -\frac{15}{8}$, oder $x = +\frac{15}{8}$, welcher Werth unsere Formel zu einem Quadrat macht, von welchem die Wurzel $\frac{144}{84}$ ist. Da auch $-y^2$ die Wurzel des letzten Gliedes ist, so kann man die Quadratwurzel davon $7 + py - y^2$ annehmen, oder die Formel selbst dem Quadrate $49 + 14py - 14y^2 - 2py^3 + y^4 + p^2y^2$ gleich. Um nun die vorletzten Glieder wegzubringen, setze man $8 = -2p$, oder $p = -4$, so geben die übrigen, durch y dividirt, $64 + 32y = 14p - 14y + p^2y = -56 + 2y$, daraus wird $y = -4$, wie oben.

Läßt man aber die zweyten Glieder verschwinden, so wird $64 = 14p$ und $p = \frac{32}{7}$; die übrigen aber durch y^2 dividirt, geben $32 + 8y = -14 + p^2 - 2py$, oder $32 + 8y = \frac{378}{49} - \frac{64}{7}y$, daraus wird $y = -\frac{71}{8}$ und $x = \mp\frac{15}{8}$, welches mit dem obigen einerley ist.

S 3 §. 145.

§. 145.

Eben so kann man mit der allgemeinen Formel
$a + bx + cx^2 + dx^3 + ex^4$ verfahren, wenn ein
Fall, nämlich $x = h$, bekannt ist, da diese ein Quadrat, nämlich k^2, wird; denn alsdann setze man
$x = h + y$, so erhält man eine Formel von eben so
viel Gliedern, von welchen das erste k^2 seyn wird;
wird nun die Wurzel davon $k + py + qy^2$ gesetzt,
und man bestimmt p und q dergestalt, daß auch die
zweyten und dritten Glieder wegfallen, so geben die
beyden letzten, durch y^3 dividirt, eine einfache
Gleichung, woraus y und folglich auch x bestimmt
werden kann.

Nur fallen hier solche Fälle weg, wo der neu
gefundene Werth von x mit dem bekannten $x = h$
einerley ist, weil alsdann nichts neues gefunden
wird. In solchen Fällen ist entweder die Formel an
sich selbst unmöglich, oder man müßte noch einen
andern Fall errathen, wo diese ein Quadrat wird.

§. 146.

Nur so weit ist man bisher in Auflösung der
Quadratwurzelzeichen gekommen, da nämlich die
höchste Potenz hinter denselben die vierte nicht übersteigt. Sollte daher in einer solchen Formel die
fünfte oder eine noch höhere Potenz von x vorkommen, so sind die bisherigen Kunstgriffe nicht hinlänglich, eine Auflösung davon zu geben, wenn
auch gleich schon ein Fall bekannt wäre. Um dieses
deutlicher zu zeigen, so betrachte man die Formel
$k^2 + bx + cx^2 + dx^3 + ex^4 + fx^5$, wo das erste
Glied schon ein Quadrat ist; wollte man nun die
Wurzel davon wie vorher setzen: $k + px + qx^2$,
und p und q so bestimmen, daß die zweyten und
dritten Glieder wegfielen, so blieben doch noch drey
übrig,

übrig, welche durch x dividirt, eine quadratische
Gleichung geben würden, woraus x durch ein neues
Wurzelzeichen bestimmt würde.   Wollte man aber
die Wurzel k + px + qx² + rx³ annehmen, so
würde das Quadrat bis zur sechsten Potenz aufstei-
gen, so daß, wenn gleich p, q und r so bestimmt
würden, daß die zweyten, dritten und vierten Glieder wegfielen, dennoch die vierte, fünfte und sechste
Potenz übrig bliebe, welche durch x⁴ dividirt, wieder auf eine quadratische Gleichung führte, und also
nicht ohne Wurzelzeichen aufgelöset werden könnte.
Wir müssen daher hier die Formeln, welche ein
Quadrat seyn sollen, verlassen, und wollen nun
weiter zu den cubischen Wurzelzeichen fortgehen.

X. Capitel.

Von der Art, diese Irrationalformel
$$r^{\frac{3}{}} (a + bx + cx² + dx³)$$
rational zu machen.

§. 147.

Hier werden also solche Werthe für x erfordert, daß
die Formel a + bx + cx² + dx³ eine Cubiczahl
werde, und daraus also die Cubicwurzel gezogen
werden könne.   Hierbey ist zu erinnern, daß diese
Formel die dritte Potenz nicht überschreiten müß,
weil sonst die Auflösung davon nicht zu hoffen wäre.
Sollte die Formel nur bis auf die zweyte Potenz
gehen und das Glied dx³ wegfallen, so würde die
Auflösung nicht leichter werden; fielen aber die zwey

S 4   letzten

letzten Glieder weg, so, daß die Formel a + bx zu
einem Cubus gemacht werden müßte, so hätte die
Sache gar keine Schwierigkeit, indem man nur
a + bx = p³ annehmen dürfte, und daraus sogleich
x = $\frac{p^3 - a}{b}$ gefunden würde.

§. 148.

Hier ist wieder vor allen Dingen zu merken, daß,
wenn weder das erste noch das letzte Glied ein Cubus
ist, an keine Auflösung zu denken sey, wofern nicht
schon ein Fall, in welchem die Formel ein Cubus
wird, bekannt ist, dieser möge nun auch sogleich in
die Augen fallen, oder erst durch Probiren gefunden
werden müssen.

Der erstere geschieht nun, zuerst wenn das erste
Glied ein Cubus und die Formel f³ + bx + cx²
+ dx³ ist, wo der bekannte Fall x = o ist; hernach
auch, wenn das letzte Glied ein Cubus und die Formel also beschaffen ist: a + bx + cx² + g³x³;
aus diesen beyden Fällen entsteht der dritte, wo sowohl das erste als letzte Glied ein Cubus ist, welche
drey Fälle wir hier betrachten wollen.

§. 149.

I. Fall. Es sey die gegebene Formel f³ + bx
+ cx² + dx³, welche ein Cubus werden soll.

Man setze daher die Wurzel davon f + px, so
daß unsere Formel dem Cubus f³ + 3f²px + 3fp²x²
+ p³x³ gleich seyn soll; da nun die ersten Glieder
von selbst wegfallen, so bestimme man p dergestalt,
daß auch die zweyten wegfallen; dieses geschieht,
wenn b = 3f²r, oder p = $\frac{b}{3f^2}$; alsdann geben die
übrigen Glieder, durch x² dividirt, die Gleichung

c + dx

c $+$ dx $=$ 3fp² $+$ p³x, woraus x $= \dfrac{c - 3fp^2}{p^3 - d}$ gefun=
den wird. Wäre das letzte Glied dx³ nicht vorhan=
den, so könnte man die Cubicwurzel schlechtweg
$=$ f annehmen, da man dann f³ $=$ f³ $+$ bx $+$ cx²,
oder b $+$ cx $=$ o bekommen würde, und daraus
x $= - \dfrac{b}{c}$, woraus aber weiter nichts geschlossen
werden könnte.

§. 150.

II. Fall. Die gegebene Formel habe nun diese
Gestalt: a $+$ bx $+$ cx² $+$ g³x³, man setze die Cu=
bicwurzel p $+$ gx, von welcher der Cubus p³ $+$
3gp²x $+$ 3g²px² $+$ g³x³ ist, wo sich dann die
letzten Glieder aufheben; nun bestimme man p, so
daß auch die vorletzten wegfallen, welches geschieht,
wenn c $=$ 3g²p oder p $= \dfrac{c}{3g^2}$; alsdann geben die
zwey ersten die Gleichung a $+$ bx $=$ p³ $+$ 3gp²x,
aus welcher x $= \dfrac{a - p^3}{3gp^2 - b}$ gefunden wird. Wäre
das erste Glied a nicht vorhanden gewesen, so hätte
man die Cubicwurzel auch schlechtweg $=$ gx anneh=
men können, da dann g³x³ $=$ bx $+$ cx² $+$ g³x³,
oder o $=$ b$+$cx, folglich x $= - \dfrac{b}{c}$; welches aber
gewöhnlich zu nichts dient.

§. 151.

III. Fall. Es sey endlich die gegebene Formel
f³ $+$ bx $+$ cx² $+$ g³x³, worin sowohl das erste
als letzte Glied ein Cubus ist; daher sie auf beyde
vorhergehende Arten behandelt und also zwey Werthe
für x heraus gebracht werden können.

S 5   Außer

Außer diesen aber kann man auch noch die Wurzel $f + gx$ setzen, so daß unsere Formel dem Cubus $f^3 + 3f^2gx + 3fg^2x^2 + g^3x^3$ gleich werden soll, wo dann die ersten und letzten Glieder einander aufheben, die übrigen aber, durch x dividirt, die Gleichung $b + cx = 3f^2g + 3fg^2x$ geben, und daraus

$$x = \frac{b - 3f^2g}{3fg^2 - c}.$$

§. 152.

Fällt aber die gegebene Formel in keine von diesen drey Arten, so ist dabey nichts anders zu thun, als daß man einen Werth zu erhalten suche, wo sie ein Cubus wird. Hat man einen solchen gefunden, welcher $x = h$ sey, so daß $a + bh + ch^2 + dh^3 = k^3$, so setze man $x = h + y$, wo dann unsere Formel folgende Gestalt bekommen wird:

$$
\begin{array}{l}
a \\
bh + by \\
ch^2 + 2chy + cy^2 \\
dh^3 + 3dh^2y + 3dhy^2 + dy^3 \\
\hline
k^3 + (b + 2ch + 3dh^2)y + (c + 3dh)y^2 + dy^3
\end{array}
$$

welche zu der ersten Art gehört, und also für y ein Werth gefunden werden kann, woraus man dann einen neuen Werth für x erhält, aus welchem nachher auf gleiche Weise noch mehrere gefunden werden können.

§. 153.

Wir wollen nun dieses Verfahren durch einige Beyspiele erläutern und zuerst die Formel $1 + x + x^2$ betrachten, welche ein Cubus seyn soll, und zur ersten Art gehört. Man könnte also sogleich die Cubicwurzel $= 1$ setzen, woraus $x + x^2 = 0$ gefunden würde, das ist $x(1 + x) = 0$; folglich entweder

der $x = 0$ oder $x = -1$, woraus aber nichts weiter folgt. Man setze daher die Cubicwurzel $1 + px$, wovon der Cubus $1 + 3px + 3p^2x^2 + p^3x^3$ ist, und mache $1 = 3p$, oder $p = \frac{1}{3}$, so geben die übrigen Glieder, durch x^2 dividirt, $1 = 3p^2 + p^3x$, oder $x = \frac{1 - 3p^2}{p^3}$; da nun $p = \frac{1}{3}$, so wird $x = \frac{\frac{2}{3}}{\frac{1}{27}}$ $= 18$, und daher unsere Formel $1 + 18 + 324$ $= 343$, wovon die Cubicwurzel $1 + px = 7$ ist. Wollte man nun weiter $x = 18 + y$ annehmen, so würde unsere Formel folgende Gestalt bekommen: $343 + 37y + y^2$, wovon nach der ersten Regel die Cubicwurzel $7 + py$ anzunehmen wäre, wovon der Cubus $343 + 147py + 21p^2y^2 + p^3y^3$ ist; nun setze man $37 = 147p$, oder $p = \frac{37}{147}$, so geben die übrigen Glieder die Gleichung $1 = 21p^2 + p^3y$, also $y = \frac{1 - 21p^2}{p^3}$, das ist $y = \frac{340 \cdot 121 \cdot 147}{37^3} = -$ $\frac{1049580}{50653}$, woraus noch weiter neue Werthe gefunden werden können.

§. 154.

Es sey ferner die Formel $2 + x^2$ gegeben, welche ein Cubus werden soll. Hier muß nun vor allen Dingen ein Fall errathen werden, in welchem dieses geschieht, dieser ist $x = 5$; man setze daher sogleich $x = 5 + y$, so bekömmt man $27 + 10y + y^2$; davon sey die Cubicwurzel $3 + py$, und also die Formel selbst dem Cubus $27 + 27py + 9p^2y^2 + p^3y^3$ gleich; man mache $10 = 27p$, oder $p = \frac{10}{27}$, so bekömmt man $1 = 9p^2 + p^3y$, und daraus $y = \frac{1 - 9p^2}{p^3}$, das ist $y = -\frac{19 \cdot 9 \cdot 27}{1000}$, oder $y = -\frac{4617}{1000}$, und $x = -\frac{383}{1000}$; hieraus wird unsere Formel

Formel $2 + x^2 = \frac{2146689}{1000000}$, wovon die Cubicwur=
zel $3 + py = \frac{129}{100}$ seyn muß.

§. 155.

Man betrachte ferner die Formel $1 + x^3$, ob
diese ein Cubus werden könne, außer den zwey
offenbaren Fällen $x = 0$ und $x = -1$. Ob nun
gleich diese Formel zum dritten Fall gehört, so hilft
uns doch die Wurzel $1 + x$ nichts, weil der Cubus
davon $1 + 3x + 3x^2 + x^3$ unserer Formel gleich
gesetzt $3x + 3x^2 = 0$ oder $x(1 + x) = 0$ giebt,
das ist entweder $x = 0$ oder $x = -1$.

Will man ferner $x = -1 + y$ setzen, so be=
kommen wir die Formel $3y - 3y^2 + y^3$, welche
ein Cubus seyn soll und zum zweyten Fall gehört;
setzt man daher die Cubicwurzel $p + y$, wovon der
Cubus $p^3 + 3p^2y + 3py^2 + y^3$ ist, und macht
$-3 = 3p$, oder $p = -1$, so geben die übrigen
$3y = p^3 + 3p^2y = -1 + 3y$, folglich $y = \frac{1}{0}$, das
ist unendlich; woraus also nichts gefunden wird.
Es ist auch alle Mühe vergeblich, um noch andere
Werthe für x zu finden, weil man aus andern
Gründen beweisen kann, daß die Formel $1 + x^3$,
außer in den angegebenen Fällen, niemals ein Cubus
werden kann; denn wir haben gezeigt, daß die
Summe von zweyen Cubis, als $t^3 + x^3$, niemals
ein Cubus werden kann, daher ist es auch in dem
Falle $t = 1$ nicht möglich.

§. 156.

Man behauptet auch, daß $2 + x^3$ kein Cubus
werden könne, außer in dem Falle $x = -1$. Diese
Formel gehört zwar zu dem zweyten Fall, es wird
aber durch die daselbst gebrauchte Regel nichts her=
aus gebracht, weil die mittlern Glieder fehlen.

Setzt

Setzt man aber $x = -1 + y$, so bekömmt man die Formel $1 + 3y - 3y^2 + y^3$, welche nach allen drey Fällen behandelt werden kann. Setzt man nach dem ersten die Wurzel $1 + y$, von welcher der Cubus $1 + 3y + 3y^2 + y^3$ ist, so wird $-3y^2 = 3y^2$, welches nur geschieht, wenn $y = 0$ ist. Setzt man nach dem zweyten Fall die Wurzel $-1 + y$, wovon der Cubus $-1 + 3y - 3y^2 + y^3$, so wird $1 + 3y = -1 + 3y$ und $y = \frac{2}{0}$, welches unendlich ist. Nach der dritten Art müßte man die Wurzel $1 + y$ setzen, welches schon geschehen ist.

§. 157.

Es sey die Formel $3 + 3x^3$ gegeben, welche ein Cubus werden soll. Dieses geschieht nun zuerst in dem Falle $x = -1$, woraus aber nichts geschlossen werden kann, hernach aber auch in dem Falle $x = 2$; man setze deswegen $x = 2 + y$, so kömmt die Formel $27 + 36y + 18y^2 + 3y^3$ heraus, welche zum ersten Fall gehört. Daher sey die Wurzel $3 + py$, von welcher der Cubus $27 + 27py + 9p^2y^2 + p^3y^3$ ist. Man mache also $36 = 27p$, oder $p = \frac{4}{3}$, so geben die übrigen Glieder, durch y^2 dividirt, $18 + 3y = 9p^2 + p^3y = 16 + \frac{64}{27}y$, oder $\frac{17}{27}y = -2$, daher $y = -\frac{54}{17}$, folglich $x = -\frac{20}{17}$. Hieraus wird unsere Formel $3 + 3x^3 = -\frac{9261}{4913}$, wovon die Cubicwurzel $3 + py = \frac{21}{17}$ ist; und aus diesem Werthe könnte man noch mehrere finden, wenn man wollte.

§. 158.

Wir wollen zuletzt noch die Formel $4 + x^2$ betrachten, welche in zwey bekannten Fällen ein Cubus wird, nämlich wenn $x = 2$ und $x = 11$ ist. Setzt man nun zuerst $x = 2 + y$, so muß die Formel

mel $8 + 4y + y^2$ ein Cubus seyn. Die Wurzel davon sey $2 + \frac{1}{3}y$, und also die Formel $= 8 + 4y + \frac{2}{3}y^2 + \frac{1}{27}y^3$; hieraus erhält man $1 = \frac{2}{3} + \frac{1}{27}y$, daher $y = 9$ und $x = 11$, welches der andere bekannte Fall ist.

Setzt man nun ferner $x = 11 + y$, so bekömmt man $125 + 22y + y^2$, welches dem Cubus von $5 + py$, das ist $125 + 75py + 15p^2y^2 + p^3y^3$ gleich gesetzt, und $p = \frac{22}{75}$ genommen, giebt $1 = 15p^2 + p^3y^3$ oder $p^3y^3 = 1 - 15p^2 = -\frac{109}{375}$; daher $y = -\frac{122625}{10648}$, und also $x = -\frac{5497}{10648}$.

Weil x sowohl negativ als positiv seyn kann, so setze man $x = \frac{2+2y}{1-y}$, so wird unsere Formel $\frac{8+8y^2}{(1-y)^2}$, welche ein Cubus seyn soll; man multiplicire also oben und unten mit $1-y$, damit der Nenner ein Cubus werde, und dann bekömmt man $\frac{8 - 8y + 8y^2 - 8y^3}{(1-y)^3}$, wo also nur noch der Zähler $8 - 8y + 8y^2 - 8y^3$, oder eben derselbe, durch 8 dividirt, nämlich $1 - y + y^2 - y^3$ zu einem Cubus gemacht werden muß, welche Foamel zu allen drey Arten gehört.

Setzt man nun nach der ersten Art die Wurzel $= 1 - \frac{1}{3}y$, von welcher der Cubus $1 - y + \frac{1}{3}y^2 - \frac{1}{27}y^3$ ist, so wird $1 - y = \frac{1}{3} - \frac{1}{27}y$, oder $27 - 27y = 9 - y$, daher $y = \frac{9}{13}$, folglich $1 + y = \frac{22}{13}$ und $1 - y = \frac{4}{13}$, folglich $x = 11$, wie vorher.

Nach der andern Art, wenn man die Wurzel $= \frac{1}{3} - y$ annehmen wollte, so findet man eben dasselbe.

Nach der dritten Art, wenn man die Wurzel $1 - y$ annimmt, von welcher der Cubus $1 - 3y + 3y^2 - y^3$ ist, so bekömmt man $-1 + y = -3 + 3y$, und also $y = 1$, folglich $x = \frac{4}{0}$, d. i. unendlich;

endlich; daher wird auf diese Art nichts neues gefunden.

§. 159.

Weil wir aber schon die zwey Fälle x = 2 und
x = 11 kennen, so kann man x = $\frac{2 + 11y}{1 + y}$ annehmen,
denn ist y = 0, so wird x = 2, ist aber y unendlich
groß, so wird x = $\pm$ 11.

Es sey daher zuerst x = $\frac{2 + 11y}{1 + y}$, so wird unsere

Formel 4 + $\frac{4 + 44y + 121y^2}{1 + 2y + y^2}$ oder $\frac{8 + 52y + 125y^2}{(1 + y)^2}$;
man multiplicire oben und unten mit 1 + y, damit
der Nenner ein Cubus werde, und nur noch der
Zähler, welcher 8 + 60y + 177y² + 125y³ seyn
wird, zu einem Cubus gemacht werden soll.

Man setze daher zuerst die Wurzel = 2 + 5y,
hierdurch würden nicht nur die zwey ersten Glieder,
sondern auch die letzten wegfallen, und also nichts
gefunden werden.

Man setze also nach der zweyten Art die Wurzel
p + 5y, wovon der Cubus p³ + 15p²y + 75py²
+ 125y³ ist, und mache 177 = 75p, oder p = $\frac{59}{25}$,
so wird 8 + 60y = p³ + 15p²y, daher — $\frac{2943}{125}$y
= $\frac{80379}{15625}$ und y = $\frac{80379}{367875}$, woraus x gefunden
werden könnte.

Man kann aber auch x = $\frac{2 + 11y}{1 - y}$ setzen, und
dann wird unsere Formel 1 + $\frac{4 + 44y + 121y^2}{1 - 2y + y^2}$ =
$\frac{8 + 36y + 125y^2}{(1 - y)^2}$, wovon der Zähler, mit 1 — y
multiplicirt, ein Cubus wird. Also muß auch
8 + 28y + 89y² — 125y³ ein Cubus werden.

Setzen

Setzen wir hier nach der ersten Art die Wurzel $= 2 + \frac{7}{3}v$, von welcher der Cubus $8 + 28y + \frac{98}{3}y^2 + \frac{343}{27}y^4$ ist, so wird $89 - 125y = \frac{98}{3} + \frac{343}{27}y$, oder $\frac{3718}{27}y = \frac{169}{3}$, und also $y = \frac{1521}{3718} = \frac{9}{22}$; folglich $x = 11$, welches der schon bekannte Fall ist.

Setzt man ferner nach der dritten Art die Wurzel $2 - 5y$, deren Cubus $8 - 60y + 150y^2 - 125y^3$ ist, so erhalten wir $28 + 89y = -60 + 150y$, folglich $y = \frac{88}{61}$, woraus $x = -\frac{1090}{27}$ gefunden wird, und unsere Formel wird $\frac{1191016}{729}$, welches der Cubus von $\frac{106}{9}$ ist.

§. 160.

Dieses sind nun die bisher bekannten Verfahrungsarten, wodurch eine solche Formel entweder zu einem Quadrat oder zu einem Cubus gemacht werden kann, wenn nur in jenem Falle die höchste Potenz der unbestimmten Zahl den vierten Grad, in dem letztern Falle aber den dritten nicht übersteigt.

Man könnte noch den Fall hinzufügen, wo eine gegebene Formel zu einem Biquadrat gemacht werden soll, in welchem die höchste Potenz die zweyte nicht übersteigen muß. Wenn aber eine solche Formel, wie $a + bx + cx^2$, ein Biquadrat seyn soll, so muß sie vor allen Dingen zu einem Quadrat gemacht werden, wo alsdann nur noch übrig ist, daß die Wurzel von diesem Quadrate noch ferner zu einem Quadrate gemacht werde, wozu die Regel schon oben gegeben worden. Also wenn z. B. $x^2 + 7$ ein Biquadrat seyn soll, so mache man dieselbe zuerst zu einem Quadrate, welches geschieht, wenn $x = \frac{7p^2 - q^2}{2pq}$, oder auch $x = \frac{q^2}{2pq} \frac{7p^2}{}$; alsdann wird unsere Formel gleich dem Quadrate $\frac{q^4 - 14q^2p^2 - 49p^4}{4p^2q^2}$

$+ 7$

$+7 = \frac{q^4 + 14q^2p^2 + 49p^4}{4p^2q^2}$, von welchem die Wur-

zel $\frac{7p^2 + q^2}{2pq}$ ist, welche noch zu einem Quadrate ge-

macht werden muß; man multiplicire daher oben und unten mit 2pq, damit der Nenner ein Qua-drat werde, und alsdann wird der Zähler 2pq(7p² + q²) ein Quadrat seyn müssen, welches nicht anders geschehen kann, als nachdem man schon einen Fall errathen hat. Man kann zu dem Ende q = pz an-nehmen, damit die Formel 2p²z (7p² + p²z²) = 2p⁴z (7 + z²) und also auch durch p⁴ dividirt, näm-lich diese 2z (7 + z²) ein Quadrat werden soll. Hier ist nun der bekannte Fall z = 1, daher setze man z = 1 + y, so bekommen wir (2 + 2y) (8 + 2y + y²) = 16 + 20y + 6y² + 2y³, wo-von die Wurzel 4 + ½y sey, davon das Quadrat 16 + 20y + $\frac{25}{4}$y², und unsrer Formel gleich ge-setzt, giebt 6 + 2y = $\frac{25}{4}$, y = $\frac{1}{8}$ und z = $\frac{9}{8}$; da nun z = $\frac{q}{p}$, so wird q = 9 und p = 8, daher x = $\frac{567}{144}$, daraus wird unsre Formel 7 + x² = $\frac{279841}{20733}$, da-von ist zuerst die Quadratwurzel $\frac{529}{144}$, und hiervon nochmals die Quadratwurzel $\frac{13}{12}$, wovon also unsre Formel das Biquadrat ist.

§. 161.

Endlich ist bey diesem Capitel noch zu erinnern, daß es einige Formeln giebt, welche auf eine allge-meine Art zu einem Cubus gemacht werden können; denn wenn z. B. cx² ein Cubus seyn soll, so setze man die Wurzel davon = px, und dann wird cx² = p³x³ oder c = p³x, daher x = $\frac{c}{p^3}$; man schreibe $\frac{1}{q}$ statt p, so wird x = cq³.

II. Theil.   T   Der

Der Grund hiervon ist offenbar, weil die Formel ein Quadrat enthält, daher auch alle dergleichen Formeln a $(b + cx)^2$ oder $ab^2 + 2abcx + ac^2x^2$ ganz leicht zu einem Cubus gemacht werden können; denn man setze die Cubicwurzel davon $= \dfrac{b + cx}{q}$, so wird a $(b + cx)^2 = \dfrac{(b + cx)^3}{q^3}$, welche durch $(b+cx)^2$ dividirt, a $= \dfrac{b + cx}{q^3}$ giebt, daraus $x = \dfrac{aq^3 - b}{c}$, wo man q nach Belieben bestimmen kann.

Hieraus erhellt, wie höchst nützlich es sey, die gegebene Formel in ihre Factoren aufzulösen, so oft als es geschehen kann. Wir wollen von dieser Materie umständlicher in dem folgenden Capitel handeln.

XI. Capitel.

Von der Auflösung der Formel

$$ax^2 + bxy + cy^2$$

in Factoren.

§. 162.

Es bedeuten hier die Buchstaben x und y nur allein ganze Zahlen, und wir haben auch aus dem bisher vorgetragenen, wo man sich mit Brüchen begnügen mußte, gesehen, wie die Frage immer auf ganze Zahlen gebracht werden kann. Denn wenn z. B. die gesuchte Zahl x ein Bruch ist, so darf man nur $x = \dfrac{t}{u}$ setzen, wo dann für t und u immer ganze

Zahlen

Zahlen angegeben werden können, und weil dieser
Bruch in der kleinsten Form ausgedrückt werden
kann, so können die beyden Buchstaben t und u als
solche angesehen werden, die unter sich keinen ge=
meinschaftlichen Theiler haben.

In der gegenwärtigen Formel sind also x und y
nur ganze Zahlen, und ehe wir zeigen können, wie
sie zu einem Quadrate, oder Cubus, oder einer
noch höhern Potenz gemacht werden soll, so ist noch
nöthig zu untersuchen, welche Werthe man den
Buchstaben x und y geben soll, so daß diese For=
mel zwey oder mehrere Factoren erhalte.

§. 163.

Hier kommen nun drey Fälle in Betrachtung,
zuerst der, wenn sich diese Formel wirklich in zwey
rationale Factoren auflösen läßt; dieses geschieht,
wie wir schon oben gezeigt haben, wenn $b^2 - 4ac$
eine Quadratzahl wird.

Der zweyte Fall ist, wenn diese beyden Factoren
einander gleich werden, in welchem Falle die Formel
selbst ein wirkliches Quadrat enthält.

Der dritte Fall ist, wenn sich diese Formel nicht
anders, als in irrationale Factoren auflösen läßt,
sie mögen schlechtweg irrational oder gar imaginär
seyn; jenes geschieht, wenn $b^2 - 4ac$ eine positive
Zahl, aber kein Quadrat ist, dieses aber, wenn
$b^2 - 4ac$ negativ wird. Dieses sind nun die drey
Fälle, welche wir hier zu betrachten haben.

§. 164.

Läßt sich unsre Formel in zwey rationale Factoren auflösen, so läßt sie sich auf folgende Art vorstel=
len: (fx + gy) (hx + ky), welche also schon ihrer
Natur nach zwey Factoren in sich schließt. Will
man

T 2

man aber, daß ſie auf eine allgemeine Art mehrere
Factoren in ſich ſchließe, ſo darf man nur fx $+$ gy
$=$ pq und hx $+$ ky $=$ rs ſetzen, da dann unſre For=
mel dem Producte pqrs gleich wird, und alſo vier
Factoren in ſich enthält, deren Anzahl nach Belieben
vermehrt werden könnte. Hieraus aber erhalten
wir für x einen doppelten Werth, nämlich x $=$
$\frac{pq - gy}{f}$ und x $= \frac{rs - ky}{h}$, woraus hpq $-$ hgy $=$ frs
$-$fky gefunden wird, und alſo y $= \frac{frs - hqp}{fk - hg}$ und

x $= \frac{hpq - grs}{fk - hg}$. Damit nun x und y in ganzen Zah=
len ausgedrückt werde, ſo müſſen die Buchſtaben
p, q, r, s ſo angenommen werden, daß ſich der Zäh=
ler durch den Nenner wirklich theilen laſſe; dieſes
geſchieht, wenn ſich entweder p und r oder q und s
dadurch theilen laſſen.

§. 165.

Um dieſes zu erläutern, ſo ſey die Formel x^2$-$y^2
gegeben, welche aus folgenden Factoren beſteht:
(x $+$ y) (x $-$ y); ſoll dieſe nun noch mehrere
Factoren haben, ſo ſetze man x $+$ y $=$ pq und
x$-$y$=$rs, ſo bekömmt man x $= \frac{pq + rs}{2}$ und y$=\frac{pq - rs}{2}$.
Damit nun dieſes ganze Zahlen werden, ſo müſſen
die beyden Zahlen pq und rs zugleich entweder ge=
rade oder beyde ungerade ſeyn.

Es ſey z. B. p$=$7, q $=$ 5, r$=$3 und s $=$ 1, ſo
wird pq $=$ 35 und rs $=$ 3, folglich x $=$ 19 und
y $=$ 16; daher entſpringt x^2 $-$ y^2 $=$ 105, welche
Zahl wirklich aus den Factoren 7 . 5 . 3 . 1. beſteht;
alſo hat dieſer Fall nicht die geringſte Schwierigkeit.

§. 166.

§. 166.

Noch weniger Schwierigkeit hat der zweyte Fall, wo die Formel zwey gleiche Factoren in sich schließt und daher auf folgende Art vorgestellt werden kann: $(fx + gy)^2$, welches Quadrat keine andere Factoren haben kann, als die aus der Wurzel $fx + gy$ entstehen. Nimmt man also $fx + gy = pqr$ an, so wird unsre Formel $p^2q^2r^2$, und kann also so viel Factoren haben, als man will. Hier wird von den zwey Zahlen x und y nur eine bestimmt, und die andere unserm Belieben frey gestellt. Denn man bekömmt $x = \frac{pqr - gy}{f}$, wo y leicht so angenommen werden kann, daß der Bruch wegfällt. Die leichteste Formel von dieser Art ist x^2, nimmt man $x = pqr$, so schließt das Quadrat x^2 drey quadratische Factoren in sich, nämlich p^2, q^2 und r^2.

§. 167.

Aber mit weit größern Schwierigkeiten ist der dritte Fall verknüpft, wo sich unsre Formel nicht in zwey rationale Factoren auflösen läßt, und hier erfordert es besondere Kunstgriffe, für x und y solche Werthe zu finden, aus welchen die Formel zwey oder mehr Factoren in sich enthält. Um diese Untersuchung zu erleichtern, so merke man, daß unsre Formel leicht in eine andere verwandelt werden kann, wo das mittlere Glied fehlt; man darf nämlich nur $x = \frac{z - by}{2a}$ setzen, wo denn die folgende Formel herausgebracht wird:

$$\frac{z^2 - 2byz + b^2y^2}{4a} + \frac{byz - b^2y^2}{2a} + cy^2 = \frac{z^2 + (4ac - b^2)y^2}{4a}.$$

Wir wollen daher sogleich das mittlere Glied weg-

lassen

laſſen und die Formel $ax^2 + cy^2$ betrachten, wobey es darauf ankömmt, welche Werthe man den Buchſtaben x und y beylegen ſoll, damit dieſe Formel Factoren erhalte. Es iſt leicht einzuſehen, daß dieſes von der Natur der Zahlen a und c abhänge, und deswegen wollen wir mit einigen beſtimmten Formeln dieſer Art den Anfang machen.

§. 168.

Es ſey alſo zuerſt die Formel $x^2 + y^2$ gegeben, welche alle Zahlen in ſich begreift, die eine Summe zweyer Quadrate ſind, und von welchen wir die kleinſten bis 50 hier vorſtellen wollen:

1, 2, 4, 5, 8, 9, 10, 13, 16, 17, 18, 20, 25, 26, 29, 32, 34, 36, 37, 40, 41, 45, 49, 50, unter welchen ſich einige Primzahlen befinden, die keine Theiler haben, als: 2, 5, 13, 17, 29, 37, 41. Die übrigen aber haben Theiler, woraus die Frage deutlicher wird, welche Werthe man den Buchſtaben x und y geben müſſe, daß die Formel $x^2 + y^2$ Theiler oder Factoren habe und zwar ſo viel man ihrer will, wobey wir vor allen Dingen die Fälle ausſchließen, wo x und y einen gemeinſchaftlichen Theiler unter ſich haben, weil alsdann $x^2 + y^2$ ſich auch durch denſelben Theiler, und zwar durch das Quadrat deſſelben würde theilen laſſen. Denn wäre z. B. x = 7p und y = 7q, ſo würde die Summe ihrer Quadrate $49p^2 + 49q^2 = 49 (p^2 + q^2)$ ſich gar durch 49 theilen laſſen. Daher geht die Frage nur auf ſolche Formeln, wo x und y keinen gemeinſchaftlichen Theiler haben oder unter ſich untheilbar ſind. Die Schwierigkeit fällt hier bald in die Augen; denn wenn man gleich einſieht, daß, wenn die beyden Zahlen x und y ungerade

rade ſind, alsdann die Formel $x^2 + y^2$ eine gerade Zahl und alſo durch 2 theilbar werde; ungerade hingegen, wenn die eine Zahl gerade, die andere ungerade iſt, ſo iſt doch nicht leicht einzuſehen, ob ſie Theiler habe oder nicht? Beyde Zahlen x und y können aber nicht gerade ſeyn, weil ſie keinen gemeinſchaftlichen Theiler unter ſich haben müſſen.

§. 169.

Es ſeyen daher die beyden Zahlen x und y unter ſich untheilbar, und dennoch ſoll die Formel $x^2 + y^2$ zwey oder mehrere Factoren in ſich enthalten. Hier kann nun die obige Methode nicht ſtattfinden, weil ſich dieſe Formel nicht in zwey rationale Factoren auflöſen läßt, allein die irrationalen Factoren, in welche dieſe Formel aufgelöſet wird und durch folgendes Product vorgeſtellt werden können: $(x + y\sqrt{-1}) \cdot (x - y\sqrt{-1})$ können uns eben denſelben Dienſt leiſten; denn wenn die Formel $x^2 + y^2$ wirkliche Factoren hat, ſo müſſen die irrationalen Factoren wiederum Factoren haben, indem, wenn dieſe Factoren keine weitern Theiler hätten, auch ihr Product keine haben könnte. Da aber dieſe Factoren irrational, ja ſogar imaginär ſind, und auch die Zahlen x und y keinen gemeinſchaftlichen Theiler haben ſollen, ſo können ſie keine rationale Factoren haben, ſondern ſie müſſen irrational und ſogar imaginär von gleicher Art ſeyn.

§. 170.

Will man alſo, daß die Formel $x^2 + y^2$ zwey rationale Factoren bekomme, ſo gebe man beyden irrationale Factoren auch zwey Factoren, und nehme $x + y\sqrt{-1} = (p + q\sqrt{-1})(r + s\sqrt{-1})$, und dann wird, weil $\sqrt{-1}$ ſowohl negativ als

T 4

poſitiv

poſitiv genommen werden kann, von ſelbſt $x - y$ $\sqrt{-1} = (p - q\sqrt{-1})(r - s\sqrt{-1})$ ſeyn, ſo daß das Product davon, das iſt unſre Formel, ſeyn wird: $x^2 + y^2 = (p^2 + q^2)(r^2 + s^2)$, und dieſe folglich zwey rationale Factoren enthält, näm= lich $p^2 + q^2$ und $r^2 + s^2$. Hier iſt aber noch übrig die Werthe von x und y zu beſtimmen, welche näm= lich auch rational ſeyn müſſen.

Wenn man nun jene irrationale Factoren mit einander multiplicirt, ſo bekömmt man $x + y\sqrt{-1}$ $= pr - qs + ps\sqrt{-1} + qr\sqrt{-1}$, und $x - y\sqrt{-1} = pr - qs - qr\sqrt{-1} - ps\sqrt{-1}$. Addirt man dieſe Formeln, ſo wird $x = pr - qs$; ſubtrahirt man ſie aber von einander, ſo wird $2y\sqrt{-1} = 2ps\sqrt{-1} + 2qr\sqrt{-1}$, oder $y = ps + qr$.

Nimmt man alſo $x = pr - qs$ und $y = ps + qr$, ſo erhält unſre Formel $x^2 + y^2$ gewiß zwey Facto= ren, indem $x^2 + y^2 = (p^2 + q^2)(r^2 + s^2)$ her= auskömmt. Verlangte man mehr Factoren, ſo dürfte man nur auf eben dieſe Art p und q ſo anneh= men, daß $p^2 + q^2$ zwey Factoren hätte, und als= dann hätte man in allem drey Factoren, deren Zahl auf gleiche Art nach Belieben noch vermehrt wer= den kann.

§. 171.

Da hier nur die Quadrate von p, q, r und s vorkommen, ſo können dieſe Buchſtaben auch nega= tiv genommen werden; nimmt man z. B. q negativ, ſo wird $x = pr + qs$ und $y = ps - qr$, von welchen die Summe der Quadrate eben dieſelbe iſt als vorher; daraus erſehen wir, daß, wenn eine Zahl einem ſolchen Producte, wie $(p^2 + q^2)(r^2 + s^2)$ gleich iſt, dieſe auf eine doppelte Art in zwey Quadrate zerlegt werden könne, indem man zuerſt $x = pr - qs$ und

und y = ps + qr, und hernach auch x = pr + qs
und y = ps — qr gefunden hat.

Es sey z. B. p = 3, q = 2, r = 2 und s = 1, so
daß folgendes Product heraus käme: 13 . 5 = 65 =
$x^2 + y^2$, wo dann entweder x = 4 und y = 7, oder
x = 8 und y = 1 seyn wird; in beyden Fällen aber
ist $x^2 + y^2 = 65$. Multiplicirt man mehrere dergleichen Zahlen mit einander, so wird auch das
Product noch auf mehrere Arten eine Summe zweyer
Quadratzahlen seyn. Man multiplicire z. B. $2^2 +$
$1^2 = 5$, $3^2 + 2^2 = 13$, und $4^2 + 1^2 = 17$ mit einander, so kömmt 1105, welche Zahl auf folgende
Arten in zwey Quadrate zerlegt werden kann:
I.) $33^2 + 4^2$, II.) $32^2 + 9^2$, III.) $31^2 + 12^2$,
IV.) $24^2 + 23^2$.

§. 172.

Unter den Zahlen, die in der Form $x^2 + y^2$
enthalten sind, befinden sich also zuerst solche, die
aus zwey oder mehreren dergleichen Zahlen durch die
Multiplication zusammengesetzt sind; hernach aber
auch solche, welche nicht auf diese Art zusammengesetzt sind; diese wollen wir einfache Zahlen von
der Form $x^2 + y^2$ nennen, jene aber zusammengesetzte. Daher werden die einfachen Zahlen dieser
Art seyn:

1, 2, 5, 9, 13, 17, 29, 37, 41, 49 u. f. f.
in welcher Reihe zweyerley Zahlen vorkommen,
nämlich Primzahlen, oder solche, welche gar keine
Theiler haben, als 2, 5, 13, 17, 29, 37, 41,
und welche alle, außer 2, so beschaffen sind, daß,
wenn man 1 davon wegnimmt, das übrige durch 4
theilbar werde, oder welche alle in der Form 4n + 1
enthalten sind. Hernach sind auch Quadratzahlen
vorhanden 9, 49 u. f. f., deren Wurzeln aber

T 5   3, 7

3, 7 u. s. f. nicht vorkommen; wobey zu merken ist,
daß diese Wurzeln 3, 7 u. s. f. in der Form 4n — 1
enthalten sind. Es ist aber auch offenbar, daß
keine Zahl von der Form 4n — 1 eine Summe
zweyer Quadrate seyn könne. Denn da diese Zahlen
ungerade sind, so müßte das eine der beyden Quadrate gerade, das andere aber ungerade seyn. Wir
haben aber gesehen, daß alle gerade Quadrate durch
4 theilbar, die ungeraden aber in der Form 4n + 1
enthalten sind. Wenn man daher ein gerades und
ein ungerades Quadrat zusammen addirt, so bekömmt die Summe immer die Form 4n + 1, nie
aber die Form 4n — 1. Daß aber alle Primzahlen
von der Form 4n + 1 Summen von zweyen
Quadraten sind, ist zwar gewiß, aber nicht so leicht
zu beweisen.

§. 173.

Wir wollen weiter gehen, und die Formel
$x^2 + 2y^2$ betrachten, um zu sehen, welche Werthe
x und y haben müssen, damit dieselbe Factoren erhalte. Da nun diese Formel durch folgende imaginären Factoren vorgestellt wird: $(x + y\sqrt{-2})$
$(x - y\sqrt{-2})$, so ersieht man, wie vorher, daß,
wenn unsere Formel Factoren hat, auch ihre imaginären Factoren dergleichen haben müssen. Man
setze daher erst $x + y\sqrt{-2} = (p + q\sqrt{-2})$
$(r + s\sqrt{-2})$, so folgt von selbst, daß auch
$x - y\sqrt{-2} = (p - q\sqrt{-2})(r - s\sqrt{-2})$
seyn müsse, und hieraus wird unsere Formel $x^2 +$
$2y^2 = (p^2 + 2q^2)(r^2 + 2s^2)$, und hat also zwey
Factoren, von welchen sogar ein jeder von eben derselben Art ist. Damit dieses aber geschehe, so müssen gehörige Werthe für x und y gefunden werden,
welches auf folgende Art geschehen kann:

Denn

Denn da $x + y\sqrt{-2} = pr - 2qs + qr$
$\sqrt{-2} + ps\sqrt{-2}$ und $x - y\sqrt{-2} = pr -$
$2qs - qr\sqrt{-2} - ps\sqrt{-2}$, so ist die Summe $2x = 2pr - 4qs$; folglich $x = pr - 2ps$. Hernach giebt die Differenz $2y\sqrt{-2} = 2qr\sqrt{-2}$
$+ 2ps\sqrt{-2}$, daher $y = qr + ps$. Wenn also
unsere Formel $x^2 + 2y^2$ Factoren haben soll, so
sind sie immer so beschaffen, daß der eine $p^2 + 2q^2$
und der andere $r^2 + 2s^2$ seyn wird, oder sie sind
beyde Zahlen von eben der Art, als $x^2 + 2y^2$; und
damit dieses geschehe, so können x und y wieder auf
zweyerley Arten bestimmt werden, weil q sowohl
negativ als positiv genommen werden kann. Man
hat nämlich zuerst $x = pr - 2qs$ und $y = ps + qr$,
und hernach auch $x = pr + 2qs$ und $y = ps - qr$.

§. 174.

Die Formel $x^2 + 2y^2$ enthält also alle diejenigen Zahlen in sich, welche aus einem Quadrate und
einem doppelten Quadrate bestehen, und welche wir
hier bis auf 50 anführen wollen, als: 1, 2, 3, 4,
6, 8, 9, 11, 12, 16, 17, 18, 19, 22, 24, 25,
27, 32, 33, 34, 36, 38, 41, 43, 44, 49, 50.
Diese lassen sich wieder, wie vorher, in einfache und
zusammengesetzte abtheilen, und dann werden die
einfachen, welche nicht aus den vorhergehenden zusammengesetzt sind, folgende seyn: 1, 2, 3, 11,
17, 19, 25, 41, 43, 49, welche alle, außer den
Quadraten 25 und 49 Primzahlen sind. Von
allen denen aber, die hier nicht stehen, kommen die
Quadrate vor. Man kann hier auch bemerken, daß
alle Primzahlen, die in unserer Formel enthalten
sind, entweder zu der Form $8n + 1$ oder zu der
$8n + 3$ gehören, da hingegen die übrigen, welche
entweder zu der Form $8n + 5$ oder zu der $8n + 7$
gehö-

gehören, niemals aus einem Quadrate und einem
doppelten Quadrate bestehen können. Es ist aber
auch gewiß, daß alle Primzahlen, die in einer von
den ersten beyden Formeln $8n + 1$ und $8n + 3$ ent=
halten sind, sich jedesmal in ein Quadrat und ein
doppeltes Quadrat auflösen lassen.

§. 175.

Wir wollen nun auf gleiche Weise zu der allge=
meinen Formel $x^2 + cy^2$ fortgehen, und sehen, wel=
che Werthe man x und y geben muß, damit diese
Formel Factoren erhalte.

Da nun diese durch das Product $(x + y\sqrt{-c})$
$(x - y\sqrt{-c})$ vorgestellt wird, so gebe man einem
jeden dieser Factoren wiederum zwey Factoren von
gleicher Art; man setze nämlich $x + y\sqrt{-c} =$
$(p + q\sqrt{-c})(r + s\sqrt{-c})$, und $x -$
$y\sqrt{-c} = (p - q\sqrt{-c})(r - s\sqrt{-c})$.
Nunmehr wird unsre Formel: $x^2 + cy^2 = (p^2 +$
$cq^2)(r^2 + cs^2)$ werden, woraus erhellt, daß die
Factoren wieder von eben der Art, als die Formel
selbst, seyn werden. Die Werthe aber von x und
y werden sich folgendermaßen verhalten: $x = pr$
$+ cqs$ und $y = qr + ps$, oder $y = ps - qr$, und
hieraus läßt sich leicht ersehen, wie unsre Formel
noch mehrere Factoren erhalten könne.

§. 176.

Nun ist es auch leicht, der Formel $x^2 - cy^2$
Factoren zu verschaffen, weil man nur $- c$ statt
$+ c$ schreiben darf. Indessen lassen sich diese auch
unmittelbar auf folgende Art finden: da unsre
Formel dem Producte $(x + y\sqrt{c})(x - y\sqrt{c})$
gleich ist, so setze man $x + y\sqrt{c} = (p + q\sqrt{c})$
$(r + s$

$(r + s \sqrt{c})$ und $x - y \sqrt{c}$ $(p - q \sqrt{c})$ $(r - s \sqrt{c})$, woraus sogleich die Factoren $x^2 - cy^2 = (p^2 - cq^2)(r^2 - cs^2)$ entstehen, welche wieder von eben der Art, als unsre Formel selbst sind. Die Werthe aber von x und y lassen sich auch wieder auf eine doppelte Art bestimmen, nämlich zuerst $x = pr + cqs$, $y = qr + ps$, und hernach auch $x = pr - cqs$ und $y = ps - qr$. Will man die Probe machen, ob so das gefundene Product herauskomme, so probire man die ersten Werthe, wo dann $x^2 = pr^2 + 2cpqrs + c^2q^2s^2$ und $y = p^2s^2 + 2pqrs + q^2r^2$ seyn wird, also $cy^2 = cp^2s^2 + 2cpqrs + cq^2r^2$, woraus man $x^2 - cy^2 = p^2r^2 - cp^2s^2 + c^2q^2s^2 - cq^2r^2$ erhält, welches mit dem gefundenen Producte $(p^2 - cq^2)(r^2 - cs^2)$ übereinkömmt.

§. 177.

Bis hieher haben wir das erste Glied ohne Coefficienten betrachtet; nun wollen wir annehmen, daß dasselbe auch mit einem Buchstaben multiplicirt sey, und suchen, was die Formel $ax^2 + cy^2$ für Factoren erhalten könne.

Hier ist nun klar, daß unsre Formel dem Producte $(x \sqrt{a} + y \sqrt{-c})(x \sqrt{a} - y \sqrt{-c})$ gleich sey, welchen beyden Factoren daher wieder Factoren gegeben werden müssen. Hierbey aber zeigt sich eine Schwierigkeit. Denn wenn man nach der obigen Art $x \sqrt{a} + y \sqrt{-c} = (p \sqrt{a} + q \sqrt{-c})(r \sqrt{a} + s \sqrt{-c}) = apr - cqs + ps \sqrt{-ac} + qr \sqrt{-ac}$, und $x \sqrt{a} - y \sqrt{-c} = (p \sqrt{a} - q \sqrt{-c})(r \sqrt{a} - s \sqrt{-c}) = apr - cqs - ps \sqrt{-ac} - qr \sqrt{-ac}$ annehmen wollte, woraus man $ax \sqrt{a} = 2apr - 2cqs$, und $2y \sqrt{-c} = 2ps \sqrt{-ac} + 2qr \sqrt{-ac}$ erhielte, so würde man sowohl für x als y irrationale Werthe

Werthe finden, welche hier gar nicht Statt
finden.

§. 178.

Dieſer Schwierigkeit aber kann man abhelfen,
wenn man $x\sqrt{a} + y\sqrt{-c} = (p\sqrt{a} + q\sqrt{-c})(r + s\sqrt{-ac}) = pr\sqrt{a} - cqs\sqrt{a} + qr\sqrt{-c} + aps\sqrt{-c}$ und $x\sqrt{a} - y\sqrt{-c} = (p\sqrt{a} - q\sqrt{-c})(r - s\sqrt{-ac}) = pr\sqrt{a} - cqs\sqrt{a} - qr\sqrt{-c} - aps\sqrt{-c}$
annimmt; woraus nun für x und y die rationalen
Werthe $x = pr - cqs$ und $y = qr + aps$ gefunden
werden, alsdann aber wird unſre Formel die Factoren $ax^2 + cy^2 = (ap^2 + cq^2)(r^2 + acs^2)$ bekommen,
von welchen nur einer eben dieſelbe Form hat, als
unſre Formel, der andere aber von einer ganz ver-
ſchiedenen Art iſt.

§. 179.

Aber es ſtehen doch dieſe zwey Formeln in einer
ſehr genauen Verwandſchaft mit einander, indem
alle Zahlen, welche in der erſten Form enthalten
ſind, wenn ſie mit einer Zahl von der zweyten Form
multiplicirt werden, wieder in die erſte Form fallen.
Wir haben auch ſchon geſehen, daß zwey Zahlen
von der zweyten Form $x^2 + acy^2$, welche nämlich
mit der obigen $x^2 + cy^2$ übereinkömmt, mit einander multiplicirt, wieder eine Zahl von der zweyten
Form geben.

Es iſt alſo nur noch zu unterſuchen, wenn zwey
Zahlen von der erſten Form $ax^2 + cy^2$ mit einander
multiplicirt werden, zu welcher Form das Product
alsdann gehöre.

Wir wollen daher folgende zwey Formeln von
der erſten Art $(ap^2 + cq^2)(ar^2 + cs^2)$ mit einander multipliciren, und da iſt leicht einzuſehen,
daß

daß ihr Product auf folgende Art vorgestellt werden könne: $(apr + cqs)^2 + ac (ps - qr)^2$. Setzen wir nun hier $apr + cqs = x$ und $ps - qr = y$, so bekommen wir die Formel $x^2 + acy^2$, welche von der letzten Art ist; daher denn zwey Zahlen von der erstern Art $ax^2 + cy^2$ mit einander multiplicirt, eine Zahl von der zweyten Art geben, welches man kurz so vorstellen kann; die Zahlen von der ersten Art wollen wir durch I, die von der zweyten Art aber durch II andeuten. Nämlich I. I giebt II; I. II giebt I; II. II giebt II, woraus auch ferner erhellt, was heraus kommen müsse, wenn man mehrere solche Zahlen mit einander multiplicirt, als I. I. I giebt I; I. I. II giebt II; I. II. II giebt I; II. II. II giebt II.

§. 180.

Um dieses zu erläutern, so sey $a = 2$ und $c = 3$, woraus folgende zwey Arten von Zahlen entstehen, die erste ist in der Form $2x^2 + 3y^2$, die andere aber in der Form $x^2 + 6y^2$ enthalten. Nun aber sind die Zahlen der erstern bis auf 50 folgende:

I.) 2, 3, 5, 8, 11, 12, 14, 18, 20, 21, 27, 29, 30, 32, 35, 44, 45, 48, 50.
In der zweyten Art sind folgende Zahlen bis 50 enthalten:

II.) 1, 4, 6, 7, 9, 10, 15, 16, 22, 24, 25, 28, 31, 33, 36, 40, 42, 49.

Nehmen wir nun eine Zahl von der ersten Art, z. B. 35, und multipliciren sie mit einer von der zweyten Art 31, so ist das Product 1085, welche Zahl gewiß in der Form $2x^2 + 3y^2$ enthalten ist; oder man kann für y eine solche Zahl finden, daß $1085 - 3y^2$ ein doppeltes Quadrat, nämlich $2x^2$ werde. Dieses geschieht nun erstlich, wenn $y = 3$, denn alsdann wird $x = 23$; hernach auch, wenn $y = 11$,

$y = 11$, denn alsdann wird $x = 19$; drittens auch
noch, wenn $y = 13$, denn da wird $x = 17$, und
endlich viertens, wenn $y = 19$, denn alsdann wird
$x = 1$. Man kann diese beyden Arten von Zahlen
wieder in einfache und zusammengesetzte abtheilen,
indem diejenigen zusammengesetzte sind, welche aus
zwey oder mehrern kleinern Zahlen von der einen
oder der andern Art bestehen. Es werden also von
der ersten Art folgende einfach seyn: 2, 3, 5, 11,
29; zusammengesetzt hingegen sind folgende: 8,
12, 14, 18, 20, 27, 30, 32, 35, 40, 45, 48,
50, u. s. f. Von der zweyten Art aber sind
folgende einfach: 1, 7, 31, die übrigen sind alle
zusammengesetzt, nämlich: 4, 6, 9, 10, 15,
16, 22, 24, 25, 28, 33, 36, 40, 42, 49.

XII. Capitel.

Von der Verwandlung der Formel $ax^2 + cy^2$ in Quadrate oder auch in höhere Potenzen.

§. 181.

Wir haben schon oben gesehen, daß Zahlen von
der Form $ax^2 + cy^2$ oft durchaus nicht zu Quadraten gemacht werden können; so oft es aber möglich ist, so kann diese Form in eine andere verwandelt werden, in welcher $a = 1$ ist. Z. B. die Form
$2p^2 - q^2$ kann ein Quadrat werden, sie läßt sich
aber auch auf folgende Art vorstellen: $(2p + q)^2$
$- 2(p + q)^2$. Nimmt man nun $2p + q = x$
und $p + q = y$ an, so kömmt die Formel $x^2 - 2y^2$
heraus, wo $a = 1$ und $c = -2$ ist. Eben eine
solche

solche Verwandlung findet auch jedesmal Statt, so oft es nämlich möglich ist, dergleichen Formeln zu einem Quadrate zu machen.

Wenn daher die Formel ax² + cy² zu einem Quadrate oder einer andern höhern geraden Potenz gemacht werden soll, so können wir sicher a = 1 annehmen, und die übrigen Fälle als unmöglich ansehen.

§. 182.

Es sey daher die Formel x² + cy² vorgelegt, welche zu einem Quadrate gemacht werden soll. Da diese nun aus den Factoren $(x + y \sqrt{-c})(x - y \sqrt{-c})$ besteht, so müssen diese entweder Quadrate, oder mit einerley Zahlen multiplicirte Quadrate seyn. Denn wenn das Product zweyer Zahlen ein Quadrat seyn soll, als z. B. pq, so wird erfordert, daß entweder $p = r^2$ und $q = s^2$, das ist, daß ein jeder Factor für sich ein Quadrat sey, oder daß $p = mr^2$ und $q = ms^2$ sey, das ist, daß die Factoren Quadrate mit einerley Zahl multiplicirt seyen; deswegen nehme man $x + y \sqrt{-c} = m (p + q \sqrt{-c})^2$ an, so wird von selbst $x - y \sqrt{-c} = m (p - q \sqrt{-c})^2$, daher bekommen wir $x^2 + cy^2 = m^2 (p^2 + cq^2)^2$, und wird also ein Quadrat. Um aber x und y zu bestimmen, so haben wir die Gleichungen $x + y \sqrt{-c} = mp^2 + 2mpq \sqrt{-c} - mcq^2$ und $x - y \sqrt{-c} = mp^2 - 2mpq \sqrt{-c} - mcq^2$, wo sich deutlich zeigt, daß x dem rationalen Theile, $y \sqrt{-c}$ aber dem irrationalen Theile gleich seyn muß; daher wird $x = mp^2 - mcq^2$, und $y \sqrt{-c} = 2mpq \sqrt{-c}$ oder $y = 2mpq$.

Nimmt man also $x = mp^2 - mcq^2$ und $y = 2mpq$ an, so wird unsre Formel x² + cy² ein

Quadrat, nämlich .m² (p² + cq²)² von welchem
die Wurzel mp² + mcq² iſt.

§. 183.

Sollen die zwey Zahlen x und y unter ſich untheilbar ſeyn, oder keinen gemeinſchaftlichen Theiler
haben, ſo muß m = 1 geſetzt werden. Wenn daher
x² + cy² ein Quadrat ſeyn ſoll, ſo nimmt man
nur x = p² — cq² und y = 2pq, wo denn dieſe Formel dem Quadrate p² + cq² gleich wird. Statt
daß man x = p² — cq² annimmt, ſo kann man auch
x = cq² — p ſetzen, weil auf beyden Seiten das
Quadrat x² einerley wird. Dieſes iſt nun eben diejenige Formel, die wir ſchon oben aus ganz andern
Gründen gefunden haben, wodurch die Richtigkeit
der hier gebrauchten Methode beſtätigt wird.

Denn nach der vorigen Methode, wenn x² + cy²
ein Quadrat ſeyn ſoll, ſo ſetzt man die Wurzel = x
+ $\frac{py}{q}$, und dann bekömmt man x² + cy² = x²
+ $\frac{2pxy}{q} + \frac{p²y²}{q²}$, wo ſich die x² aufheben; die
übrigen Glieder aber durch y dividirt und mit q²
multiplicirt, geben cq²y = 2pqx + p²y, oder cq²y
— p²y = 2pqx; man theile nun durch 2pq und
durch y, ſo wird $\frac{x}{y} = \frac{cq² — p²}{2pq}$. Da aber x und y
untheilbar ſeyn ſollen, wie auch p und q dergleichen
ſind, ſo muß x dem Zähler und y dem Nenner
gleich ſeyn, folglich x = cq² — p² und y = 2pq,
wie vorher.

§. 184.

Dieſe Auflöſung gilt, die Zahl c mag poſitiv
oder negativ ſeyn; hat dieſelbe aber ſelbſt Factoren,
                                                    als

als z. B. wenn die gegebene Formel $x^2 + acy^2$
wäre, welche ein Quadrat seyn soll, so findet nicht
nur die vorige Auflösung statt, welche $x = acq^2 - p^2$
und $y = 2pq$ giebt, sondern auch noch diese: $x = cq^2 - ap^2$ und $y = 2pq$; denn da wird ebenfalls
$x^2 + acy^2 = c^2q^4 + 2acp^2q^2 + a^2p^4 = (cq^2 + ap^2)^2$,
welches auch geschieht, wenn man $x = ap^2 - cq^2$
annimmt, weil das Quadrat x^2 in beyden Fällen
einerley herauskömmt.

Diese neue Auflösung wird auch durch die hier
gebrauchte Methode auf folgende Art gefunden.
Man setze $x + y\sqrt{-ac} = (p\sqrt{a} + q\sqrt{-c})^2$,
und $x - y\sqrt{-ac} = (p\sqrt{a} - q\sqrt{-c})^2$, damit
herauskomme: $x^2 + acy^2 = (ap^2 + cq^2)^2$, und
also gleich einem Quadrat; alsdann aber wird $x + y\sqrt{-ac} = ap^2 + 2pq\sqrt{-ac} - cq^2$ und $x - y\sqrt{-ac} = ap^2 - 2pq\sqrt{-ac} - cq^2$, woraus
folgt $x = ap^2 - cq^2$ und $y = 2pq$. Läßt sich also
die Zahl ac auf mehrere Arten in zwey Factoren
zertheilen, so kann man auch mehrere Auflösungen
angeben.

§. 185.

Wir wollen dieses durch einige bestimmte Formeln erläutern, und zuerst die Formel $x^2 + y^2$ betrachten, welche ein Quadrat werden soll. Da nun
hier $ac = 1$ ist, so nehme man $x = p^2 - q^2$ und
$y = 2pq$, so wird $x^2 + y^2 = (p^2 + q^2)^2$.

Soll zweytens die Formel $x^2 - y^2$ ein Quadrat
werden, so ist $ac = -1$; man nehme also $x = p^2 + q^2$ und $y = 2pq$, wo dann $x^2 - y^2 = (p^2 - q^2)^2$
wird.

Soll drittens die Formel $x^2 + 2y^2$ ein Quadrat
werden, wo $ac = 2$ ist, so nehme man $x = p^2 - 2q^2$,
oder $x = 2p^2 - q^2$ und $y = 2pq$, und dann wird
$x^2 + 2y^2 = (p^2 + 2q^2)^2$, oder $x^2 + 2y^2 = (2p^2 + q^2)^2$.

Soll

Soll viertens die Formel $x^2 - 2y^2$ ein Quadrat werden, wo $ac = -2$ ist, so nehme man $x = p^2 + 2q^2$ und $y = 2pq$, wo man dann $x^2 - 2y^2 = (p^2 - 2q^2)^2$ erhält.

Soll fünftens die Formel $x + 6y^2$ ein Quadrat werden, wo $ac = 6$, und also entweder $a = 1$ und $c = 6$, oder $a = 2$ und $c = 3$ ist; so kann man erstlich $x = p^2 - 6q^2$ und $y = 2pq$ annehmen, wo dann $x^2 + 6y^2 = (p^2 + 6q^2)^2$ ist. Hernach kann man auch $x = 2p^2 - 3q^2$ und $y = 2pq$ setzen, wo dann $x^2 + 6y^2 = (2p^2 + 3q^2)^2$ ist.

§. 186.

Sollte aber die Formel $ax^2 + cy^2$ zu einem Quadrate gemacht werden, so ist schon erinnert worden, daß dieses nicht geschehen könne, wofern nicht schon ein Fall bekannt ist, in welchem diese Formel wirklich ein Quadrat werde. Dieser bekannte Fall sey daher, wenn $x = f$ und $y = g$ ist, so daß $af^2 + cg^2 = h^2$ ist; und alsdann kann unsre Formel in eine andere von dieser Art $t^2 + acu^2$ verwandelt werden, wenn man $t = \dfrac{afx + cgy}{h}$ und $u = \dfrac{gx - fy}{h}$ setzt; denn da wird $t^2 = \dfrac{a^2f^2x^2 + 2acfgxy + c^2g^2y^2}{h^2}$ und $u^2 = \dfrac{g^2x^2 - 2fgxy + f^2y^2}{h^2}$, woraus folgt, daß

$$t^2 + acu^2 = \frac{a^2f^2x^2 + c^2g^2y^2 + acg^2x^2 + acf^2y^2}{h^2} =$$

$$\frac{ax^2(af^2 + cg^2) + cy^2(af^2 + eg^2)}{h^2}$$

ist; da nun $af^2 + cg^2 = h^2$, so wird $t^2 + acu^2 = ax^2 + cy^2$, und auf diese Art bekömmt die vorgelegte Formel $ax^2 + cy^2$ die Form $t^2 + acu^2$, welche nach den hier angegebenen Regeln leicht zu einem Quadrate gemacht werden kann.

§. 187.

§. 187.

Nun wollen wir weiter fortgehen und sehen, wie
die Formel $ax^2 + cy^2$, wo x und y unter sich un=
theilbar seyn sollen, zu einem Cubus gemacht wer=
den könne; hierzu sind die vorigen Regeln keineswe=
ges hinlänglich, die hier angegebene Verfahrungs=
art aber kann mit dem besten Fortgange angewendet
werden, wobey noch vorzüglich dieses zu bemerken
ist, daß diese Formel allezeit zu einem Cubus ge=
macht werden könne, die Zahlen a und c mögen be=
schaffen seyn, wie sie wollen, welches bey den Qua=
draten nicht angieng, wenn nicht schon ein Fall be=
kannt war; welches auch von allen andern geraden
Potenzen gilt; bey den ungeraden aber, als der
dritten, fünften, siebenten Potenz u. s. f. ist die
Auflösung immer möglich.

§. 188.

Wenn daher die Formel $ax^2 + cy^2$ zu einem
Cubus gemacht werden soll, so setze man auf eine
ähnliche Weise als vorher

$x\sqrt{a} + y\sqrt{-c} = (p\sqrt{a} + q\sqrt{-c})^3$ und
$x\sqrt{a} - y\sqrt{-c} = (p\sqrt{a} - q\sqrt{-c})^3$, denn
daraus wird das Product $ax^2 + cy^2 = (ap^2 + cq^2)^3$,
und also unsre Formel ein Cubus; es kommt aber
nur darauf an, ob auch hier x und y auf eine ratio=
nale Art bestimmt werden können? welches glückli=
cher Weise gelingt; denn wenn die angesetzten Cu=
bi wirklich genommen werden, so erhalten wir fol=
gende zwey Gleichungen: $x\sqrt{a} + y\sqrt{-c} =$
$ap^3\sqrt{a} + 3ap^2q\sqrt{-c} - 3cpq^2\sqrt{a} - cq^3\sqrt{-c}$,
und $x\sqrt{a} - y\sqrt{-c} = ap^3\sqrt{a} - 3ap^2q\sqrt{-c}$
$- 3cpq^2\sqrt{a} + cq^3\sqrt{-c}$, woraus offenbar folgt,
daß $x = ap^3 - 3cpq^2$, und $y = 3ap^2q - cq^3$.

U 3	Man

Man suche z. B. zwey Quadrate x^2 und y^2, deren Summe $x^2 + y^2$ einen Cubus ausmache; weil nun hier $a = 1$ und $c = 1$, so bekommen wir $x = p^3 - 3pq^2$ und $y = 3p^2q - q^3$, und alsdann wird $x^2 + y^2 = (p^2 + q^2)^3$. Es sey nun $p = 2$ und $q = 1$, so wird $x = 2$ und $y = 11$; hieraus $x^2 + y^2 = 125 = 5^3$.

§. 189.

Wir wollen noch die Formel $x^2 + 3y^2$ betrachten, welche zu einem Cubus gemacht werden soll; weil nun hier $a = 1$ und $c = 3$, so wird $x = p^3 - 9pq^2$ und $y = 3p^2q - 3q^3$, und alsdann $x^2 + 3y^2 = (p^2 + 3q^2)^3$. Weil diese Formel oft vorkömmt, so wollen wir davon die leichtern Fälle hierher setzen:

p	q	x	y	$x^2 + 3y^2$	
1	1	8	0	64	$= 4^3$
2	1	10	9	343	$= 7^3$
1	2	35	18	2197	$= 13^3$
3	1	0	24	1728	$= 12^3$
1	3	80	72	21952	$= 28^3$
3	2	81	30	9261	$= 21^3$
2	3	154	45	29791	$= 31^3$

§. 190.

Wäre es nicht zur Bedingung gemacht worden, daß die beyden Zahlen x und y unter sich untheilbar seyn sollten, so hätte die Frage gar keine Schwierigkeit; denn wenn $ax^2 + cy^2$ ein Cubus seyn soll, so setze man $x = tz$ und $y = uz$, so wird unsre Formel $at^2z^2 + cu^2z^2$, welche dem Cubus $\frac{z^3}{v^3}$ gleich gesetzt werde, woraus sogleich $z = v^3 (at^2 + cu^2)$ gefunden wird; folglich sind die gesuchten Werthe für x und

und y, $x = tv^3 (at^2 + cu^2)$ und $y = uv^3 (at^2 + cu^2)$, welche außer dem Cubus v^3 noch $at^2 + cu^2$ zum gemeinſchaftlichen Theiler haben: dieſe Auflöſung giebt ſogleich $ax^2 + cy^2 = v^6 (at^2 + cu^2)^2 (at^2 + cu^2) = v^6 (at^2 + cu^2)^3$, welches offenbar der Cubus von $v^2 (at^2 + cu^2)$ iſt.

§. 191.

Das hier gebrauchte Verfahren iſt um ſo viel merkwürdiger, da wir durch Hülfe irrationaler und ſogar imaginärer Formeln ſolche Auflöſungen gefunden haben, wozu nur allein rationale und ſogar ganze Zahlen erfordert wurden. Noch merkwürdiger aber iſt es, daß in denjenigen Fällen, wo die Irrationalität verſchwindet, unſer Verfahren nicht mehr ſtattfindet; denn wenn z. B. $x^2 + cy^2$ ein Cubus ſeyn ſoll, ſo kann man ſicher ſchließen, daß auch die beyden irrationalen Factoren davon, nämlich $x + y\sqrt{-c}$ und $x - y\sqrt{-c}$, Cubi ſeyn müſſen; weil ſie unter ſich untheilbar ſind, indem die Zahlen x und y keinen gemeinſchaftlichen Theiler haben. Fiele aber die Irrationalität $\sqrt{-c}$ weg, als z. B. wenn $c = -1$ wäre, ſo würde dieſer Grund nicht mehr ſtattfinden, weil alsdann die beyden Factoren, nämlich $x + y$ und $x - y$ allerdings gemeinſchaftliche Theiler haben könnten, ungeachtet x und y dergleichen nicht haben, z. B. wenn beyde ungerade Zahlen wären.

Wenn daher $x^2 - y^2$ ein Cubus ſeyn ſoll, ſo iſt nicht nöthig, daß ſowohl $x + y$ als $x - y$ für ſich ein Cubus ſey, ſondern man könnte wohl $x + y = 2p^3$ und $x - y = 4q^3$ annehmen, wo dann $x^2 - y^2$ unſtreitig ein Cubus würde, nämlich $8p^3q^3$, wovon die Cubicwurzel $2pq$ iſt; alsdann aber wird $x = p^3 + 2q^3$, und $y = p^3 - 2q^3$. Wenn aber die Formel

U 4   mel

mel $ax^2 + cy^2$ sich nicht in zwey rationale Factoren zertheilen läßt, so finden auch keine andere Auflösungen Statt, als die hier gegeben worden sind.

§. 192.

Wir wollen diese Abhandlung noch durch einige merkwürdige Aufgaben erläutern:

I. Aufg. Man verlangt in ganzen Zahlen ein Quadrat x^2, daß, wenn dazu 4 addirt wird, ein Cubus herauskomme; dergleichen sind 4 und 121; ob aber noch mehr dergleichen angegeben werden können, ist hier die Frage?

Da 4 ein Quadrat ist, so suche man zuerst die Fälle auf, in welchen $x^2 + y^2$ ein Cubus wird; dieses geschieht, wie aus dem obigen erhellt, wenn $x = p^3 - 3pq^2$ und $y = 3p^2q - q^3$; da nun hier $y^2 = 4$, so ist $y = \pm 2$, folglich muß $3p^2q - q^3 = \pm 2$, oder $3p^2q - q^3 = -2$ seyn; im erstern Falle wird also $q(3p^2 - q^2) = 2$, folglich q ein Theiler von 2. Es sey daher $q = 1$, so wird $3p^2 - 1 = 2$, folglich $p = 1$ und also $x = 2$, und $x^2 = 4$.

Setzt man $q = 2$, so wird $6p^2 - 8 = \pm 2$; gilt das Zeichen $+$, so wird $6p^2 = 10$ und $p^2 = \frac{5}{3}$, woraus der Werth von p irrational würde und hier also nicht stattfände; gilt aber das Zeichen $-$, so wird $6p^2 = 6$ und $p = 1$, folglich $x = 11$. Mehrere Fälle giebt es nicht, und also können nur zwey Quadrate angegeben werden, nämlich 4 und 121, welche Cubi werden, wenn man dazu 4 addirt.

§. 193.

II. Aufg. Man verlangt solche Quadrate in ganzen Zahlen, die, wenn dazu 2 addirt wird, Cubi werden, wie bey dem

dem Quadrate 25 geſchieht; ob es nun noch mehr dergleichen giebt, wird hier gefragt?

Da alſo x² + 2 ein Cubus ſeyn ſoll, und 2 ein doppeltes Quadrat iſt, ſo ſuche man zuerſt die Fälle auf, wo die Formel x² + 2y² ein Cubus wird, welches aus dem oben gezeigten (§. 188), wo a = 1 und c = 2, geſchieht, wenn x = p³ — 6qp² und y = 3p²q — 2q³; da nun hier y = ± 1, ſo muß 3p²q — 2q³ = q (3p² — 2q²) = ± 1 ſeyn, und alſo q ein Theiler von 1; es ſey alſo q = 1, ſo wird 3p² —2 = ± 1; gilt das obere Zeichen, ſo wird 3p² = 3 und p = 1, folglich x = 5; das untere Zeichen aber giebt für p einen irrationalen Werth, welcher hier nicht ſtattfindet; hieraus folgt, daß nur das einzige Quadrat 25 in ganzen Zahlen die verlangte Eigenſchaft habe.

§. 194.

III. Aufg. Man verlangt ſolche fünffache Quadrate; wenn dazu 7 addirt wird, daß ein Cubus herauskomme: oder daß 5x² + 7 ein Cubus ſey.

Man ſuche zuerſt diejenigen Fälle auf, in welchen 5x² + 7y² ein Cubus wird, welches nach dem (§. 188.), wo a = 5 und c = 7 iſt, geſchieht, wenn x = 5p³ — 21pq² und y = 15p²q — 7q³; weil nun hier y = ± 1 ſeyn ſoll, ſo wird 15p²q — 7q³ = q (15p² — 7q²) = ± 1, wo dann q ein Theiler von 1 ſeyn muß, folglich q = 1; daher wird 15p² — 7 = ± 1, wo beyde Fälle für p etwas irrationales geben, woraus aber doch nicht geſchloſſen werden kann, daß dieſe Frage gar nicht möglich ſey,

U 5　　　　　weil

weil p und q solche Brüche seyn könnten, da y = 1 und x doch eine ganze Zahl würde; dieses geschieht wirklich, wenn p = $\frac{1}{2}$ und q = $\frac{1}{2}$ ist, denn alsdann wird y = 1 und x = 2; mit andern Brüchen aber ist dieses nicht möglich.

§. 195.

IV. Aufg. Man suche solche Quadrate in ganzen Zahlen, so daß ein Cubus herauskomme, wenn man die Zahlen doppelt nimmt und davon 5 subtrahirt; oder $2x^2 - 5$ soll ein Cubus seyn.

Man suche zuerst diejenigen Fälle auf, in welchen $2x^2 - 5y^2$ ein Cubus wird, welches nach dem 188ten §, wo a = 2 und c = — 5 geschieht, wenn $x = 2p^3 + 15pq^2$ und $y = 6p^2q + 5q^3$. Hier aber muß y = $\pm$ 1 seyn, und folglich $6p^2q + 5q^3 = q(6p^2 + 5q^2) = \pm$ 1, welches weder in ganzen Zahlen, noch in Brüchen geschehen kann; daher ist dieser Fall sehr merkwürdig, weil gleichwohl eine Auflösung stattfindet, wenn nämlich x = 4, denn alsdann wird $2x^2 - 5 = 27$, welches der Cubus von 3 ist; und es ist von der größten Wichtigkeit, hiervon den Grund zu untersuchen.

§. 196.

Es ist also möglich, daß $2x^2 - 5y^2$ ein Cubus seyn könnte, dessen Wurzel sogar die Form $2p^2 - 5q^2$ hat, wenn nämlich x = 4, y = 1 und p = 2, q = 1, und also haben wir einen Fall, wo $2x^2 - 5y^2 = (2p^2 - 5q^2)^3$, ungeachtet es die beyden Factoren von $2x^2 - 5y^2$, nämlich $x\sqrt{2} + y\sqrt{5}$ und $x\sqrt{2} - y\sqrt{5}$, keine Cubi sind, da sie doch nach dieser Methode die Cubi von $p\sqrt{2} + q\sqrt{5}$

q√5 und p√2 — q√5 ſeyn ſollten, indem in unſerm Falle x√2 + y√5 = 4√2 + √5, hingegen (p√2 + q√5)³ = (2√2 + √5)³ = 46√2 + 29√5, welches keinesweges mit 4√3 + √5 übereinkömmt.

Es iſt aber zu bemerken, daß die Formel r² — 10s² in unendlich vielen Fällen 1 oder — 1 werden kann, wenn nämlich r = 3 und s = 1, ferner wenn r = 19 und s=6, welche mit der Formel 2p² — 5q² multiplicirt, wieder eine Zahl von der letztern Form giebt.

Es ſey daher f² — 10g² = 1, und ſtatt, daß wir oben 2x² — 5y² = (2p² — 5q²)³ geſetzt haben, ſo können wir jetzt auch auf eine allgemeinere Art 2x² — 5y² = (f² — 10g²) . (2p² — 5q²)³ annehmen, und die Factoren davon genommen, geben x√2 ± y√5 = (f ± g√10)·p√2 ± q√5)³. Es iſt aber (p√2 ± q√5)³ = (2p³ + 15pq²)√2 ± (6p²q + 5q³)√5, wofür wir der Kürze wegen A√2 + B√5 ſchreiben wollen, welches mit f + g√10 multiplicirt, Af√2 + Bf√5 + 2Ag√5 + 5Bg√2 giebt, und dem x√2 + y√5 gleich ſeyn muß; hieraus entſteht x = Af + 5 Bg und y = Bf + 2Ag; da nun y = ± 1 ſeyn muß, ſo iſt es nicht durchaus nöthig, daß 6p²q + 5q³ = 1 werde, ſondern es iſt genug, wenn nur die Formel Bf + 2Ag, das iſt f (6p²q + 5q³) + 2g (2p³ + 15pq²) dem ± 1 gleich werde, wo f und g mehrere Werthe haben können. Es ſey z. B. f = 3 und g = 1, ſo muß die Formel 18p²q + 15q³ + 4p³ + 30pq² dem ± 1 gleich werden, und es muß 4p³ + 18p²q + 30pq² + 15q³ = ± 1 ſeyn.

§. 197.

§. 197.

Diese Schwierigkeit, alle dergleichen mögliche Fälle heraus zu bringen, findet sich aber nur alsdann, wenn in der Formel $ax^2 + cy^2$ die Zahl c negativ ist, weil alsdann die Formel $ax^2 + cy^2$ oder $x^2 - acy^2$, welche mit ihr in einer genauen Verwandtschaft steht, 1 werden kann; dieses kann aber niemals geschehen, wenn c eine positive Zahl ist, weil $ax^2 + cy^2$ oder $x^2 + acy^2$ immer größere Zahlen giebt, je größer x und y genommen werden. Daher kann die hier vorgetragene Methode nur in solchen Fällen mit Vortheil gebraucht werden, wo die beyden Zahlen a und c positiv genommen werden.

§. 198.

Wir kommen nun zur vierten Potenz und bemerken zuerst, daß, wenn die Formel $ax^2 + cy^2$ ein Biquadrat werden soll, die Zahl a = 1 seyn müsse; denn wenn sie kein Quadrat wäre, so wäre es entweder nicht möglich diese Formel nur zu einem Quadrate zu machen, oder wenn es auch möglich wäre, so könnte sie auch in die Form $t^2 + acu^2$ verwandelt werden, daher wir die Frage nur auf diese letztere Form einschränken, mit welcher die obige $x^2 + cy^2$, wenn a = 1, übereinstimmt. Nun kommt es also darauf an, wie die Werthe von x und y beschaffen seyn müssen, damit die Formel $x^2 + cy^2$ ein Biquadrat werde. Da nun diese aus den beyden Factoren $(x + y\sqrt{-c})(x - y\sqrt{-c})$ besteht, so muß ein jeder auch ein Biquadrat von gleicher Art seyn, daher muß $x + y\sqrt{-c} = (p + q\sqrt{-c})^4$ und $x - y\sqrt{-c} = (p - q\sqrt{-c})^4$ angenommen werden, woraus unsre Formel dem Biquadrate $(p^2 + cq^2)^4$ gleich wird: die Buchstaben x und

und y ſelbſt aber werden aus der Entwickelung dieſer
Formel leicht beſtimmt, wie folgt:

$$x + y\sqrt{-c} = p^4 + 4p^3q\sqrt{-c} - 6cp^2q^2 - 4cpq^3\sqrt{-c} + c^2q^4$$

$$x - y\sqrt{-c} = p^4 - 4p^3q\sqrt{-c} - 6cp^2q^2 + 4cpq^3\sqrt{-c} + c^2q^4$$

folglich $x = p^4 - 6cp^2q^2 + c^2q^4$ und
$$y = 4p^3q - 4cpq^3.$$

§. 199.

Wenn alſo $x^2 + y^2$ ein Biquadrat werden ſoll,
weil hier $c = 1$, ſo haben wir die Werthe $x = p^4 -
6p^2q^2 + q^4$ und $y = 4p^3q - 4pq^3$, und alsdann
wird $x^2 + y^2 = (p^2 + q^2)^4$ ſeyn.

Nehmen wir z. B. $p = 2$ und $q = 1$ an, ſo bekommen wir $x = 7$ und $y = 24$; hieraus wird
$x^2 + y^2 = 625 = 5^4$.

Nimmt man ferner $p = 3$ und $q = 2$, ſo bekömmt man $x = 119$ und $y = 120$, daraus wird
$x^2 + y^2 = 13^4$.

§. 200.

Bey allen geraden Potenzen, wozu die Formel
$ax^2 + cy^2$ gemacht werden ſoll, iſt ebenfalls durchaus nothwendig, daß dieſe Formel zu einem Quadrate gemacht werden könne, zu welchem Ende es
hinlänglich iſt, daß man nur einen einzigen Fall
wiſſe, in welchem dieſes geſchieht; und alsdann
kann dieſe Formel, wie wir oben geſehen haben, in
folgende verwandelt werden: $t^2 + acu^2$, wo das
erſte Glied nur mit 1 multiplicirt iſt, und alſo als
in der Form $x^2 + cy^2$ enthalten, angeſehen werden
kann, welche hierauf auf eine ähnliche Weiſe, ſowohl zur ſechſten Potenz als zu einer jeden andern
noch höhern geraden Potenz gemacht werden kann.

§. 201.

§. 201.

Bey den ungeraden Potenzen aber ist diese Be=
dingung nicht nothwendig, sondern die Zahlen a
und c mögen beschaffen seyn, wie sie wollen, so
kann die Formel $ax^2 + cy^2$ allezeit zu einer jeden
ungeraden Potenz gemacht werden. Denn verlangt
man z. B. die fünfte Potenz, so darf man nur $x \sqrt{a} + y \sqrt{-c} = (p \sqrt{a} + q \sqrt{-c})^5$, und
$x \sqrt{a} - y \sqrt{-c} = (p \sqrt{a} - q \sqrt{-c})^5$ an=
nehmen, wo dann offenbar $ax^2 + cy^2 = (ap^2 + cq^2)^5$ wird. Die fünfte Potenz von $p \sqrt{a} + q \sqrt{-c}$ ist nun $a^2 p^5 \sqrt{a} + 5a^2 p^4 q \sqrt{-c} - 10acp^3 q^2 \sqrt{a} - 10acp^2 q^3 \sqrt{-c} + 5c^2 pq^4 \sqrt{a} + c^2 q^5 \sqrt{-c}$, woraus sogleich $x = a^2 p^5 - 10acp^3 q^2 + 5c^2 pq^4$ und $y = 5a^2 p^4 q - 10acp^2 q^3 + c^2 q^5$ geschlossen wird.

Verlangt man also eine Summe zweyer Qua=
drate $x^2 + y^2$, die zugleich eine fünfte Potenz sey,
so $a = 1$ und $c = 1$; folglich $x = p^5 - 10p^3 q^2 + 5pq^4$ und $y = 5p^4 q - 10p^2 q^3 + q^5$. Nimmt man
nun $p = 2$ und $q = 1$, so wird $x = 38$ und $q = 41$,
und $x^2 + y^2 = 3125 = 5^5$.

XIII. Capitel.

Von einigen Formeln der Art $ax^4 + by^4$, welche sich nicht zu einem Quadrate machen lassen.

§. 202.

Man hat sich alle Mühe gegeben zwey Biquadrate
zu finden, deren Summe oder Differenz eine Qua=
drat=

dratzahl würde;   allein alle Mühe war vergeblich,
und endlich fand man sogar einen Beweis, daß
weder die Formel $x^4 + y^4$ noch diese $x^4 - y^4$ jemals
ein Quadrat werden könne', nur zwey Fälle ausgenommen, wo nämlich bey der erstern entweder $x = 0$
oder $y = 0$, bey der andern aber entweder $y = 0$
oder $y = x$, in welchen Fällen die Sache offenbar vor Augen liegt.   Daß es aber in allen übrigen
Fällen unmöglich seyn soll, ist um so viel merkwürdiger, weil unendlich viele Auflösungen stattfinden,
wenn nur von schlechten Quadraten die Rede ist.

§. 203.

Um diesen Beweis gehörig vorzutragen, ist vorzüglich noch zu bemerken, daß die beyden Zahlen x
und y unter sich als untheilbar angesehen werden
können; denn sollten sie einen gemeinschaftlichen
Theiler, z. B. d haben, so daß man $x = dp$ und
$y = dq$ annehmen könnte, so würden unsre Formeln
$d^4 p^4 + d^4 p^4$ und $d^4 p^4 - d^4 p^4$, die, wenn sie Quadrate wären, auch durch das Quadrat d^4 dividirt,
Quadrate bleiben müssen, so daß auch die Formeln
$p^4 + q^4$ und $p^4 - q^4$ Quadrate wären, wo nun die
Zahlen p und q keinen weitern gemeinschaftlichen
Theiler haben; es ist daher hinlänglich zu beweisen,
daß diese Formeln in dem Fall, wo x und y unter
sich untheilbar sind, keine Quadrate werden können,
und alsdann erstreckt sich der Beweis von selbst auf
alle Fälle, in welchen auch x und y gemeinschaftliche Theiler haben.

§. 204.

Wir wollen daher von der Summe zweyer Biquadrate, nämlich der Formel $x^4 + y^4$ den Anfang
machen, wo wir x und y als unter sich untheilbare
Zahlen

Zahlen ansehen können. Um nun zu zeigen, daß x⁴+y⁴ außer den oben angezeigten Fällen kein Quadrat seyn könne, so wird der Beweis auf folgende Art geführt:

Wenn jemand den Satz läugnen wollte, so müßte er behaupten, daß solche Werthe für x und y möglich wären, wodurch x⁴+y⁴ ein Quadrat würde, sie möchten auch so groß seyn, als sie wollten, weil in kleinen gewiß keine vorhanden sind.

Man kann aber deutlich zeigen, daß, wenn auch in den größten Zahlen solche Werthe für x und y vorhanden wären, aus denselben auch in kleinern Zahlen eben dergleichen Werthe geschlossen werden könnten, und aus diesen ferner in noch kleinern u. s. f. Da nun aber in kleinen Zahlen keine solche Werthe vorhanden sind, außer den zwey angezeigten, welche aber nicht auf andere führen, so kann man sicher schließen, daß auch in größern, ja sogar den allergrößten Zahlen, keine solche Werthe für x und y vorhanden seyn können. Und auf eben solche Art wird auch der Satz von der Differenz zweyer Biquadrate x⁴—y⁴ bewiesen, wie wir dieses sogleich zeigen wollen.

§. 205.

Um also zu zeigen, daß x⁴+y⁴ kein Quadrat seyn könne, außer in den beyden Fällen, die für sich deutlich sind, so sind folgende Sätze wohl zu bemerken.

I. Nehmen wir an, daß die Zahlen x und y unter sich untheilbar sind oder keinen gemeinschaftlichen Theiler haben; so sind sie entweder beyde ungerade, oder die eine ist gerade und die andere ungerade.

II. Beyde

II. Beyde aber können nicht ungerade seyn, weil
die Summe zweyer ungeraden Quadrate nie
ein Quadrat seyn kann; denn ein ungerades
Quadrat ist jedesmal in der Form $4n + 1$ ent=
halten, und also würde die Summe zweyer
ungeraden Quadrate die Form $4n + 2$ haben,
welche sich durch 2, nicht aber durch 4 theilen
läßt, und also kein Quadrat seyn kann. Die=
ses gilt aber auch von zwey ungeraden Biqua=
draten.

III. Wenn daher $x^4 + y^4$ ein Quadrat wäre, so
müßte das eine gerade, das andere aber unge=
rade seyn. Wir haben aber oben gesehen,
daß, wenn die Summe zweyer Quadrate ein
Quadrat seyn soll, die Wurzel des einen durch
$p^2 - q^2$, des andern aber durch $2pq$ ausge=
drückt werde, woraus folgt, daß $x^2 = p^2 - q^2$
und $y^2 = 2pq$ seyn müßte, und dann würde
$x^4 + y^4 = (p^2 + q^2)^2$ seyn.

IV. Hier aber würde y gerade, x aber ungerade
seyn; da nun $x^2 = p^2 - q^2$, so muß auch von
den Zahlen p und q die eine gerade, die andere
aber ungerade seyn; die erstere p aber kann
nicht gerade seyn, weil sonst $p^2 - q^2$ als eine
Zahl von der Form $4n - 1$ oder $4n + 3$, nie=
mals ein Quadrat werden kann. Folglich
müßte p ungerade, q aber gerade seyn, wo
sich von selbst versteht, daß sie unter sich un=
theilbar seyn müssen.

V. Da nun $p^2 - q^2$ ein Quadrat, nämlich x^2
gleich seyn soll, so geschieht dieses, wie wir
oben gesehen haben, wenn $p = r^2 + s^2$ und
$q = 2rs$; denn alsdann wird $x^2 = (r^2 - s^2)^2$,
und also $x = r^2 - s^2$.

II. Theil.　　　　　Ʒ　　　　VI. Allein

VI. Allein y^2 muß auch ein Quadrat ſeyn; da wir nun $y^2 = 2pq$ haben, ſo wird jetzt $y^2 = 4rs$ $(r^2 + s^2)$, welche Formel alſo ein Quadrat ſeyn muß: folglich muß auch $rs (r^2 + s^2)$ ein Quadrat ſeyn, wo r und s unter ſich untheilbare Zahlen ſind, ſo daß auch die hier befindlichen drey Factoren, r, s, und $r^2 + s^2$, keinen gemeinſchaftlichen Theiler unter ſich haben können.

VII. Wenn aber ein Product aus mehreren Factoren, die unter ſich untheilbar ſind, ein Quadrat ſeyn ſoll, ſo muß ein jeder Factor für ſich ein Quadrat ſeyn, alſo ſetze man $r = t^2$ und $s = u^2$, ſo muß auch $t^4 + u^4$ ein Quadrat ſeyn. Wenn daher $x^4 + y^4$ ein Quadrat wäre, ſo würde auch hier $t^4 + u^4$, das iſt ebenfalls eine Summe zweyer Biquadrate, ein Quadrat ſeyn. Wobey zu merken iſt, daß, weil hier $x^2 = (t^4 - u^4)^2$ und $y^2 = 4t^2u^2 (t^4 + u^4)$, die Zahlen t und u offenbar weit kleiner ſeyn würden, als x und y, indem x und y ſogar durch die vierten Potenzen von t und u beſtimmt werden und alſo unſtreitig weit größer ſeyn müſſen.

VIII. Wenn daher zwey Biquadrate, als x^4 und y^4 auch in den größten Zahlen vorhanden ſeyn ſollten, deren Summe ein Quadrat wäre, ſo könnte man daraus eine Summe zweyer weit kleinerer Biquadrate ableiten, welche ebenfalls ein Quadrat wäre; und aus dieſen könnte nachher noch eine kleinere dergleichen Summe geſchloſſen werden und ſo weiter, bis man endlich auf ſehr kleine Zahlen käme; da nun aber in kleinen Zahlen keine ſolche Summe möglich iſt, ſo folgt daraus offenbar, daß es auch in

den

den größten Zahlen dergleichen nicht geben
könne.

IX. Man könnte hier zwar einwenden, daß es in
den kleinen Zahlen wirklich dergleichen gebe,
wie schon anfänglich bemerkt worden, nämlich
wenn das eine Biquadrat o wird; allein auf
diesen Fall kommt man gewiß nicht, wenn
man auf solche Weise von den größten Zahlen
immer zu kleinern zurückgeht. Denn wäre bey
der kleinern Summe $t^4 + u^4$, entweder $t = 0$
und $u = 0$, so würde auch bey der größern
Summe nothwendig $y^2 = 0$ seyn; welcher Fall
hier in keine Betrachtung kömmt.

§. 206.

Nun kommen wir zu dem zweyten Hauptsatze,
daß auch die Differenz zweyer Biquadrate, als
$x^4 - y^4$, niemals ein Quadrat werden könne,
außer in den Fällen, wo $y = 0$ und $y = x$; zu welchem Beweise folgendes zu merken ist.

I. Sind die Zahlen x und y als unter sich untheilbar anzusehen, und also entweder beyde ungerade, oder die eine gerade und die andere ungerade. Da nun in beyden Fällen die Differenz zweyer Quadrate wieder ein Quadrat werden kann, so müssen diese zwey Fälle besonders betrachtet werden.

II. Es seyen also zuerst die beyden Zahlen x und
y ungerade, und man setze $x = p + q$ und $y =
p - q$, so muß nothwendig eine dieser Zah-
len p und q ungerade, die andere aber gerade
seyn. Nun wird $x^2 - y^2 = 4pq$ und $x^2 +
y^2 = 2p^2 + 2q^2$, folglich unsre Formel $x^4
- y^4 = 4pq(2p^2 + 2q^2)$, welche ein Qua-
drat seyn soll, und also auch der vierte Theil

X 2   davon

davon pq $(2p^2 + 2q^2) = 2pq (p^2 + q^2)$,
deren Factoren unter sich untheilbar sind; folglich muß ein jeder dieser Factoren 2p, q, und
$p^2 + q^2$ für sich ein Quadrat seyn, weil nämlich die eine Zahl p gerade, die andere q aber
ungerade ist. Man setze daher, um die beyden ersten zu Quadraten zu machen, $2p = 4r^2$
oder $p = 2r^2$, und $q = s^2$, wo s ungerade seyn
muß, so wird der dritte Factor $4r^4 + s^4$ auch
ein Quadrat seyn müssen.

III. Da nun $s^4 + 4r^4$ eine Summe zweyer Quadrate ist, von welchen s^4 ungerade, $4r^4$ aber
gerade ist, so setze man die Wurzel des erstern
$s^2 = t^2 - u^2$, wo t ungerade und u gerade ist;
die Wurzel des letztern aber $2r^2 = 2tu$ oder
$r^2 = tu$, wo t und u unter sich untheilbar sind.

IV. Weil nun $tu = r^2$ ein Quadrat seyn muß, so
muß sowohl t als u ein Quadrat seyn; man
setze daher $t = m^2$ und $u = n^2$, wo m ungerade und n gerade ist, so wird $s^2 = m^4 - n^4$,
so daß wieder eine Differenz zweyer Biquadrate, nämlich $m^4 - u^4$ ein Quadrat seyn müßte.
Es ist aber klar, daß diese Zahlen weit kleiner
seyn würden, als x und y, weil r und s offenbar kleiner sind als x und y, und eben so m
und n kleiner als r und s; wenn es also in den
größten Zahlen möglich und $x^4 - y^4$ ein Quadrat wäre, so würde es in weit kleinern Zahlen auch noch möglich seyn, und so immer fort,
bis man endlich auf die kleinsten Zahlen käme,
wo die Sache möglich ist.

V. Die kleinsten Zahlen aber, wo dieses möglich
ist, sind, wenn das eine Biquadrat gleich o
oder dem andern gleich ist; wäre das erstere,
so müßte n = o seyn, folglich u = o, ferner
r = o

r=o und p=o und $x^4 - y^4 = o$, oder $x^4 = y^4$;
von einem solchen Fall ist aber hier nicht die
Rede. Wäre aber n=m, so würde t = u,
weiter s=o, q=o und endlich auch x=y,
welcher Fall hier nicht stattfindet.

§. 207.

Man könnte hier einwenden, daß, da m unges
rade und n gerade ist, die letztere Differenz der er=
stern nicht mehr ähnlich sey, und man also daraus
nicht weiter auf kleinere Zahlen den Schluß machen
könnte. Es ist aber hinlänglich, daß man von der
erstern Differenz auf die andere gekommen ist, und
wir werden jetzt zeigen, daß auch $x^4 - y^4$ kein
Quadrat seyn könne, wenn das eine Biquadrat ge=
rade und das andere ungerade ist.

I. Wäre das erstere x^4 gerade und y^4 ungerade,
   so wäre die Sache an sich nicht möglich, weil
   eine Zahl von der Form $4n + 3$ herauskäme,
   die kein Quadrat seyn kann. Es sey daher x
   ungerade und y gerade, so muß $x^2 = p^2 + q^2$
   und $y = 2pq$ seyn, denn so wird $x^4 - y^4 =$
   $p^4 - 2p^2q^2 + q^4 = (p^2 - q^2)^2$, wo von p
   und q das eine gerade, das andere aber unge=
   rade seyn muß.

II. Da nun $p^2 + q^2 = x^2$ ein Quadrat seyn muß,
    so wird $p = r^2 - s^2$ und $q = 2rs$; folglich $x =$
    $r^2 + s^2$. Hieraus aber wird $y^2 = 2(r^2 - s^2) \cdot$
    2rs oder $y^2 = 4rs(r^2 - s^2)$, welches ein
    Quadrat seyn muß, und also auch der vierte
    Theil davon, nämlich $rs(r^2 - s^2)$, wovon
    die Factoren unter sich untheilbar sind.

III. Man setze daher $r = t^2$ und $s = u^2$, so wird
     der dritte Factor $r^2 - s^2 = t^4 - u^4$, welcher
     ebenfalls ein Quadrat seyn muß; da nun dieser

X 3   auch

auch eine Differenz zweyer Biquadrate ist,
welche viel kleiner sind, als die ersten, so erhält hierdurch der vorige Beweis seine völlige
Stärke, so daß, wenn auch in den größten
Zahlen die Differenz zweyer Biquadrate ein
Quadrat wäre, daraus immer kleinere dergleichen Differenzen gefunden werden könnten,
ohne gleichwohl auf die zwey offenbaren Fälle
zu kommen; daher dieses gewiß auch in den
größten Zahlen nicht möglich ist.

§. 208.

Der erste Theil dieses Beweises, wo die Zahlen
x und y beyde ungerade genommen werden, kann
folgendermaaßen abgekürzt werden. Wenn $x^4 - y^4$
ein Quadrat wäre, so müßte $x^2 = p^2 + q^2$ und
$y^2 = p^2 - q^2$ seyn, wo von den Buchstaben p und
q der eine gerade, der andere aber ungerade wäre;
alsdann aber würde $x^2 y^2 = p^4 - q^4$, folglich müßte
$p^4 - q^4$ auch ein Quadrat seyn, welches eine Differenz zweyer solcher Biquadrate ist, von welchen das
eine gerade, das andere aber ungerade ist; daß dieses aber unmöglich sey, ist in dem zweyten Theile
des Beweises gezeigt worden.

§. 209.

Wir haben also diese zwey Hauptsätze bewiesen,
daß weder die Summe, noch die Differenz zweyer
Biquadrate jemals eine Quadratzahl werden könne,
außer in einigen wenigen offenbaren Fällen.

Wenn daher auch andere Formeln, die zu Quadraten gemacht werden sollen, so beschaffen sind, daß
entweder eine Summe oder eine Differenz zweyer
Biquadrate ein Quadrat werden müßte, so sind diese
Formeln ebenfalls nicht möglich. Dieses findet nun

in

in den folgenden Formeln Statt, welche wir hier anführen wollen.

I. Ist es nicht möglich, daß die Formel $x^4 + 4y^4$
ein Quadrat werde; denn weil diese Formel
eine Summe zweyer Quadrate ist, so müßte
$x^2 = p^2 - q^2$ und $2y^2 = 2pq$ oder $y^2 = pq$
seyn; da nun p und q unter sich untheilbar
sind, so müßte ein jedes ein Quadrat seyn.
Setzt man daher $p = r^2$ und $q = s^2$, so wird
$x^2 = r^4 - s^4$; also müßte eine Differenz zweyer
Biquadrate ein Quadrat seyn, welches nicht
möglich ist.

II. Ist es auch nicht möglich, daß die Formel
$x^4 - 4y^4$ ein Quadrat werde; denn alsdann
müßte $x^2 = p^2 + q^2$ und $2y^2 = 2pq$ seyn,
weil alsdann $x^4 - 4y^4 = (p^2 - q^2)^2$ herauskäme; da nun $y^2 = pq$, so müßte p und q
jedes ein Quadrat seyn; setzt man nun $p = r^2$
und $q = s^2$, so wird $x^2 = r^4 + s^4$; folglich
müßte eine Summe zweyer Biquadrate ein
Quadrat seyn, welches nicht möglich ist.

III. Es ist auch nicht möglich, daß die Form
$4x^4 - y^4$ ein Quadrat werde, weil alsdann
y nothwendig eine gerade Zahl seyn müßte.
Nimmt man nun $y = 2z$ an, so würde $4x^4$
$- 16z^4$ und folglich auch der vierte Theil davon $x^4 - 4z^4$ ein Quadrat seyn müssen, welches nach dem vorigen Fall unmöglich ist.

IV. Es ist auch nicht möglich, daß die Formel
$2x^4 + 2y^4$ ein Quadrat werde; denn da dasselbe gerade seyn müßte, und folglich $2x^4 +$
$2y^4 = 4z^2$ wäre, so würde $x^4 + y^4 = 2y^2$ seyn,
und daher $2z^2 + 2x^2y^2 = x^4 + 2x^2y^2 + y^4$
und also ein Quadrat. Eben so würde $2z^2 -$
$2x^2y^2 = x^4 - 2x^2y^2 + y^4$ und also auch ein

X 4   Quadrat

Quadrat seyn. Da nun sowohl $2z^2 + 2x^2y^2$ als $2z^2 - 2x^2y^2$ ein Quadrat seyn würde, so müßte auch ihr Product $4z^4 - 4x^4y^4$, und also auch der vierte Theil davon ein Quadrat seyn. Dieser vierte Theil aber ist $z^4 - x^4y^4$ und also eine Differenz zweyer Biquadrate, welches nicht möglich ist.

V. Endlich kann auch die Formel $2x^4 - 2y^4$ kein Quadrat seyn; denn da beyde Zahlen x und y nicht gerade sind, weil sie sonst einen gemein-schaftlichen Theiler hätten, und auch nicht die eine gerade und die andere ungerade, weil sonst der eine Theil durch 4, der andere aber nur durch 2, und also auch die Formel selbst nur durch 2 theilbar seyn würde, so müssen beyde ungerade seyn. Setzt man nun $x = p + q$ und $y = p - q$, so ist die eine von den Zah-len p und q gerade, die andere aber ungerade, und da $2x^4 - 2y^4 = 2(x^2 + y^2)(x^2 - y^2)$, so bekömmt man $x^2 + y^2 = 2p^2 + 2q^2 = 2(p^2 + q^2)$ und $x^2 - y^2 = 4pq$; also unsre Formel $16pq(p^2 + q^2)$, deren sechzehnter Theil, nämlich $pq(p^2 + q^2)$, folglich auch ein Quadrat seyn müßte. Da nun die Facto-ren unter sich untheilbar sind, so müßte ein jeder für sich ein Quadrat seyn. Setzt man nun für die beyden erstern $p = r^2$ und $q = s^2$, so wird der dritte $r^4 + s^4$, welcher auch ein Quadrat seyn müßte; dieses ist aber nicht möglich.

§. 210.

Auf gleiche Weise läßt sich auch beweisen, daß die Formel $x^4 + 2y^4$ kein Quadrat seyn könne, wo-von der Beweis in folgenden Sätzen besteht:

I. Kann

I. Kann x nicht gerade seyn, weil dann y ungerade seyn müßte, und die Formel sich nur durch 2, nicht aber durch 4 würde theilen laffen; daher muß x ungerade seyn.

II. Man setze daher die Quadratwurzel unfrer Formel $= x^2 + \frac{2py^2}{q}$, damit diese ungerade werde; so wird $x^4 + 2y^4 = x^4 + \frac{4px^2y^2}{q} + \frac{4p^2y^4}{q^2}$, wo sich die x^4 aufheben, die übrigen Glieder aber durch y^2 dividirt und mit q^2 multiplicirt, geben $4pqx^2 + 4p^2 y^2 = 2q^2y^2$, oder $4pqx^2 = 2q^2y^2 - 4p^2y^2$, daraus wird $\frac{x^2}{y^2} = \frac{q^2 - 2p^2}{2pq}$; woraus $x^2 = q^2 - 2p^2$ und $y^2 = 2pq$ folgt, welches eben die Formeln find, die wir schon oben angegeben haben.

III. Es müßte also $q^2 - 2p^2$ wieder ein Quadrat seyn, welches nicht anders geschehen kann, als wenn $q = r^2 + 2s^2$ und $p = 2rs$ ist; denn da würde $x^2 = (r^2 - 2s^2)^2$; hernach aber würde $4rs (r^2 + 2s^2) = y^2$, und also müßte auch der vierte Theil $rs (r^2 + 2s^2)$ ein Quadrat seyn, und folglich r und s jedes besonders. Setzt man nun $r = t^2$ und $s = u^2$, so wird der dritte Factor $r^2 + 2s^2 = t^4 + 2u^4$, welches auch ein Quadrat seyn müßte.

VI. Wäre daher $x^4 + 2y^4$ ein Quadrat, so würde auch $t^4 + 2u^4$ ein Quadrat seyn, wo die Zahlen t und u weit kleiner wären als x und y; und auf diese Weise würde man immer auf kleinere Zahlen kommen können. Da nun in kleinen Zahlen diese Formel kein Quadrat seyn kann, wie man leicht versuchen kann,

so kann dieselbe auch in den größten Zahlen
kein Quadrat seyn.

§. 211.

Was hingegen die Formel $x^4 - 2y^4$ betrifft,
so kann von derselben nicht bewiesen werden, daß
sie kein Quadrat werden könne, und wenn man auf
eine ähnliche Art die Rechnung anstellt, so können
sogar unendlich viele Fälle gefunden werden, in
welchen dieselbe wirklich ein Quadrat wird.

Denn wenn $x^4 - 2y^4$ ein Quadrat seyn soll,
so ist oben gezeigt worden, daß $x^2 = p^2 + 2q^2$
und $y^2 = 2pq$ seyn werde, weil man alsdann $x^4 -$
$2y^4 = (p^2 - 2q^2)^2$ bekömmt. Da nun auch
$p^2 + 2q^2$ ein Quadrat seyn muß, so geschieht dieses, wenn $p = r^2 - 2s^2$ und $q = 2rs$; denn da
wird $x^2 = (r^2 + 2s^2)^2$. Allein hier ist wohl zu
merken, daß dieses auch geschehen würde, wenn
man annähme, daß $p = 2s^2 - r^2$ und $q = 2rs$ sey,
daher zwey Fälle hier in Betrachtung kommen.

I. Es sey zuerst $p = r^2 - 2s^2$ und $q = 2rs$, so
wird $x = r^2 + 2s^2$; und weil $y^2 = 2pq$, so
wird nun $y^2 = 4rs (r^2 - 2s^2)$ seyn; und
müßten also r und s Quadrate seyn. Man setze
deswegen $r = t^2$ und $s = u^2$, so wird $y^2 = 4t^2u^2$
$(t^4 - 2u^4)$; also $y = 2tu \sqrt{(t^4 - 2u^4)}$
und $x = t^4 + 2u^4$; wenn daher $t^4 - 2u^4$ ein
Quadrat ist, so wird auch $x^4 - 2y^4$ ein Quadrat; ob aber gleich t und u kleinere Zahlen
sind als x und y, so kann man doch nicht, wie
vorher, schließen, daß $x^4 - 2y^4$ kein Quadrat seyn könne, und zwar deswegen, weil
man daher auf eine ähnliche Formel in kleinern
Zahlen gelangt; denn $x^4 - 2y^4$ kann ein
Quadrat seyn, ohne auf die Formel $t^4 - 2u^4$

zu

zu kommen, weil dieses noch auf eine andere
Art geschehen kann, nämlich in dem andern
Fall, den wir noch zu betrachten haben.

II. Es sey also $p = 2s^2 — r^2$ und $q = 2rs$, so
wird zwar, wie vorher, $x^2 = r^2 + 2s^2$, allein
für y bekömmt man $y^2 = 2pq = 4rs (2s^2 — r^2)$.
Setzt man nun $r = t^2$ und $s = u^2$, so bekömmt
man $y^2 = 4t^2u^2 (2u^4 — t^4)$, folglich $y = 2tu$
$\Gamma (2u^4 — t^4)$ und $x = t^4 + 2u^4$; woraus
sich ergiebt, daß unsre Formel $u^4 — 2y^4$ auch
ein Quadrat werden könne, wenn die Formel
$2u^4 — t^4$ ein Quadrat wird. Dieses geschieht
aber offenbar, wenn $t = 1$ und $u = 1$; und
daher bekommen wir $x = 3$ und $y = 2$, woraus unsre Formel $x^4 — 2y^4$ wird $81 — 2$.
$16 = 49$.

III. Wir haben auch oben gesehen, daß $2u^4 — t^4$
ein Quadrat werde, wenn $u = 13$ und $t = 1$
ist, weil alsdann $\Gamma (2u^4 — t^4) = 239$ ist.
Setzt man nun diese Werthe für t und u, so
erhalten wir einen neuen Fall für unsre Formel, nämlich $x = 1 + 2. 13^4 = 57123$ und
$y = 2. 13. 239 = 6214$.

IV. Sobald man aber Werthe für x und y gefunden hat, so kann man dieselben in den Formeln No. I. für t und u schreiben, wo man
dann wieder neue Werthe für x und y erhalten
wird.

Weil wir nun $x = 3$ und $y = 2$ gefunden haben,
so wollen wir in den No. I. gegebenen Formeln $t = 3$
und $= 2$ setzen, da dann $\Gamma (t^4 — 2u^4) = 7$ wird,
so bekommen wir folgende neue Werthe: $x = 81 +$
$2. 16 = 113$ und $y = 2. 3. 2. 7 = 84$. Hieraus erhalten wir $x^2 = 12769$, und $x^4 = 163047361$;
ferner $y^2 = 7056$ und $y^4 = 49787136$, daher wird

$x^4 —$

$x^4 - 2y^4 = 63473089$, wovon die Quadratwurzel 7967 ist, welche auch mit der anfänglich angegebenen $p^2 - 2q^2$ völlig übereinstimmt. Denn da $t = 3$ und $u = 2$, so wird $r = 9$ und $s = 4$, daher $p = 81 - 32 = 49$ und $q = 72$, woraus $p^2 - 2q^2 = 2401 - 10368 = - 7967$.

XIV. Capitel.

Auflösung einiger Aufgaben, die zu diesem Theile der Analytik gehören.

§. 212.

Wir haben bisher die Kunstgriffe erklärt, welche in diesem Theile der Analytik vorkommen und nöthig sind, um alle diejenigen Aufgaben, welche hieher gehören, aufzulösen; wir wollen daher hier noch einige dergleichen Aufgaben folgen lassen, um dieses in ein desto größeres Licht zu setzen, und auch die Auflösung derselben zugleich hinzufügen.

§. 213.

I. Man suche eine Zahl, daß, wenn man 1 sowohl dazu addirt, als auch davon subtrahirt, in beyden Fällen ein Quadrat herauskomme.

Setzt man die gesuchte Zahl $= x$, so muß sowohl $x + 1$ als auch $x - 1$ ein Quadrat seyn. Für das erstere setze man $x + 1 = p^2$, so wird $x = p^2 - 1$ und $x - 1 = p^2 - 2$, welches auch ein Quadrat seyn muß. Man nehme an, die Wurzel davon sey $p - q$, so wird $p^2 - 2 = p^2 - 2pq + q^2$, wo sich die

die p² aufheben und daraus $p = \frac{q^2 + 2}{2q}$ gefunden
wird; daraus erhält man ferner $x = \frac{q^4 + 4}{4q^2}$, wo
man q nach Belieben und auch in Brüchen anneh=
men kann.

Man setze daher $q = \frac{r}{s}$, so erhalten wir $x =$
$\frac{r^4 + 4s^4}{4r^2s^2}$, wovon wir einige kleinere Werthe anzei=
gen wollen:

wenn r =	1	2	1	3
und s =	1	1	2	1
so wird x =	$\frac{5}{4}$	$\frac{5}{4}$	$\frac{65}{16}$	$\frac{85}{36}$

§. 214.

II. Aufg. Man suche eine Zahl x, daß
wenn man dazu 2 beliebige Zahlen, als
z. B. 4 und 7 addirt, in beyden Fällen
ein Quadrat herauskomme.

Es müssen also die zwey Formeln $x + 4$ und
$x + 7$ Quadrate werden; man setze daher für die
erstere $x + 4 = p^2$; so wird $x = p^2 - 4$, die andere
Formel aber wird $x + 7 = p^2 + 3$, welche auch ein
Quadrat seyn muß. Man setze daher die Wurzel,
davon $= p + q$, so wird $p^2 + 3 = p^2 + 2pq + q^2$,
woraus $p = \frac{3 - q^2}{2q}$, folglich $x = \frac{9 - 22q^2 + q^4}{4q^2}$ ge=
funden wird. Setzen wir für q einen Bruch, als
$\frac{r}{s}$, so bekommen wir $x = \frac{9s^4 - 22r^2s^2 + r^4}{4r^2s^2}$, wo
man für r und s alle beliebige ganze Zahlen anneh=
men kann.

Nimmt man r = 1 und s = 1, so wird x = — 3,
und daraus wird $x + 4 = 1$ und $x + 7 = 4$. Will
man

man aber eine positive Zahl für x haben, so setze man s = 2 und r = 1, so bekömmt man x = $\frac{57}{16}$; woraus x + 4 = $\frac{121}{16}$ und x + 7 = $\frac{169}{16}$ wird; will man ferner s = 3 und r = 1 annehmen, so bekömmt man x = $\frac{133}{9}$, und daraus x + 4 = $\frac{169}{9}$ und x + 7 = $\frac{196}{9}$. Soll das letzte Glied größer seyn als das mittlere, so setze man r = 5 und s = 1, dann wird x = $\frac{21}{23}$, und daraus x + 4 = $\frac{121}{23}$ und x + 7 = $\frac{196}{23}$.

§. 215.

III. Aufg. Man suche einen solchen Bruch x, daß, wenn man denselben entweder zu 1 addirt oder von 1 subtrahirt, in beyden Fällen ein Quadrat herauskomme.

Da die beyden Formeln 1 + x und 1 — x Quadrate seyn sollen, so setze man für die erstere 1 + x = p², dann wird x = p² — 1 und die andere Formel 1 — x = 2 — p², welche ein Quadrat seyn soll. Da nun weder das erste, noch das letzte Glied ein Quadrat ist, so muß man sehen, ob man einen Fall errathen kann, in welchem dieses geschieht; ein solcher fällt aber gleich in die Augen, nämlich p = 1, deswegen setze man p = 1 — q, so daß x = q² — 2q, so wird unsre Formel 2 — p² = 1 + 2q — q², davon setze man die Wurzel = 1 — qr, so bekömmt man 1 + 2q — q² = 1 — 2qr + q²r²; hieraus 2 — q = — 2r + qr² und q = $\frac{2r + 2}{r^2 + 1}$; hieraus wird x = $\frac{4r - 4r^2}{(r^2 + 1)^2}$, weil r ein Bruch ist, so setze man r = $\frac{t}{u}$, so wird x = $\frac{4tu^3 - 4t^3u}{(t^2 + u^2)^2}$ = $\frac{4tu(u^2 - t^2)}{(t^2 + u^2)^2}$; also muß u größer seyn als t.

Man

Man setze daher u = 2 und t = 1, so wird
x = $\frac{24}{25}$; setzt man u = 3 und t = 2, so wird x = $\frac{120}{169}$,
und daraus 1 + x = $\frac{289}{169}$ und 1 — x = $\frac{49}{169}$, welches beydes Quadrate sind.

§. 216.

IV. Aufg. Man suche solche Zahlen
x, welche sowohl zu 10 addirt, als von
10 subtrahirt, Quadrate hervorbringen.
Es müssen also die Formeln 10 + x und 10 — x
Quadrate seyn, welches nach der vorigen Methode
geschehen könnte. Um aber einen andern Weg zu
zeigen, so bedenke man, daß auch das Product dieser Formel ein Quadrat seyn müsse, nämlich 100
— x². Da nun hier das erste Glied schon ein Quadrat ist, so setze man die Wurzel = 10 — px, so
wird 100 — x² = 100 — 20px + p²x² und also
x = $\frac{20p}{p^2+1}$; hieraus aber folgt, daß nur das Product ein Quadrat werde, nicht aber eine jede besondere. Wenn aber nur die eine ein Quadrat wird,
so muß die andere nothwendig auch eins seyn; nun
aber wird die erste 10 + x $\frac{10p^2 + 20p + 10}{p^2 + 1}$ =
$\frac{10(p^2 + 2p + 1)}{p^2 + 1}$; und weil p² + 2p + 1 schon ein
Quadrat ist, so muß noch der Bruch $\frac{10}{p^2+1}$ ein
Quadrat seyn, folglich auch dieser: $\frac{10p^2 + 10}{(p^2 + 1)^2}$. Es
ist also nur nöthig, daß die Zahl 10p² + 10 ein
Quadrat werde, wo man wieder einen Fall, in welchem es geschieht, errathen muß. Dieser ist, wenn
p = 3 ist, und deswegen setze man p = 3 + q, so
bekömmt man 100 + 60q + 10q²; davon setze
man

man die Wurzel $10 + qt$, so wird $100 + 60q + 10q^2 = 100 + 20qr + q^2t^2$, daraus $q = \dfrac{60 - 20t}{t^2 - 10}$,

daraus $p = 3 + q$, und $x = \dfrac{20p}{p^2 + 1}$.

Nimmt man $t = 3$, so wird $q = 0$ und $p = 3$, folglich $x = 6$, daher wird $10 + x = 16$ und $10 - x = 4$. Es sey aber $t = 1$, so wird $q = -\frac{40}{9}$ und $p = -\frac{13}{9}$ und $x = -\frac{234}{25}$; es ist aber gleich viel $x = +\frac{234}{25}$ anzunehmen, und dann wird $10 + x = \frac{484}{25}$ und $10 - x = \frac{16}{25}$, welches beydes Quadrate sind.

§. 217.

Anmerkung. Wollte man diese Aufgabe allgemein machen, und für eine jede gegebene Zahl a solche Zahlen x verlangen, so, daß sowohl $a + x$ als $a - x$ ein Quadrat werden sollte, so würde die Auflösung oft unmöglich werden, nämlich in allen Fällen, wo die Zahl a keine Summe zweyer Quadrate ist. Aber wir haben oben gesehen, daß von 1 bis 50 nur die folgenden Zahlen Summen zweyer Quadrate, oder in der Form $x^2 + y^2$ enthalten sind.

1, 2, 4, 5, 8, 9, 10, 13, 16, 17, 18, 20, 25, 26, 29, 32, 34, 36, 37, 40, 41, 45, 49, 50,

und daß also die übrigen Zahlen, welche gleichfalls bis 50 sind:

3, 6, 7, 11, 12, 14, 15, 19, 21, 22, 23, 24, 27, 28, 30, 31, 33, 35, 38, 39, 42, 43, 44, 46, 47, 48, nicht in zwey Quadrate zerlegt werden können; so oft also a eine von diesen letztern Zahlen wäre, so oft würde auch die Aufgabe unmöglich seyn.

Um dieses zu zeigen, so wollen wir annehmen, daß $a + x = p^2$ und $a - x = q^2$ sey, und dann giebt

giebt die Addition $2a = p^2 + q^2$, so daß $2a$ eine Summe zweyer Quadrate seyn muß; ist aber $2a$ eine solche Summe, so muß auch a eine solche seyn; wenn daher a keine Summe zweyer Quadrate ist, so ist es auch nicht möglich, daß $a + x$ und $a - x$ zugleich Quadrate seyn können.

§. 218.

Wäre daher $a = 3$, so würde die Frage unmöglich seyn, und zwar darum, weil 3 keine Summe zweyer Quadrate ist; man könnte zwar einwenden, daß es vielleicht zwey Quadrate in Brüchen gebe, deren Summe 3 ausmachte, allein dieses ist auch nicht möglich, denn wäre $3 = \frac{p^2}{q^2} + \frac{r^2}{s^2}$ und man multiplicirte mit q^2s^2, so würde $3q^2s^2 = p^2s^2 + q^2r^2$, wo $p^2s^2 + q^2r^2$ eine Summe zweyer Quadrate ist, welche sich durch 3 theilen ließe; wir haben aber oben gesehen, daß eine Summe zweyer Quadrate keine andere Theiler haben könne, als die selbst solche Summen sind.

Es lassen sich zwar die Zahlen 9 und 45 durch 3 theilen, allein sie sind auch durch 9 theilbar und sogar ein jedes der beyden Quadrate, aus welchen sie bestehen, weil nämlich $9 = 3^2 + 0^2$, und $45 = 6^2 + 3^2$, welches hier nicht stattfindet; daher ist dieser Schluß richtig, daß, wenn eine Zahl a in ganzen Zahlen keine Summe zweyer Quadrate ist, dieses auch nicht in Brüchen stattfinden könne; ist aber die Zahl a in ganzen Zahlen eine Summe zweyer Quadrate, so kann sie auch in Brüchen auf unendlich viele Arten eine Summe zweyer Quadrate seyn, welches wir nun noch zeigen wollen.

II. Theil.   Y)   §. 219.

§. 219.

V. Aufg. Eine Zahl, die eine Summe zweyer Quadrate ist, auf unendlich viele Arten in eine Summe von zweyen andern Quadraten zu zerlegen.

Die gegebene Zahl sey daher $f^2 + g^2$ und man soll zwey andere Quadrate, als x^2 und y^2 suchen, deren Summe $x^2 + y^2$ der Zahl $f^2 + g^2$ gleich sey, so daß $x^2 + y^2 = f^2 + g^2$ sey. Hier zeigt sich nun sogleich, daß, wenn x größer oder kleiner ist als f, y umgekehrt kleiner oder größer seyn müsse als g. Man setze daher $x = f + pz$ und $y = g - qz$, so wird $f^2 + 2fpx + p^2z^2 + g^2 - 2gqz + q^2z^2 = f^2 + g^2$, wo sich die f^2 und g^2 aufheben, die übrigen Glieder aber durch z theilen lassen. Daher wird $2fp + p^2 z - 2gq + q^2z = 0$ oder $p^2z + q^2z = 2gq - 2fp$, und also $z = \frac{2gq - 2fp}{p^2 + q^2}$, woraus für x und y folgende Werthe gefunden werden:

$x = \frac{2gp + f(q^2 - p^2)}{p^2 + q^2}$ und $y = \frac{2fpq + g(p^2 - q^2)}{p^2 + q^2}$,

wo man für p und q alle mögliche Zahlen nach Belieben annehmen kann.

Es sey die gegebene Zahl 2, so daß f = 1 und g = 1, so wird $x^2 + y^2 = 2$, wenn $x = \frac{2pq + q^2 - p^2}{p^2 + q^2}$ und $y = \frac{2pq + p^2 - q^2}{p^2 + q^2}$; setzt man p = 2 und q = 1, so wird $x = \frac{1}{5}$ und $y = \frac{7}{5}$.

§. 220.

VI. Aufg. Wenn die Zahl a eine Summe zweyer Quadrate ist, solche Zahlen x zu finden, daß sowohl a + x als a — x ein Quadrat werde.

Es

Es sey die Zahl $a = 13 = 9 + 4$, und man setze $13 + x = p^2$ und $13 - x = q^2$, so giebt zuerst die Addition $26 = p^2 + q^2$, die Subtraction aber $2x = p^2 - q^2$; also müssen p und q so beschaffen seyn, daß $p^2 + q^2$ der Zahl 26 gleich werde, die auch eine Summe zweyer Quadrate ist, nämlich $25 + 1$, folglich muß diese Zahl 26 in zwey Quadrate zerlegt werden, von welchen das größere für p^2, das kleinere aber für q^2 genommen wird. Hieraus bekömmt man zuerst $p = 5$ und $q = 1$, und daraus wird $x = 12$; hernach aber kann aus dem obigen die Zahl 26 noch auf unendlich verschiedene Arten in zwey Quadrate aufgelöset werden. Denn weil $f = 5$ und $g = 1$, und wenn wir in den obigen Formeln statt der Buchstaben p und q, t und u setzen, für x und y aber die Buchstaben p und q, so finden wir $p = \dfrac{2tu + 5(u^2 - t^2)}{t^2 + u^2}$ und $q = \dfrac{10tu + t^2 - u^2}{t^2 + u^2}$. Nimmt man nun für t und u Zahlen nach Belieben an, und bestimmt daraus die Buchstaben p und q, so erhält man die gesuchte Zahl x $\dfrac{p^2 - q^2}{2}$.

Es sey z. B. $t = 2$ und $u = 1$, so wird $p = \frac{11}{5}$ und $q = \frac{23}{5}$; und daher $p^2 - q^2 = \frac{408}{25}$ und $x = \frac{204}{25}$

§. 221.

Um aber diese Frage allgemein aufzulösen, so sey die gegebene Zahl $a = c^2 + d^2$, die gesuchte aber $= z$, so daß die Formeln $a + z$ und $a - z$ Quadrate werden sollen.

Nun setze man $a + z = x^2$ und $a - z = y^2$, so wird zuerst $2a = 2(c^2 + d^2) = x^2 + y^2$, und hernach $2z = x^2 - y^2$. Es müssen also die Quadrate x^2 und y^2 so beschaffen seyn, daß $x^2 + y^2 = 2(c^2 + d^2)$, wo $2(c^2 + d^2)$ auch eine Summe

Y 2   zweyer

zweyer Quadrate ist, nämlich $(c+d)^2+(c-d)^2$.
Man setze der Kürze wegen $c+d=f$ und $c-d=g$,
so daß $x^2+y^2=f^2+g^2$ seyn muß; dieses ge=
schieht aber aus dem obigen, wenn man $x=$
$\frac{2gpq+f(q^2-p^2)}{p^2+q^2}$ und $y=\frac{2fpq+g(p^2-q^2)}{p^2+q^2}$ an=
nimmt; hieraus bekömmt man die leichteste Auflö=
sung, wenn man $p=1$ und $q=1$ setzt, denn hier=
aus wird $x=\frac{2g}{2}=g=c-d$ und $y=f=c+d$,
und hieraus folglich $z=2cd$. Hieraus wird nun
offenbar $c^2+d^2+2cd=(c+d)^2$ und c^2+d^2
$-2cd=(c-d)^2$. Um eine andere Auflösung
zu finden, so sey $p=2$ und $q=1$, da wird $x=$
$\frac{7c+8d}{5}$ und $y=\frac{c-7d}{5}$, wo sowohl c und d, als x
und y negativ genommen werden können, weil nur
ihre Quadrate vorkommen. Da nun x größer seyn
soll als y, so nehme man d negativ, und dann wird
$x=\frac{c+7d}{5}$ und $y=\frac{7c-d}{5}$. Hieraus folgt $z=$
$\frac{24d^2+14cd-24c^2}{25}$, welcher Werth zu $a=c^2+d^2$
addirt, $\frac{c^2+14cd+4cd^2}{25}$ giebt, wovon die Quadrat=
wurzel $\frac{c+7d}{5}$ ist. Subtrahirt man aber z von a,
so bleibt $\frac{49c^2-14cd+d^2}{25}$, wovon die Quadratwur=
zel $\frac{7c-d}{5}$ ist; jene ist nämlich x, diese aber y.

§. 222.

VII. Aufg. Man suche eine Zahl x,
daß, wenn sowohl zu derselben selbst als
zu

zu ihrem Quadrate x², eins addirt wird, in beyden Fällen ein Quadrat heraus= komme.

Es müſſen alſo die beyden Formeln x + 1 und x² + 1 zu Quadraten gemacht werden. Man ſetze daher für die erſte x + 1 = p², ſo wird x = p² — 1, und die zweyte Formel x² + 1 = p⁴ — 2p² + 2, welche Formel ein Quadrat ſeyn ſoll: dieſe iſt aber von der Art, daß man keine Auflöſung finden kann, wenn nicht ſchon ein Fall bekannt iſt; ein ſolcher Fall aber fällt ſogleich in die Augen, nämlich wenn p = 1. Man ſetze daher p = 1 + q, ſo wird x² + 1 = 1 + 4q² + 4q³ + q⁴, welches auf vielen Arten zu einem Quadrate gemacht werden kann.

I. Man ſetze zuerſt die Wurzel davon 1 + q², ſo wird 1 + 4q² + 4q³ + q⁴ = 1 + 2q² + q⁴, daraus wird 4q + 4q² = 2q oder 4 + 4q = 2 und q = — ½, folglich p = ½ und x = — ¾.

II. Nimmt man die Wurzel 1 — q² an, ſo wird 1 + 4q² + 4q³ + q⁴ = 1 — 2q² + q⁴, und daher q = — 3/2 und p = — ½, hieraus x = — ¾ wie vorher.

III. Setzt man die Wurzel 1 + 2q + q², damit ſich die erſten und die zwey letzten Glieder auf= heben, ſo wird 1 + 4q² + 4q³ + q⁴ = 1 + 4q + 6q² + 4q³ + q⁴, daraus wird q = — 2 und p = — 1, daher x = 0.

IV. Man kann aber auch die Wurzel 1 — 2q — q² ſetzen, ſo wird 1 + 4q² + 4q³ + q⁴ = 1 — 4q + 2q² + 4q³ + q⁴, daraus wird q = — 2 wie vorher.

V. Damit die zwey erſten Glieder einander auf= heben, ſo ſey die Wurzel 1 + 2q², dann wird 1 + 4q² + 4q³ + q⁴ = 1 + 4q² + 4q⁴, und daraus q = 4/3 und p = 7/3; folglich x = 40/9,

Y 3　　　　woraus

woraus $x + 1 = \frac{49}{9} = (\frac{7}{3})^2$ und $x^2 + 1 = 1\frac{68}{81} = (\frac{41}{9})^2$ folgt.

Wollte man noch mehrere Werthe für q finden, so müßte man einen von diesen hier gefundenen, z. B. $-\frac{1}{2}$ nehmen, und ferner $q = -\frac{1}{2} + 1$ annehmen; daraus aber würde $p = \frac{1}{2} + r$; $p^2 = \frac{1}{4} + r + r^2$ und $p^4 = \frac{1}{16} + \frac{1}{2}r + \frac{3}{2}r^2 + 2r^3 + r^4$, folglich unsre Formel $\frac{25}{16} - \frac{3}{2}r - \frac{1}{2}r^2 + 2r^3 + r^4$, welche ein Quadrat seyn soll, und daher auch mit 16 multiplicirt, nämlich $25 - 24r - 8r^2 + 32r^3 + 16r^4$. Davon setze man nun:

I. Die Wurzel $= 5 + fr \pm 4r^2$, so daß $25 - 24r - 8r^2 + 32r^3 + 16r^4 = 25 + 10fr \pm 40r^2 \pm 8fr^3 + 16r^4$. Da nun die ersten $+ f^2r^2$

und letzten Glieder wegfallen, so bestimme man f so, daß auch die zweyten wegfallen; dieses geschieht, wenn $-24 = 10f$ und also $f = -\frac{12}{5}$ ist; alsdann geben die übrigen Glieder durch r^2 dividirt $-8 + 32r = \pm 40 + f^2 \pm 8fr$. Für das obere Zeichen hat man $-8 + 32r = 40 + f^2 + 8fr$, und daraus $r = \frac{48 + f^2}{32 - 8f^4}$. Da nun $f = -\frac{12}{5}$, so wird $r = \frac{21}{20}$, folglich $p = \frac{31}{20}$ und $x = \frac{561}{400}$, daraus wird $x + 1 = (\frac{31}{20})^2$, und $x^2 + 1 = (\frac{682}{400})^2$.

II. Gilt aber das untere Zeichen, so wird $-8 + 32r = -40 + f^2 - 8fr$, und daraus $r = \frac{f^2 - 32}{32 + 8f^4}$. Da nun $f = -\frac{12}{5}$, so wird $r = -\frac{41}{20}$, folglich $p = \frac{31}{20}$, woraus die vorige Gleichung entsteht.

III. Es sey die Wurzel $4r^2 + 4r \pm 5$, so daß $16r^4 + 32r^3 - 8r^2 - 24r + 25 = 16r^4 +$
$32r$

$$32r^3 \pm 40r^2 \pm 40r + 25:$$
$$+ 16r^2$$

wo die zwey

erſten und die ganz letzten Glieder wegfallen, die übrigen aber durch r dividirt, geben — 8r — 24 $= \pm 40r + 16r \pm 40$, oder — 24r — 24 $= \pm 40r \pm 40$. Wenn das obere Zeichen gilt, ſo wird — 24r — 24 $= 40r + 40$, oder o $= 64r + 64$, oder o $= r + 1$, das iſt r $= - 1$ und p $= \frac{1}{2}$, welchen Fall wir ſchon gehabt haben; und eben derſelbe folgt auch aus dem untern Zeichen.

IV. Man ſetze die Wurzel $5 + fr + gr^2$ und beſtimme f und g ſo, daß die drey erſten Glieder wegfallen. Da nun $25 - 24r - 8r^2 + 32r^3 + 16r^4 = 25 + 10fr + 10gr^2 + 2fgr^2 + f^2r^2$

$+ g^2r^4$, ſo wird zuerſt — 24 $= 10f$ und alſo f $= - \frac{12}{5}$, ferner — 8 $= 10g + f^2$, und alſo g $= \frac{-8 - f^2}{10}$, oder g $= - \frac{344}{250} = - \frac{172}{125}$; die beyden letzten Glieder aber durch r^3 dividirt, geben $32 + 16r = 2fg + g^2r$ und daraus r $= \frac{2fg - 32}{16 - g^2}$. Hier wird der Zähler $2fg - 32 = \frac{+ 24 . 172 - 32 . 625}{5 . 125} = \frac{- 32 . 496}{625}$, oder dieſer Zähler $= \frac{- 16 . 32 . 31}{625}$; der Nenner aber giebt $16 - g^2 = (4 - g)(4 + g) = \frac{328}{125} . \frac{672}{125}$, oder $16 - g^2 = \frac{8 . 32 . 41 . 21}{25 . 625}$; daraus wird r $= - \frac{1550}{861}$, hieraus p $= - \frac{2739}{1722}$, und hieraus wird ein neuer Werth für x, nämlich x $= p^2 = 1$, gefunden.

§. 223.

VIII. Aufg. Zu drey gegebenen Zahlen a, b und c eine solche Zahl x zu finden, welche zu einer jeden derselben addirt, ein Quadrat hervorbringe.

Es müssen also folgende drey Formeln zu Quadraten gemacht werden, nämlich $x + a$, $x + b$ und $x + c$.

Man setze für die erstere $x + a = z^2$, so daß $x = z^2 - a$, so werden die beyden andern Formeln $z^2 + b - a$ und $z^2 + c - a$, wovon eine jede ein Quadrat seyn soll. Hiervon aber läßt sich keine allgemeine Auflösung geben, weil solches sehr oft unmöglich ist, und die Möglichkeit beruht einzig und allein auf der Beschaffenheit der beyden Zahlen $b - a$ und $c - a$. Denn wäre z. B. $b - a = 1$ und $c - a = - 1$, das ist $b = a + 1$ und $c = a - 1$, so müßten $z^2 + 1$ und $z^2 - 1$ Quadrate werden, und z ohne Zweifel ein Bruch seyn. Man setze daher $z = \frac{p}{q}$, so würden folgende zwey Formeln Quadrate seyn müssen: $p^2 + q^2$ und $p^2 - q^2$, folglich müßte auch ihr Product $p^4 - q^4$ ein Quadrat seyn, daß aber dieses nicht möglich sey, ist schon oben gezeigt worden.

Wäre ferner $b - a = 2$ und $c - a = - 2$, das ist $b = a + 2$ und $c = a - 2$, so müßten, wenn man wiederum $z = \frac{p}{q}$ annähme, die zwey Formeln $p^2 + 2q^2$ und $p^2 - 2q^2$ Quadrate werden, folglich auch ihr Product $p^4 - 4q^4$, welches ebenfalls nicht möglich ist.

Man setze überhaupt $b - a = m$ und $c - a = n$, ferner auch $z = \frac{p}{q}$, so müssen die Formeln $p^2 + mq^2$ und

und $p^2 + nq^2$ Quadrate ſeyn, welches, wie wir eben geſehen haben, unmöglich iſt, wenn entweder $m = +1$ und $n = -1$, oder wenn $m = +2$ und $n = -2$ iſt.

Es iſt auch ferner nicht möglich, wenn $m = f^2$ und $n = -f^2$ iſt. Denn alsdann würde das Product derſelben $p^4 - f^4q^4$ eine Differenz zweyer Biquadrate ſeyn, welche niemals ein Quadrat werden kann.

Eben ſo, wenn $m = 2f^2$ und $n = -2f^2$, ſo können auch die Formeln $p^2 + 2f^2q^2$ und $p^2 - 2f^2q^2$ nicht beyde Quadrate werden, weil ihr Product $p^4 - 4f^4q^4$ auch ein Quadrat ſeyn müßte; folglich, wenn man $fq = r$ annähme, die Formel $p^4 - 4r^4$, wovon die Unmöglichkeit auch oben gezeigt worden.

Wäre ferner $m = 1$ und $n = 2$, ſo daß die Formeln $p^2 + q^2$ und $p^2 + 2q^2$ Quadrate ſeyn müßten, ſo ſetze man $p^2 + q^2 = r^2$ und $p^2 + 2q^2 = s^2$; dann wird aus der erſtern $p^2 = r^2 - q^2$, und alſo die andere $r^2 + q^2 = s^2$; daher müßte ſowohl $r^2 - q^2$ als $r^2 + q^2$ ein Quadrat ſeyn; und auch ihr Product $r^4 - q^4$ müßte ein Quadrat ſeyn, welches unmöglich iſt.

Hieraus zeigt ſich nun hinlänglich, daß es nicht leicht ſey, ſolche Zahlen für m und n zu wählen, daß die Auflöſung möglich werde. Das einzige Mittel, ſolche Werthe für m und n zu finden, iſt, daß man dergleichen Fälle errathe, oder auf ſolche Weiſe aufzufinden ſuche.

Nimmt man $f^2 + mg^2 = h^2$ und $f^2 + ng^2 = k^2$ an, ſo bekömmt man aus der erſtern $m = \dfrac{h^2 - f^2}{g^2}$, und aus der andern $n = \dfrac{k^2 - f^2}{g^2}$. Nimmt man nun für f, g, h und k Zahlen nach Belieben an, ſo

Y 5   be=

bekömmt man für m und n solche Werthe, in welchen die Auflösung möglich ist.

Es sey z. B. $h = 3$, $k = 5$, $f = 1$ und $g = 2$;
so wird $m = 2$ und $n = 6$. Jetzt sind wir versichert,
daß es möglich sey, die zwey Formeln $p^2 + 2q^2$ und
$p^2 + 6q^2$ zu Quadraten zu machen, weil solches geschieht, wenn $p = 1$ und $q = 2$ ist. Die erste
aber wird auf eine allgemeine Art ein Quadrat,
wenn $p = r^2 - 2s^2$ und $q = 2rs$; denn alsdann
wird $p^2 + 2q^2 = (r^2 + 2s^2)^2$. Die andere Formel aber wird alsdann $p^2 + 6q^2 = r^4 + 20r^2s^2 + 4s^4$,
wovon ein Fall bekannt ist, in welchem dieselbe ein
Quadrat wird, nämlich wenn $p = 1$ und $q = 2$,
und dieses geschieht, wenn $r = 1$ und $s = 1$, oder
wenn überhaupt $r = s$; denn alsdann wird unsre
Formel $25s^4$. Da wir nun diesen Fall wissen, so
setzen wir $r = s + t$, so wird $r^2 = s^2 + 2st + t^2$
und $r^4 = s^4 + 4s^3t + 6s^2t^2 + 4st^3 + t^4$; daher unsre Formel seyn wird: $25s^4 + 44s^3t + 26s^2t^2 +
4st^3 + t^4$; von dieser sey die Wurzel $5s^2 + fst + t^2$,
wovon das Quadrat $25s^4 + 10fs^3t + 10s^2t^2 + 2fst^3$
$+ f^2s^2t^2$
$+ t^4$ ist, wo sich die ersten und letzten Glieder von
selbst aufheben. Man nehme nun f so an, daß sich
auch die letzten ohne eins aufheben, welches geschieht, wenn $4 = 2f$ und $f = 2$; alsdann geben die
übrigen, durch s^2t dividirt, die Gleichung $44s +
26t = 10fs + 10t + f^2t = 20s + 14t$, oder $2s =
- t$ und $\frac{s}{t} = - \frac{1}{2}$, daher wird $s = - 1$ und $t = 2$,
oder $t = - 2s$, folglich $r = - s$ und $r^2 = s^2$, welches der bekannte Fall selbst ist.

Man nehme f so an, daß sich die zweyten Glieder aufheben; dieses geschieht, wenn $44 = 10f$,
oder $f = \frac{22}{5}$, wo dann die übrigen Glieder, durch
st^2

st² dividirt, 26s + 4t = 10s + t²s + 2ft geben, das iſt — $\frac{84}{27}$s = $\frac{24}{3}$t, folglich t = — $\frac{7}{10}$s und alſo r = s + t = $\frac{3}{10}$s, oder $\frac{r}{s}$ = $\frac{3}{10}$; daher r = 3, und s = 10; hieraus bekommen wir p = 2s² — r² = 191 und q = 2rs = 60, woraus unſre Formeln p² + 2q² = 43681 = 209², und p² + 6q² = 58081 = 241² werden.

§. 224.

Anmerkung. Dergleichen Zahlen für m und n, wo ſich unſre Formeln zu Quadraten machen laſſen, können nach der obigen Art noch mehrere gefunden werden. Es iſt aber zu merken, daß das Verhältniß dieſer Zahlen m und n nach Belieben angenommen werden kann. Es ſey dieſes Verhältniß wie a zu b, und man ſetze m = az und n = bz, ſo kömmt es nun darauf an, wie man z beſtimmen ſoll, damit die beyden Formeln p² + azq² und p² + bzq² zu Quadraten gemacht werden können? Wir wollen dieſes in der folgenden Aufgabe zeigen.

§. 225.

IX. Aufg. Wenn a und b gegebene Zahlen ſind, die Zahl z zu finden, daß ſich die beyden Formeln p² + azq² und p² + bzq² zu Quadraten machen laſſen, und zugleich die kleinſten Werthe für p und q zu beſtimmen.

Man nehme p² + azq² = r² und p² + bzq² = s², und multiplicire die erſtere mit b, die andere aber mit a, ſo giebt die Differenz derſelben die Gleichung (b — a)p² = br² — as² und alſo p² = $\frac{br² — as²}{b — a}$, welche Formel daher ein Quadrat ſeyn muß. Da nun

nun dieſes geſchieht, wenn r = s, ſo ſetze man, um
die Brüche wegzubringen, r = s + (b — a)t, ſo

wird $p^2 = \dfrac{br^2 - as^2}{b-a} = \dfrac{bs^2 + 2b(b-a)st + b(b-a)^2t^2 - as^2}{b-a}$

$= \dfrac{(b-a)s^2 + 2b(b-a)st + b(b-a)^2t^2}{b-a} = s^2 + 2bst + b$

$(b-a)t^2$. Nun ſetze man $p = s + \dfrac{x}{y}t$, ſo wird

$p^2 = s^2 + \dfrac{2x}{y} \cdot st + \dfrac{x^2}{y^2}t^2 = s^2 + 2bst + b(b-a)t^2$,

wo ſich die s^2 aufheben, die übrigen Glieder aber
durch t dividirt und mit y^2 multiplicirt, geben:
$2bsy^2 + b(b-a)ty^2 = 2sxy + tx^2$, daraus t=

$\dfrac{2sxy - 2bsy^2}{b(b-a)y^2 - x^2}$, daher $\dfrac{t}{s} = \dfrac{2xy - 2by^2}{b(b-d)y^2 - x^2}$. Hier=

aus bekömmt man $t = 2xy - 2by^2$ und $s = b(b-a)$
$y^2 - x^2$; ferner $r = 2(b-a)xy - b(b-a)$
$y^2 - x^2$, und daraus $p = s + \dfrac{x}{y} \cdot t = b(b-a)$
$y^2 + x^2 - 2bxy = (x - by)^2 - aby^2$. Da wir
nun p nebſt r und s gefunden haben, ſo iſt nur noch
übrig z zu ſuchen. Man ſubtrahire zu dem Ende
die erſte Gleichung $p^2 + azq^2 = r^2$ von der andern
$p^2 + bzq^2 = s^2$, ſo giebt der Reſt $zq^2(b-a) = s^2$
$- r^2 = (s + r) \cdot (s - r)$. Da nun $s + r = 2$
$(b-a)xy - 2x^2$ und $s - r = 2b(b-a)y^2 - 2$
$(b-a)xy$; oder $s + r = 2x((b-a)y - x)$ und
$s - r = 2(b-a)y(by - x)$, ſo wird $(b-a)zq^2$
$= 2x((b-a)y - x) \cdot 2(b-a)y(by - x)$ oder
$zq^2 = 2x((b-a)y - x) \cdot 2y(by - x)$ oder
$zq^2 = 4xy((b-a)y - x)(by - x)$; folglich

$z = \dfrac{4xy((b-a)y - x)(by - x)}{q^2}$.

Daher für q^2 das größte Quadrat genommen werden muß, durch welches ſich der Zähler theilen läßt;
für

für p aber haben wir schon $p = b(b-a)y^2 + x^2 - 2bxy = (x-by)^2 - aqy^2$ gefunden, woraus man sieht, daß diese Formeln leichter und einfacher werden, wenn man $x = y + by$ oder $x - by = y$ annimmt; denn alsdann wird $p = v^2 - aby^2$, und

$$z = \frac{4(v+by).y.v(v+ay)}{q^2} \text{ oder } z = \frac{4vy(v+by)(v+ay)}{q^2},$$

wo die Zahlen v und y nach Belieben angenommen werden können, und alsdann findet man zuerst q^2, indem dafür das größte Quadrat genommen wird, welches in dem Zähler enthalten ist, woraus sich sodann z ergiebt; wo dann $m = az$ und $n = bz$, endlich aber $p = v^2 - aby^2$ wird; und hieraus bekömmt man die gesuchten Formeln.

I. $p^2 + azq^2 = (v^2 - aby^2)^2 + 4avy(v+ay)(v+by)$, welche ein Quadrat ist, von welchem die Wurzel $r = -v^2 - 2avy - aby^2$ ist.

II. Die zweyte Formel aber wird $p^2 + bzq^2 = (v^2 - aby^2)^2 + 4bvy(v+ay)(v+by)$, welches auch ein Quadrat ist, wovon die Wurzel $s = -v^2 - 2bvy - aby^2$, wo die Werthe von r und s auch positiv genommen werden können; es wird gut seyn dieses noch mit einigen Beyspielen zu erläutern.

§. 226.

I. Beyspiel: Es sey $a = -1$ und $b = +1$, und man suche Zahlen für z, so daß die beyden Formeln $p^2 - zq^2$ und $p^2 + zq^2$ Quadrate werden können; die erstere nämlich $= r^2$, und die andere $= s^2$.

Hier wird $p = v^2 + y^2$ und man hat also, um z zu finden, die Formel $z = \frac{4vy(v-y)(v+y)}{q^2}$ zu betrachten, wo wir dann für v und y verschiedene Zahlen annehmen und daraus für z die Werthe suchen wollen, wie hier folgt:

v

	I.	II.	III.	IV.	V.	VI.
v	2	3	4	5	16	8
y	1	2	1	4	9	1
$v-y$	1	1	3	1	7	7
$v+y$	3	5	5	9	25	9
$2q^2$	4.6	4.30	16.15	9.16.5	36.25.16.7	16 9.14
q^2	4	4	16	9.16	36.25.16	16.9
z	6	30	15	5	7	14
p	5	13	17	41	337	65

woraus folgende Formeln aufgelöset und zu Quadraten gemacht werden können.

I. Können die zwey Formeln $p^2 - 6q^2$ und $p^2 + 6q^2$ zu Quadraten gemacht werden; dieses geschieht, wenn $p = 5$ und $q = 2$. Denn alsdann wird die erste $= 25 - 24 = 1$; und die andere $= 25 + 24 = 49$.

II. Können auch folgende zwey Formeln zu Quadraten gemacht werden: $p^2 - 30q^2$ und $p^2 + 30q^2$, welches geschieht, wenn $p = 13$ und $q = 2$; denn alsdann wird die erste $= 169 - 120 = 49$, die andere aber $= 169 + 120 = 289$.

III. Kann man auch die beyden Formeln $p^2 - 15q^2$ und $p^2 + 15q^2$ zu Quadraten machen, welches geschieht, wenn $p = 17$ und $q = 4$; denn alsdann wird die erste $= 289 - 240 = 49$, und die andere $289 + 240 = 529$.

IV. Können auch folgende zwey Formeln Quadrate werden: $p^2 - 5q^2$ und $p^2 + 5q^2$; dieses geschieht, wenn $p = 41$ und $q = 12$, denn alsdann wird die erste $1681 - 720 = 961 = 31^2$, die andere aber $1681 + 720 = 2401 = 49^2$.

V Kann man auch die beyden Formeln $p^2 - 7q^2$ und $p^2 + 7q^2$ zu Quadraten machen; dieses geschieht, wenn $p = 337$ und $q = 120$; denn als-

alsdann wird die erste $113569 - 100800 =$
$12769 = 113^2$, und die andere $113569 +$
$100800 = 214369 = 463^2$.

VI. Können auch die zwey Formeln $p^2 - 14q^2$
und $p^2 + 14q^2$ zu Quadraten gemacht werden;
welches geschieht, wenn $p = 65$ und $q = 12$;
denn alsdann wird die erste $4225 - 2016 =$
$2209 = 47^2$, und die andere $4225 + 2016$
$= 6241 = 79^2$.

§. 227.

II. Beyspiel: Wenn die beyden Zahlen m und
n sich verhalten wie $1 : 2$, das ist, wenn $a = 1$ und
$b = 2$, also $m = z$ und $n = 2z$, so sollen die Werthe
für z gefunden werden, so daß die Formeln $p^2 + zq^2$
und $p^2 + 2zq^2$ zu Quadraten gemacht werden
können.

Man hat nicht nöthig hier die obigen allgemei=
nen Formeln zu gebrauchen, sondern dieses Beyspiel
kann sogleich auf das vorige gebracht werden. Denn
nimmt man $p^2 + zq^2 = 1^2$ und $p^2 + 2zq^2 = s^2$
an, so bekömmt man aus der ersten $p^2 = 1^2 - zq^2$,
welcher Werth für p^2 in der zweyten gesetzt, $1^2 +$
$zq^2 = s^2$ giebt; folglich müssen die zwey Formeln
$1^2 - zq^2$ und $1^2 + zq^2$ zu Quadraten gemacht wer=
den können, welches der Fall des vorigen Beyspiels
ist. Also hat man auch hier für z folgende Werthe:
6, 30, 15, 5, 7, 14, u. s. f.

Eine solche Verwandlung kann auch allgemein
angestellt werden. Wenn wir annehmen, daß die
beyden Formeln $p^2 + mq^2$ und $p^2 + nq^2$ zu Qua=
draten gemacht werden können, so wollen wir setzen
$p^2 + mq^2 = r^2$ und $p^2 + nq^2 = s^2$; dann giebt
die erstere $p^2 = r^2 - mq^2$, und also die zweyte
$s^2 = r^2 - mq^2 + nq^2$ oder $r^2 + (n - m)q^2 = s^2$;

wenn

wenn daher die erstern Formeln möglich sind, so sind auch diese $r^2 - mq^2$ und $r^2 + (n-m)q^2$ möglich; und da wir m und n unter sich verwechseln können, so sind auch die Formeln $r^2 - nq^2$ und $r^2 + (m-n)q^2$ möglich, sind aber jene Formeln unmöglich, so sind auch diese unmöglich.

§. 228.

III. Beyspiel. Es seyen die Zahlen m und n wie 1 : 3, oder a $=$ 1 und b $=$ 3, also m $=$ z und n $=$ 3z, so daß die Formeln $p^2 + zq^2$ und $p^2 + 3zq^2$ zu Quadraten gemacht werden sollen.

Weil hier a $=$ 1 und b $=$ 3 ist, so wird die Sache möglich, so oft $zq^2 = 4vy(v+y)(v+3y)$, und $p = v^2 - 3y^2$ ist. Man nehme daher für v und y folgende Werthe an:

	I.	II.	III.	IV.	V.
v	1	3	4	1	16
y	1	2	1	8	9
v $+$ y	2	5	5	9	25
v $+$ 3y	4	9	7	25	43
zq^2	16.2	4.9.30	4.4.35	4.9.25.4.2	4.9.16.25.43
q^2	16	4.9	4.4	4.4.9.25	4.9.16.25
z	2	30	35	2	43
p	2	3	13	191	13

Hier haben wir nun zwey Fälle für z $=$ 2, aus welchen wir auf zweyerley Art die Formeln $p^2 + 2q^2$ und $p^2 + 6q^2$ zu Quadraten machen können; zuerst geschieht es, wenn p $=$ 2 und q $=$ 4 ist, folglich auch, wenn p $=$ 1 und q $=$ 2; denn alsdann wird $p^2 + 2q^2 = 9$ und $p^2 + 6q^2 = 25$. Hernach geschieht es auch, wenn p $=$ 191 und q $=$ 60, denn alsdann wird $p^2 + 2q^2 = (209)^2$ und $p^2 + 6q^2 = (241)^2$. Ob aber nicht auch z $=$ 1 seyn könnte, welches geschehen würde, wenn für zq^2 ein Quadrat

heraus

herauß käme, iſt ſchwer zu entſcheiden. Wollte man nun die Frage erörtern, ob die zwey Formeln $p^2 + q^2$ und $p^2 + 3q^2$ zu Quadraten gemacht werden können oder nicht? ſo könnte man die Unterſuchung auf folgende Art anſtellen.

§. 229.

Man ſoll alſo unterſuchen, ob die zwey Formeln $p^2 + q^2$ und $p^2 + 3q^2$ zu Quadraten gemacht werden können oder nicht? Man ſetze $p^2 + q^2 = r^2$ und $p^2 + 3q^2 = s^2$, ſo ſind folgende Puncte zu bemerken.

I. Können die Zahlen p und q als untheilbar unter ſich angeſehen werden; denn wenn ſie einen gemeinſchaftlichen Theiler hätten, ſo würden die Formeln noch Quadrate bleiben, wenn p und q dadurch getheilt würde.

II. Kann p keine gerade Zahl ſeyn; denn dann würde q ungerade, und alſo die zweyte Formel eine Zahl von dieſer Art: $4n + 3$ ſeyn, welche kein Quadrat werden kann; daher iſt p nothwendig ungerade, und p^2 eine Zahl von dieſer Art: $8n + 1$.

III. Da nun p ungerade iſt, ſo muß aus der erſten Form q nicht nur gerade, ſondern ſogar durch 4 theilbar ſeyn, damit q^2 eine Zahl von der Art $16n$ werde; und $p^2 + q^2$ von dieſer Art $8n + 1$.

IV. Ferner kann p nicht durch 3 theilbar ſeyn; denn da würde p^2 ſich durch 9 theilen laſſen, q^2 aber nicht, folglich $3q^2$ nur durch 3, nicht aber durch 9, und alſo auch $p^2 + 3q^2$ durch 3, nicht aber durch 9, und daher kein Quadrat ſeyn; folglich kann die Zahl p nicht durch 3 theilbar ſeyn, daher p^2 von der Art $3n + 1$ ſeyn wird.

V. Da sich p nicht durch 3 theilen läßt, so muß sich q durch 3 theilen lassen: denn wäre q nicht durch 3 theilbar, so wäre q^2 eine Zahl von der Art $3n + 1$, und daher $p^2 + q^2$ von dieser Art $3n + 2$, welche kein Quadrat seyn kann; folglich muß q durch 3 theilbar seyn.

VI. Auch kann p nicht durch 5 theilbar seyn; denn wäre dieses der Fall, so wäre q nicht durch 5 theilbar und q^2 eine Zahl von der Art $5n + 1$ oder $5n + 4$, also $3q^2$ eine Zahl von der Art $5n + 3$ oder $5n + 2$, und von welcher Art auch $p^2 + 3q^2$ seyn würde, so könnte diese Formel doch kein Quadrat seyn; daher denn p nothwendig nicht durch 5 theilbar seyn kann, und also p^2 eine Zahl von der Art $5n + 1$ oder $5n + 4$ seyn muß.

VII. Da nun p nicht durch 5 theilbar ist, so wollen wir sehen, ob sich q durch 5 theilen lasse oder nicht? Wäre q nicht durch 5 theilbar, so wäre q^2 von dieser Art $5n + 2$ oder $5n + 3$, wie wir gesehen haben, und da p^2 entweder $5n + 1$ oder $5n + 4$, so würde $p^2 + 3q^2$ entweder $5n + 1$ oder $5n + 4$ eben wie p^2 seyn; es sey $p^2 = 5n + 1$, so müßte $q^2 = 5n + 4$ seyn, weil sonst $p^2 + q^2$ kein Quadrat seyn könnte; alsdann aber wäre $3q^2 = 5n + 2$, und $p^2 + 3q^2 = 5n + 3$, welches kein Quadrat seyn kann; wäre aber $p^2 = 5n + 4$, so müßte $q^2 = 5n + 1$ und $3q^2 = 5n + 3$ seyn, folglich $p^2 + 3q^2 = 5n + 2$, welches auch kein Quadrat seyn kann; woraus denn folgt, daß q^2 durch 5 theilbar seyn müsse.

VIII. Da nun q zuerst durch 4, hernach durch 3, und drittens auch durch 5 theilbar seyn muß, so muß q eine solche Zahl seyn: $4 \cdot 3 \cdot 5m$,
oder

oder q $= 60$m; daher unſre Formeln ſeyn würden: p^2 $+$ 3600m^2 $=$ r^2 und p^2 $+$ 10800m^2 $=$ s^2; wo denn die erſte, von der zweyten ſubtrahirt, giebt 7200m$^2 =$ s$^2 -$ r^2 $=$ (s $+$ r).(s $-$ r); ſo daß s $+$ r und s $-$ r Factoren von 7200m^2 ſeyn müſſen; wobey zu bemerken iſt, daß ſowohl s als r ungerade Zahlen, und dabey unter ſich untheilbar ſeyn müſſen.

IX. Es ſey daher 7200m$^2 =$ 4fg oder die Factoren davon 2f und 2g, und man ſetze s $+$ r $=$ 2f und s $-$ r $=$ 2g, ſo wird s $=$ f $+$ g, und r $=$ f $-$ g; wo dann f und g unter ſich untheilbar ſeyn müſſen, und die eine gerade und die andere ungerade. Da nun fg $=$ 1800m^2, ſo muß man 1800m^2 in zwey Factoren zerlegen, deren einer gerade, der andere aber ungerade ſey, beyde aber unter ſich keinen gemeinſchaftlichen Theiler haben.

X. Ferner iſt auch noch zu bemerken, daß, da r$^2 =$ p$^2 +$ q^2 und alſo r ein Theiler von p$^2 +$ q^2 iſt, die Zahl r $=$ f $-$ g auch eine Summe von zweyen Quadraten ſeyn, und weil dieſelbe ungerade iſt, in der Form 4n $+$ 1 enthalten ſeyn müſſe.

XI. Nehmen wir erſtlich m $=$ 1 an, ſo wird fg $=$ 1800 $=$ 8.9.25, woraus folgende Zerlegungen entſtehen: f $=$ 1800 und g $=$ 1, oder f $=$ 200 und g $=$ 9, oder f $=$ 72 und g $=$ 25, oder f $=$ 225 und g $=$ 8; aus dem erſten wird r $=$ f $-$ g $=$ 1779 $=$ 4n $+$ 3; nach der andern würde r $=$ f $-$ g $=$ 191 $=$ 4n $+$ 3; nach der dritten würde r $=$ f $-$ g $=$ 47 $=$ 4n $+$ 3; nach der vierten aber r $=$ f $-$ g $=$ 217 $=$ 4n $+$ 1; daher die drey erſten wegfallen, und nur die vierte übrig bleibt; woraus man überhaupt

Z 2   ſchließen

schließen kann, daß der größere Factor ungerade, der kleinere aber gerade seyn müsse; aber hier kann auch der Werth r̄ = 217 nicht stattfinden, weil sich diese Zahl durch 7 theilen läßt, die keine Summe von zwey Quadraten ist.

XII. Nimmt man m = 2, so wird fg = 7200 = 32 . 225, daher nimmt man t = 225 und g = 32, so daß r = f — g = 193, welche Zahl wohl eine Summe von zwey Quadraten ist, und also verdient versucht zu werden. Da nun q = 120 und r = 193, so wird, weil $p^2 = r^2 — q^2 = (r + q)(r — q)$, also r + q = 313 und r — q = 73, also sieht man wohl, daß für p^2 kein Quadrat herauskomme, weil diese Factoren keine Quadrate sind. Wollte man sich die Mühe geben, für m noch andere Zahlen zu nehmen, so würde durch alle Arbeit vergeblich seyn, wie wir noch zeigen wollen.

§. 230.

Lehrsatz. Es ist nicht möglich, daß die zwey Formeln $p^2 + q^2$ und $p^2 + 3q^2$ zugleich Quadrate werden; oder in den Fällen, da die eine ein Quadrat wird, ist die andere niemals eines.

Dieses läßt sich auf folgende Art beweisen:

Da p ungerade und q gerade ist, wie wir gesehen haben, so kann $p^2 + q^2$ nicht anders ein Quadrat seyn, als wenn q = 2rs und $p = r^2 — s^2$ ist; die andere aber $p^2 + 3q^2$ kann nicht anders ein Quadrat seyn, als wenn q = 2tu und $p = t^2 — 3u^2$ oder $p = 3u^2 — t^2$ ist. Weil nun in beyden Fällen q ein doppeltes Product seyn muß, so setze man für beyde q = 2abcd, und nehme für die erste r = ab und s = cd; für die andere aber t = ac und u = bd,

so

so wird für die erstere $p = a^2b^2 — c^2d^2$, für die andere aber $p = a^2c^2 — 3b^2d^2$, oder $p = 3b^2d^2 — a^2c^2$, welche beyde Werthe einerley seyn müssen; daher bekommen wir entweder $a^2b^2 — c^2d^2 = a^2c^2 — 3b^2d^2$, oder $a^2b^2 — c^2d^2 = 3b^2d^2 — a^2c^2$; wobey zu bemerken ist, daß die Zahlen a, b, c und d überhaupt kleiner sind als p und q. Wir müssen also einen jeden dieser beyden Fälle besonders betrachten; aus dem ersten erhalten wir $a^2b^2 + 3b^2d^2 = a^2c^2 + c^2d^2$ oder $b^2(a^2 + 3d^2) = c^2(a^2 + d^2)$, daraus wird $\frac{b^2}{c^2} = \frac{a^2 + d^2}{a^2 + 3d^2}$, welcher Bruch ein Quadrat seyn muß. Hier kann aber der Zähler und Nenner keinen andern gemeinschaftlichen Theiler haben als 2, weil die Differenz zwischen beyden $2d^2$ ist. Sollte daher 2 ein gemeinschaftlicher Theiler seyn, so müßte sowohl $\frac{a^2 + d^2}{2}$ als auch $\frac{a^2 + 3d^2}{2}$ ein Quadrat seyn, beyde Zahlen aber a und d sind in diesem Fall ungerade und also ihre Quadrate von der Form $8n + 1$, daher die letztere Formel $\frac{a^2 + 3d^2}{2}$ die Form $4n + 2$ haben wird und kein Quadrat seyn, kann. Folglich kann 2 kein gemeinschaftlicher Theiler seyn, sondern der Zähler $a^2 + d^2$ und der Nenner $a^2 + 3d^2$ sind unter sich untheilbar; daher ein jeder für sich ein Quadrat seyn muß. Weil nun diese Formeln den ersten ähnlich sind, so folgt, daß, wenn die ersten Quadrate wären, auch in kleinern Zahlen ähnliche Formeln Quadrate seyn würden; also kann man hinwiederum schließen, daß, da man in kleinern Zahlen keine Quadrate gefunden hat, es auch nicht in den größten Zahlen dergleichen geben kann.

Dieser Schluß ist aber nur in so fern richtig, als auch der obige zweyte Fall, $a^2b^2 — c^2d^2 = 3b^2d^2 — a^2c^2$

— a^2c^2 auf dergleichen führt; hieraus aber wird
$a^2b^2 + a^2c^2 = 3b^2d^2 + c^2d^2$, oder $a^2(b^2 + c^2)$
$= d^2(3b^2 + c^2)$, und daher $\frac{a^2}{d^2} = \frac{b^2 + c^2}{3b^2 + c^2} = \frac{c^2 + b^2}{c^2 + 3b^2}$,
welcher Bruch ein Quadrat seyn muß, so daß dadurch der vorige Schluß vollkommen bestätiget wird; denn wenn es in den größten Zahlen solche Fälle gäbe, in welchen $p^2 + q^2$ und $p^2 + 3q^2$ Quadrate wären, auch dergleichen in den kleinsten Zahlen vorhanden seyn müßten, welches doch nicht stattfindet.

§. 231.

XII. Aufg. Man soll drey solche Zahlen finden x, y und z, so daß, wenn je zwey mit einander multiplicirt werden und zum Product 1 addirt wird, ein Quadrat herauskomme.

Es müssen also folgende drey Formeln zu Quadraten gemacht werden: I. $xy + 1$; II. $xz + 1$; III. $yz + 1$.

Man setze für die beyden letztern $xz + 1 = p^2$ und $yz + 1 = q^2$, so findet man daraus $x = \frac{p^2 - 1}{z}$ und $y = \frac{q^2 - 1}{z}$, woraus die erste Formel wird $\frac{(p^2 - 1)(q^2 - 1)}{z^2} + 1$, welche ein Quadrat seyn soll, und also auch mit z^2 multiplicirt, das ist $(p^2 - 1)(q^2 - 1) + z^2$, welche leicht dazu gemacht werden kann. Denn setzt man die Wurzel davon $= z + r$, so bekömmt man $(p^2 - 1)(q^2 - 1) = 2rz + r^2$, und daher $z = \frac{(p^2 - 1)(q^2 - 1) - r^2}{2r}$, wo für p, q und r beliebige Zahlen angenommen werden können.

Es

Es sey z. B. $r = \frac{1}{2} pq - 1$, so wird $r^2 = p^2 q^2 + 2pq + 1$ und $z = \frac{-2pq - p^2 - q^2}{-2pq - 2} = \frac{p^2 + 2pq + q^2}{2pq + 2}$,

folglich $x = \frac{(p^2 - 1)(2pq + 2)}{pq + 2pq + q^2} = \frac{2(pq + 1)(p^2 - 1)}{(p + q)^2}$, und

$y = \frac{2(pq + 1)(q^2 - 1)}{(p + q)^2}$.

Will man aber ganze Zahlen haben, so setze man für die erste Formel $xy + 1 = p^2$ und nehme $z = x + y + q$, so wird die zweyte Formel $x^2 + xy + xq + 1 = x^2 + qx + p^2$; die dritte aber wird $xy + y^2 + qy + 1 = y^2 + qy + p^2$, welche offenbar Quadrate werden, wenn man $q = \pm 2p$ annimmt, denn da wird die zweyte $x^2 \pm 2px + p^2$, von welcher die Wurzel $x \pm p$ ist, die dritte aber wird $y^2 \pm 2py + p^2$, davon die Wurzel $y \pm p$ ist; daher haben wir folgende sehr schöne Auflösung: $xy + 1 = p^2$ oder $xy = p^2 - 1$, welches für eine jede Zahl, die nur immer für p angenommen werden mag, leicht geschehen kann; und hernach ist die dritte Zahl auf eine doppelte Art entweder $z = x + y + 2p$ oder $z = x + y - 2p$, welches wir durch folgende Beyspiele erläutern wollen:

I. Man nehme $p = 3$, so wird $p^2 - 1 = 8$: nun setze man $x = 2$ und $y = 4$, so wird entweder $z = 12$ oder $z = 0$; und also sind die drey gesuchten Zahlen 2, 4 und 12.

II. Es sey $p = 4$, so wird $p^2 - 1 = 15$; nun nehme man $x = 5$ und $y = 3$, so wird $z = 16$ oder $z = 0$; und sind die drey gesuchten Zahlen 3, 5 und 16.

III. Es sey $p = 5$, so wird $p^2 - 1 = 24$; nun nehme man $x = 3$ und $y = 8$, so wird $z = 21$, oder auch $z = 1$; woraus folgende Zahlen entstehen,

stehen, als: entweder 1, 3 und 8, oder 3, 8 und 21.

§. 232.

XIII. Aufg. Man suche drey ganze Zahlen x, y und z, so daß, wenn zu dem Product aus je zweyen eine gegebene Zahl a addirt wird, jedesmal ein Quadrat herauskomme.

Es müssen also folgende drey Formeln Quadrate werden: I. $xy + a$; II. $xz + a$; III. $yz + a$. Nun setze man für die erste $xy + a = p^2$, und nehme $z = x + y + q$, so wird die zweyte $x^2 + xy + xq + a = x^2 + xq + p^2$ und die dritte $xy + y^2 + yq + a = y^2 + qy + p^2$, welche beyde Quadrate werden, wenn $q = \pm 2p$ ist; so daß $z = x + y \pm 2p$, und daher für z zwey Werthe gefunden werden können.

§. 233.

XIV. Aufg. Man verlangt vier ganze Zahlen, x, y, z und v, so daß, wenn zu dem Producte aus je zweyen eine gegebene Zahl a addirt wird, jedesmal ein Quadrat herauskomme.

Es müssen also folgende sechs Formeln zu Quadraten gemacht werden: I. $xy + a$; II. $xz + a$; III. $yz + a$; IV. $xv + a$; V. $yv + a$; VI. $zv + a$. Nun setze man für die erste $xy + a = p^2$, und nehme $z = x + y + 2p$, so wird die zweyte und dritte Formel ein Quadrat. Ferner nehme man $v = x + y - 2p$, so wird auch die vierte und die fünfte ein Quadrat, und es bleibt also nur noch die sechste übrig, welche $x^2 + 2xy + y^2 - 4p^2 + a$ seyn wird und ein Quadrat seyn muß. Da nun $p^2 = xy + a$ ist, so wird die letzte Formel $x^2 - 2xy + y^2 - 3a,$

— 3a; folglich müssen noch folgende zwey Formeln zu Quadraten gemacht werden: I. $xy + a = p^2$ und II. $(x — y)^2 — 3a$. Von der letztern sey die Wurzel $(x — y) — q$, so wird $(x — y)^2 — 3a = (x — y)^2 — 2q (x — y) + q^2$, und dann wird $— 3a = — 2q (x — y) + q^2$ und folglich $x — y = \frac{q^2 + 3a}{2q}$ oder $x = y + \frac{q^2 + 3a}{2q}$; hieraus wird $p^2 = y^2 + \frac{q^2 + 3a}{2q} y + a$. Man nehme $p = y + r$, so wird $2ry + r^2 = \frac{q^2 + 3a}{2q} y + a$, oder $4qry + 2qr^2 = (q^2 + 3a) y + 2aq$, oder $2qr^2 — 2aq = (q^2 + 3a) y — 4qry$ und $y = \frac{2qr^2 — 2aq}{q^2 + 3a — 4qr}$, wo q und r nach Belieben angenommen werden können, und es also nur noch darauf ankömmt, daß für x und y ganze Zahlen herauskommen. Denn weil $p = y + r$ ist, so werden auch z und v ganze Zahlen seyn. Hier kömmt es aber hauptsächlich auf die Beschaffenheit der gegebenen Zahl a an, wo es mit den ganzen Zahlen noch einige Schwierigkeit haben könnte; allein es ist zu bemerken, daß diese Auflösung schon dadurch sehr eingeschränkt ist, daß den Buchstaben z und v die Werthe $x + y \pm 2p$ gegeben worden, indem diese nothwendig noch viele andere haben könnten. Wir wollen zu dem Ende über diese Frage noch folgende Betrachtungen anstellen, die auch in andern Fällen ihren Nutzen haben können.

I. Wenn $xy + a$ ein Quadrat seyn soll und also $xy = p^2 — a$ ist, so müssen die Zahlen x und y immer in der ähnlichen Form $r^2 — as^2$ enthalten seyn; wenn wir daher $x = b^2 — ac$ und $y = d^2 — ae^2$ annehmen, so wird $xy = (bd — ace)^2 — a(be — cd)^2$. Ist nun be —

$\mathfrak{Z}$ 5   cd

cd = $\pm$ 1, so wird xy = (bd — ace)^2 — a,
und also xy $+$ a = (bd — ace)^2.

II. Nehmen wir nun ferner z = f^2 — ag^2 und die
Zahlen f und g so an, daß bg — cf = $\pm$ 1
und auch dg — ef = $\pm$ 1, so werden auch die
Formeln xz $+$ a und yz $+$ a Quadrate werden.
Es kömmt also nur darauf an, solche Zahlen
für b, c und d, e und auch für f und g zu
finden, daß die obige Eigenschaft erfüllt werde.

III. Wir wollen diese drey Paar Buchstaben durch
folgende Brüche vorstellen: $\frac{b}{c}$, $\frac{d}{e}$ und $\frac{f}{g}$,
welche daher so beschaffen seyn müssen, daß die
Differenz zwischen je zweyen durch einen Bruch
ausgedrückt werde, dessen Zähler = 1 ist.
Denn da $\frac{b}{c}$ — $\frac{d}{e}$ = $\frac{be - dc}{ce}$ ist, so muß dessen Zähler, wie wir gesehen haben, allerdings
$\pm$ 1 seyn. Man kann hier einen von diesen
Brüchen nach Belieben annehmen, und leicht
einen andern dazu finden, so daß die angezeigte
Bedingung stattfinde.

Es sey z. B. der erste $\frac{b}{c}$ = $\frac{3}{2}$, so muß der zweyte
$\frac{d}{c}$ diesem beynahe gleich seyn. Es sey $\frac{d}{e}$ = $\frac{4}{3}$, so
wird die Differenz z = $\frac{1}{6}$. Man kann auch diesen
zweyten Bruch aus dem ersten auf eine allgemeine
Art bestimmen; denn da $\frac{3}{2}$ — $\frac{d}{e}$ = $\frac{3e - 2d}{2e}$, so
muß 3e — 2d = 1, also 2d = 3e — 1 und d = c
$+$ $\frac{e - 1}{2}$ seyn. Man nehme daher $\frac{e - 1}{2}$ = m oder
e = 2m $+$ 1, so bekommen wir d = 3m $+$ 1 und
unser

unser zweyter Bruch wird seyn: $\frac{d}{e} = \frac{3m+1}{2m+1}$. Eben so kann auch zu einem jeglichen ersten Bruche der zweyte gefunden werden, wovon wir folgende Beyspiele hinzufügen wollen.

$\frac{b}{c} =$	$\frac{3}{2}$	$\frac{5}{3}$	$\frac{7}{3}$	$\frac{8}{3}$	$\frac{11}{4}$	$\frac{13}{8}$	$\frac{17}{7}$
$\frac{d}{e} =$	$\frac{3m+1}{2m+1}$	$\frac{5m+2}{3m+1}$	$\frac{7m+2}{3m+1}$	$\frac{8m+3}{5m+2}$	$\frac{11m+3}{4m+1}$	$\frac{13m+5}{8m+3}$	$\frac{17m+5}{7m+2}$

IV. Hat man zwey solche Brüche für $\frac{b}{c}$ und $\frac{d}{e}$ gefunden, so ist es ganz leicht, dazu einen dritten $\frac{f}{g}$ zu finden, welcher mit den beyden erstern in gleichem Verhältnisse steht. Man darf nur $f = b + d$ und $g = c + e$ annehmen, so daß $\frac{f}{g} = \frac{b+d}{c+e}$, denn da aus den zwey ersten $be - cd = \pm 1$ ist, so wird $\frac{f}{g} - \frac{b}{c} = \frac{\mp 1}{c^2 + ce}$. Eben so wird auch der zweyte weniger den dritten $\frac{f}{g} - \frac{d}{e} = \frac{be - cd}{c^2 + ce} = \frac{\mp 1}{ce + e^2}$.

V. Hat man nun drey solche Brüche gefunden $\frac{b}{c}$, $\frac{d}{e}$ und $\frac{f}{g}$, so kann man daraus sogleich unsre Frage für drey Zahlen x, y und z auflösen, so daß die drey Formeln xy + a, xz + a und yz + a Quadrate werden. Denn man darf nur $x = b^2 - ac^2$, $y = d^2 - ae^2$ und $z = f^2 - ag^2$ annehmen. Man nehme z. B. aus der obigen Tafel $\frac{b}{c} = \frac{5}{3}$ und $\frac{d}{e} = \frac{7}{4}$, so wird

wird $\frac{f}{e}=\frac{12}{7}$; hieraus erhält man $x=25 -$ 9a, $y=49-16a$ und $z=144-49a$; denn alsdann wird $xy+a=1225-840a+144a^2=(35-12a)^2$; ferner wird $xz+a=3600-2520a+441a^2=(60-21a)^2$ und $yz+a=7056-4704a+784a^2=(64-28a)^2$.

§. 234.

Sollen aber nach dem Inhalt der Frage vier dergleichen Zahlen, x, y, z und v gefunden wer= den, ſo muß man zu den drey obigen Brüchen noch einen vierten hinzufügen. Es ſeyen daher die drey erſtern $\frac{b}{c}$, $\frac{d}{e}$, $\frac{f}{g}=\frac{b+d}{c+e}$, und man ſetze den vierten Bruch $\frac{h}{k}=\frac{d+f}{e+g}=\frac{2d+b}{2e+c}$, ſo daß er mit dem zweyten und dritten in dem gehörigen Verhält= niſſe ſtehe; wenn man nun annimmt, daß $x=b^2 -a^2c^2$; $y=d^2-ae^2$; $z=f^2-ag^2$ und $v=h^2-ak^2$ ſey, ſo werden ſchon folgende Bedingun= gen erfüllt: I. $xy+a=\square$*); II. $xz+a=\square$; III. $yz+a=\square$; IV. $yv+a=\square$; V. $zv+a=\square$; es iſt alſo nur noch übrig, daß auch $xv+a$ ein Quadrat werde, welches von ſelbſt nicht geſchieht, weil der erſte Bruch mit dem vierten nicht in dem gehörigen Verhältniſſe ſteht. Es iſt daher nöthig in den drey erſten Brüchen noch die unbeſtimmte Zahl m beyzubehalten, und dieſe ſo zu beſtimmen, daß auch $xv+a$ ein Quadrat werde.

VI. Man nehme daher aus der obigen Tabelle den erſten Fall und ſetze $\frac{b}{c}=\frac{3}{2}$, und $\frac{d}{e}=\frac{3m+1}{2m+1}$,

ſo

---

*) $\square$ deutet hier jedesmal eine Quadratzahl an.

so wird $\frac{f}{g} = \frac{3m+4}{2m+3}$ und $\frac{h}{k} = \frac{6m+5}{4m+4}$. Hieraus wird $x = 9 - 4a$ und $v = (6m + 5)^2 - a(4m+4)^2$, also $xv + a = 9(6m+5)^2 - 4a(6m+5)^2 - 9a(4m+4)^2 + 4a^2 (4m+4)^2$ oder $xv + a = 9(6m+5)^2 - a(288m^2 + 538m + 243) + 4a^2 (4m+4)^2$, welche leicht zu einem Quadrate gemacht werden kann, weil m^2 mit einem Quadrate multiplicirt ist; wobey wir uns aber nicht aufhalten wollen.

VII. Man kann auch solche Brüche, als dergleichen nöthig sind, auf eine allgemeinere Art anzeigen; denn es sey $\frac{b}{c} = \frac{I}{1}$, $\frac{d}{e} = \frac{nI-1}{n}$, so wird $\frac{f}{g} = \frac{nI+I-1}{n+1}$ und $\frac{g}{k} = \frac{2nI+I-2}{2n+1}$; man setze für den letzten $2n + 1 = m$, so wird derselbe $\frac{Im-2}{m}$, folglich aus dem ersten $x = II - a$ und aus dem letzten $v = (Im - 2)^2 - am^2$. Also ist nur noch übrig, daß $vx + a$ ein Quadrat werde. Da nun $v = (II - a) m^2 - 4Im + 4$ und also $xv + a = (II - a)^2 m^2 - 4(II-a) Im + 4II - 3a$, welches ein Quadrat seyn muß; von diesem setze man nun die Wurzel $(II - a) m - p$, wovon das Quadrat $(II - a)^2 m^2 - 2(II - a) mp + p^2$, woraus wir $- 4(II - a) Im + 4II - 3a = -2(II-a) mp + p^2$ und $m = \frac{p^2 - 4II + 3a}{(II-a)(2p-4I)}$ erhalten. Man nehme $p = 2I + q$, so wird $m = \frac{4Iq + q^2 + 3a}{2q(II-a)}$, wo für I und q beliebige Zahlen angenommen werden können.

Wäre

Wäre z. B. a $=$ 1, so nehme man I $=$ 2, dann wird m $= \dfrac{4q + q^2 + 3}{6q}$; setzt man q $=$ 1, so wird m $=\frac{4}{3}$ und m $=$ 2n $+$ 1; wir wollen aber hierbey nicht weiter stehen bleiben, sondern zur folgenden Frage fortgehen.

§. 235.

XV. Aufg. Man verlangt drey solche Zahlen x, y und z, daß sowohl die Summe als die Differenz von je zweyen ein Quadrat werde.

Es müssen also die folgenden sechs Formeln zu Quadraten gemacht werden: I. x $+$ y; II. x $+$ z; III. y$+$z; IV. x $-$ y; V. x $-$ z; VI. y$-$z. Man fange bey den drey letzten an, und nehme x $-$ y $=$ p^2, x $-$ z $=$ q^2 und y $-$ z $=$ r^2 an, so bekommen wir aus den beyden letzten x $=$ q^2 $+$ z und y $=$ r^2 $+$ z, daher die erstere x $-$ y $=$ q^2 $-$ r^2 $=$ p^2, oder q^2 $=$ p^2 $+$ r^2 giebt, so daß die Summe der Quadrate p^2 $+$ r^2 ein Quadrat seyn muß, nämlich q^2; dieses geschieht, wenn p $=$ 2ab und r $=$ a^2 $-$ b^2 ist, denn alsdann wird q $=$ a^2 $+$ b^2. Wir wollen aber indessen die Buchstaben p, q und r beybehalten und die drey erstern Formeln betrachten, wo dann zuerst x $+$ y $=$ q^2 $+$ r^2 $+$ 2z; zweytens x $+$ z $=$ q^2 $+$ 2z; drittens y $+$ z $=$ r^2 $+$ 2z. Man setze für die erstere q^2 $+$ r^2 $+$ 2z $=$ t^2, so ist 2z $=$ t^2 $-$ q^2 $-$ r^2; daher denn noch folgende Formeln zu Quadraten gemacht werden müssen: t^2 $-$ r^2 $=$ $\square$ und t^2 $-$ q^2 $=$ $\square$, das ist t^2 $-$ (a^2 $-$ b^2)^2 $=$ $\square$ und t^2 $-$ (a^2 $+$ b^2)^2 $=$ $\square$, welche folgende Gestalt annehmen: t^2 $-$ a^4 $-$ b^4 $+$ 2a^{2}b^2 und t^2 $-$ a^4 $-$ b^4 $-$ 2a^{2}b^2; weil nun sowohl c^2 $+$ d^2 $+$ 2cd als c^2 $+$ d^2 $-$ 2cd ein Quadrat ist, so sieht man,
daß

daß wir unſern Zweck erreichen, wenn wir $t^2 - a^4 - b^4$ mit $c^2 + d^2$ und $2a^2b^2$ mit $2cd$ vergleichen. Um dieſes zu bewerkſtelligen, ſo wollen wir $cd = a^2b^2 = f^2g^2h^2k^2$ ſetzen, und $c = f^2g^2$ und $d = h^2k^2$ annehmen; $a^2 = f^2h^2$ und $b^2 = g^2k^2$ oder $a = fh$ und $b = gk$, woraus die erſtere Gleichung $t^2 - a^4 - b^4 = c^2 + d^2$ die Form $t^2 - f^2h^4 - g^4k^4 = f^4g^4 + h^4k^4$ erhält, und alſo $t^2 = f^4g^4 + f^4h^4 + h^4k^4 + g^4k^4$, das iſt $t^2 = (f^4 + k^4)(g^4 + h^4)$, welches Product alſo ein Quadrat ſeyn muß, wovon aber die Auflöſung ſchwer fallen dürfte.

Wir wollen daher auf eine andere Art verfahren, und aus den drey erſtern Gleichungen $x - y = p^2$; $x - z = q^2$; $y - z = r^2$ die Buchſtaben y und z beſtimmen, welche $y = x - p^2$ und $z = x - q^2$ ſeyn werden, ſo daß $q^2 = p^2 + r^2$. Nun werden die erſten Formeln $x + y = 2x - p^2$, $x + z = 2x - q^2$; und $y + z = 2x - p^2 - q^2$; für dieſe letzte ſetze man $2x - p^2 - q^2 = t^2$, ſo daß $2x = t^2 + p^2 + q^2$ und nur noch die Formeln $t^2 + q^2$ und $t^2 + q^2$ übrig bleiben, welche zu Quadraten gemacht werden müſſen. Da nun aber $q^2 = p^2 + r^2$ ſeyn muß, ſo ſetze man $q = a^2 + b^2$, und $p = a^2 - b^2$, ſo wird $r = 2ab$; hieraus werden unſre Formeln ſeyn:

I. $t^2 + (a^2 + b^2)^2 = t^2 + a^4 + b^4 + 2a^2b^2 = \square$,

II. $t^2 + (a^2 - b^2)^2 = t^2 + a^4 + b^4 - 2a^2b^2 = \square$.

Vergleichen wir nun hier nochmals $t^2 + a^4 + b^4$ mit $c^2 + d^2$, und $2a^2b^2$ mit $2cd$, ſo erreichen wir unſern Zweck: wir nehmen daher, wie oben, $c = f^2g^2$, $d = h^2k^2$ und $a = fh$, $b = gk$ an, ſo wird $cd = a^2b^2$, und $t^2 + f^4h^4 + g^4k^4$ muß noch $= c^2 + d^2 = f^4g^4 + h^4k^4$ ſeyn, woraus $t^2 = f^4g^4 - f^4h^4 + h^4k^4 - g^4k^4 = (f^4 - k^4)(g^4 - h^4)$ folgt. Es kömmt alſo darauf an, daß zwey Differenzen zwiſchen zweyen Biquadraten gefunden werden, als
$$f^4 - k^4$$

f⁴ — k⁴ und g⁴ — h⁴, welche, mit einander multiplicirt, ein Quadrat machen.

Wir wollen zu dem Ende die Formel m⁴ — n⁴ betrachten, und zuſehen, welche Zahlen daraus entſpringen, wenn für m und n gegebene Zahlen angenommen werden, und dabey die Quadrate, ſo darin enthalten ſind, beſonders bemerken. Weil nun m⁴ — n⁴ = (m² — n²) (m² + n²) iſt, ſo wollen wir daraus folgende Tafel anfertigen:

Tabelle

für die Zahlen, welche in der Form m⁴ — n⁴ enthalten ſind.

m²	n²	m² — n²	m² + n²	m⁴ — n⁴
4	1	3	5	3.5
9	1	8	10	16.5
9	4	5	13	5.13
16	1	15	17	3.5.17
16	9	7	25	25.7
25	1	24	26	16.3.13
25	9	16	34	16.2.17
49	1	48	50	25.16.2.3
49	16	33	65	3.5.11.13
64	1	63	65	9.5.7.13
81	49	32	130	64.5.13
121	4	117	125	25.9.5.13
121	9	112	130	16.2.5.7.13
121	49	72	176	144.5.17
144	25	119	169	169.7.17
169	1	168	170	16.3.5.7.17
169	81	88	250	25.16.5.11
225	64	161	289	289.7.23

Hieraus können wir ſchon einige Auflöſungen geben: man nehme nämlich f² = 9 und k² = 4, ſo
wird

wird $f^4 - k^4 = 13 \cdot 5$; ferner nehme man $g^2 = 81$ und $h^2 = 49$, so wird $g^4 - h^4 = 64 \cdot 5 \cdot 13$, woraus $t^2 = 64 \cdot 25 \cdot 169$; folglich $t = 520$. Da nun $t^2 = 270400$; $f = 3$, $g = 9$; $k = 2$; $h = 7$, so bekommen wir $a = 21$; $b = 18$; hieraus $p = 117$, $q = 765$ und $r = 756$; daraus findet man $2x = t^2 + p^2 + q^2 = 869314$ und also $x = 434657$; daher ferner $y = x - p^2 = 420968$; und endlich $z = x - p^2 = -150568$, welche Zahl auch positiv genommen werden kann, weil alsdann die Summe in die Differenz und umgekehrt die Differenz in die Summe verwandelt wird; folglich sind unsre drey gesuchten Zahlen:

$$x = 434657$$
$$y = 420968$$
$$z = 150568$$

daher wird
$$x + y = 855625 = (925)^2$$
$$x + z = 585225 = (765)^2$$
$$y + z = 571536 = (756)^2$$

und weiter
$$x - y = 13689 = (117)^2$$
$$x - z = 284089 = (533)^2$$
$$y - z = 270400 = (520)^2$$

Noch andere Zahlen können aus der vorstehenden Tabelle gefunden werden, wenn wir $f^2 = 9$, $k^2 = 4$, und $g^2 = 121$, $h^2 = 4$ annehmen; denn daraus wird $t^2 = 13 \cdot 5 \cdot 5 \cdot 13 \cdot 9 \cdot 25 = 9 \cdot 25 \cdot 25 \cdot 169$, so daß $t = 3 \cdot 5 \cdot 5 \cdot 13 = 975$. Weil nun $f = 3$, $g = 11$, $k = 2$ und $h = 2$, so wird $a = fh = 6$ und $b = gk = 22$; hieraus wird $p = a^2 - b^2 = -448$, $q = a^2 + b^2 = 520$ und $r = 2ab = 264$, daher bekommen wir $2x = t^2 + p^2 + q^2 = 950625 + 200704 + 270400 = 1421729$, daher $x = \frac{1421729}{2}$, daraus $y = x - p^2$

$-p^2 = \frac{1020321}{2}$ und $z = x - q^2 = 880929$.

Nun iſt zu merken, daß, wenn dieſe Zahlen die geſuchte Eigenſchaft haben, eben dieſelben durch ein jegliches Quadrat multiplicirt, dieſe nämliche Eigenſchaft behalten müſſen. Man nehme alſo die gefundenen Zahlen viermal größer, ſo werden die drey folgenden gleichfalls ein Genüge leiſten:
$x = 2843458$, $y = 2040642$, und $z = 1761858$,
welche größer ſind als die vorhergehenden, ſo daß jene für die möglichſt kleinſten gehalten werden können.

§. 236.

XVI. Aufg. Man verlangt drey Quadratzahlen, ſo daß die Differenz zwiſchen zweyen ein Quadrat werde.

Die vorige Auflöſung dient uns auch dazu, um dieſe aufzulöſen. Denn wenn x, y und z ſolche Zahlen ſind, daß die Formeln I. $x + y$, II. $x - y$, III. $x + z$, IV. $x - z$, V. $y + z$, VI. $y - z$ Quadrate werden, ſo wird auch das Product aus der erſten und zweyten $x^2 - y^2$ ein Quadrat, imgleichen auch das Product von der dritten und vierten $x^2 - z^2$, und endlich auch das Product aus der fünften und ſechſten $y^2 - z^2$ ein Quadrat ſeyn, daher die drey hier geſuchten Quadrate x^2, y^2 und z^2 ſeyn werden. Allein dieſe Zahlen werden ſehr groß, und es giebt ohne Zweifel weit kleinere, weil es eben nicht nöthig iſt, daß, um $x^2 - y^2$ zu einem Quadrate zu machen, auch $x + y$ und $x - y$ ein jedes beſonders ein Quadrat ſeyn müſſe, indem z. B. $25 - 9$ ein Quadrat iſt, da doch weder $5 + 3$ noch $5 - 3$ ein Quadrat iſt. Wir wollen alſo dieſe Frage beſonders auflöſen und zuerſt bemerken, daß für

für das eine Quadrat 1 gesetzt werden kann. Denn wenn $x^2 - y^2$, $x^2 - z^2$ und $y^2 - z^2$ Quadrate sind, so bleiben dieses auch Quadrate, wenn sie durch z^2 dividirt werden; daher folgende Formeln zu Quadraten gemacht werden müssen, nämlich

$$\frac{x^2}{z^2} - \frac{y^2}{z^2} = \square, \quad \frac{x^2}{z^2} - 1 = \square, \quad \text{und} \quad \frac{y^2}{z^2} - 1 = \square.$$

Also kömmt es nur auf die zwey Brüche $\frac{x}{z}$ und $\frac{y}{z}$ an; nimmt man nun $\frac{x}{z} = \frac{p^2 + 1}{p^2 - 1}$ und $\frac{y}{z} = \frac{q^2 + 1}{q^2 - 1}$, so werden die beyden letztern Bedingungen erfüllt; denn alsdann wird $\frac{x^2}{z^2} - 1 = \frac{4p^2}{(p^2 - 1)^2}$ und $\frac{y^2}{z^2}$

$- 1 = \frac{4q^2}{(q^2 - 1)^2}$. Es ist also nur noch übrig die erste Formel zu einem Quadrate zu machen, welche

$$\frac{x^2}{z^2} - \frac{y^2}{z^2} = \frac{(p^2 + 1)^2}{(p^2 - 1)^2} - \frac{(q^2 + 1)^2}{(q^2 - 1)^2} = \left(\frac{p^2 + 1}{p^2 - 1} \right.$$

$+ \left. \frac{q^2 + 1}{q^2 - 1} \right) \left(\frac{p^2 + 1}{p^2 - 1} - \frac{q^2 + 1}{q^2 - 1} \right)$ ist. Hier wird nun der erste Factor $= \frac{2(p^2 q^2 - 1)}{(p^2 - 1)(q^2 - 1)}$, der andere aber $= \frac{2(q^2 - p^2)}{(p^2 - 1)(q^2 - 1)}$, von welchen das Product $\frac{4(p^2 q^2 - 1)(q^2 - p^2)}{(p^2 - 1)^2 (q^2 - 1)^2}$ ist. Weil nun der Nenner schon ein Quadrat und der Zähler mit dem Quadrat 4 multiplicirt ist, so ist noch nöthig die Formel $(p^2 q^2 - 1)(q^2 - p^2)$, oder auch die Formel $(p^2 q^2 - 1)\left(\frac{q^2}{p^2} - 1 \right)$ zu einem Quadrate zu machen; dieses geschieht, wenn $pq = \frac{f^2 + g^2}{2fg}$ und $\frac{q}{p}$ $= \frac{h^2 + k^2}{2hk}$ angenommen wird, wo alsdann ein je-

Aa 2   der

der Factor beſonders ein Quadrat wird. Hieraus
ift nun $q^2 = \frac{f^2+g^2}{2fg} \cdot \frac{h^2+k}{2hk}$; folglich müſſen
dieſe zwey Brüche mit einander multiplicirt, ein
Quadrat ausmachen, und ſo auch, wenn ſie mit
$4f^2g^2 \cdot h^2k^2$ multiplicirt werden, das ift $fg(f^2+g^2)$
$hk(h^2+k^2)$; welche Formel derjenigen, die im
vorigen gefunden worden, vollkommen ähnlich wird,
wenn man $f=a+b$, $g=a-b$, $h=c+d$ und
$k=c-d$ ſetzt, alsdann kömmt $2(a^4-b^4) \cdot$
$2(c^4-d^4) = 4(a^4-b^4)(c^4-d^4)$, welches,
wie wir geſehen haben, geſchieht, wenn $a^2=9$,
$b^2=4$, $c^2=81$ und $d^2=49$, oder $a=3$, $b=2$,
$c=9$ und $d=7$. Hieraus wird $f=5$, $g=1$,
$h=16$ und $k=2$, und daher $pq=\frac{13}{5}$ und $\frac{q}{p}=$
$\frac{260}{24}=\frac{65}{16}$; dieſe zwey Gleichungen mit einander
multiplicirt, geben $q^2=\frac{65 \cdot 13}{16 \cdot 5}=\frac{13 \cdot 13}{16}$, folglich
$q=\frac{13}{4}$, daher wird $p=\frac{4}{5}$; dadurch bekommen wir
$\frac{x}{z}=\frac{p^2+1}{p^2-1}=-\frac{41}{9}$ und $\frac{y}{z}=-\frac{q^2+1}{q^2-1}=\frac{185}{153}$.
Da nun $x=-\frac{41z}{9}$ und $y=\frac{185z}{153}$, ſo nehme man,
um ganze Zahlen zu bekommen, $z=153$, dann
wird $x=-697$ und $y=185$, folglich ſind die drey
geſuchten Quadratzahlen folgende:

$x^2=485809$; denn alsdann wird $x^2-y^2=451584=(672)^2$
$y^2=34225$; — — — $y^2-z^2=10816=(104)^2$
$z^2=23409$; — — — $x^2-z^2=462400=(680)^2$

welche Quadrate viel kleiner ſind, als wenn wir von
den in der vorigen Aufgabe gefundenen drey Zahlen
x, y und z die Quadrate hätten nehmen wollen.

§. 237.

§. 237.

Man wird hier einwenden, daß diese Auflösung durch ein bloßes Probiren gefunden worden, indem uns dazu die obige Tabelle behülflich gewesen sey. Wir haben uns aber dieses Mittels nur bedient, um die kleinste Auflösung zu finden; wollte man aber nicht darauf sehen, so können durch Hülfe der oben gegebenen Regeln unendlich viele Auflösungen angegeben werden. Da es nämlich bey der letztern Frage darauf ankömmt, daß das Product $(p^2q^2 - 1)$ $\left(\frac{q^2}{p^2} - 1\right)$ zu einem Quadrate gemacht werde, weil alsdann $\frac{x}{z} = \frac{p^2 + 1}{p^2 - 1}$ und $\frac{y}{z} = \frac{q^2 + 1}{q^2 - 1}$ seyn wird, so setze man $\frac{q}{p} = m$ oder $q = mp$, wo dann unsre Formel $(m^2p^4 - 1)(m^2 - 1)$ seyn wird, welche offenbar ein Quadrat wird, wenn $p = 1$ ist; und dieser Werth wird uns auf andere führen, wenn wir $p = 1 + s$ annehmen, alsdann aber muß die Formel $(m^2 - 1) \cdot (m^2 - 1 + 4m^2s + 6m^2s^2 + 4m^2s^3 + m^2s^4)$ ein Quadrat seyn, und also auch, wenn sie durch das Quadrat $(m^2 - 1)^2$ dividirt wird, wo dann $1 + \frac{4m^2s}{m^2 - 1} + \frac{6m^2s^2}{m^2 - 1} + \frac{4m^2s^3}{m^2 - 1} + \frac{m^2s^4}{m^2 - 1}$ herauskömmt. Man setze hier der Kürze wegen $\frac{m^2}{m^2 - 1} = a$, so daß die Formel $1 + 4as + 6as^2 + 4as^3 + as^4$ ein Quadrat werden soll. Es sey die Wurzel desselben $1 + fs + gs^2$, deren Quadrat $1 + 2fs + 2gs^2 + f^2s^2 + 2fgs^3 + g^2s^4$ ist, und man bestimme f und g so, daß die drey ersten Glieder wegfallen, welches geschieht, wenn $4a = 2f$ oder $f = 2a$, und $6a = 2g + f^2$, folglich $g = \frac{6a - f^2}{2}$

Aa 3

$= 3a$

= 3a — 2a², ſo geben die beyden letzten Glieder die Gleichung 4a + as = 2ſg + g²s, woraus s =

$$\frac{4a - 2fg}{g^2 - a} = \frac{4a - 12a^2 + 8a^3}{4a^4 - 12a^3 + 9a^2 - a}$$ gefunden wird, das

iſt s = $\dfrac{4 - 12a + 8a^2}{4a^3 - 12a^2 + 9a - 1}$, welcher Bruch durch

a — 1 abgekürzt, $\dfrac{4(2a-1)}{4a^2 - 8a + 1}$ giebt: Dieſer

Werth giebt uns ſchon unendlich viele Auflöſungen, weil die Zahl m, aus welcher hernach a = $\dfrac{m^2}{m^2 - 1}$

entſtanden, nach Belieben genommen werden kann, welches durch einige Beyſpiele zu erläutern noch nöthig ſeyn wird.

I. Es ſey m = 2, ſo wird a = $\frac{4}{3}$ und daher s = 4. $\dfrac{\frac{5}{3}}{\frac{23}{9}}$ = — $\frac{60}{23}$, und hieraus p = — $\frac{37}{23}$, folglich q = — $\frac{74}{23}$; endlich $\frac{x}{z} = \frac{249}{420}$ und $\frac{y}{z} = \frac{6005}{9247}$.

II. Es ſey m = $\frac{3}{2}$, ſo wird a = $\frac{9}{5}$ und s = 4. $\dfrac{\frac{13}{5}}{\frac{25}{11}}$

= — $\frac{260}{11}$, daher p = — $\frac{249}{11}$ und q = $\frac{747}{22}$: woraus die Brüche $\dfrac{x}{z}$ und $\dfrac{y}{z}$ gefunden werden können.

Ein beſonderer Fall verdient noch angemerkt zu werden, wenn a ein Quadrat iſt, wie dieſes geſchieht, wenn m = $\frac{4}{3}$, denn alsdann wird a = $\frac{25}{16}$. Man ſetze wieder der Kürze wegen a = b², ſo daß unſre Formel 1 + 4b²s + 6b²s² + 4b²s³ + b²s⁴ ſeyn wird; von dieſer ſey die Wurzel 1 + 2b²s + bs², deren Quadrat 1 + 4b²s + 2bs² + 4b⁴s² + 4b³s³ + b²s⁴ iſt, wo ſich die zwey erſten und die letzten Glieder aufheben, die übrigen aber durch s² dividirt, geben 6b² + 4b²s = 2b + 4b⁴ + 4b³s,

dar=

daraus $s = \dfrac{6b^2 - 2b - 4b^4}{4b^3 - 4b^2} = \dfrac{3b - 1 - 2b^3}{2b^2 - 2b}$; welcher Bruch noch durch $b - 1$ abgekürzt werden kann, wo man dann $s = \dfrac{1 - 2b - 2b^2}{2b}$ und $p = \dfrac{1 - 2b^2}{2b}$ erhält.

Man hätte die Wurzel dieser obigen Formel auch $1 + 2bs + bs^2$ annehmen können, von welcher das Quadrat $1 + 4bs + 2bs^2 + 4b^2s^2 + b^2s^3 + b^2s^4$ ist, wo sich die ersten und die beyden letzten Glieder aufheben, die übrigen aber durch s dividirt, geben $4b^2 + 6b^2s = 4b + 2bs + 4b^2s$. Da nun $b^2 = \frac{25}{16}$ und $b = \frac{5}{4}$, so bekäme man daraus $s = -2$ und $p = -1$, folglich $p^2 - 1 = 0$; woraus nichts gefunden wird, weil $z = 0$ würde.

Im vorigen Fall aber, da $p = \dfrac{1 - 2b^2}{2b}$, wenn $m = 5$ und daher $a = \frac{25}{16} = b^2$, folglich $b = \frac{5}{4}$, so kömmt $p = \frac{17}{20}$ und $q = mp = \frac{17}{12}$, folglich $\frac{x}{z} = \frac{689}{113}$ und $\frac{y}{z}$ $\frac{433}{145}$.

§. 238.

XVII. Aufg. Man verlangt drey Quadratzahlen, x^2, y^2 und z^2, so daß die Summe von je zweyen wieder ein Quadrat ausmache.

Da nun die drey Formeln $x^2 + y^2$, $x^2 + z^2$ und $y^2 + z^2$ zu Quadraten gemacht werden sollen, so theile man sie durch z^2, um die drey folgenden zu erhalten: I. $\frac{x^2}{z^2} + \frac{y^2}{z^2} = \square$, II. $\frac{x^2}{z^2} + 1 = \square$, III. $\frac{y^2}{z^2} + 1 = \square$. Hier geschieht dann den beyden

letztern ein Genüge, wenn $\frac{x}{z} = \frac{p^2 - 1}{2p}$ und $\frac{y}{z} =$
$\frac{q^2 - 1}{2q}$, hieraus wird die erste Formel $\frac{(p^2 - 1)^2}{4p^2}$
$+ \frac{(q^2 - 1^2)}{4q^2}$, welches also auch, mit 4·multiplicirt,
ein Quadrat werden muß, das ist $\frac{(p^2 - 1)^2}{p^2} +$
$\frac{(q^2 - 1)^2}{q^2}$; oder auch mit $p^2 q^2$ multiplicirt,
$q^2 (p^2 - 1)^2 + p^2 (q^2 - 1)^2 = \square$, welches nicht
wohl geschehen kann, ohne einen Fall zu wissen, in
welchem diese Formel ein Quadrat wird; allein ein
solcher Fall läßt sich nicht wohl errathen, daher man
zu andern Kunstgriffen seine Zuflucht nehmen muß,
von welchen wir einige anführen wollen.

I. Da sich die Formel auf folgende Art ausdrücken
läßt: $q^2 (p + 1)^2 (p - 1)^2 + p^2 (q + 1)^2$
$(q - 1)^2 = \square$, so mache man, daß sie sich
durch das Quadrat $(p + 1)^2$ theilen lasse;
dieses geschieht, wenn man $q - 1 = p + 1$
oder $q = p + 2$ annimmt, wo alsdann $q + 1$
$= p + 3$ seyn wird, woher unsre Formel
wird: $(p + 2)^2 (p + 1)^2 (p - 1)^2 +$
$p^2 (p + 3)^2 (p + 1)^2 = \square$, welche, durch $(p+1)^2$
dividirt, ein Quadrat seyn muß, nämlich
$(p + 2)^2 (p - 1)^2 + p^2 (p + 3)^2$, welches in
die Form $2p^4 + 8p^3 + 6p^2 - 4p + 4$ aufgelöset wird.   Weil nun hier das letzte Glied
ein Quadrat ist, so nehme man die Wurzel
$2 + fp + gp^2$ oder $gp^2 + fp + 2$ an, von
welcher das Quadrat $g^2 p^4 + 2fg p^3 + 4g p^2$
$+ f^2 p^2 + 4fp + 4$ ist, wo man f und g so
bestimmen muß, daß die drey letzten Glieder
wegfallen, welches alsdann geschieht, wenn

— 4

$-4 = 4f$, oder $f = -1$ und $6 = 4g + 1$,
oder $g = \frac{5}{4}$, wo denn die ersten Glieder, durch
p^3 dividirt, $2p + 8 = g^2 p + 2fg = \frac{25}{16}p - \frac{5}{2}$
geben, woraus $p = -24$ und $q = -22$ ge=
funden wird; daher erhalten wir $\frac{x}{z} = \frac{p^2 - 1}{2p}$

$= -\frac{575}{48}$ oder $x = -\frac{575}{48}z$, und $\frac{y}{z} = \frac{q^2 - 1}{2q}$

$= \frac{483}{44}$, oder $y = -\frac{483}{44}z$.

Man nehme nun $z = 16.3.11$, so wird $x =$
575.11 und $y = 483.12$; daher sind die Wurzeln
von den drey gesuchten Quadraten folgende:
$x = 6325 = 11.23.25$, denn hieraus wird
$x^2 + y^2 = 23^2 (275^2 + 252^2) = 23^2 . 373^2$
$y = 5796 = 12.21.23$, dieses giebt
$x^2 + z^2 = 11^2 (575^2 + 48^2) = 12^2 . 577^2.$
$z = 528 = 3.11.16$, hieraus wird
$y^2 + z^2 = 12^2 (483^2 + 44^2) = 12^2 . 485^2.$

II. Man kann noch auf unendlich viele Arten
machen, daß unsre Formel durch ein Quadrat
theilbar wird; man setze z. B. $(q + 1)^2 =$
$4 (p + 1)^2$ oder $q + 1 = 2 (p + 1)$, das
ist $q = 2p + 1$ und $q - 1 = 2p$, woraus
unsre Formel wird $(2p+1)^2 (p+1)^2 (p-1)^2$
$+ p^2 . 4 . (p+1)^2 (4p^2) = \square$, welche durch
$(p + 1)^2$ getheilt, giebt $(2p + 1)^2 (p - 1)^2$
$+ 16p^4 = \square$ oder $20p^4 - 4p^3 - 3p^2 +$
$2p + 1 = \square$, woraus aber nichts gefunden
werden kann.

III. Man setze daher $(q-1)^2 = 4 (p + 1)^2$,
oder $q - 1 = 2 (p+1)$, so wird $q = 2p + 3$
und $q + 1 = 2p + 4$ oder $q + 1 = 2 (p+2)$,
woher unsre Formel, durch $(p + 1)^2$ getheilt,
seyn wird: $(2p + 3)^2 (p - 1)^2 + 16p^2$
$(p + 2)^2$, das ist $9 - 6p + 53p^2 + 68p^3 +$

$20p^4;$

20p⁴; davon ſey die Wurzel $3 - p + gp^2$, deren Quadrat $9 - 6p + 6gp^2 + p^2 - 2gp^3 + g^2p^4$ iſt. Um nun auch die dritten Glieder verſchwinden zu machen, ſo nehme man $53 = 6g + 1$ oder $g = \frac{26}{3}$, ſo werden die übrigen Glieder, durch p dividirt, $20p + 68 = g^2p - 2g$ oder $\frac{256}{3} = \frac{496}{9} p$ geben, daher $p = \frac{48}{31}$ und $q = \frac{189}{31}$, woraus wieder eine Auflöſung folgt.

IV. Man ſetze $q - 1 = \frac{4}{3}(p - 1)$, ſo wird $q = \frac{4}{3}p - \frac{1}{3}$ und $q + 1 = \frac{4}{3}p + \frac{2}{3} = \frac{2}{3}(2p + 1)$, daher wird unſre Formel, durch $(p - 1)^2$ dividirt, $\frac{(4p - 1)^2}{9}(p + 1)^2 + \frac{64}{81}p^2(2p + 1)^2$ ſeyn, welche mit 81 multiplicirt, $9(4p - 1)^2(p + 1)^2 + 64p^2(2p + 1)^2 = 400p^4 + 472p^3 + 73p^2 - 54p + 9$ wird, wo ſowohl das erſte als das letzte Glied Quadrate ſind. Man ſetze daher die Wurzel $20p^2 - 9p + 3$, von welcher das Quadrat $400p^4 - 360p^3 + 201p^2 + 120p^2 - 54p + 9$ iſt, und daher erhält man $472p + 73 = - 360p + 201$, daher $p = \frac{2}{13}$ und $q = \frac{8}{39} - \frac{1}{3}$.

Man kann auch für die obige Wurzel $20p^2 + 9p - 3$ annehmen, davon das Quadrat $400p^4 + 360p^3 - 120p^2 + 81p^2 - 54p + 9$, mit unſrer Formel verglichen, giebt $472p + 73 = 360p - 39$, und daraus $p = - 1$, welcher Werth aber zu nichts nützt.

V. Man kann auch machen, daß ſich unſre Formel ſogar durch beyde Quadrate $(p + 1)^2$ und $(p - 1)^2$ zugleich theilen läßt. Man ſetze zu dieſem Ende $q = \frac{pt + 1}{p + t}$, da wird $q + 1 = \frac{pt + p + t + 1}{p + t} = \frac{(p + 1)(t + 1)}{p + t}$ und $q - 1 = $

$$pt - p$$

$\dfrac{pt-p-t+1}{p+t}=\dfrac{(p-1)(t-1)}{p+t}$, hieraus wird

nun unsre Formel, durch $(p+1)^2\,(p-1)^2$

dividirt, $=\dfrac{(pt+1)^2}{(p+t)^2}+p^2\,\dfrac{(t+1)^2(t-1)^2}{(p+t)^4}$,

welche mit dem Quadrat $(p+t)^4$ multiplicirt,
noch ein Quadrat seyn muß, nämlich $(pt+1)^2$
$(p+t)^2+p^2\,(t+1)^2\,(t-1)^2$ oder t^2p^4
$+\,2t\,(t^2+1)\,p^3+2t^2p^2+(t^2+1)^2$
$p^2+(t^2-1)^2\,p^2+2t\,(t^2+1)\,p+t^2$; wo
sowohl das erste als letzte Glied Quadrate sind.
Man setze daher die Wurzel $tp^2+(t^2+1)p-t$,
von welcher das Quadrat $t^2p^4+2t\,(t^2+1)$
$p^3-2t^2p^2+(t^2+1)^2\,p^2-2t(t^2+1)p+t^2$
mit unsrer Formel verglichen, giebt: $2t^2p+$
$(t^2+1)^2\,p+(t^2-1)^2\,p+2t(t^2+1)=-$
$2t^2p+(t^2+1)^2\,p-2t\,(t^2+1)$, oder $4t^2p$
$+(t^2-1)^2p+4t(t^2+1)=0$, oder $(t^2+1)^2$
$p+4t\,(t^2+1)=0$, das ist $t^2+1=-\dfrac{4t}{p}$;

woraus wir $p=\dfrac{-4t}{t^2+1}$ erhalten; hieraus wird

$pt+1=-\dfrac{3t^2+1}{t^2+1}$ und $p+t=\dfrac{t^3-3t}{t^2+1}$,

folglich $q=-\dfrac{3t^2+1}{t^3-3t}$, wo t nach Belieben

angenommen werden kann.

Es sey z. B. $t=2$, so wird $p=-\frac{8}{5}$ und $q=$
$-\frac{11}{2}$; woraus wir $\dfrac{x}{z}=\dfrac{p^2-1}{2p}=+\frac{39}{80}$ und $\dfrac{y}{z}$
$=\dfrac{q^2-1}{2q}=-\frac{117}{44}$ finden, oder $x=\dfrac{3\cdot13}{4\cdot4\cdot5}z$ und $y=$
$\dfrac{9\cdot13}{4\cdot11}z$. Man nehme nun $z=4.4.5.11$, so wird
$x=3.13.11$ und $y=4.5.9.13$; also sind die
Wurzeln

Wurzeln der drey geſuchten Quadrate $x = 3 . 11 . 13$
$= 429$, $y = 4 . 5 . 9 . 13 = 2340$ und $z = 4 . 4 . 5 . 11$
$= 880$; welche noch kleiner ſind, als die oben gefundenen.

Aus dieſen aber wird

$$x^2 + y^2 = 3^2 . 13^2 (121 + 3600) = 3^2 . 13^2 . 61^2;$$
$$x^2 + z^2 = 11^2 . (1521 + 6400) = 11^2 . 89^2;$$
$$y^2 + z^2 = 20^2 . (13689 + 1936) = 20^2 . 125^2.$$

VI. Zuletzt bemerken wir noch bey dieſer Frage,
daß aus einer jeden Auflöſung ganz leicht noch
eine andere gefunden werden kann; denn wenn
die Werthe $x = a$, $y = b$ und $z = c$ gefunden
worden ſind, ſo daß $a^2 + b^2 = \square$, $a^2 + c^2$
$= \square$ und $b^2 + c^2 = \square$, ſo werden auch die
folgenden Werthe ein Genüge leiſten: $x = ab$,
$y = bc$ und $z = ac$, denn da wird

$$x^2 + y^2 = a^2 b^2 + b^2 c^2 = b^2 (a^2 + c^2) = \square$$
$$x^2 + z^2 = a^2 b^2 + a^2 c^2 = a^2 (b^2 + c^2) = \square$$
$$y^2 + z^2 = a^2 c^2 + b^2 c^2 = c^2 (a^2 + b^2) = \square.$$

Da wir nun eben $x = a = 3 . 11 . 13$, $y = b$
$= 4 . 5 . 9 . 13$ und $z = c = 4 . 4 . 5 . 11$ gefunden
haben, ſo erhalten wir daraus nach dieſer
Auflöſung:

$x = ab = 3 . 4 . 5 . 9 . 11 . 13 . 13$,
$y = bc = 4 . 4 . 4 . 5 . 5 . 9 . 11 . 13$,
$y = ac = 3 . 4 . 4 . 5 . 11 . 11 . 13$,

welche ſich alle drey durch $3 . 4 . 5 . 11 . 13$ theilen laſſen, und alſo auf folgende Formel gebracht werden: $x = 9 . 13$, $y = 3 . 4 . 4 . 5$ und
$z = 4 . 11$, das iſt $x = 117$, $y = 240$, und
$z = 44$, welche noch kleiner ſind als die vorigen; daher wird aber:

$$x^2 + y^2 = 71289 = 267^2.$$
$$x^2 + z^2 = 15625 = 125^2.$$
$$y^2 + z^2 = 59536 = 244^2.$$

§. 239.

§. 239.

XVIII. Aufg. Man verlangt zwey Zahlen x und y, daß, wenn man die eine zum Quadrate der andern addirt, ein Quadrat herauskomme, so daß die zwey Formeln $x^2 + y$ und $y^2 + x$ Quadrate seyn sollen.

Wollte man sogleich für die erstere $x^2 + y = p^2$ annehmen und daraus $y = p^2 - x^2$ herleiten, so würde die andere Formel $p^4 - 2p^2x^2 + x^4 + x = \square$, von welcher die Auflösung nicht leicht in die Augen fällt.

Man setze aber zugleich für beyde Formeln $x^2 + y = (p - x)^2 = p^2 - 2px + x^2$ und $y^2 + x = (q - y)^2 = q^2 - 2qy + y^2$, woraus wir dann folgende zwey Gleichungen erhalten: I.) $y + 2px = p^2$ und II.) $x + 2qy = q^2$, aus welchen x und y leicht gefunden werden können. Man findet näm-lich $x = \frac{2qp^2 - q^2}{4pq - 1}$ und $y = \frac{2pq^2 - q^2}{4pq - 1}$; wo man p und q nach Belieben annehmen kann. Man setze z. B. $p = 2$ und $q = 3$, so bekömmt man die zwey gesuchte Zahlen $x = \frac{1}{23}$ und $y = \frac{32}{23}$, denn daher wird $x^2 + y = \frac{225}{529} + \frac{32}{23} = \frac{961}{529} = (\frac{31}{23})^2$ und $y^2 + x = \frac{1024}{529} + \frac{15}{23} = \frac{1369}{529} = (\frac{37}{23})^2$.

Man nehme ferner $p = 1$ und $q = 3$, so wird $x = -\frac{3}{11}$ und $y = \frac{17}{11}$; weil aber eine Zahl negativ ist, so mögte man diese Auflösung nicht gelten las-sen. Man setze $p = 1$ und $q = \frac{3}{2}$, so wird $x = \frac{3}{10}$ und $y = \frac{7}{10}$, denn dann wird $x^2 + y = \frac{9}{100} + \frac{7}{10} = \frac{282}{400} = (\frac{17}{10})^2$ und $y^2 + x = \frac{49}{100} + \frac{3}{10} = \frac{64}{100} = (\frac{8}{10})^2$.

§. 240.

XIX. Aufg. Zwey Zahlen zu finden, deren Summe ein Quadrat und die Sum-me ihrer Quadrate ein Biquadrat sey.

Diese

Diese Zahlen seyen x und y, und weil $x^2 + y^2$ ein Biquadrat seyn muß, so mache man dasselbe zuerst zu einem Quadrat, welches geschieht, wenn $x = p^2 - q^2$ und $y = 2pq$ ist, wo dann $x^2 + y^2 = (p^2 + q^2)^2$ wird. Damit nun dieses ein Biquadrat werde, so muß $p^2 + q^2$ ein Quadrat seyn, daher setze man ferner $p = r^2 - s^2$ und $q = 2rs$, so wird $p^2 + q^2 = (r^2 + s^2)^2$; folglich $x^2 + y^2 = (r^2 + s^2)^4$ und also ein Biquadrat; alsdann aber wird $x = r^4 - 6r^2s^2 + s^4$ und $y = 4r^3s - 4rs^3$. Also ist noch übrig, daß die Formel $x + y = r^4 + 4r^3s - 6r^2s^2 - 4rs^3 + s^4$ ein Quadrat werde, man setze die Wurzel davon $r^2 + 2rs + s^2$, und also unsre Formel gleich dem Quadrate $r^4 + 4r^3s + 6r^2s^2 + 4rs^3 + s^4$, wo sich die zwey ersten und letzten Glieder aufheben, die übrigen aber durch rs^2 dividirt, geben $6r + 4s = -6r - 4s$ oder $12r + 8s = 0$; also $s = -\frac{12r}{8} = -\frac{3}{2}r$, oder man kann die Wurzel auch $= r^2 - 2rs + s^2$ annehmen, damit die vierten Glieder wegfallen; da nun das Quadrat hievon $r^4 - 4r^3s + 6r^2s^2 - 4rs^3 + s^4$ ist, so geben die übrigen Glieder, durch r^2s dividirt, $4r - 6s = -4r + 6s$, oder $8r = 12s$, folglich $r = \frac{3}{2}s$; wenn nun $r = 3$ und $s = 2$, so würde $x = -119$ negativ.

Nehmen wir ferner $r = \frac{1}{2}s + t$ an, so wird für unsre Formel:

$$r^2 = \tfrac{9}{4}s^2 + 3st + t^2, \quad r^3 = \tfrac{27}{8}s^3 + \tfrac{27}{4}s^2t + \tfrac{9}{2}st^2 + t^3$$

folglich $r^4 = \tfrac{81}{16}s^4 + \tfrac{27}{2}s^3t + \tfrac{27}{2}s^2t^2 + 6st^3 + t^4$

$+ 4r^3s = \tfrac{27}{2}s^4 + 27s^3t + 18s^2t^2 + 4st^3$

$- 6r^2s^2 = - \tfrac{27}{2}s^4 - 18s^3t - 6s^2t^2$

$- 4rs^3 = - 6s^4 - 4s^3t$

$+ s^4 = + s^4$; also unsre Formel

$$\tfrac{1}{16}s^4 + \tfrac{27}{2}s^3t + \tfrac{51}{2}s^2t^2 + 10st^3 + t^4$$

welche

welche ein Quadrat seyn muß, und also auch, wenn sie mit 16 multiplicirt wird, dann bekömmt man folgendes: $s^4 + 296s^2t + 408s^2t^2 + 160st^3 + 16t^4$; hiervon nehme man die Wurzel $= s^2 + 148st - 4t^2$ an, wovon das Quadrat $s^4 + 296s^3t + 21896s^2t^2 - 1184st^3 + 16t^4$. Hier heben sich die zwey ersten und letzten Glieder auf, die übrigen aber, durch st^2 dividirt, geben $21896s - 1184t = 408s + 160t$ und also $\frac{s}{t} = \frac{1344}{21488} = \frac{336}{5372} = \frac{84}{1343}$. Also nehme man $s = 84$ und $t = 1343$, folglich $r = 1469$; und aus diesen Zahlen $r = 1469$ und $s = 84$ finden wir $x = r^4 - 6r^2s^2 + s^4 = 4565486027761$ und $y = 1061652293520$.

XV. Capitel.

Auflösung solcher Aufgaben, zu welchen Cubi erfordert werden.

§. 241.

In dem vorigen Capitel sind solche Aufgaben vorgekommen, wo gewisse Formeln zu Quadraten gemacht werden mußten, wobey wir denn Gelegenheit gehabt haben, verschiedene Kunstgriffe zu erklären, wodurch die oben gegebenen Regeln zur Ausübung gebracht werden können. Nun ist nur noch übrig solche Aufgaben zu betrachten, wo gewisse Formeln zu einem Cubus gemacht werden sollen, wozu auch schon im vorigen Capitel die Regeln angegeben worden sind, welche aber jetzt durch die Auflösung der folgenden Aufgaben noch weit besser erläutert werden.

§. 242.

§. 242.

I. Aufg. Man verlangt zwey Cubus x^3 und y^3 zu wiſſen, deren Summe wieder ein Cubus ſeyn ſoll.

Da alſo $x^3 + y^3$ ein Cubus werden ſoll, ſo muß auch dieſe Formel, durch den Cubus y^3 dividirt, noch ein Cubus ſeyn, alſo $\frac{x^3}{y^3} + 1 =$ Cubus.

Man ſetze $\frac{x}{y} = z - 1$, ſo bekommen wir $z^3 - 3z^2 + 3z$, welches ein Cubus ſeyn ſoll; wollte man nun nach den obigen Regeln die Cubicwurzel $= z - u$ annehmen, von welcher der Cubus $z^3 - 3uz^2 + 3u^2z - u^3$ iſt, und u ſo beſtimmen, daß auch die zweyten Glieder wegfielen, ſo würde $u = 1$, die übrigen Glieder aber würden geben: $3z = 3u^2z - u^3 = 3z - 1$, woraus $z = \infty$ gefunden wird, welcher Werth uns aber zu nichts hilft. Man laſſe aber u unbeſtimmt, ſo bekommen wir die Gleichung: $-3z^2 + 3z = -3uz^2 + 3u^2z - u^3$; aus welcher quadratiſchen Gleichung der Werth von z beſtimmt werde; wir bekommen aber $3uz^2 - 3z^2 = 3u^2z - 3z - u^3$, das iſt $= 3(u-1)z^2 = 3(u^2-1)z - u^3$, oder $z^2 = (u+1)z - \frac{u^3}{3(u-1)}$, woraus gefunden wird $z = \frac{u+1}{2} \pm r\left(\frac{u^2 + 2u + 1}{4} - \frac{u^3}{3(u-1)}\right)$ oder $z = \frac{u+1}{2} \pm r \frac{-u^3 + 3u^2 - 3u - 3}{12(u-1)}$.

Es kömmt alſo darauf an, daß dieſer Bruch zu einem Quadrate gebracht werde; wir wollen daher den Bruch oben und unten mit $3(u-1)$ multipliciren, damit unten ein Quadrat komme, nämlich $\frac{-3u^4 + 12u^3 - 18u^2 + 9}{36(u-1)^2}$, von welchem

Qua=

Quadrate alſo der Zähler noch ein Quadrat werden muß. In demſelben iſt zwar das letzte Glied ſchon ein Quadrat, nimmt man aber nach der Regel die Wurzel davon $= gu^2 + fu + 3$ an, von welcher das Quadrat $g^2u^4 + 2fgu^3 + 6gu^2 + 2fu + 9$ iſt
$$+ f^2u^2$$
und macht die drey letzten Glieder verſchwinden, ſo wird zuerſt $o = 2f$, das iſt $f = o$, und hernach $6g + f^2 = -18$, und daher $g = -3$; alsdann geben die zwey erſten Glieder, durch u^3 dividirt, $-3u + 12 = g^2u + 2fu = 9u$; und daher $u = 1$, welcher Werth aber zu nichts führt. Wollen wir nun weiter $u = 1 + t$ annehmen, ſo wird unſre Formel $-12t - 3t^4$, welche ein Quadrat ſeyn ſoll; dieſes kann aber nicht geſchehen, wenn t nicht negativ iſt. Es ſey alſo $t = -s$, ſo wird unſre Formel $12s - 3s^4$, welche in dem Fall $s = 1$ ein Quadrat wird, alsdann aber wäre $t = -1$ und $u = o$, woraus nichts gefunden werden kann. Man mag auch die Sache angreifen, wie man will, ſo wird man nie einen ſolchen Werth finden, der uns zu unſerm Zwecke führt, woraus man ſchon mit ziemlicher Gewißheit ſchließen kann, daß es nicht möglich ſey, zwey Cubus zu finden, deren Summe ein Cubus wäre. Es läßt ſich dieſes aber auch noch auf folgende Art beweiſen.

§. 243.

Lehrſatz. Es iſt nicht möglich zwey Cubus zu finden, deren Summe oder auch deren Differenz ein Cubus wäre.

Hier iſt vor allen Dingen zu bemerken, daß, wenn die Summe unmöglich iſt, die Differenz auch unmöglich ſeyn müſſe. Denn wenn es unmöglich

ist, daß x³ + y³ = z³, so ist es auch unmöglich,
daß z³ — y³ = x³ sey; nun aber ist z³ — y³ die Dif=
ferenz zweyer Cubus. Es ist also hinlänglich, die
Unmöglichkeit bloß von der Summe, oder auch nur
von der Differenz zu zeigen, weil das andere schon
daraus folgt. Der Beweis selbst aber wird aus
folgenden Sätzen bestehen.

I. Kann man annehmen, daß die Zahlen x und
   y unter sich untheilbar sind. Denn wenn sie
   einen gemeinschaftlichen Theiler hätten, so
   würden sich die Cubus durch den Cubus des=
   selben theilen lassen. Wäre z. B x = 2a,
   und y = 2b, so würde x³ + y³ = 8a³ + 8b³,
   und wäre dieses ein Cubus, so müßte auch
   a³ + b³ ein Cubus seyn.

II. Da nun u und y keinen gemeinschaftlichen
    Theiler haben, so sind diese beyde Zahlen ent=
    weder beyde ungerade, oder die eine gerade,
    und die andere ungerade. Im erstern Falle
    müßte z gerade seyn; im andern Falle aber
    müßte z ungerade seyn. Also sind von den
    drey Zahlen x, y und z immer zwey ungerade
    und eine gerade. Wir wollen daher zu unserm
    Beweise die beyden ungeraden nehmen, weil
    es gleichviel ist, ob wir die Unmöglichkeit der
    Summe oder der Differenz zeigen, indem die
    Summe in die Differenz verwandelt wird,
    wenn die eine Wurzel negativ wird.

III. Es seyen also x und y zwey ungerade Zahlen,
     so wird sowohl ihre Summe als Differenz ge=
     rade seyn. Man setze daher $\frac{x+y}{2}$ = p und
     $\frac{x-y}{2}$ = q, so wird x = p + q und y = p — q,
     woraus erhellt, daß von den zwey Zahlen p
     und

und q die eine gerade, die andere aber unge=
rade seyn muß; daher aber wird $x^3 + y^3 =$
$2p^3 + 6pq^2 = 2p(p^2 + 3q^2)$; es muß also
bewiesen werden, daß das Product $2p(p^2 +$
$3q^2)$ kein Cubus seyn könne. Sollte es aber
von der Differenz bewiesen werden, so würde
$x^3 - y^3 = 6p^2q + 2q^3 = 2q(q^2 + 3p^2)$,
welche Formel der vorigen ganz ähnlich ist,
indem nur die Buchstaben p und q verwechselt
sind, daher es hinlänglich ist, die Unmöglich=
keit der Formel $2p(p^2 + 3q^2)$ zu zeigen, weil
daraus nothwendig folgt, daß weder die Sum=
me noch die Differenz zweyer Cubus ein Cu=
bus werden könne.

IV. Wäre nun $2p(p^2 + 3q^2)$ ein Cubus, so
wäre derselbe gerade und also durch 8 theilbar;
folglich müßte auch der achte Theil unsrer
Formel eine ganze Zahl und noch dazu ein
Cubus seyn, nämlich $\frac{1}{4}p(p^2 + 3q^2)$. Weil
nun von den Zahlen p und q die eine gerade,
die andere aber ungerade ist, so wird $p^2 + 3q^2$
eine ungerade Zahl seyn und sich nicht durch 4
theilen lassen, woraus folgt, daß sich p durch
4 theilen lassen müsse und also $\frac{p}{4}$ eine ganze
Zahl sey.

V. Wenn nun das Product $\frac{p}{4} \cdot (p^2 + 3q^2)$ ein
Cubus seyn sollte, so müßte ein jeder Factor
besonders, nämlich $\frac{p}{4}$ und $p^2 + 3q^2$, ein
Cubus seyn, wenn nämlich dieselben keinen
gemeinschaftlichen Theiler haben. Denn wenn
ein Product von zwey Factoren, die unter sich
untheilbar sind, ein Cubus seyn soll, so muß
noth

B b 2

nothwendig ein jeder für sich ein Cubus seyn;
wenn diese aber einen gemeinschaftlichen Theiler haben, so muß derselbe besonders betrachtet werden. Hier ist daher die Frage: ob die
zwey Factoren p und p² + 3q² nicht einen
gemeinschaftlichen Factor haben könnten? welches auf folgende Art untersucht wird. Hätten sie einen gemeinschaftlichen Theiler, so
würden auch p² und p² + 3q² eben denselben
gemeinschaftlichen Theiler haben, und also
auch dieser ihre Differenz, welche 3q² ist, mit
dem p² eben denselben gemeinschaftlichen Theiler haben; da nun p und q unter sich untheilbar sind, so können die Zahlen p² und 3q²
keinen andern gemeinschaftlichen Theiler haben
als 3, welches geschieht, wenn sich p durch 3
theilen läßt.

VI. Wir haben daher zwey Fälle zu betrachten:
der erste ist, wenn die Factoren p und p² + 3q²
keinen gemeinschaftlichen Theiler haben, welches jedesmal geschieht, wenn sich p nicht durch
3 theilen läßt; der andere Fall aber ist, wenn
sie einen gemeinschaftlichen Theiler haben;
dieses geschieht, wenn sich p durch 3 theilen
läßt, wo dann beyde durch 3 theilbar seyn
werden. Diese zwey Fälle müssen sorgfältig
von einander unterschieden werden, weil man
den Beweis für einen jeden besonders führen
muß.

VII. Erster Fall. Es sey daher p nicht durch
3 theilbar, und also unsre beyden Factoren $\frac{p}{4}$
und p² + 3q² untheilbar unter sich, so müßte
jeder für sich ein Cubus seyn. Machen wir
daher p² + 3q² zu einem Cubus, welches
ge-

geschieht, wenn man, wie oben gezeigt worden, $p + q \sqrt{-3} = (t + u \sqrt{-3})^3$ und $p - q \sqrt{-3} = (t - u \sqrt{-3})^3$ annimmt. Damit dadurch $p^2 + 3q^2 = (t^2 + 3u^2)^3$ und also ein Cubus werde; hieraus aber wird $p = t^3 - 9tu^2 = t(t^2 - 9u^2)$, und $q = 3t^2u - 3u^3 = 3u(t^2 - u^2)$; weil nun q eine ungerade Zahl ist, so muß u auch ungerade, t aber gerade seyn, weil sonst $t^2 - u^2$ eine gerade Zahl würde.

VIII. Da nun $p^2 + 3q^2$ zu einem Cubus gemacht und $p = t(t^2 - 9u^2) = t(t + 3u)(t - 3u)$ gefunden worden, so müßte jetzt noch $\frac{p}{4}$ und also auch 2p ein Cubus seyn; daher die Formel $2t(t + 3u)(t - 3u)$ ein Cubus seyn müßte. Hier ist aber zu bemerken, daß t eine gerade Zahl und nicht durch 3 theilbar ist, weil sonst auch p durch 3 theilbar seyn würde, welcher Fall hier ausdrücklich ausgenommen ist; also sind die drey Factoren 2t, $t + 3u$ und $t - 3u$ unter sich untheilbar, und deswegen müßte ein jeder für sich ein Cubus seyn. Man setze daher $t + 3u = f^3$ und $t - 3u = g^3$, so wird $2t = f^3 + g^3$. Nun aber ist 2t auch ein Cubus, und folglich hätten wir hier zwey Cubus, f^3 und g^3, deren Summe wieder ein Cubus wäre, welche offenbar ungleich viel kleiner wären, als die anfänglich angenommenen Cubus x^3 und y^3. Denn nachdem wir $x = p + q$ und $y = p - q$ angenommen haben, jetzt aber p und q durch die Buchstaben t und u bestimmt haben, so müssen die Zahlen p und q viel größer seyn als t und u.

Bb 3   IX.

IX. Wenn es also zwey solche Cubus in den größten Zahlen gäbe, so könnte man auch in viel kleinern Zahlen eben dergleichen anzeigen, deren Summe auch ein Cubus wäre; und auf diese Art könnte man immer auf kleinere dergleichen Cubus kommen. Da es nun in kleinen Zahlen dergleichen Cubus gewiß nicht giebt, so sind sie auch in den größten nicht möglich. Dieser Schluß wird dadurch bekräftigt, daß auch der andere Fall eben dahin führt, wie wir sogleich sehen werden.

X. Zweyter Fall. Es sey nun p durch 3 theilbar, q aber nicht, und man setze $p = 3r$, so wird unsre Formel $\frac{3r}{4} \cdot (9r^2 + 3q^2)$, oder $\frac{9}{4}r(3r^2 + q^2)$, welche beyde Factoren unter sich untheilbar sind, weil sich $3r^2 + q^2$ weder durch 2 noch durch 3 theilen läßt, und r eben sowohl gerade seyn muß als p, deswegen muß ein jeder von diesen beyden Factoren für sich ein Cubus seyn.

IX. Machen wir nun den zweyten $3r^2 + q^2$ oder $q^2 + 3r^2$ zu einem Cubus, so finden wir, wie oben, $q = t(t^2 - 9u^2)$ und $r = 3u(t^2 - u^2)$; wobey zu merken ist, daß, weil q ungerade war, hier auch t ungerade, u aber eine gerade Zahl seyn müsse.

XII. Weil nun $\frac{9r}{4}$ auch ein Cubus seyn muß und also auch mit dem Cubus $\frac{8}{27}$ multiplicirt, so muß $\frac{2r}{3}$, das ist $2u(t^2 - u^2) = 2u(t + u)(t - u)$ ein Cubus seyn, welche drey Factoren unter sich untheilbar und also ein jeder für sich ein Cubus seyn müßte; wenn man aber

$$t + u$$

t $+$ u $=$ f³ annimmt und t $-$ u $=$ g³, so folgt
daraus 2u $=$ f³ $-$ g³, welches auch ein Cubus seyn müßte, indem 2u ein Cubus ist.
Auf diese Art hätte man zwey weit kleinere
Cubus f³ und g³, deren Differenz ein Cubus
wäre, und folglich auch solche, deren Summe
ein Cubus wäre; denn man darf nur f³ $-$ g³
$=$ h³ annehmen, so wird f³ $=$ h³ $+$ g³, und
also hätte man zwey Cubus, deren Summe
ein Cubus wäre. Hierdurch wird nun der
obige Schluß vollkommen bestätigt, daß es
auch in den größten Zahlen keine solche Cubus
gebe, deren Summe oder Differenz wieder ein
Cubus wäre, und zwar darum, weil in den
kleinsten Zahlen dergleichen nicht anzutreffen
sind.

§. 244.

Weil es nun nicht möglich ist, zwey solche Cubus zu finden, deren Summe oder Differenz ein
Cubus wäre, so fällt auch unsre erste Frage weg,
und man pflegt hier vielmehr den Anfang mit der
Frage zu machen, wie drey Cubus gefunden werden
sollen, deren Summe einen Cubus ausmache; man
kann aber zwey derselben nach Belieben annehmen,
so daß nur der dritte gefunden werden soll. Wir
wollen daher diese Frage jetzt in Untersuchung ziehen.

§. 245.

II. Aufg. Es wird zu zweyen gegebenen Cubus a³ und b³ noch ein dritter
Cubus x³ verlangt, welcher mit jenen
zusammen wieder einen Cubus ausmache.

Es soll also die Formel a³ $+$ b³ $+$ x³ ein Cubus werden; da dieses aber nicht anders geschehen
kann,

kann, als wenn schon ein Fall bekannt ist, ein solcher Fall sich hier aber von selbst darbietet, nämlich $x = -a$, so setze man $x = y - a$, dann wird x^3 $= y^3 - 3ay^2 + 3a^2y - a^3$, und daher unsre Formel, die ein Cubus werden soll, $y^3 - 3ay^2 + 3a^2y + b^3$, von welcher das erste und letzte Glied schon ein Cubus ist, daher man sogleich zwey Auflösungen finden kann.

I. Nach der ersten nehme man die Wurzel davon $y + b$ an, deren Cubus $y^3 + 3by^2 + 3b^2y + b^3$ ist, woraus wir $-3ay + 3a^2 = 3by + 3b^2$ erhalten, daher $y = \frac{a^2 - b^2}{a + b} = a - b$; folglich $x = -b$, welcher Werth uns zu nichts dient.

II. Man kann aber die Wurzel auch $= b + fy$ annehmen, von welcher der Cubus $f^3y^3 + 3bf^2y^2 + 3b^2fy + b^3$ ist; und f so bestimmen, daß auch die dritten Glieder wegfallen; dieses geschieht, wenn $3a^2 = 3b^2f$ oder $f = \frac{a^2}{b^2}$, wo dann die zwey ersten Glieder, durch y^2 dividirt, $y - 3a = f^3y + 3bf^2 = \frac{a^6y}{b^6} + \frac{3a^4}{b^3}$ geben, welche mit b^6 multiplicirt, $b^6y - 3ab^6$ $= a^6y + 3a^4b^3$ giebt; daraus wird $y = \frac{3a^4b^3 + 3ab^6}{b^6 - a^6} = \frac{3ab^3(a^3 + b^3)}{b^6 - a^6} = \frac{3ab^3}{b^3 - a^3}$ gefunden, und also $x = y - a = \frac{2ab^3 + a^4}{b^3 - a^3} = a \cdot \frac{2b^3 + a^3}{b^3 - a^3}$.

Wenn also die beyden Cubus a^3 und b^3 gegeben sind, so haben wir hier die Wurzel des dritten gesuchten Cubus gefunden, und damit diese positiv werde,

werde, so darf man nur b³ für den größern Cubus annehmen, welches wir noch durch einige Beyspiele erläutern wollen.

I. Es seyen die beyden gegebenen Cubus 1 und 8, so daß $a = 1$ und $b = 2$, so wird die Form $9 + x^3$ ein Cubus, wenn $x = \frac{17}{7}$; denn alsdann wird $9 + x^3 = \frac{8000}{343} = (\frac{20}{7})^3$.

II. Es seyen die beyden gegebenen Cubus 8 und 27, so daß $a = 2$ und $b = 3$, so wird die Form $35 + x^3$ ein Cubus, wenn $x = \frac{124}{19}$.

III. Es seyen die beyden gegebenen Cubus 27 und 64, so daß $a = 3$ und $b = 4$, so wird die Form $91 + x^3$ ein Cubus, wenn $x = \frac{465}{37}$.

Wollte man zu zwey gegebenen Cubus noch mehrere dergleichen dritte finden, so müßte man in der ersten Form $a^3 + b^3 + x^3$, ferner $x = \frac{2ab^3 + a^4}{b^3 - a^3} + z$ annehmen, wo man dann wieder auf eine ähnliche Formel kommen würde, woraus sich neue Werthe für z bestimmen ließen, welches aber in viel zu weitschweifige Rechnungen führen würde.

§. 246.

Bey dieser Frage ereignet sich aber ein merkwürdiger Fall, wenn die beyden gegebenen Cubus einander gleich sind, oder $b = a$; wir bekommen denn $x = \frac{3a^4}{0}$, das ist unendlich, und erhalten also keine Auflösung; daher die Frage, wenn $2a^9 + x^3$ ein Cubus werden soll, noch nicht hat aufgelöset werden können. Es sey z. B. $a = 1$ und also unsre Formel $2 + x^3$, so ist zu merken, daß, was man auch immer für Veränderungen vornehmen mag, alle Bemühungen vergeblich sind, und niemals daraus ein geschickter Werth für x gefunden werden

Bb 5   kann;

kann; woraus sich schon mit ziemlicher Gewißheit
schließen läßt, daß zu einem doppelten Cubus kein
Cubus gefunden werden könne, welcher mit jenem
zusammen einen Cubus ausmachte, oder daß die
Gleichung $2a^3 + x^3 = y^3$ unmöglich sey; aus derselben aber folgt diese: $2a^3 = y^3 - x^3$, und daher
es auch nicht möglich ist, zwey Cubus zu finden,
deren Differenz ein doppelter Cubus wäre, welches
auch von der Summe zweyer Cubus zu verstehen ist
und auf folgende Art bewiesen werden kann.

§. 247.

Lehrsatz. Weder die Summe, noch
die Differenz zweyer Cubus kann jemals einem doppelten Cubus gleich werden, oder die Formel $x^3 \pm y^3 = 2z^3$ ist an
sich selbst unmöglich, außer in dem Falle
$y = x$, welcher für sich selbst klar ist.

Hier können wieder x und y als unter sich untheilbar angenommen werden, denn wenn sie einen
gemeinschaftlichen Theiler hätten, so müßte auch z
dadurch theilbar seyn, und also die ganze Gleichung
durch den Cubus davon getheilt werden können.
Weil nun $x^3 \pm y^3$ eine gerade Zahl seyn soll, so
müssen beyde Zahlen x und y ungerade seyn, daher
sowohl ihre Summe als Differenz gerade seyn wird.
Man setze also $\frac{x+y}{2} = p$ und $\frac{x-y}{2} = q$, so wird
$x = p + q$ und $y = p - q$; wo dann von den Zah-
len p und q die eine gerade, die andere aber ungerade seyn muß. Hieraus folgt aber $x^3 + y^3 = 2p^3$
$+ 6pq^2 = 2p(p^2 + 3q^2)$, und $x^3 - y^3 = 6p^2q$
$+ 2q^3 = 2q(3p^2 + q^2)$, welche beyde Formeln
einander völlig ähnlich sind. Daher wird es hinlänglich seyn, zu zeigen, daß die Formel $2p(p^2 + 3q^2)$
kein

kein doppelter Cubus, und also p (p² + 3q²) kein Cubus seyn könne; hiervon ist der Beweis in folgenden Sätzen enthalten.

I. Es kommen hier wieder zwey Fälle in Betrachtung; von diesen ist der erste, wenn die zwey Factoren p und p² + 3q² keinen gemeinschaftlichen Theiler haben, wo dann ein jeder für sich ein Cubus seyn muß; der andere Fall aber ist, wenn sie einen gemeinschaftlichen Theiler haben, der, wie wir oben gesehen haben, kein anderer als 3 seyn kann.

II. Erster Fall. Es sey daher p nicht durch 3 theilbar, und also die beyden Factoren unter sich untheilbar, so mache man zuerst p² + 3q² zu einem Cubus, welches geschieht, wenn p = t (t² — 9u²) und q = 3u (t² — u²), so daß noch der Werth von p ein Cubus seyn müßte. Da nun t durch 3 nicht theilbar ist, weil sonst p auch durch 3 theilbar seyn würde, so sind die zwey Factoren t und t² — 9u² unter sich untheilbar, und folglich muß ein jeder für sich ein Cubus seyn.

III. Der letztere aber hat wieder zwey Factoren, nämlich t + 3u und t — 3u, welche unter sich untheilbar sind, zuerst weil sich t nicht durch 3 theilen läßt, hernach aber, weil von den Zahlen t und u die eine gerade und die andere ungerade ist. Denn wenn beyde ungerade wären, so würde nicht nur p, sondern auch q ungerade werden, welches nicht seyn kann, folglich muß auch ein jeder von diesen Factoren t + 3u und t — 3u für sich ein Cubus seyn.

IV. Man nehme daher t + 3u = f³ und t — 3u = g³ an, so wird 2t = f³ + g³. Nun aber ist t für sich ein Cubus, welcher = h³ sey, so

daß

daß $f^3 + g^3 = 2h^3$ wäre, das ist, wir hätten
zwey weit kleinere Cubus, nämlich f^3 und g^3,
deren Summe auch ein doppelter Cubus wäre.

V. Zweyter Fall. Es sey nun p durch 3
theilbar und also q nicht. Man setze daher
$p = 3r$, so wird unsre Formel $3r(9r^2 + 3q^2)$
$= 9r(3r^2 + q^2)$, welche Factoren jetzt unter-
sich untheilbar sind, und daher ein jeder ein
Cubus seyn muß.

VI. Um nun den letztern $q^2 + 3r^2$ zu einem Cubus zu machen, so setze man $q = t(t^2 - 9u^2)$
und $r = 3u(t^2 - u^2)$, wo dann wieder von
den Zahlen t und u die eine gerade, die andere
aber ungerade seyn muß, weil sonst die beyden Zahlen q und r gerade würden. Hieraus
aber bekommen wir den erstern Factor $9r =$
$27u(t^2 - u^2)$, welcher ein Cubus seyn müßte,
und folglich auch durch 27 dividirt, nämlich
$u(t^2 - u^2)$, das ist $u(t+u)(t-u)$.

VII. Weil nun auch diese drey Factoren unter sich
untheilbar sind, so muß ein jeder für sich ein
Cubus seyn. Setzt man daher für die beyden
letztern $t + u = f^3$ und $t - u = g^3$, so bekömmt man $2u = f^3 - g^3$; weil nun auch u
ein Cubus seyn muß, so erhalten wir in weit
kleinern Zahlen zwey Cubus f^3 und g^3, deren
Differenz gleichfalls ein doppelter Cubus wäre.

VIII. Weil es nun in kleinen Zahlen keine dergleichen Cubus giebt, deren Summe oder
Differenz ein doppelter Cubus wäre, so ist
klar, daß es auch in den größten Zahlen dergleichen nicht geben könne.

IX. Man könnte zwar einwenden, daß, da es in
kleinern Zahlen gleichwohl einen solchen Fall
gebe, nämlich wenn $f = g$ ist, der obige
Schluß

Schluß betrügen könne. Allein wenn f = g
wäre, so hätte man in dem ersten Fall t + 3u
= t — 3u und also u = o, folglich wäre auch
q = o, und da wir x = p + q und y = p — q
angenommen haben, so wären auch die zwey
ersten Cubäs x³ und y³ schon einander gleich
gewesen, welcher Fall ausdrücklich ausgenommen ist. Eben so auch in dem andern Fall,
wenn f = g wäre, so müßte t + u = t — u
und also wieder u = o seyn, daher auch r = o
und folglich p = o, wo dann wieder die beyden erstern Cubus x³ und y³ einander gleich
würden, von welchem Fall aber gar nicht die
Rede ist.

§. 248.

III. Aufg. Man verlangt auf eine
allgemeine Art drey Cubus, x³, y³ und
z³, deren Summe wieder einen Cubus
ausmache.

Wir haben schon gesehen, daß man zwey dieser
Cubus für bekannt annehmen und daraus immer
den dritten bestimmen könne, wenn nur die beyden
erstern einander nicht gleich wären; allein nach der
obigen Methode findet man in einem jeden Fall nur
einen Werth für den dritten Cubus, und es würde
sehr schwer fallen, daraus noch mehrere aufzufinden.

Wir sehen also hier alle drey Cubus als unbekannt an; und um eine allgemeine Auflösung zu
geben, nehmen wir x³ + y³ + z³ = v³ an, und
bringen den einen von den erstern auf die andere
Seite, damit wir x³ + y³ = v³ — z³ bekommen;
welcher Gleichung auf folgende Art ein Genüge geschehen kann.

I. Man

I. Man setze $x = p + q$ und $y = p - q$, so wird, wie wir gesehen, $x^3 + y^3 = 2p (p^2 + 3q^2)$; ferner setze man $v = r + s$ und $z = r - s$, so wird $v^3 - z^3 = 2s (s^2 + 3r^2)$; daher denn $2p (p^2 + 3q^2) = 2s (s^2 + 3r^2)$, oder $p (p^2 + 3q^2) = s (s^2 + 3r^2)$ seyn muß.

II. Wir haben oben gesehen, daß eine solche Zahl $p^2 + 3q^2$ keine andere Theiler habe, als die selbst in eben dieser Form enthalten sind. Weil nun die beyden Formeln $p^2 + 3q^2$ und $s^2 + 3r^2$ nothwendig einen gemeinschaftlichen Theiler haben müssen, so sey derselbe $= t^2 + 3u^2$.

III. Zu diesem Ende setze man
$p^2 + 3q^2 = (f^2 + 3g^2) (t^2 + 3u^2)$ und
$s^2 + 3r^2 = (h^2 + 3k^2) (t^2 + 3u^2)$, wo dann
$p = ft + 3gu$ und $q = gt - fu$ wird;
folglich $p^2 = f^2t^2 + 6fgtu + 9g^2u^2$ und
$q^2 = g^2t^2 - 2fgtu + f^2u^2$; hieraus
$p^2 + 3q^2 = (f^2 + 3g^2) t^2 + (3f^2 + 9g^2) u^2$,
das ist $p^2 + 3q^2 = (f^2 + 3g^2) (t^2 + 3u^2)$.

IV. Eben so erhalten wir aus der andern Formel
$s = ht + 3ku$ und $r = kt - hu$,
woraus folgende Gleichung entsteht:
$(ft + 3gu)(f^2 + 3g^2) (t^2 + 3u^2) = (ht + 3ku)$
$(h^2 + 3k^2) (t^2 + 3u^2)$, welche durch $t^2 + 3u^2$ dividirt, $ft (f^2 + 3g^2) + 3gu (f^2 + 3g^2)$
$= ht (h^2 + 3k^2) + 3ku (h^2 + 3k^2)$, oder
$ft (f^2 + 3g^2) - ht (h^2 + 3k^2) = 3ku (h^2 + 3k^2)$
$- 3gn (f^2 + 3g^2)$ giebt, woraus wir
$$t = \frac{3k (h^2 + 3k^2 - 3g (f^2 - 3g^2)}{f (f^2 + 3g^2) - h (h^2 + 3k^2)} u \text{ erhalten.}$$

V. Um nun ganze Zahlen zu bekommen, so nehme man $u = f (f^2 + 3g^2) - h (h^2 + 3k^2)$, damit $t = 3k (h^2 + 3k^2) - 3g (f^2 + 3g^2)$
sey

fey, wo man die vier Buchstaben f, g, h und k nach Belieben annehmen kann.

VI. Hat man nun aus diesen vier Zahlen die Werthe für t und u gefunden, so erhält man daraus: I.) $p = ft + 3gu$, II.) $q = gt - fu$, III.) $s = ht + 3ku$, IV.) $r = kt - hu$, und hieraus endlich für die Auflösung unsrer Frage $x = p + q$, $y = p - q$, $z = r - s$, und $v = r + s$, welche Auflösung so allgemein ist, daß darin alle mögliche Fälle enthalten sind, weil in dieser ganzen Rechnung keine willführliche Einschränkung gemacht worden.

Der ganze Kunstgriff besteht darin, daß unsre Gleichung durch $t^2 + 3u^2$ theilbar gemacht wurde, wodurch die Buchstaben t und u durch eine einfache Gleichung haben bestimmt werden können. Die Anwendung dieser Formeln kann auf unendlich verschiedene Arten angestellt werden, von welchen wir einige Beyspiele anführen wollen.

I. Es sey $k = 0$ und $h = 1$, so wird $t = -3g$ $(f^2 + 3g^2)$ und $u = s(f^2 + 3g^2) - 1$; hieraus also $p = -3fg(f^2 + 3g^2) + 3fg$ $(f^2 + 3g^2) - 3g = -3g$, $q = -(f^2 + 3g^2)^2 + f$, ferner $s = -3g(f^2 + 3g^2)$ und $r = -f(f^2 + 3g^2) + 1$, woraus wir endlich bekommen: $x = -3g - (f^2 + 3g^2)^2 + f$, $y = -3g + (f^2 + 3g^2)^2 - f$, $z = (3g - f)(f^2 + 3g^2) + 1$ und endlich $v = -(3g + f)(f^2 + 3g^2) + 1$. Setzen wir nun $f = -1$ und $g = +1$, so bekommen wir $x = -20$, $y = 14$, $z = 17$ und $v = -7$; daher erhalten wir die Gleichung $-20^3 + 14^3 + 17^3 = -7^3$ oder $14^3 + 17^3 + 7^3 = 20^3$.

II. Es sey $f = 2$, $g = 1$ und also $f^2 + 3g^2 = 7$; ferner $h = 0$ und $k = 1$, also $h^2 + 3k^2 = 3$, so wird

wird $t = -12$ und $u = 14$ seyn; hieraus wird $p = 2t + 3u = 18$, $q = t - 2u = -40$, $r = t = -12$ und $s = 3u = 42$; daher bekommen wir $x = p + q = -22$, $y = p - q = 58$, $z = r - s = -54$ und $v = r + s = 30$, so daß $-22^3 + 58^3 - 54^3 = 30^3$, oder $58^3 = 30^3 + 54^3 + 22^3$. Da sich nun alle Wurzeln durch 2 theilen lassen, so wird auch $29^3 = 15^3 + 27^3 + 11^3$ seyn.

III. Es sey $f = 3$, $g = 1$, $h = 1$ und $k = 1$, also $f^2 + 3g^2 = 12$ und $h^2 + 3k^2 = 4$, so wird $t = -24$ und $u = 32$, welche sich durch 8 theilen lassen; und da es hier nur auf ihr Verhältniß ankömmt, so wollen wir $t = -3$ und $u = 4$ annehmen. Hieraus bekommen wir $p = 3t + 3u = +3$, $q = t - 3u = -15$, $r = t - u = -7$ und $s = t + 3u = +9$; hieraus wird $x = -12$ und $y = 18$, $z = -16$ und $v = 2$, so daß $-12^3 + 18^3 - 16^3 = 2^3$ oder $18^3 = 16^3 + 12^3 + 2^3$; oder auch durch 2 abgekürzt, $9^3 = 8^3 + 6^3 + 1^3$.

IV. Setzen wir nun $g = 0$ und $k = h$, so daß f und h nicht bestimmt werden. Da wird nun $f^2 + 3g^2 = f^2$ und $h^2 + 3k^2 = 4h^2$; also bekommen wir $t = 12h^3$ und $u = f^3 - 4h^3$; daher ferner $p = st = 12fh^3$, $q = -f^4 + 4fh^3$, $r = 12h^4 - hf^3 + 4h^3 = 16h^4 - hf^3$ und $s = 3hf^3$, daraus endlich $x = p + q = 16fh^3 - f^4$, $y = p - q = 8fh^3 + f^4$, $z = r - s = 16h^4 - 4hf^3$, und $v = r + s = 16h^4 + 2hf^3$. Nehmen wir nun $f = h = 1$, so erhalten wir $x = 15$, $y = 9$, $z = 12$, und $v = 18$, welche durch 3 abgekürzt, $x = 5$, $y = 3$, $z = 4$, und $v = 6$ geben, so daß $3^3 + 4^3 + 5^3 = 6^3$. Hierbey ist merk-
wür=

würdig, daß die drey Wurzeln 3, 4, 5 um
Eins steigen, daher wir untersuchen wollen,
ob es noch mehrere dergleichen gebe?

§. 249.

IV. Aufg. Man verlangt drey Zahlen in einer arithmetischen Progreſſion,
deren Differenz $= 1$, ſo daß die Cubus
derſelben Zahlen, zuſammen addirt, wieder einen Cubus hervorbringen.

Es ſey x die mittlere dieſer Zahlen, ſo wird die
kleinere $= x - 1$ und die gröſſere $= x + 1$; die
Cubus derſelben addirt, geben nun $3x^3 + 6x =$
$3x (x^2 + 2)$, welches ein Cubus ſeyn ſoll. Hiezu
iſt nun nöthig, daß ein Fall bekannt ſey, in welchem dieſes geſchieht, und nach einigen Verſuchen
findet man $x = 4$, daher ſetzen wir nach den oben
angegebenen Regeln $x = 4 + y$, ſo wird $x^2 = 16$
$+ 8y + y^2$ und $x^3 = 64 + 48y + 12y^2 + y^3$,
woraus unſre Formel wird: $216 + 150y + 36y^2$
$+ 3y^3$, wo das erſte Glied ein Cubus iſt, das letzte
aber nicht. Man ſetze daher die Wurzel $6 + fy$
und mache, daß die beyden erſten Glieder wegfallen;
da nun der Cubus davon $216 + 108fy + 18f^2y^2$
$+ f^3y^3$ iſt, ſo muß $150 = 108f$, alſo $f = 2\frac{5}{18}$ ſeyn.
Die übrigen Glieder aber durch y^2 dividirt, geben

$36 + 3y = 18f^2 + f^3y = \frac{25^2}{18} + \frac{25^2}{18^3}y$, oder 18^3.

$36 + 18^3 . 3y = 18^2 . 25^2 + 25^3y$, oder $18^3 . 36$
$- 18^2 . 25^2 = 25^3y - 18^3 . 3y$, daher $y =$
$\frac{18^3 . 36 - 18^2 . 25^2}{25^3 - 3 . 18^3} = \frac{18^2 (18 . 36 - 25^2)}{25^3 - 3 . 18^2}$, und alſo

$y = - \frac{324 . 23}{1871} = - \frac{7452}{1871}$; folglich $x = \frac{32}{1871}$.

Da es beſchwerlich ſcheinen möchte, dieſe Reduction zu einem Cubus weiter zu verfolgen, ſo iſt

zu merken, daß die Frage immer auf Quadrate gebracht werden könne. Denn da $3x (x^2 + 2)$ ein Cubus seyn soll, so setze man denselben $= x^3y^3$, wo man denn $3x^2 + 6 = x^2y^3$ und also $x^2 = \dfrac{6}{y^3 - 3} = \dfrac{36}{6y^3 - 18}$ erhält. Da nun der Zähler dieses Bruchs schon ein Quadrat ist, so ist nur noch nöthig, den Nenner $6y^3 - 18$ zu einem Quadrate zu machen; wozu wieder nöthig ist, einen Fall zu errathen. Weil sich aber 18 durch 9 theilen läßt, 6 aber nur durch 3, so muß y sich auch durch 3 theilen lassen. Man nehme deswegen $y = 3z$ an, so wird unser Nenner $= 162z^3 - 18$, welcher durch 9 dividirt, nämlich $18z^3 - 2$, noch ein Quadrat seyn muß. Dieses geschieht nun offenbar, wenn $z = 1$ ist; man setze daher $z = 1 + v$, so muß $16 + 54v + 54v^2 + 18v^3 = \square$ seyn. Von diesem setze man die Wurzel $4 + \frac{27}{4}v$, deren Quadrat $16 + 54v + \frac{729}{16}v^2$ ist, und also $54 + 18v = \frac{729}{16}$, oder $18v = -\frac{135}{16}$, folglich $2v = -\frac{15}{16}$, und $v = -\frac{15}{32}$, hieraus erhalten wir $z = 1 + v = \frac{17}{32}$, ferner $y = \frac{51}{32}$.

Nun wollen wir den obigen Nenner betrachten, welcher $6y^3 - 18 = 162z^3 - 18 = 9(18z^3 - 2)$ war. Von diesem Factor aber $18z^3 - 2$ haben wir die Quadratwurzel $4 + \frac{27}{4}v = \frac{107}{128}$, also ist die Quadratwurzel aus dem ganzen Nenner $\frac{321}{128}$; aus dem Zähler aber ist dieselbe $= 6$, woraus $x = \dfrac{6}{\frac{321}{128}} = \frac{256}{107}$ folgt, welcher Werth von dem vorher gefundenen durchaus verschieden ist. — Also sind die Wurzeln von unsern drey Cubus folgende: I.) $x - 1 = \frac{149}{107}$, II.) $x = \frac{256}{107}$, III.) $x + 1 = \frac{363}{107}$; deren Cubus zusammen addirt, einen Cubus hervorbringen, von welchem die Wurzel $xy = \frac{256}{107} \cdot \frac{51}{32} = \frac{408}{107}$ seyn wird.

§. 250.

§. 250.

Wir wollen hiermit diesen Abschnitt von der unbestimmten Analytik beschließen, weil wir bey den beygebrachten Aufgaben hinlängliche Gelegenheit gefunden haben, die vornehmsten Kunstgriffe zu erklären, die bisher in dieser Wissenschaft sind angewendet worden.

Ende des zweyten Theils.

Druckfehler

(im ersten Theile von Eulers Algebra).

Im Vorbericht

Seite 2. Zeile 14. lies: unter dem.

— — — 26. — Ausgabe mich zu.

— 5. ganz oben — des Fußes.

— 6. 2. Zusatz, Zeile 10. l. oder einen Ausdruck.

— 16. Z. 1. l. und den.

eben daselbst, Z. 2. l. den.

— 45. § 86. Z. 4. streiche: die man, weg.

— 75. Z. 14. l. $\dfrac{1}{r-1} = \dfrac{r+1}{r-1} = r\ \dfrac{+1}{-1} = r - 1.$

— 80. Z. 1. l. hervorbringet.

— 105. Z. 6. l. dem.

— 106. § 217. Z. 4. l. nach $a^2 = c$ setzt.

— 107. § 220. Z. 2. streiche: wir, weg.

Seite 108.

S. 108. 2. Erkl. Z. 5. l. **Briggs.**

— 112. Z. 1. l. und ihrer.

Ebendas. Z. 6. l. $\log. \frac{1}{1000000} = -6$.

— 119. Z. 12. l. bedeutet 30.

— 143. Z. 7. v. unten l. $a^4 - 4a^3b + 6a^2b^2 - 4ab^3 + b^4$.

— 145. Z. 13. l. $D - \alpha.\ d = -16a^3c^3 + 24a^4bc = R$.

— Ebendas. Z. 15. l. $+ 24a^4bc$.

— 151. Z. 5. v. unten l. vom Rest a^2.

— 161. Z. 15. v. u. l. $1 = 1$ subtrahirt, und streiche: hirt, in der folgenden Zeile weg.

— 198 und 199. lese man überall: **Verbindungen,** statt: **Verwechselungen.**

— 202. Z. 7. von unten l. von N.

— 205. 5. Zus. Z. 1. l. von N.

— 210. Z. 18. st. $a + b\ \frac{P}{q}$ l. $(a + b)\ \frac{P}{q}$.

— 218. Z. 6. v. u. l. $\frac{1}{(a+b)^n}$.

— Ebendas. Z. 5. v. u. l. $\left(\frac{1}{a+b}\right)^{-n}$

— 242. Z. 3. v. u. streiche so weg.

— 254. Z. 11. l. indem man für a.

— 301. Z. 4. v. u. l. **Tetens.**

Printed in the United States
By Bookmasters